HI，BUGS——全面软件测试

黄文高　编著

中国水利水电出版社
www.waterpub.com.cn

内 容 提 要

　　本书主要介绍企业软件测试的流程、方法和技术。本书分四大部分：理论篇、设计篇、技术篇和扩展篇。理论篇主要介绍软件测试的基础知识；设计篇主要介绍企业中真实的软件测试的流程，包括测试计划、设计、执行、结果报告等，尤其是如何对缺陷进行度量，是本部分内容的一大亮点。技术篇主要介绍系统测试过程中其他的相关测试技术，包括 Web 测试技术、本地化与国际化测试、兼容性测试和易用性测试。扩展篇主要介绍了当前流行的性能测试和自动化测试，通过实例讲述了性能测试和自动化测试的全过程。

　　本书内容由浅入深、由理论到实践。希望能帮助初学者迅速了解软件测试的全过程及相关技术，同时也可以帮助中高级工程师进一步提高软件测试技能。

图书在版编目（ＣＩＰ）数据

HI，BUGS——全面软件测试 / 黄文高编著. -- 北京：
中国水利水电出版社，2016.7（2021.3 重印）
　ISBN 978-7-5170-4411-6

Ⅰ. ①H… Ⅱ. ①黄… Ⅲ. ①软件－测试 Ⅳ.
①TP311.5

中国版本图书馆CIP数据核字(2016)第128965号

策划编辑：周春元　责任编辑：张玉玲　加工编辑：孙　丹　封面设计：李　佳

书　　　名	HI，BUGS——全面软件测试
作　　　者	黄文高　编著
出版发行	中国水利水电出版社
	（北京市海淀区玉渊潭南路 1 号 D 座　　100038）
	网址：www.waterpub.com.cn
	E-mail: mchannel@263.net（万水）
	sales@waterpub.com.cn
	电话：（010）68367658（营销中心）、82562819（万水）
经　　　售	全国各地新华书店和相关出版物销售网点
排　　　版	北京万水电子信息有限公司
印　　　刷	三河市铭浩彩色印装有限公司
规　　　格	184mm×240mm　　16 开本　　27.5 印张　　640 千字
版　　　次	2016 年 7 月第 1 版　　2021 年 3 月第 2 次印刷
印　　　数	4001—5000 册
定　　　价	68.00 元

凡购买我社图书，如有缺页、倒页、脱页的，本社营销中心负责调换

前　言

Bugs，不见不如相见

从去年 5 月份开始对这本书升级，直到今年 3 月份才将本书升级完成，花费的时间实在是比较长。由于最近软件测试课程讲得太多，还有一些烦琐的事情需要课后处理，所以每天留给写书的时间比较少，导致书稿延期。

这几年做的企业内训比较多，因此经常有机会与一些企业的软件测试工程师进行深入的交流。关于软件测试，不少测试工程师都存在以下较为典型的认识误区：

（1）唯工具论。

很多软件测试工程师重视各种测试工具的学习和使用，而不重视对软件测试方法、流程等方面的学习与研究。

（2）总觉得黑盒测试很简单，没什么技术含量。

做自动化和性能测试的工资明显比做手工测试的工资高，这是客观存在的现象，但并不能说做自动化或性能测试就可以不用来研究测试设计及测试流程。站在公司的层面，测试设计与测试流程是产品质量的保障，自动化测试也好，性能测试也好，只是一种测试手段，他们更多的是使用工具代替了手工测试，但并不能保证测试的全面性。而测试的全面性与科学性还是由测试设计、测试流程来决定的。

黑盒测试很简单没有技术含量，这是很多做了多年测试的人常犯的错误。如果黑盒测试没有技术含量，为什么很多公司做的黑盒测试都不理想呢？通常来说，认为一件事或一门技术很简单有两个方面的原因：一是由于这个人确实很强，对他来说这个内容确实很简单；二是自己掌握的知识很浅，即我们通常说的"半桶水"，由于对知识体系了解得不全面而觉得简单。很多做了几年测试的工程师，可能始终没搞明白一个问题：产品究竟什么时候可以发布？笔者几年前做测试的时候也有过一样的困惑。

由于白盒测试主要由开发人员完成，所以我们一般说的测试主要是指黑盒测试，严格说来性能测试和自动化测试也都属于黑盒测试的范畴。很多年前当笔者刚接触测试时，笔者也曾经迷茫过，也像很多朋友一样，认为黑盒测试没有技术含量，只有用例设计和测试执行，但真正走进测试领域后，发现事实远非如此简单：

（1）为什么用例设计总是不全面？

（2）为什么测试用例发现的问题总是很少，很多的问题不是按测试用例执行来发现的，而是一些其他方面的操作发现的？

（3）为什么测试报告几乎没什么有用的数据，只是简单地描述用例执行情况，对缺陷几乎没有任何分析，也不知道为什么产品或系统就可以发布了？

（4）为什么几乎从没认真分析过测试需求，甚至不清楚需求到底是怎么来的？

而解决诸多类似的问题，正是笔者编写本书的目的。必须明确指出，黑盒测试的核心并非测试工具的掌握和使用；黑盒测试并不简单，需要有完整的理论指导及严格的方法训练。

概括说来，测试的核心工作可归结为测试流程、测试设计及缺陷管理和分析。

（1）测试流程：不能只对测试流程有一个了解，而是必须要对测试流程中每个步骤都很熟悉，并且知道每个步骤可能存在的问题，评估需要注意的事项，在流程优化方面有自己的见解最好。

（2）测试设计：其实很多人不知道测试设计是什么意思，很多测试工程师只知道测试用例设计，但其实用例设计不能等同于测试设计，测试设计包含三个步骤：需求分析、测试分析、用例设计。

（3）缺陷管理和分析：缺陷管理是大家目前都在做的，但缺陷分析很少有公司在做，这就导致在写测试报告时，测试报告的内容几乎没什么有价值的数据，都是一些无关紧要的内容。其实测试报告中应该对缺陷进行一定程度的分析和对缺陷进行度量，这样才能更好地分析产品或系统是否达到发布标准。

我把本书定位为一本系统、详细、实用的学习软件测试用书，所以，本书的内容分为四大部分：理论篇、设计篇、技术篇和扩展篇。

理论篇主要内容有：软件测试的发展、缺陷的引入、修改缺陷的成本、测试成本以及测试工程师的职责，系统生命周期中的测试策略、测试模型，软件测试组织的发展。

设计篇包括七个章节的内容。首先讲了测试的整个流程，然后是软件质量模型、测试设计和用例设计方法。测试设计和测试用例设计是测试过程中的核心内容，直接影响着软件测试的质量，所以一般说来，我们的用例设计需要建立在测试设计分析的基础上。但在实际的测试过程中，很多人经常忽略测试分析而直接进行用例设计。所以测试设计和测试用例设计也是本篇的核心内容。测试用例不仅需要设计，还需要进行有效的管理和维护，以便我们通过分析缺陷来改善测试流程。所以，本部分还详细讲解了如何对缺陷进行有效的管理和分析。

技术篇的内容更加丰富多彩，包括了 Web 测试、本地化与国际化测试、兼容性测试和易用性测试，当然，还有 Web 测试中不可或缺的 Web 安全性测试。

扩展篇内容包含：功能测试及其他测试技术，主要介绍了性能测试和自动化测试，并且通案例详细介绍性能测试和自动化测试的过程；接着介绍了验收测试和文档测试；最后介绍如何制定自己的职业规划。

经过近一年的努力，书稿终于完成。在这里我感谢所有曾经帮助、支持和鼓励过我的朋友。由于笔者水平有限，很多内容是自己的经验总结，出现错误在所难免，欢迎广大读者批评指正。读者在阅读本书的过程中如有任何不清楚的问题和批评建议，可以发邮件到 arivnhuang@163.com，作者将尽力给您答疑解惑。

Bugs，不见不如相见，相见不要再见！

目　录

第三部分 技术篇

第四部分　扩展篇

第一部分
理 论 篇

　　理论篇主要包括三个章节内容，主要对软件测试的基础知识进行详细介绍，目的是让读者从整体上了解软件测试。第一章介绍软件测试的发展、缺陷的引入、修改缺陷的成本、测试成本以及测试工程师的职责和心态；第二章介绍系统生命周期中的测试策略，软件测试的几种模型；第三章介绍软件测试组织的发展，通过介绍软件测试组织的发展，找到个人在软件测试行业中的职业发展。

1 软件测试概述

在讲述后面的章节之前，有必要对软件测试的基础知识进行介绍。本章主要介绍软件测试的基础知识，希望通过本章节的学习，读者可以对软件测试的定义、缺陷的引入等基础知识有一个大概的了解。

本章主要包括以下内容：

- 软件测试发展历史
- 历史教训
- 软件测试定义
- 软件测试分类
- 软件测试阶段

1.1 软件测试发展历史

早期并没有软件测试这个概念，直到 20 世纪 60 年代（软件工程建立前），为证明程序设计的正确性而进行了相关的测试。

1972 年，在北卡罗来纳大学举行了首届软件测试正式会议。

1975 年，John Good Enough 和 Susan Gerhart 在 IEEE 上发表了文章《测试数据选择的原理》，软件测试被确定为一种研究方向。

1979 年，Glenford Myers 在《软件测试艺术》中，对测试做了定义：测试是为发现错误而执行的一个程序或者系统的过程。

20 世纪 80 年代早期，"质量"的号角开始吹响。软件测试定义发生了改变，测试不单纯是一个发现错误的过程，而且包含软件质量评价的内容，制定了各类标准。

1983 年，Bill Hetzel 在《软件测试完全指南》中指出：测试是以评价一个程序或者系统属性为目标的任何一种活动，测试是对软件质量的度量。

20 世纪 90 年代，测试工具盛行起来。现阶段的测试工具主要有两种来源：开源测试工具和商业测试工具。

（1）开源测试管理工具主要有：Bugzilla、Bugfree、TestLink、Mantis 等。

（2）开源自动化测试工具主要有：Watir、Selenium、MaxQ、WebInject 等。

（3）开源性能测试工具主要有：JMeter、OpenSTA、DBMonster、TPTEST、Web Application Load Simulator 等。

（4）商业测试工具主要包括以下几种：

1）TestDirector：全球最大的软件测试工具提供商 Mercury Interactive 公司生产的企业级测试管理工具，也是业界第一个基于 Web 的测试管理系统，它可以在公司内部或外部进行全球范围内测试的管理。通过在一个整体的应用系统中集成了测试管理的各个部分，包括需求管理、测试计划、测试执行以及错误跟踪等功能，TestDirector 极大地加速了测试过程。

2）Quality Center：基于 Web 的测试管理工具，可以组织和管理应用程序测试流程的所有阶段，包括指定测试需求、计划测试、执行测试和跟踪缺陷。此外，通过 Quality Center 还可以创建报告和图来监控测试流程。合理使用 Quality Center 可以提高测试的工作效率，节省时间，达到事半功倍的效果。

3）QuickTest Professional：HP QuickTest Professional 针对功能测试和回归测试自动化提供业界最佳的解决方案，适用于软件主要应用环境的功能测试和回归测试的自动化。采用关键字驱动的理念来简化对测试用例的创建和维护。它让用户可以直接录制屏幕上的操作流程，自动生成功能测试或回归测试脚本。专业的测试者也可以通过其提供的内置脚本和调试环境来取得对测试对象属性的完全控制。

4）LoadRunner：一种预测系统行为和性能的负载测试工具。以模拟上千万用户并发负载并实时监测系统性能的方式来确认和查找问题。LoadRunner 能够对整个企业架构进行测试。通过使用 LoadRunner，企业能最大限度地缩短测试时间，优化性能和加速应用系统的发布周期。

其他工具与自动化测试框架还有：Rational Functional Tester、Borland Silk 系列工具、WinRunner、Robot 等。

1996 年提出的测试能力成熟度（Testing Capability Maturity Model，TCMM）、测试支持度（Testability Support Model，TSM）、测试成熟度模型（Testing Maturity Model，TMM）。

1）TCMM 于 1996 年，由 Rodger 和 Susan Burgess 在 Testing Computer Software 会议上提出。

2）TSM 于 1996 年，由 David Gelperin 和 Aldin Hayashi 提出。

3）TMM 于 1996 年，由 Ilene Burnsein 博士在伊利诺伊研究所提出。

TCMM、TSM 和 TMM 是对软件能力成熟度模型（CMM）的有益补充。

到了 2002 年，Rick 和 Stefan 在《系统的软件测试》一书中对软件测试进行了进一步定义：测试是为了度量和提高被测软件的质量，对测试软件进行工程设计、实施和维护整个生命周期的过程。

我国的软件测试技术研究起步于"六五"期间，主要是随着软件工程的研究而逐步发展起来的。

由于起步较晚，与国际先进水平相比差距较大。现在国内软件测试还处于初级发展阶段，在 2004 年之前大学毕业生出来找工作，可能几乎没有听说过软件测试这个职位，企业也不重视软件测试，近些年随着互联网信息技术和我国外包业务的发展，很多 IT 企业开始重视软件测试，并开始组建软件测试团队。

虽然近些年来，软件测试在国内得到很大的发展，但相对于国外软件测试的发展来说，国内还处于初级阶段，目前国外开发工程师与测试工程师的人员比例为 1:1，而在国内开发人员与测试人员的比例为大概 7:1 左右，相对于国外还有很大差距。据国家权威部门统计，中国软件人才缺口超过 100 万人，其中很大一部分为软件测试人才，缺口达到 30 万～40 万。

然而符合企业急需的软件测试工程师在国内现有的人才数量中却寥寥无几，由于软件测试工程师属于软件产业化过程中凸显的一个新型软件技术职业，国内传统学历教育在这方面尚处于真空状态，无法满足行业对这一特殊岗位的需求。根据信息产业部门发布的最新报告显示，我国软件测试工程师的行业需求超过 30 万，业内专家预计，在未来 5～10 年中，我国企业对测试人才的需求数字还将继续增大。

在国外，软件测试已经不仅仅是为了发现程序或系统中的错误，还包括对软件质量的度量和评价，而在国内，软件测试更多的是为了发现程序或系统中存在的错误。

目前，国内主要以手工测试为主，主要验证客户需求是否被实现，而随着软件复杂程度不断加大，手工测试的成本越来越高，导致测试的整体成本越来越高，随着国内手工测试的不断发展与完善，这两年国内很多 IT 企业也已经开始研究自动化测试，希望通过自动化测试来提高测试效率。但目前大部分企业通过自动化测试工具录制和回放来实施自动化测试，离开发一个很完善的自动化测试流程框架还有很长的一段路。

目前，国内的软件测试流程还在不断的完善之中，并且软件测试工程师的整体素质还不是很高，未来企业对软件测试工程师的要求会越来越高，不仅仅需要掌握软件测试的相关知识，还需要了解编程技术、业务流程、数据库技术、网络技术等。

正是因为国内软件测试还处于初级发展阶段，所以未来软件测试行业还有着很大的发展潜力。其主要有三个方面。

第一：进入软件测试行业的机会

现在软件测试的门槛相对于软件开发低很多，这样为想进入软件测试的朋友提供了更多更好的机会。正是由于进入软件测试较简单，所以进入软件测试行业之后受到公司的重视程度与软件开发工程师也有所不同，原因很简单，开发工程师可以生产出产品，产品是可见的，而测试并不能生产出产品，只是发现产品里面的缺陷。因此一些企业不是很重视软件测试。但随着软件测试的发展，软件质量在整个公司的研发过程和整个项目团队中得到充分的重视，那么同级别的测试工程师和开发工程师的待遇将是一样的。在国外一些软件测试工程师的待遇甚至超过开发工程师，因为高级软件测试工程师的要求可能超过同级别的开发工程师，他们不但需要熟悉软件测试，还需要熟悉编程的相关知识。

第二：未来发展和待遇

软件测试工程师的未来是高级测试工程师,而高级软件测试工程师就需要熟悉性能测试或自动化测试。随着软件测试的发展,未来手工测试工程师的竞争力逐渐下降,性能测试和自动化测试是国内软件测试发展的趋势,性能测试工程师和自动化测试工程师的职业逐渐形成,就不仅仅要求他们能设计测试用例,还需要相关的编码能力,并且对数据库、操作系统等都应该有相应的了解。当然,性能测试工程师和自动化测试工程师的待遇相对于手工测试工程师也有很大的提高,并且比一般的开发工程师也会高出很多,这同时也说明仅仅依靠手工测试,想要在软件测试行业有一个好的发展变得越来越难了。

毋庸置疑,国内软件测试的未来是美好的,但是并不代表每个软件测试工程师一定会有一个好的发展,准确地说中国的软件测试发展充满机会和挑战,只有不断地提高自身的能力,才能更好地适应软件测试行业的发展。

第三：相关培训机构和第三方测评机构不断发展

国内关于软件测试培训的公司或机构很少,但随着软件测试的发展,企业对软件测试人员的需求不断增多,促使软件测试相关的培训机构也不断发展。而对于企业来说,企业在发展过程中也需要不断完善测试流程,这同样需要相关培训机构的帮助,所以会促使软件测试相关培训机构的发展。

1.2　历史教训

以前大家不把软件当回事,但现在我们不能对软件视而不见,软件几乎渗透到我们生活的每个角落。然而软件始终不能做到完美无缺,总是存在让人厌烦的缺陷。软件开发工程师一个小失误就可能带来灾难性的事故。

1.2.1　1962 年,"水手 1 号"火箭爆炸

经济损失：1850 万美元。

1962 年 7 月 22 日,美国发射了一枚命名为"水手 1 号"的火箭。火箭在飞往金星途中,突然偏离预定的轨道,任务控制在起飞 293 秒后摧毁了火箭,凌空爆炸。有关部门立即进行了紧张的调查,调查的结果也出乎人们的意料,导致这次事故的原因是：在控制火箭飞行的计算机程序中错误地省略了一个连字号"–"。仅仅是因为缺少了一个小小的连字号"–",竟使美国损失了1850 万美元。

1.2.2　1978 年,哈特福德体育场倒塌

经济损失：7000 万美元以及给当地经济造成的 2000 万美元的损失。

1978 年,在上万球迷离开哈特福德体育场仅仅几小时后,钢结构的体育场屋顶就被大雪压塌了。起因是 CAD 软件程序员在设计体育场时通常错误地假设钢结构屋顶的支撑仅承受纯压力,但当其中一个支撑意外地因大雪而被压塌,引起连锁反应,导致体育场屋顶的其余部分像多米诺骨牌

一样相继倒塌,进而导致整个体育场全部倒塌。

1.2.3 "5·19"南方六省断网事件

2009 年 5 月 19 日,海南、甘肃、浙江、江苏、安徽、广西六个省出现了严重的断网现象,称之为"5·19"断网事件。因此导致打不开网页,QQ、MSN 等即时通信工具掉线和无法在网络上收听、收看音、视频等故障。广东、上海、北京等 10 多个省市也受到波及。

事故原因是 DNS 域名解析故障。DNS 域名解析是网络用户访问互联网时服务商所进行的必要工作,普通用户在访问互联网时一般是输入网站的域名,但在后台技术上则需要翻译成数字化的服务器地址,经过这个过程,用户才能看到想要访问的网站。

由于暴风影音客户端软件存在缺陷,加上其高达 1.2 亿的用户,当暴风影音域名授权服务器工作异常时,导致安装该软件的上网终端频繁发起域名解析请求,引发 DNS 拥塞,造成大量用户访问网站慢或网页打不开。

此次事故从某种意义上完全是一场"蝴蝶效应"。最开始可能仅仅是一家网游私服为了争夺玩家,不择手段地攻击另外一家私服。黑客在设法黑掉竞争对手网站的情况下,干脆从域名下手,对 DNSPod 的服务器进行狂轰滥炸。这导致中国电信方面检测到异常的网间流量,从而启动应急机制。

不幸的是这台被攻击的 DNS 服务器正在为大约 10 万家网站提供域名解析服务,其中有 VeryCD、中国站长、4399.com 等知名网站,而最出名、流量最大的恰恰是暴风影音。网民同时向以暴风影音为首的 10 万个网站的访问请求随即演变为一场灾难。由于 DNS 服务器已经瘫痪,而用户的请求集体转向中国电信的 DNS 解析服务器,从而导致电信服务器很快就瘫痪了。这样的效应逐步扩大,最终导致全国"5·19"南方六省网络瘫痪的重大事故。

1.2.4 2003 年,美加停电事故

著名安全机构 SecurityFocus 的数据表明,2003 年 8 月 14 日发生的美国及加拿大部分地区史上最大停电事故是由软件错误所致。

SecurityFocus 的数据表明,位于美国俄亥俄州的第一能源(First Energy)公司下属的电力监测与控制管理系统"XA/21"出现软件错误,是北美大停电的罪魁祸首。根据第一能源公司发言人提供的数据,由于系统中重要的预警部分出现严重故障,负责预警服务的主服务器与备份服务器接连失控,使得错误没有得到及时通报和处理,最终多个重要设备出现故障导致大规模停电。

预警系统崩溃后没有接收到更多的警报,更没法向外传播,操作员并不知道预警系统已经失效,他们发现了部分异常情况,但因为没有看到预警系统的警报,而不知道情况有多么严重,以致一个小时后才得到控制站的指示。但此时没完没了的故障干扰已经让操作员反应不过来,无法控制整个局面。正常情况下,出现错误的网络会立即与其他网络分隔开来,这样一来错误就会被固定在一个地方,但是同样由于预警系统失灵,操作员没有做出应有的反应,最终使得错误蔓延,一发不可收拾。

根据北美电力可靠性协会(NERC)公布的有关事故资料,可看出事故起因和发展过程:

在发生大停电事故前 1 小时，即美国东部时间 15:06，美国俄亥俄州的一条 345kV 输电线路（Camberlain-Harding）跳开，其输送的功率转移到相邻的 345kV 线路（Hanna-Juniper）上，引起该线路长时间过热并下垂，从而接触线下树木。当时由于警报系统失灵没能及时报警并通知运行人员，15:32 该线路因短路故障而跳闸，使得克利夫兰失去第二回电源线，系统电压降低。

此后，发生了一系列连锁反应，包括：多回输电线路跳开、潮流大范围转移、系统发生摇摆和振荡、局部系统电压进一步降低，引起发电机组跳闸，使系统功率缺额增大，进一步发生电压崩溃，同时有更多的发电机和输电线路跳开，造成大面积停电的发生。

在首先跳开的 5 回 345kV 线路中，除第 4 回属于 AEP 公司外，其他 4 回均属于 FE 公司。他们认为，虽然有一些线路跳闸，系统也是安全的，因而未与其他相连系统解列，导致事故扩大。

1.3　软件测试定义

在 IEEE 国际标准中，对软件测试进行了详细的定义："软件测试是在规定的条件下，使用人工或自动化手段来运行或测试某个系统的过程，其主要的目的是对其是否满足设计要求进行评估的过程"。通俗地说，软件测试就是寻找系统中的缺陷，提高软件质量的过程，也称之为找 BUG。

在这个定义中详细的描述三个维度的内容：软件测试需要在规定条件下进行、软件测试是一个过程、目的是验证系统是否满足客户需求。

（1）软件测试需要在规定条件下进行

软件测试需求在规定条件下进行，也就是说软件测试不能是什么情况下都可以测试，必须有一个要求，对应到测试中就是我们经常说的前置条件。

例如：我们测试一部手机（目前情况下手机一般都是不防水的），如果测试时把这个手机放在水里测试，那这样手机肯定会有问题，我们只能放在一般的大气环境下进行测试。所以被测试对象并不是允许所有的环境下进行测试。

在实际工作中，我们写测试用例时，测试用例中有一个字段就是叫前置条件的。

（2）软件测试是一个过程

软件测试是一个过程，否则不仅仅是一个动作，所以测试是有一个步骤的，通常我们把这个测试步骤也叫做为软件测试流程。

标准的软件测试流程是：计划与控制、分析与设计、实现与执行、评估与报告、结束活动。当然在实际工作中我们并不是这样定义的，实际的测试过程是：测试计划、测试方案、测试用例、测试执行、测试报告。关于软件测试流程在第 4 章节中会详细介绍。

所以如果要控制测试质量就必须控制测试流程，通过改善测试流程来改进测试质量。

（3）目的是验证系统是否满足客户需求

软件测试的目的是验证系统是否满足客户需求，整个研发过程中，开发是以需求为基础开发的，那么我们要验证系统是否达到客户标准，就是验证开发好的系统是否和需求定义是一致的，因为客户的要求是通过系统需求来体现的，只能确定每条需求被正确的实现后才能说明系统达到客户的要求。所以在整个测试过程中有一个很重要的步骤是对客户提出的原始需求进行分析，将其变为我们软件测试需求。

测试也是找BUG的过程，这个概念显然是狭义的，早期的测试只是找BUG，但是随着测试的发展，现在的测试不仅仅是为了找BUG，现在对测试的定位更多的是为了改进研发流程。通过对所发现的缺陷进行分析（即缺陷分析的方法），找到整个研发过程中做得不好的地方，关于缺陷分析的方法在后面的章节中会详细介绍。

广义地说，测试还包括测试经济学、测试心理学以及如何预防缺陷。

测试经济学指测试过程是需要成本的，不能一味追求质量，而忽略成本，应该在成本和质量之间找到一个平衡点，因为随着测试的进行，从理论上讲软件的质量应该会越来越高，但同时付出的成本也会明显增多，并且软件不能及时发布，影响到市场表现。

测试心理学是指测试过程中的心态，在测试过程中业界认为有两种心态：一是测试过程是为了证明系统是存在问题的；二是测试过程是为了证明系统不存在问题的。其实如果单纯地让大家在两者之间做一个选择，那可以说绝大多数是会选择第一种，但是随着测试的进行，测试心态就会发现改变。

例如：一个简单的登录功能，如果已经测试了5个小版本（T1到T5），一直未发现问题，第6个小版本的时候，并未对这个功能进行任何修改，这个时候测试工程师就会潜意识认为这个功能是正常的，没有问题，这样就不会验证所有的用例，只会挑其中一部分用例进行验证。但从测试的角度来说，如果不对功能进行完整的验证，是不能确定这个功能就一定不存在问题的。

关于这个测试心态的问题，以前出现一个这样的BUG，一个软件已经面向市场发布了V1.5版本了，并且市场反应还不错，没有什么大问题，以后要对软件进行升级，更新为V2.0版本，这个软件有一个新增用户的功能，在新增用户界面有一个选择项是设置用户性别的，是一个下拉列表框，可以选择"男"或"女"，这个新增用户界面在新的版本中没有做过任何的修改，当然包括性别选择项也没有做过任何的修改。此时测试的工程师对性别测试时，就随意地先选择"男"再选择"女"，结果这个功能出现一个问题，如果你新增一个"女"性用户，再新增一个"男"性用户，结果一直无法新增"男"性用户，用户的性别一直为"女"性，这就是典型的测试心态影响了测试质量，后来发现是由开发工程师不经意地修改了性别下拉列表的属性引起的，像这样问题就很难被测试到，因为测试过程中，测试工程师潜意认为功能没有问题，测试的目的就变成了是证明系统不存在问题了，这就是典型的随着测试不断进行，测试心态发生变化的情况。

预防缺陷其实是现在测试遇到的一个新问题，现在我们希望在测试开始之前尽量地去避免一些问题，这就是我们通常说的预防缺陷。预防缺陷是一个系统的工程，需要对测试数据进行详细的分析，这样才能更好的预防缺陷，进而降低修复缺陷的成本。

1.4 软件测试分类

软件测试分类的方法其实有很多种，从不同的维度进行分类，其所分的类型也完全不同，通常可以从三个维度对测试方法进行分类。

（1）从被测试对象的角度分类。从被测试对象的角度分类，测试可以分为黑盒测试、白盒测试和灰盒测试。

（2）从被测试对象是否运行的角度进行分类。从被测试对象是否运行的进行分类，测试可以被分为动态测试和静态测试。

（3）从测试执行时使用的工具角度分类。从测试执行时使用的工具角度分类测试可以分为手工测试和自动化测试。

1.4.1　黑盒、白盒、灰盒测试的区别

从被测试对象的角度分类，测试方法可以分为黑盒测试、白盒测试、灰盒测试三种，这也是我们最常看到的分类方法。

任何一个程序在测试时都由这几部分组成：输入、程序的处理过程和输出三部分，如图1-1所示。黑盒测试是指在整个测试过程中只关注输入和输出，如果输入一个测试数据，输出的结果是正确的，我们就认为这个功能是正确的。如输入测试数据（2,2），结果如果输出为4，就认为是正确的，其中程序是如何处理的，测试工程师并不关注，这里有可能是2×2、2+2，也可能是2^2。当然如果不知道程序是怎么处理的，那么再另一组数据后，可能得到的结果就不一定正确了，如输入（3,3），那结果就不一定会正确了。

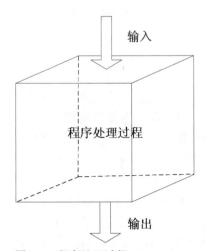

图1-1　程序处理过程

白盒测试与黑盒测试不同的地方是，白盒测试不仅仅关注输入与输出的结果是否正确，同时还关注程序是如何处理的，同样是上面的例子，输入测试数据（2,2），白盒测试不仅仅关注测试结果是否为4，同时还关注这个程序的内部逻辑处理过程。

关于黑盒测试和白盒测试其实还像社会的两种人，黑盒测试就相当于黑道，白盒测试就相当于白道。黑道的老大如果要解决什么事情，他们会派下属去处理，并且老大只关注结果，至于中间是

如何处理的，与他没有关系。而白道的人即我们说的公务员，他们对办事的整个流程或法律体系都很了解。举个例子，你亲戚和别人打架了，把别人打了，你第一件事不会去报案，而是联系朋友看法院、派出所或其他的相关部门是否有熟人，因为这些人对法律流程很熟悉，他们很清楚如何将你亲戚的责任最小化。

但是这个社会还有一类人，是黑白通吃的，这就是我们测试分类里面的灰盒测试，灰盒测试是界于黑盒测试和白盒测试之间的一种测试。之所以存在灰盒测试，是因为按测试阶段来划分，整个测试的流程包括单元测试、集成测试、系统测试，而白盒测试对应单元测试，黑盒测试对应系统测试，那么在正确的测试过程中，应该是先测试单元模块，单元模块测试完成之后，并没有立即进入系统测试，而是集成测试，这个时候其使用的方法就是灰盒测试，即我们测试完成单个模块后，虽然单个模块没有问题，但并不代表这些模块组合在一块时就一定没有问题。那么要验证这些功能模块组合在一起有没有问题，这就是我们说的集成测试，其使用方法就是灰盒测试。

从某种角度来说，白盒测试显然比黑盒测试更全面，因为他们不仅关注测试结果，还注重程序内部的逻辑结构，所以有人提出为什么不能只有白盒测试就可以呢？答案显然是肯定的。讨论这个极端的问题，其反过来的问题就是黑盒测试的内容有哪些是白盒测试不可能做到的。我们说黑盒测试是更接近用户使用的测试，所以关于用户使用流程、易用性等方面并不是白盒测试可以测试到的，也就是如果白盒测试没问题后，并不能保证程序的易用性、界面显示、业务流程等内容就一定没有错误。同样的道理，显然只有黑盒测试也是不够的，因为黑盒测试虽然可以更好地站在用户的角度进行测试，但黑盒测试并不能像白盒测试那么有效地测试程序内部结构。所以不能极端地认为只有白盒测试或只有黑盒测试可以测试好系统。

所以现在一个完善的测试体系中有这三类方法：黑盒测试、白盒测试、灰盒测试。只有将这三种完美的结合起来，才能更好的保证系统的质量。从软件测试发展的历程来看，包括国内软件测试，其实都是先有黑盒测试才有白盒测试，不可能先做白盒测试再做黑盒测试，并且在现阶段国内很少公司做白盒测试，之所以出现这种情况是因为白盒测试对测试工程师的技能要求会高出许多，同时还有一个原因是因为当前国内软件测试发展还是处于初级阶段，所以白盒测试开展的并不理想。

1.4.2　动态与静态测试的区别

如果从被测试对象是否被运行的角度来划分，测试可以分为静态测试和动态测试两种。

静态测试是指不运行被测试的软件系统，而是采用其他手段和技术对被测试软件进行检测的一种测试技术。例如：代码走读、文档评审、程序分析等都是静态测试的范畴。常用的静态分析技术包括：控制流、信息流和数据流，但现在这些方法其实用的比较少，因为很多问题在编辑器的时候就解决了。在我们进行测试过程中，关于静态测试用得最多的是对文档进行评审，当然不同文档在评审时所关注的问题是完全不同的。

动态测试是指按照预先设计的数据和步骤去运行被测软件系统，从而对被测软件系统进行检测的一种测试技术。如果按阶段来分，单元测试中常见的动态测试方法就是逻辑覆盖的方法，而在系统测试阶段，我们做的测试都属于动态测试，因为我们要运行系统才能验证系统功能是否正确。

动态测试是通过观察代码运行时的动作，来提供执行跟踪、时间分析及测试覆盖度方面的信息。动态测试通过真正运行程序发现错误。通过有效的测试用例，对应的输入/输出关系来分析被测程序的运行情况。

1.4.3　手工与自动化测试的区别

从测试执行时使用的工具角度分类，测试可以分为手工测试和自动化测试。

手工测试是指软件测试的整个活动过程（如评审、测试设计、测试执行等）都是由软件测试工程师手工执行人来完成，不使用任何测试工具，狭义上是指测试执行由人工完成，这是最基本的测试形式。

自动化测试是使用软件来控制测试执行过程，比较实际结果和预期结果是否一致，设置测试的前置条件和其他测试控制条件并输出测试报告。通常，自动化测试需要在适当的时间使已经形式化的手工测试过程自动化。

前些年几乎都是手工测试，近几年自动化测试开始慢慢地开展起来了，一些成熟的企业已经开始有专业的团队来做自动化测试。那么自动化测试为什么会存在呢？其实也是有着其自身的道理，并不是无缘无故地出现。

随着现在系统越来越复杂，如果版本升级，新增一些需求，那么我们必须对整个系统进行全面的回归测试，但这样将花费巨大的时间成本。例如中国平安的主页www.pingan.com，其绑定了很多子系统，包括平安银行、平安金融、平安保险等。如果现在只是升级几个需求的话，那么必须对所有功能都进行全面的测试，而这么大的系统少说也有3000个功能点，这样回归测试一轮，可能每天需要几百人，这个成本是巨大的，所以这个时候我们必须通过自动化测试来解决回归测试的问题，进而节约测试成本。并且即使我们不考虑时间成本的问题，手工测试也无法全面回归，在1.3节中我们有介绍过测试心态的情况，如果我们持续测试一个功能，测试了好几轮都没问题，那么下一轮我们可能不会认真且全面地测试，这样就导致一些问题被遗漏了。但如果我们使用自动化测试工具则不存在这个问题，因为工具不知道它测试了多少轮。

所以自动化测试和手工测试应该是相互结合地使用，也不能只有自动化测试没有手工测试，因为在自动化测试的概念中说的很清楚："自动化测试需要在适当的时间使已经形式化的手工测试过程自动化。"也就是说，第一轮测试是不允许做自动化测试的，第一轮必须是手工测试。所以只有自动化测试也不行。

1.5　软件测试阶段

在1974年美国就召开了第一届软件测试大会，首次将软件测试定义一门学科，也是软件质量中重要的一个分支学科。既然软件测试成为一个学科，那么在实际的测试过程中，其一定有一个流程来控制，随着测试的不断成熟，我们将软件测试分为单元测试、集成测试和系统测试三个阶段。

1.5.1 软件测试阶段划分

通常测试被分为三个阶段：单元测试、集成测试和系统测试，通常在系统测试之后我们就会将这个产品发布了，但一些情况下我们的测试还会划分出另外一个阶段，那就是验收测试，软件测试阶段划分如图1-2所示。

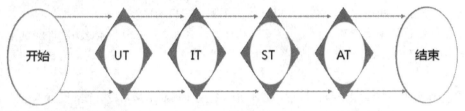

图1-2　测试阶段划分

在开发完成编码后，首先应该对各单元模块进行单元测试，以确定各单元模块是没有问题的。单元模块测试完成后是集成测试，集成测试主要是验证各单元模块之间数据传递是否正确。集成测试完成后就是系统测试，系统测试其实就是集成测试的集成测试，即当我们不断地集成测试时，将系统所有功能都集成后就成了最后系统，此时测试就是系统测试。在系统测试完成后，一般产品就发布了，但如果是一些定制的产品或外包的产品，此时客户就一定会进行验收测试，验收测试从某种程度说就是系统测试的延续，当然验收测试又分为正式验收测试和非正式验收测试两种，关于验收测试在第18章中会进行详细的介绍。

单元测试、集成测试和系统测试的区别见表1-1。

表1-1　ST、IT、UT 的区别

	ST	IT	UT
概念	整体系统功能测试	接口测试	函数、类测试
测试依据	需求说明书	概要设计说明书	详细设计说明书
覆盖准则	需求覆盖	接口覆盖	逻辑覆盖
用例设计方法	功能用例设计方法	集成测试策略	单元测试用例设计方法
优缺点	成本高、用户角度	界于 ST 和 UT 之间	成本低、内部代码

1.5.2 回归测试

回归测试其实不是测试阶段，但在各个测试阶段中都会进行回归测试，回归测试贯穿整个测试过程，关于回归测试，我们需要掌握三个方面的内容：回归测试的过程、回归测试的策略、回归测试所处的阶段。

回归测试过程如图1-3所示。

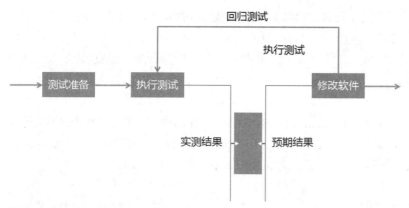

图 1-3　回归测试过程

　　准备好测试条件时，在执行测试过程中，需要比较实际结果与预期结果是否一致，如果实际结果与预期结果一致，说明这个测试用例是正确的；但如果实际结果与预期结果不一致，则说明这个功能存在 BUG，如果测试过程中存在 BUG，那么下次再发测试版本的时候，就必须验证这个 BUG 是否被解决，我们把这样的一个过程叫做回归测试。

　　那么当发现 BUG，在下一版本回归测试时，应该如何回归测试呢？是将所有的功能都验证还是只验证出现 BUG 的功能呢？这就是回归测试需要讨论的第二个问题——回归测试策略。

　　回归测试策略通常有四种：全面回归测试、选择性回归测试、指标法回归测试和自动化工具回归测试。

　　（1）全面回归测试

　　全面回归测试是指不管发现多少个问题，也不管哪些功能有问题，哪些功能没有问题，都进行测试。全面回归测试的优点是对所有功能进行验证，尽最大可能保证系统没有问题，但是这样同样带来一个很重要的问题，就是如果进行全面回归测试，那么测试的成本就会大大提高，并且从测试心理学角度来说，测试工程师是不可能全面回归测试的，即使给你足够的测试时间，也不可能全面回归。前面我们谈到测试心理学，关于测试心态的两种情况，在我们回归测试时，随着测试的不断迭代，我们测试的心理会发生变化，后面测试时我们更多的是这种心态："测试是为了证明系统不存在问题。"这就决定着我们不可能对所有测试用例进行验证，很可能是只挑选了一部分用例进行验证测试。

　　（2）选择性回归测试

　　选择性回归测试是指，在回归测试时我们只对出现问题的这些功能进行验证，没有出现问题的功能就不进行测试。例如，一个系统一共有 20 个功能点，第一轮测试时，发现 10 个 BUG，这 10 个 BUG 是测试其中 8 个功能点发现的，那么选择性回归测试就只对这 8 个功能进行回归测试。但这样存在一个问题，在修改某个 BUG 时，如果修改了 A 函数，而这个 A 函数又被其他的功能所调用（假设是 F1 功能，这个 F1 功能在上一轮测试中是正确的），这个时候就不能仅仅验证存在问题的 8 个功能，还应该验证 F1 功能是否正确，即除了验证这些 BUG 外，还要关注那些可能影响到的模块。但是这里又存在一个问题，测试工程师如何知道哪些功能可能会受到影响呢？所以这就需要开发工程师在修复 BUG 时写清楚，当前这个 BUG 是由什么原因引起的，这个问题是如何修改的以及可能产生的影响，所以选择性回归测试除了需要验证当前的问题外，还要验证修改的这些问题可能对其他功能带来的影响。

（3）指标法回归测试

指标法回归测试是指每次回归测试一定比例的测试用例，例如用例库一共是 500 条用例，每次回归测试时只回归验证其中 60%的用例，这个方法是不可取的，因为没有规定回归哪 60%的用例，这样可能出现测试工程师故意回归一些不相关的测试用例，因此质量无法保证。

（4）自动化工具回归测试

自动化工具回归测试是指使用自动化测试工具进行回归测试，前面我们介绍过从理论的角度来说，其实不管修改了哪些功能，都应该对所有的功能进行回归测试。但是当我们进行全面回归测试时，由于时间成本和测试心态变化的因素，其实我们是无法保证有能力全面回归测试的，这个时候就可以使用自动化测试工具来代替我们手工回归测试，这样既可以解决测试成本的问题，又可以解决测试过程中测试工程师的心态问题。目前，在国内自动化测试还是处于起步阶段，但未来自动化测试一定会成为一个发展趋势。

回归测试在整个测试过程中都存在，而不只是存在于某个阶段，因为不管是单元测试、集成测试还是系统测试，只要在测试过程中发现系统存在 BUG，就需要对 BUG 进行修改，而修改完成后就需要进行回归测试来验证是否将该 BUG 修改好。

1.6　小结

本章首先介绍了软件测试的发展历史，同时详细介绍了国内软件测试的发展情况和未来国内软件测试的发展方向。接着介绍测试的定义和软件测试分类，软件测试分类是我们必须要掌握的内容，并且应该掌握从不同的分类角度对软件测试分类，应该有不同的划分。最后介绍软件测试的阶段，在实际测试工作中软件测试分哪几个阶段进行、每个阶段的区别，以及回归测试的过程、回归测试的策略和回归测试所存在的阶段。

2

系统生命周期中的测试策略

现在软件测试已经贯穿于软件开发生命周期的整个过程中，是软件质量控制体系中的重要环节，在整个系统生命周期中有哪些测试策略呢？本章我们将详细介绍系统生命周期中常用的测试策略。

本章主要包括以下内容：

- 测试级别
- 测试在质量体系中的位置
- 软件测试模型
- 系统生命周期中的测试策略

2.1 测试级别

在软件开发生命周期过程中，有很多种软件测试模型（关于软件测试模型在 2.3 节中会详细介绍），不同的测试模型其对应的测试级别也有不同，以最典型的 V 模型为例，软件测试级别可以分为组件测试、集成测试、系统测试和验收测试。

2.1.1 组件测试

组件测试在实际的测试过程中所对应的阶段是我们的单元测试阶段，组件测试是最低层的一个级别的测试。在整个开发过程中，单元模块是开发工程师最先开发出来的，单元模型是最小的组件，通常单元模块是我们说的函数或类，对于第二代语言，单元模块就是函数，对于面向对象的语言，单元模块就是类。把对于这类单元模块的测试称为组件测试。

组件测试的具体目的如下：

（1）验证代码是与设计相符合的。

（2）发现设计和需求中存在的错误。

（3）发现在编码过程中引入的错误。

关于组件测试需要关注两个维度的内容：功能方面和非功能方面。功能方面主要是内部的逻辑结构，验证程序内部逻辑结构是否满足设计要求，当然除此之外还包括内部数据结构、独立路径集等方面的内容。非功能测试主要是其他逻辑设计之外的内容，主要包括代码性能、内存泄漏、代码健壮性、代码可靠性等。

单元测试需要一个环境，也就是如果要测试一个函数或类，它不可能独立运行，它需要存在一定的条件下才能运行，在这个环境中会涉及两个重要的组成部分：桩模块和驱动模块。

桩模块（Stub）是指模拟被测试的模块所调用的模块，而不是软件产品的组成部分。主模块作为驱动模块，与之直接相连的模块用桩模块代替。

驱动单元（Driver）：所测函数的主程序，它接收测试数据，并把数据传送给所测试单元，最后再输出实测结果。

当然如果每测试一个单元模块都需要写这么多桩模块和驱动模块，那么工作效率就会很低，所以现在有很多的一些专业的工具来实现，如 Gtest、Junit 等。

关于更详细的单元测试的内容，在第 10 章都会有详细的介绍。

2.1.2 集成测试

集成测试，也叫组装测试或联合测试。集成测试是 V 模型中第二个级别的测试，集成测试是在单元测试的基础上，将所有模块按照设计要求（如根据结构图）组装成为子系统或系统，进行集成测试。因为一些模块虽然可以单独地工作，但并不能保证这些单独的模块连接在一起时也能正常工作，一些局部反映不出来的问题，在全局上很可能暴露出来。

集成测试（也叫组装测试、联合测试）是单元测试的逻辑扩展。它最简单的形式是，把两个已经测试过的单元组合成一个组件，测试这些组件之间接口数据传递是否有问题。从这个角度来说，集成测试是将多个单元模块进行聚合。在实际测试过程中有很多单元，在对单元组合测试之前必须先分清楚各单元模块之间的关系，然后有序地对绝大部分的单元模块进行组合，直到最后成一个系统。

集成测试的前提条件是在进行集成测试之前一定要保证每个单元模块测试完成，并且每个单元模型要满足设计要求，不能存在问题，如果在组合测试过程中存在问题，这说明单元模块与单元模块之间的接口存在问题。

在测试过程中，集成测试的层次包括两种：一是系统内部集成；二是系统间的集成。系统内部集成是指在整个系统内部功能模块与功能模块集成，一个系统可能由很多不同的功能模块组成，对于这种在一个系统内部将功能与功能进行集成的测试称为系统内的集成。除了系统内的集成外，还有另一类集成是系统间的集成，系统间的集成是指两个独立的系统之间，通过某种方式进行传递数据。举一个简单的例子，现在网购是很平常的事情，在某个电子商务平台上下单买一件产品，如在易迅下单买一部手机，当我们下单后，这个订单号就会从易迅官方平台发送到库存的管理系统中，之后对产品进行包装和发货，发货必须使用到物流，此时这个订单号又会发送到相关的物流中心。像这种情况就是典型的系统间的集成，这个订单号在系统间传递，那么测试时就要测试这个订单号能不能正常地传递到其他的子系统中。

集成测试的策略有很多种，主要包括自底向上集成测试、自顶向下集成测试、三明治集成测试、核心集成测试、分层集成测试、基于使用的集成测试等。

关于更详细的集成测试的内容，在第 11 章都会有详细的介绍。

2.1.3　系统测试

系统测试（System Testing）是将已经集成好的软件系统，作为整个基于计算机系统的一个元素，与计算机硬件、外设、某些支持软件、数据和人员等其他系统元素结合在一起，在实际运行（使用）环境下，对计算机系统进行一系列的测试活动。系统可能包含硬件，但不一定包含硬件，可能就是纯软件。

在系统测试概念中详细地描述了三个维度的内容：系统测试对象、系统测试是一个过程、系统应该有一个流程。

（1）系统测试对象

系统测试的对象是软硬件集合在一起的系统，不应是独立的软件与硬件环境。当然具体操作、执行时可根据实际情况来组织。也就是说，我们通常说的系统测试不一定只有软件，还可能包含硬件、电源和结构等，手机产品就是典型的这类系统，不仅有软件，还有硬件、电源、结构等。验证时应尽可能模拟实际的运行环境与条件。在测试过程中系统测试应该尽量模拟实际的运行环境，这样可以尽最大可能保证系统上线后不出问题。

（2）系统测试是一个过程

为了验证系统是否满足客户需求，需要一系列的测试活动来保证，即系统测试并不是一个简单的步骤，所以为了让系统测试更全面，就需要对系统测试的活动进行管理。

（3）系统测试应该有一个流程

为了更好地管理这些活动，我们制定了一个标准的测试流程，包括五个步骤：计划与控制、分析与设计、实现与执行、评估与报告、结束活动。关于系统测试的流程在第 4 章中会详细地介绍。

在系统测试过程中有一个很重要的环节就是测试设计，这也是我们常说的系统测试方法，系统测试方法即测试用例设计方法，常见的系统测试用例设计方法包括：等价类、边界值、因果图、判定表、正交试验、场景分析法、状态迁移等，关于用例设计方法在第 8 章中会有详细的介绍。

系统测试的类型也很多，常见的系统测试类型包括：功能测试、性能测试、兼容性测试、易用性测试、安全性测试等。系统测试可以分为多种类型取决于软件质量模型，关于软件质量模型在第 12 章中会详细地介绍。

系统测试的目的主要包括以下两个方面：

（1）通过与系统的需求定义做比较，发现软件与系统定义不符合或与之矛盾的地方。

（2）系统测试的测试用例应根据需求分析说明书来设计，并在实际使用环境下运行。

关于系统测试更详细的内容见第 13 章。

2.1.4 验收测试

很多的公司在系统测试完成后就将产品发布了，其实系统测试之后还有一个测试阶段就是验收测试，当然并不是所有的公司都会进行验收测试，一般外包项目会有验收测试，即客户会对产品进行验收，以评估产品质量是否满足要求。

验收测试是软件发布之前最后一个测试阶段，是在单元测试、集成测试和系统测试完成之后的一个测试阶段，也称之为交付测试。验收测试是向最终用户表明系统能够像预定要求那样正确地工作，验收测试的策略通常包括四种：正式验收、非正式验收、Alpha 测试和 Beta 测试。

正式验收测试是一项管理严格的过程，它通常是系统测试的延续。计划和设计这些测试的周密和详细程度不亚于系统测试。选择的测试用例应该是系统测试中所执行测试用例的子集。不要偏离所选择的测试用例方向，这一点很重要。在很多组织中，正式验收测试是完全自动执行的。

非正式验收测试执行测试过程的限定不像正式验收测试中那样严格。在此测试中，确定并记录要研究的功能和业务任务，但没有可以遵循的特定测试用例。测试内容由各测试员决定。这种验收测试方法不像正式验收测试那样组织有序，而且更为主观。

Alpha 测试是由一个用户在开发环境下进行的测试，也可以是公司内部的用户在模拟实际操作环境下进行的测试。Alpha 测试的目的是评价软件产品的功能、局域化、可使用性、可靠性、性能和支持等特性是否满足用户要求。

Beta 测试是一种验收测试。它与 Alpha 测试有很多相似之处，都是关注产品功能、性能、可靠性等特性，但与 Alpha 测试也有一些不同之处，如 Beta 测试是由最终用户或潜在用户来执行。

关于验收测试更详细的内容见第 20 章。

2.2 测试在质量体系中的位置

测试不仅仅是找出软件中的缺陷，它在软件质量体系中占有重要的位置，下面我们来讨论在能力成熟度模型和基于过程的质量模型中，软件测试所处的位置。

2.2.1 能力成熟度模型集成

CMMI（Capability Maturity Model Integration，能力成熟度模型集成）认证评估在过去的十几年中，对全球的软件产业产生了非常深远的影响。CMMI 共有五个等级，分别标志着软件企业能力成熟度的五个层次，如图 2-1 所示。从低到高，软件开发生产计划精度逐级上升，单位工程生产周期逐级缩短，单位工程成本逐级降低。据 SEI 统计，通过评估的软件公司对项目的估计与控制能力提升约 40%～50%，生产率提高 10%～20%，软件产品出错率下降超过 1/3。

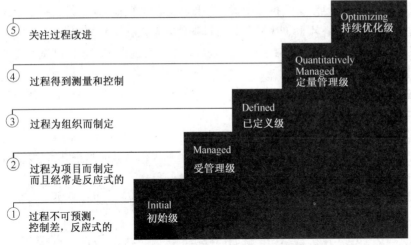

图 2-1　CMMI 模型

第一级：初始级

初始级的软件过程是未加定义的随意过程，项目的执行也是随意的，甚至是混乱的。当然有些企业可能已经制定了一些软件工程规范，但若这些规范未能覆盖基本的关键过程要求，并且在执行过程中没有政策、资源等方面的支持，它仍然被视为初始级。

第二级：受管理级

根据多年的经验和教训，企业总结出软件开发的首要问题不是技术问题，而是管理问题。因此，CMMI 发展到了第二级，更强调软件管理过程，建立一个可管理的过程是很重要的，它可以将开发的过程重复，只有可重复的过程才能逐渐改进并使其成熟。受管理级的管理过程主要包括五个方面：需求管理、项目管理、质量管理、配置管理和子合同管理；其中项目管理过程又分为计划过程和跟踪与监控过程。通过实施这些过程，从管理角度可以看到一个按计划执行且阶段可控的软件开发过程。

第三级：已定义级

在受管理级定义了管理的基本过程，但并没有定义执行的步骤标准。在第三级则要求制定企业范围的工程化标准，并将这些标准集成到企业软件开发标准过程中。规定所有开发的项目或产品都必须遵守该标准过程，并且按照过程执行，当然在实际过程中，可以根据具体的项目对该过程进行适当的裁剪，但过程的裁剪不是随意的，在使用前必须经过企业有关人员的批准。

第四级：定量管理级

第四级的管理是量化的管理。所有过程需建立相应的度量方式，所有产品（包括工作产品和提交给用户的最终产品）的质量需要有明确的度量指标。这些度量应是详尽的，且可用于理解和控制软件过程和产品，量化控制将使软件开发真正成为一种工业生产活动。

第五级：持续优化级

持续优化级的目标是达到一个持续改善的境界。所谓持续改进，是指根据过程执行的反馈信息来改善当前已定义的开发过程，即优化已定义的执行步骤。如果企业达到了第五级，就表明该企业能够根据实际的项目性质、技术等因素，不断调整软件开发过程使开发过程达到最优。

CMMI 模型中包括验证（VER）和确认（VAL）两大过程域，这两大过程域与软件测试有着紧密的联系，也是规范软件测试的两大过程域。

（1）验证（VER）过程域的目的是确保所选定的工作产品符合其指定的需求。验证过程域包括验证准备、验证执行和纠正措施识别。

验证的对象包括产品和中间工作产品，验证方法是将待验证的对象与选定的客户需求、产品需求和产品组件需求加以比较。验证是渐进的过程，因为它发生在产品和工作产品的整个开发过程中，从需求开始验证，历经工作产品的验证，最终为已完成产品的验证。

（2）确认（VAL）过程域的目的是展示完全置于预期环境中的产品或产品组件是否满足预期的使用需求。

所有的产品都可在其预期环境中实施确认活动，例如：操作、培训、制造、维护及支持服务。所有用于工作产品的确认方法，也能使用在对产品和产品组件的确定过程中（在所有过程域中，产品和产品组件的含义包括服务及其组件）。工作产品（例如需求、设计、原型）存在于整个产品生命周期，应及早并逐步实施确认。

确认环境必须可代表产品和产品组件的预期环境，同时该确认环境也适用于工作产品确认活动的预期环境。

确认证明是指所提供的产品是否符合预期的使用需求，验证与确认很容易被混淆，验证是确定每个工作产品是否正确反映了特定需求，即验证确保"你正确地做了"；而确认是指"你做了正确的事"。确认活动使用与验证类似的方法，例如测试、分析、检查、示范或模拟。通常，确认活动包含最终用户和其他相关人员。确认与验证活动经常同时实施，且可能使用部分相同的环境。若有可能，实施确认应将产品或产品组件置其预期环境中运行。确认可能使用全部或部分的预期环境，使用工作产品实施确认，可让问题在项目生命周期中通过相关人员的参与及早被发现。服务的确认活动可应用于工作产品，例如建议书、服务目录、工作描述和服务记录。

当在确认过程中问题被识别出来时，需要参考需求开发、技术解决方案或项目监控过程域的实践来解决。

2.2.2 基于过程中的质量

目前，软件项目需求正飞速增长，相应的软件开发活动也随之急剧增长，这样使得软件过程（即用于开发和维护软件及其相关产品的一组活动、方法、实践及转换）得到更多的关注。软件过程在成本估算、项目进度和软件质量等方面必须把握准确，同时产品必须满足用户对其功能和质量的要求，所以深入研究软件度量模型、建立基于度量的量化管理是控制软件过程、提高软件质量的有效保证。基于过程的质量控制如图 2-2 所示。

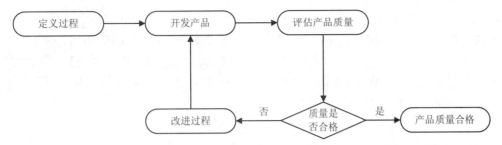

图 2-2　基于过程的质量控制

而软件测试是评估产品质量的重要手段，软件测试贯穿产品开发的始终，那么在整个软件测试过程中，应该如何来度量软件测试的质量呢？在整个测试过程中，质量度量主要包括以下几个方面：

● 测试覆盖率；
● 测试执行的质量和效率；
● 测试用例深度、质量和有效性；
● 缺陷分布分析。

（1）测试覆盖率。

测试覆盖率是指在测试过程中对被测试对象的需求、功能、代码测试的程度。主要包括对需求和代码两个方面的覆盖评估，但其实这两个方面的评估本质是一致的，都是通过测试用例来评估覆盖率。

1）基于需求的测试覆盖评估依赖于对已执行/运行的测试用例的核实和分析，其主要是通过评估测试用例覆盖率来评估，在测试过程中的目标是要求需求的覆盖率达到 100%。在实际测试过程中，可以通过统计已执行的覆盖率和执行成功的覆盖率来评估需求覆盖率的值。

已经执行的测试用例覆盖率指所有测试用例中被执行用例所占百分比，公式如下：

$$已执行的测试覆盖率＝Tx/Rft$$

其中，Tx 表示已执行的测试用例数，Rft 是测试需求的总数。

成功执行的覆盖率指测试过程中执行成功的测试用例所占百分比，公式如下：

$$成功的测试覆盖率＝Ts/Rft$$

其中，Ts 表示已执行并且执行状态为成功的测试用例，Rft 是测试需求的总数。

2）基于代码的测试覆盖率是对被测试的程序代码语句、路径或条件的覆盖率分析。代码覆盖可以建立在控制流（语句、分支或路径）或数据流的基础上，主要用于白盒测试阶段。控制流覆盖的目的是测试代码行、分支条件、代码中的路径或软件控制流的其他元素；数据流覆盖的目的是通过软件操作测试数据状态是否有效，例如，数据元素在使用之前是否已经定义。

基于代码的测试覆盖通过以下公式计算：

$$已执行的测试覆盖率＝Tc/Tnc$$

其中，Tc 是指使用代码语句、条件分支、代码路径、数据状态判定点方法设计的并被执行的用例数，Tnc（Total number of items in the code）是指项目中总的代码数。

（2）测试执行的质量和效率。

测试执行的效率是指测试工程师每天执行的测试用例数，一般每天执行 50 条测试用例。

测试执行的质量包括两个方面：一方面是指每个测试用例发现的缺陷数；另一方面是指软件发布后遗留的软件缺陷数占总缺陷数的百分比，一般要求低于 0.5%。

故测试执行的质量和效率一般使用以下指标来统计：

- 每人每天所执行的测试用例数；
- 每人每天发现的缺陷数；
- 缺陷遗留率。

（3）测试用例深度、质量和有效性。

测试用例是所有测试活动的基础，测试用例质量的好坏直接影响软件测试的质量。

测试用例的度量主要从测试用例深度（也叫测试用例密度）、质量和有效性三个方面来实现。当然如果开展了自动化测试，还可以从测试用例自动化的程度这一维度来度量。

测试用例深度（Test Case Depth，TCD）指每 KLOC（千行代码）设计的测试用例数或每个功能点所设计的测试用例数，一般情况下认为每 KLOC 设计的用例数越多，表示测试的质量越高。当然必须考虑冗余或重复的用例数，在设计用例时应该尽量避免出现冗余或重复。

测试用例质量（Test Case Quality，TCQ）其实是一个很复杂的指标，它包括两个方面：一方面指如何设计一个好的测试用例；另一方面指测试发现缺陷的数量。

一般情况下，一个好的测试用例应该考虑以下几个方面：

- 测试用例覆盖程度；
- 测试用例是否已达到工作量最小化；
- 测试用例的分类、描述是否清晰；
- 测试用例是否表明目的；
- 测试用例的易维护性；
- 有充分的负面测试；
- 测试用例没有重复、没有冗余。

发现缺陷方面主要是指测试用例发现的缺陷数量，公式如下：

$$TCQ＝测试用例发现的缺陷数量/总的缺陷数量$$

总的缺陷数量除了测试用例发现的缺陷数外，还包括通过 ad-hoc 测试（随机、自由的测试）、集体走查（Work-through）和 Fire-drill 测试（类似消防训练的用户压力/验收测试）等其他手段发现的缺陷。

企业开展自动化测试，可以计算可自动化测试用例的数量，这也是衡量测试用例质量的一个方面，将手动测试用例转换为自动化测试用例可以节约写自动化测试用例的时间，可转换的越多，节约的成本就越多。

（4）缺陷分布分析。

缺陷是测试过程中体现工作效率和价值的重要指标之一，也是分析系统质量的重要指标。在测试过程中除了要提交缺陷外，还需要对缺陷的分布情况进行分析，这样可以作为改进系统质量的依据。

在提交缺陷时，需要注意一些必需的元素项，即一个好的缺陷通常需要包含的内容，现在一些企业通常会使用缺陷管理工具来管理测试过程中所发现的缺陷。

对提交的缺陷需要进行分析，这样可以进一步改进系统质量，并且可以改进测试方法和测试策略，常用的缺陷分析方法有：ODC 正交缺陷分析法、Gompertz 缺陷分析法、Rayleigh 缺陷分析法、四象限缺陷分析法和根源缺陷分析法，具体的缺陷分析法在第 7 章详细介绍。

2.3　软件测试模型

在软件质量体系中，为了更好地指导软件开发的全部过程、活动和任务，人们提出了软件开发模型。典型的开发模型有：边做边改模型（Build-and-Fix Model）、瀑布模型（Waterfall Model）、快速原型模型（Rapid Prototype Model）、增量模型（Incremental Model）、螺旋模型（Spiral Model）、演化模型（Incremental Model）、喷泉模型（Fountain Model）、智能模型（四代技术（4GL））、混合模型（Hybrid Model）。但是所有的开发模型都没有把软件测试列进去，这样就无法对软件测试过程进行很好的指导，而随着软件测试的发展，软件测试成为软件质量保证的重要手段之一，软件测试也慢慢地受到公司的重视，于是人们就希望软件测试也像软件开发一样，由一个模型来指导整个软件测试过程。当前最常见的软件测试模型有瀑布模型、V 模型、W 模型、H 模型和 X 模型，下面详细介绍。

2.3.1　瀑布模型

1970 年温斯顿·罗伊斯（Winston Royce）提出了著名的"瀑布模型"，直到 20 世纪 80 年代早期，它一直是唯一被广泛采用的软件开发模型，瀑布模型是由瀑布开发模型演变而来的。

瀑布模型将软件生命周期划分为制定计划、需求分析、软件设计、程序编写、软件测试和运行维护六项基本活动，其过程是将上一项活动接收的工作对象作为输入，当该项活动完成后会输出该项活动的工作成果，并将该项成果作为下一项活动的输入。该模型规定这六项基本活动自上而下、固定相互衔接的次序，如同瀑布流水，逐级下落。从本质上讲，它是一个软件开发架构，开发过程是通过一系列阶段顺序展开的，从需求分析直到产品发布和维护。如果在其中某个阶段有信息未被覆盖或有问题，那么就得返回到上一个阶段，并对这些阶段进行适当的修改才能进入下一个阶段，这样每个阶段都会产生循环反馈，开发过程从一个阶段"流动"到下一个阶段，这也是瀑布模型名称的由来，瀑布模型如图 2-3 所示。

瀑布模型的核心思想是按工序将问题简化，将功能的实现与设计分开，便于分工协作，即采用结构化的分析与设计方法将逻辑实现与物理实现分开。

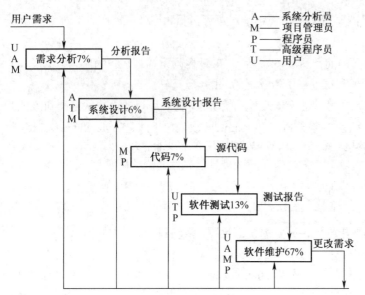

图 2-3　瀑布模型

瀑布模型的优点如下：

- 为项目提供了按阶段划分的检查点；
- 当前一阶段完成后，只需要关注后续阶段；
- 可在迭代模型中应用瀑布模型，如图 2-4 所示。

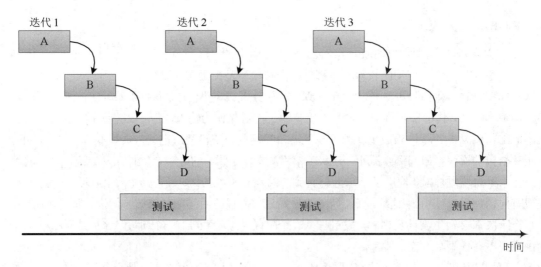

图 2-4　迭代中的瀑布模型

增量迭代应用于瀑布模型，迭代 1 解决最大的问题，每次迭代产生一个可运行的版本，同时增加更多的功能，但每次迭代必须经过严格的质量和集成测试。

瀑布模型有以下缺点：

- 项目中各个阶段之间极少有反馈；
- 只有在项目生命周期的后期才能看到结果；
- 通过过多的强制完成日期和里程碑来跟踪各个项目阶段。

2.3.2　V 模型

V 模型最早是由 Paul Rook 在 20 世纪 80 年代后期提出的，V 模型在英国国家计算中心文献中发布，目的是改进软件开发的效率和效果。它是软件测试最具代表性的测试模型之一。

在传统的开发模型中，如瀑布模型，通常把软件测试过程作为在需求分析、概要设计、详细设计和编码全部完成之后的一个阶段，尽管有时软件测试工作会占整个项目周期一半的时间，但是仍然被认为软件测试只是一个收尾工作，而不是主要的工程。故对以前的测试模型进行了一定程度的改进，V 模型其实是软件开发瀑布模型的变种，反映了软件测试活动与软件开发过程（从分析到设计）的关系，如图 2-5 所示。

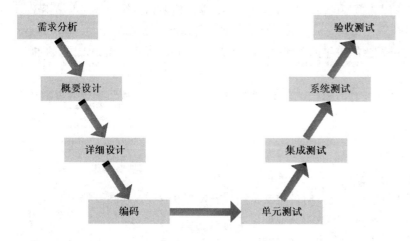

图 2-5　V 模型

V 模型从左到右，描述了基本的开发过程和测试行为，明确地标明了测试工程中存在的不同级别以及测试阶段和开发过程各阶段的对应关系。图中箭头代表了时间方向，左边下降的是开发过程各阶段，与此相对应的是右边上升的部分，即测试过程各阶段。

V 模型指出，单元和集成测试是验证程序设计，单元测试主要由白盒测试工程对代码进行测试，但目前国内真正做白盒测试的企业不多。这主要有两大原因：第一，白盒测试投入的成本很高，并且产出不明显，很多企业不希望投入更多的资源去做这项工作；第二，白盒测试对测试工程师的要求较高，在目前系统测试还没有完全成熟的情况下很难真正地开展白盒测试。而集成测试是介于白盒测试与系统测试之间的一种测试，也叫灰盒测试，由于它与白盒测试和系统测试之间没有明显的界限，所以在实际的测试过程中，即使开展集成测试也是由系统测试工程师来完成。

系统测试主要验证系统设计，检测系统功能、性能的质量特性是否达到系统设计的指标，由测试人员和用户进行软件的确认测试和验收测试，以及对需求说明书进行测试，以确定软件的实现是否满足用户需求或合同要求。

V 模型存在一定的局限性，它把测试过程作为在需求分析、概要设计、详细设计及编码之后的一个阶段。如果不做白盒测试，那么其实都是在系统完成集成后才开始系统测试的，这样需求分析阶段隐藏的问题一直到后期的验收测试才被发现，因此修改缺陷的成本就高了很多。

V 模型详细的描述了每个测试阶段所对应验证的对象，单元测试验收的对象是详细测试说明书、集成测试验证的对象是概要设计说明书，系统测试验证的对象是需求说明书。在测试过程中，我们经常说测试的目的就是验证产品是否满足客户的需求，那么如何确保我们的产品是满足客户需求的呢？换一个角度来理解，其实结果是靠过程来保证的，也就是说，如果我们可以确保开发每个阶段的工作是正确的，那么就说明开发出来的产品肯定是满足客户需求的，因为开发每个阶段的工作都是以需求说明书为依据的，所以 V 模型有一个优点是其详细地介绍了测试每个阶段所测试验证的依据。

由于 V 模型是软件开发中瀑布模型的变种，所以它存在和瀑布模型相似的一些问题。由于测试阶段处于软件实现后，这意味着在代码完成后必须有足够的时间预留给测试活动；否则将导致测试不充分，开发前期未发现的错误会传递并扩散到后面的阶段，而在后面发现这些错误时，可能已经很难再修正，从而导致项目的失败。

V 模型最大的缺陷就是只把程序作为被测试对象，而需求、说明书等其他规格说明书都未被列为测试对象。

总之 V 模型具有以下特征：

（1）测试阶段划分得很清楚。

（2）每个开发阶段都有相应的测试对其进行验证。

（3）测试与开发是串行进行的而不是并行，也就是测试需要等开发完成后再开始。

（4）测试对象只有程序，而不包括需求等其他的说明书。

（5）V 模型是瀑布模型的变种，瀑布模型存在的问题 V 模型也存在。

2.3.3　W 模型

由于 V 模型存在一些明显的缺陷，人们就在实际测试过程中对 V 模型进行了改进，将 V 模型演变为 W 模型。W 模型由 Evolutif 公司提出，由两个 V 字型模型组成，相对于 V 模型，W 模型增加了软件各开发阶段中应同步进行的验证和确认活动，如图 2-6 所示。

W 模型也称之为双 V 模型，一个 V 是开发的生命同期，另一个 V 是测试的生命周期，W 模型与 V 模型有一个很大的不同，就是 W 模型是一个并行的模型，V 模型是一个串行的模型，W 模型开始是从需求分析开始就开始了，而不是等到编码完成后才开始。并且测试阶段的划分更清楚，而不仅仅是单元测试、集成测试、系统测试，还包括前期的测试计划、测试方案等内容，这更符合现在企业测试的流程。

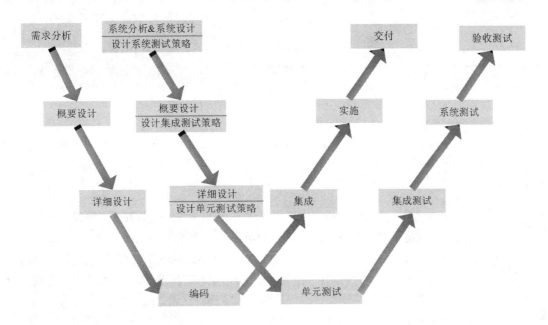

图 2-6　W 模型

W 模型强调测试伴随着整个软件开发周期，而且测试的对象不仅仅是程序，需求、设计等同样要测试，也就是说，测试与开发是同步进行的。

W 模型有利于尽早全面地发现问题。从需求分析开始测试工程师就参与到项目的测试中，当需求分析完成后，测试工程师就需要参与到需求的验证和确认活动中，并需要提供可测试性需求分析说明书，这样可以尽早地发现需求阶段的缺陷。同时，对需求的测试也有利于及时了解项目难度和测试风险，及早制定应对措施，这将显著减少总体测试时间，加快项目进度。但 W 模型也存在局限性，需求、设计、编码等活动被视为是串行的，同时，测试和开发活动也保持着一种线性的前后关系，上一阶段完全结束，才可正式开始下一阶段工作，这样就无法支持迭代的开发模型。对于当前软件开发复杂多变的情况，W 模型并不能解除测试管理面临的困惑。

总之 W 模型具有以下特征：

（1）测试阶段划分得更全面，不仅仅是单元测试、集成测试和系统测试；

（2）测试与开发是并行的，从需求测试就应该开始介入；

（3）提出尽早测试的概念，这样可以降低缺陷修复成本；

（4）测试对象不仅仅是程序，还包括需求或其他的相关文档。

2.3.4　H 模型

H 模型将测试活动分离出来，形成一个完全独立的流程，将测试准备活动和测试执行活动清晰地体现出来，如图 2-7 所示。

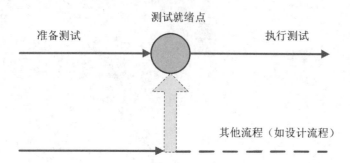

准备测试　　　　　　测试就绪点　　　　　　执行测试

其他流程（如设计流程）

图2-7　H模型

　　H模型提倡者认为测试是一个独立的过程中，所以在H模型中并没有看到关于开发的过程，而是测试的一个流程，当然这个测试的流程并不像V模型和W模型那样有明确的测试区分。

　　H模型演示了在整个生命周期中某个层次上一次软件测试的"微循环"。当测试条件准备完成，进入测试就绪状态后，所在测试H模型中有一个测试就绪点，也就是测试有一个准入条件。通常情况下判断测试是否达到准入条件，应该检查以下几部分内容是否已经完成：

- 该开发流程对应的测试策略是否完成；
- 测试方案是否完成；
- 测试用例是否完成；
- 测试环境是否搭建好；
- 相关输入件、输出件是否明确。

　　也就是说，通常我们要检查上面一些内容是否完成，再确定我们是否需要进入下一个阶段的测试。当测试条件成熟，并且测试准备工作已经完成，进入了测试就绪点，测试执行活动才可以进行。

　　H模型中还有一个"其他流程"的测试，这个观点强调了测试其他不一定要是常见的应用程序也可以其他的内容，这可以理解为整个产品包中所有的对象，包括开发阶段的一些设计流程，这样将测试的范围直接扩展到整个产品包，而非W模型中提到的代码、需求或其他相关说明书。

　　与V模型和W模型不同的是，H模型的核心是将软件测试过程独立出来，并贯穿产品的整个生命周期，与开发流程并行进行，不需要等到程序全部开发完成才开始执行测试，这充分体现了软件测试要尽早准备、尽早执行的原则。不同的测试活动可以按照某个次序先后进行，当一次测试工作后产品质量无法达到要求时，可以反复进行多次测试。

　　总之H模型具有以下特征：

　　（1）测试是一个独立的过程；

　　（2）测试达到准入条件，才可以执行；

　　（3）测试对象是整个产品包，而不仅仅是程度、需求或相关说明书。

2.3.5　X模型

　　X模型的基本思想是由Marick提出的，但是Marick不建议建立一个替代模型。Robin F Goldsmith

引用了 Marick 的一些想法，并经过重新组织，形成了 "X 模型"。当然这并不是为了和 V 模型相对应而选择这样的名字，是由于 X 通常代表未知，而 Marick 也认为他的观点并不足以支撑一个模型的完整描述，但具备一个模型所需要的主要内容，其中包括了探索性测试（Exploratory Testing）见解，如图 2-8 所示。

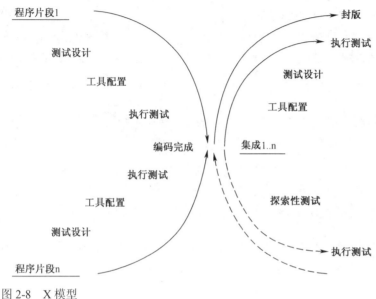

图 2-8　X 模型

　　Marick 对 V 模型提出质疑，他认为 V 模型必须按照一定顺序严格执行开发步骤，而这样很可能无法反映实际的实践过程。而众所周知很多项目在立项时需求并不完整，但 V 模型还是从需求处理开始，要求对各开发阶段中已经得到的内容进行测试，但它没有规定需要取得多少内容，如果没有任何的需求资料，开发人员知道他们要做什么吗？或者需求不完善，开发工程师做出来的功能就不完善，必须不断地修改。他主张在 X 模型中需要足够的需求，并且需求至少进行一次发布。

　　Marick 也质疑单元测试和集成测试的区别，目前在国内真正做单元测试的企业不多，很多企业都是跳过单元测试直接进行集成测试，甚至集成测试也被跳过，直接进行系统测试。而 X 模型则没有强制要求在进行集成测试之前，必须对每一个程序片段进行单元测试，但是 X 模型并没有提供是否跳过单元测试的判断准则。

　　Marick 认为一个模型不应该规定那些和当前所公认的实践不一致的行为。X 模型左边描述的是针对单独程序片段所进行的相互分离的编码和测试，此后将进行频繁的交接，通过集成最终合成为可执行的程序，这些可执行程序还需要进行测试。已通过集成测试的成品可以进行封版并提交给用户，也可以作为更大规模和范围内集成的一部分。

　　X 模型左边是单元测试和单元模型之间的集成测试，右边是功能的集成测试，通过不断的集成最后成为一个系统，如果整个系统测试没有问题就可以封版发布。这个模型有一个很大的优点是它呈现了一种动态测试的过程中，也就是测试是一个不断迭代的过程中，这更符合企业实际情况，其他模型更像一个静态的测试过程。

X 模型提倡公司可以根据自身的实际情况确定是否要进行单元测试和集成测试，并不是所有的研发公司都会先做单元测试和集成测试，更多的是直接做系统测试。

在 X 模型中还显示了测试步骤，包括测试设计、工具配置、执行测试三个步骤，虽然这个测试步骤并不很完善，但是毕竟将一些主要的内容表现出来了。

X 模型提倡探索性测试，指不进行事先计划的特殊类型的测试，这样可以帮助有经验的测试工程师发现测试计划之外更多的软件错误，避免把大量时间花费在编写测试文档上，导致真正用于测试的时间减少。

综上，X 模型具有以下特征：

（1）公司可以根据自身的情况确定是否要做单元测试，还是直接做系统测试；

（2）测试应该是一个不断迭代的过程，直到封版发布；

（3）提倡探索性测试。

2.4　系统生命周期中的测试策略

软件测试策略是指在软件测试标准、测试规范的指导下，依据测试项目的特定环境约束制定的软件测试原则、策略和方法的集合。系统生命周期测试策略如图 2-9 所示。

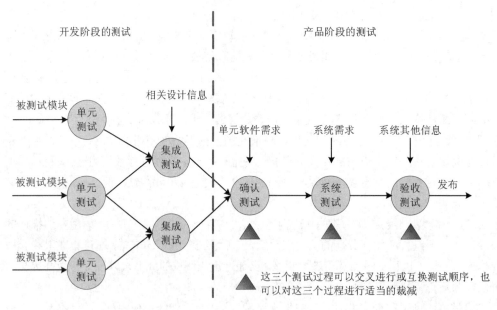

图 2-9　系统生命周期测试策略

　　软件测试的策略、方法和技术是多种多样的，对于软件测试技术，从是否执行被测试软件的角度划分：可分为静态测试和动态测试两种；从是否针对系统的内部结构和具体实现方法的角度划分：可分为白盒测试、灰盒测试和黑盒测试三种。其中灰盒测试是介于白盒测试与黑盒测试之间的一种测试方法，灰盒测试关注输出对于输入的正确性，同时也关注内部表现，但这种关注不如白盒测试详细、完整，只是通过一些表征性的现象、事件、标志来判断内部的运行状态，所以不易界定灰盒测试的范围，很多公司不开展灰盒测试。

2.4.1　开发阶段的测试策略

　　开发阶段是指在整个产品开发过程中我们使用的测试方法，在开发阶段的测试策略和方法主要是白盒测试，当然有一些公司也会开展灰盒测试，但并不多，通常灰盒测试也就是我们说的集成测试。

　　白盒测试也称结构测试或逻辑驱动测试，主要是测试源程序内部的结构，通过测试来检查程序内部动作是否满足设计规格说明书的要求，检查源程序中路径覆盖情况。白盒测试将被测程序看作一个打开的盒子，即程序内部的逻辑结构可以看的很清楚，如图 2-10 所示。

　　白盒测试要求对被测程序的结构特性做到一定程度的覆盖，逻辑覆盖是衡量白盒测试完整性的一个重要指标，关于逻辑覆盖在 10.3 节中会有详细的介绍。

　　通常的程序结构覆盖测试方法有：

- 语句覆盖；
- 判定覆盖；
- 条件覆盖；
- 判定/条件覆盖；
- 路径覆盖；
- 基本路径覆盖。

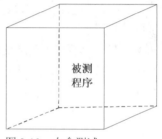

图 2-10　白盒测试

　　对源程序进行覆盖测试其实是一种动态的测试过程，测试过程中必须输入不同的数据进行测试来达到覆盖测试的目标。一般来说，覆盖率越高说明我们测试设计越全面，但在实际测试过程中我们又很难 100%覆盖，所以我们使用最多的覆盖方法是基本路径覆盖法。

　　但单元测试时，需要写一些辅助代码，我们把这些辅助代码叫做桩单元和驱动单元，但如果每个单元模块都写很多的辅助代码，这样测试的效率将会大大降低。为了提高测试效率，测试工程师提出了白盒测试框架，希望将这些辅助的代码作为一个固定的框架，这样就可以节约很多的时间，可以将主要的精力放在测试用例的设计上。对于白盒测试框架在第 10 章详细介绍。

2.4.2　产品阶段的测试策略

　　产品阶段主要采取黑盒测试策略进行测试。黑盒测试也称功能测试，它是通过测试来检测每个功能是否都能正常使用，是否符合规格说明书。在测试过程中，把程序看作一个不能打开的黑盒子，如图 2-11 所示。在完全不考虑程序内部结构和内部特性的情况下，对程序接口进行测试，它只检查程序功能是否能按照需求规格说明书的规定正常使用，程序是否能适当地接收输入数据而产生正确的输出信息。黑盒测试着眼于程序外部结构，不考虑内部逻辑结构，主要针对软件界面和软件功能进行测试。

图 2-11　黑盒测试

黑盒测试是以用户的角度、从输入数据与输出数据的对应关系出发进行测试的，黑盒测试主要发现以下几类错误：

- 验证是否有不正确或遗漏的功能？
- 接口测试方面，验证输入能否正确地接受？输出的结果是否正确？
- 是否有数据结构错误或外部信息访问错误？
- 性能是否能够满足要求？
- 是否有初始化或终止性错误？

从理论上讲，在进行黑盒测试过程中，需要采用穷举法进行测试，需要对全部功能所有可能出现的情况进行覆盖测试，不仅需要测试合法的输入条件，还要测试不合法的输入条件，并且大多数的缺陷是通过输入不合法的测试条件测试出来的，因此测试条件有无穷多种。但在实际测试过程中是不可能这样做的，这样会导致测试成本太高，所以需要制定测试方法和策略来指导测试的实施，保证软件测试有计划地进行。

常用的黑盒测试设计方法有以下几种：

- 等价类划分法；
- 边界值测试法；
- 错误推测法；
- 因果图法；
- 场景法；
- 判定表法；
- 正交实验法。

目前大部分企业将产品阶段的黑盒测试规划到系统测试阶段，但对于有项目外包业务的企业来说，还需要经历验收测试阶段，主要验证产品是否达到需求说明书的要求，而完成的好坏决定着外包主需要支付的外包成本。在实际的过程中验收测试一般有两种形式：一是企业组织一个团队进行验收测试；二是找第三方测评机构进行评测。

随着软件测试的发展，黑盒测试形成了两个重要的分支：性能测试和自动化测试。在实际工作中，一个好的产品或系统不仅仅功能要正确，其性能也是质量表现的重要一环，所以一些企业根据实际需要开展了性能测试。而自动化测试的目的更多的是为降低手工测试的成本，因为纯粹功能的黑盒测试都是手工测试，是由手工不停地重复测试，这样测试工程师会出现情绪不高的现象，并且激情会逐渐消退，因此一些企业就引进了自动化测试工具，将一些可以使用自动化测试工具进行测试的功能实现自动化测试，降低了测试成本，提高了测试的全面性，这些方法在产品测试阶段经常被用到。

2.5　小结

本章主要讲述了系统生命周期过程中的测试策略，首先介绍了测试级别，对测试过程中测试级别有一个大体的了解，接着介绍了测试在软件质量体系中的位置和作用。重点介绍了当前行业中的几种软件测试模型，主要包括瀑布模型、V 模型、W 模型、H 模型和 X 模型。最后介绍系统生命周期中的测试策略，主要包括白盒测试和黑盒测试两种，在项目开发阶段中，不同阶段采用的测试策略也不同。

3

软件测试组织

早期在软件测试行业还没有发展起来的时候，企业根本就没有软件测试组织，就算微软这样的大型企业，最初也没有软件测试工程师，后来由于产品的缺陷过多，经常被客户投诉，导致修复缺陷的成本太高，此时微软意识到测试的重要性。但当初微软也没有单独的软件测试组织架构，他们选择一部分开发工程进行测试工作，但效果并不明显。为了尽可能地发现更多的软件缺陷，提高产品质量，微软就成立了独立的测试组织，并且测试工程师不再是开发工程师，而如今微软的测试工程师与开发工程师的比例为 2:1，微软测试组织演变的过程其实就是软件测试行业测试组织的演变过程。现在随着软件外包的发展，国内大多数企业都有专门的测试部门，但还有一些小企业由于资金问题，没有设立软件测试部门，即使有专门的测试部门，测试工程师也少得可怜，测试工程师与开发工程师的比例大约是 1:5，甚至更高。

本章主要包括以下内容：

- 测试部在公司的位置
- 项目团队模型
- 测试组织的演进
- 测试工程师晋升机制
- 测试工程师职业发展

3.1　测试部在企业的位置

前几年国内很少有企业设置专门的软件测试部门，但随着软件测试行业的不断发展，现在 IT 企业一般都有独立的测试部门，如图 3-1 所示。

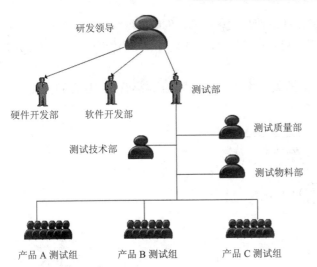

图 3-1　测试部在企业的位置

从图中可以看出软件测试与软件开发并行，这也说明软件测试的重要性，并且从项目立项启动的时刻起，软件测试工程师就参与其中，而当软件测试工程师参与到项目中时，其实差不多就脱离了测试部，更多的是由该项目的测试经理来分配测试任务。当然在一些特殊情况下项目中可能没有测试经理或者由于项目比较小，就没有必要有测试经理了，此时更多的是与项目经理进行沟通测试工作安排。所以一般情况下，测试部门会根据项目组或产品线来划分内部的组织架构，这样做的目的是更好地将测试融入到开发团队中。

3.2　项目团队模型

早期在软件开发过程中项目团队一般只包括四大角色：团队主管（即项目经理）、一般的开发工程师、测试工程师和高级开发工程师，虽然说这是四大角色，但只能算是开发和测试两大角色。随着软件质量体系的不断完善，这个团队模型已经不再适用了，当前最典型的项目团队模型如图3-2 所示。

项目团队的核心是开发工程师和测试工程师，另外将用户体验、产品管理、程序管理和发布管理四大对质量管理的维度都添加进来了，当然最引人注目的是将用户视为项目团队的一部分，这充分体现了用户才是产品质量好坏的评判人。

在该项目团队模型中包括六种角色，如图 3-3 所示。其主要职责与功能如下：

（1）产品管理角色的主要任务是提高客户满意度。

（2）程序管理角色的主要任务是在规定的项目资源、期限等限制条件下，确保产品能够如期发布。

（3）开发角色的主要任务是使用适当的技术和工具实现项目目标、满足客户需求、进行技术咨询，帮助防范风险、提供解决方案、参与设计过程。

（4）测试角色的主要任务是在产品最终发布之前找到尽可能多的缺陷或错误。

（5）用户体验角色的主要任务是协助用户更好地使用产品，排除用户在使用产品时遇到的问题和障碍。

（6）发布管理角色的主要任务是确保产品的顺利发布，为项目的正常运营提供服务和支持。

与项目团队角色对等的团队结构如图 3-4 所示。

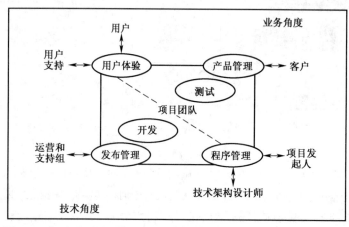

图 3-2 典型项目团队模型

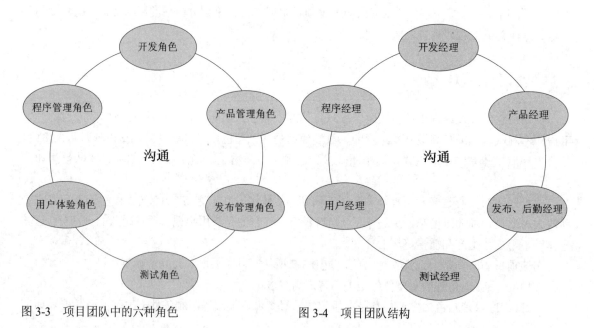

图 3-3 项目团队中的六种角色   图 3-4 项目团队结构

在项目运作过程中，项目团队中六大工作目标与六大角色的关系见表 3-1。

表 3-1　工作目标与角色的关系

工作目标	角色
提高客户满意度	产品管理角色
增强产品的可用性	用户体验角色
依据用户业需求和产品功能说明书开发产品	开发角色
完成产品的测试工作	测试角色
在有限的资源和条件下开发产出品	程序管理角色
完成产品发布和后续管理工作	发布管理角色

3.3　测试组织的演变

随着软件测试行业的发展，软件测试组织经历了三个发展阶段：混淆阶段、严格区分阶段和专业协作阶段，如图 3-5 所示。

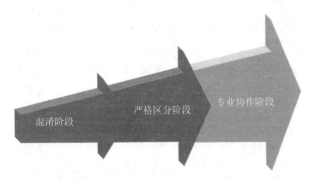

图 3-5　测试组织演变

（1）混淆阶段。

在混淆阶段（早期的测试过程）并没有专职的测试工程师，企业并没有招聘专职的测试工程师，也没有专门的测试职能部门，测试工作更多的是由开发工程师自己完成。此时开发工程师是有质量意识的，因为没有专职的测试工程师，开发工程师会尽量努力做好程序，这直接影响个人的年终考核。当然在这种情况下，就无法谈测试流程如何了。

但是并不是说企业有专门的测试职能部门就表示测试已经不在混淆阶段了，一些企业测试部门就只有一两名工程师，没有较完善的测试流程，测试手段也很简单，只是手工测试，测试全面性也不够，也未对测试用例和测试缺陷进行有效的管理，这种测试也是处于混淆阶段。

（2）严格区分阶段。

应该说现在大部分企业的测试阶段都处于这个阶段，在严格区分阶段企业有独立的测试部门，有专职的测试工程师，并且不单只有黑盒的测试工程师，还可能有专职的自动化测试工程师、性能测试工程师和白盒测试工程师，此时公司有严格的测试流程，企业所有产品的测试都必须按流程来处理，并且在测试过程中使用了很多的测试工具和测试管理工具。

在测试过程中，测试部门会不断地思考，对测试流程进行相应的修改和完善，并对测试手段和测试技术进行不断的完善。

虽然严格区分阶段比混淆阶段进步了，但可能存在以下两个方面的问题：

第一：在这个阶段的早期可能会出现这样的问题，虽然有了独立的测试部门，但发现产品的质量不但没有改善反而有下降的趋势。这是因为当有专职的测试部门时，开发工程师质量意识下降，他们潜意识认为不管产品开发得怎么样，后面还要进行测试，最坏的结果就是多了一些缺陷，但这样可能直接导致产品质量下降。因为如果此时测试的成熟度不高，产品虽然经过了测试，但依然有很多问题被遗漏，这样就可能出现质量下降的情况。

第二：可能出现沟通不畅通的情况，因为开发和测试完全是两个独立的部门，开发工程师和测试工程师并没有把提高产品质量作为共同的目标，这样可能导致双方相互指责的情况出现，并且由于开发和测试考核的指标不一样，可能出现一些争执。

（3）专业协作阶段。

专业协作阶段在严格区分阶段的基础上有了很大的改进，在这个阶段测试流程已经很完善了，并且在整个项目团队中每个工程师都具备质量意识，开发与测试不再相互独立，而是共同面对产品质量问题，协作改善产品质量。

在专业协作阶段项目团队成员随时进行沟通，并且沟通完全透明，在每个构建过程和每个阶段的测试过程中，都会及时通过会议来沟通，出现问题时不再是争执，而是协作找到问题的原因与及解决措施。

3.4　测试工程师晋升通道

国内软件业快速发展的最近十年，软件开发工程师的人数和职业水平得到了很大的提高，当前国内高水平的软件开发工程师的数量已经可以和许多软件业发达的国家相比。但是，软件测试人才严重缺乏，尤其是既懂质量管理，又懂测试技术的软件测试工程师，更是凤毛麟角。

现阶段软件测试工程师的晋升通道有两种：一种是专业通道，成长为高级软件测试工程师或专职的性能测试工程师、自动化测试工程师、白盒测试工程师，这时能够独立测试很多软件，甚至可以成为软件测试架构设计师，当然随着技术的积累也可以转做项目管理；第二种是管理通道，从测试工程师到组长（Lead），再到测试经理（Manager），以至更高的职位。测试工程师晋升通道如图3-6所示。

虽然软件测试工程师缺乏并且职业晋升通道明确，但这个行业并没有受到明显的青睐，很多人并不认为软件测试是一个比较好的职业，大多数人认为开发比测试职业发展更好，这主要有以下两个原因：

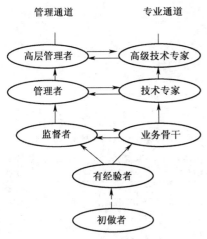

图 3-6　测试工程师晋升通道

第一：软件测试行业入门要求比软件开发行业低，认为软件测试未来没有竞争力。坦白说如果纯做手工测试，其要求的知识水平确实不高，但开发的入门要求明显比软件测试高出很多，所以很多人依然选择开发而不选择软件测试。然而相反的是，如果要成为一名资深的软件测试工程师，需要的知识无论从广度还是深度来说都比开发的要求高出很多。

第二：职业初期，软件测试的工资待遇比开发低。现在人比较浮躁，特别是彼此间的攀比，导致这种情况加剧，使得很多人并不看好软件测试这个职业。

3.5　测试工程师职业发展

软件测试工程师晋升通道对应的工程师的职业发展也分两个方面：一是向技术方面发展，成为技术专家；二是向管理方面发展，成为管理者，如图 3-7 所示。

就技术方面来说，现阶段更多的是黑盒测试，即手工测试，这也是入门级的软件测试工程师最基础的要求。但只做手工测试在未来没有竞争力，对个人职业发展也不好，现在自动化测试和性能测试越来越受到企业的重视，这样自动化测试和性能测试也就成为测试工程师未来的一个发展方向，而这两个方面显然比手工测试更有竞争力，同时待遇也要高出许多。也可以向白盒测试方面发展，白盒测试工程师必须能看懂代码，否则测试很难开展。而随着未来云计算的发展，云测试将成为一个新的分支，但就要求对自动化和性能有一定的了解。

就管理方面来说，软件测试工程师未来可以选择在测试经理、测试总监、业务专家、产品经理、配置管理和质量保障几大方面发展。

将测试技术做到一定程度后即有机会成为测试管理者，也就是所说的测试经理或测试总监。

由于测试工程师对产品和业务很熟悉，这样可以成为专业的产品经理和业务专家，现在很多公司在 Beta 测试过程则有专门的业务工程师或业务专家参与测试。

而配置管理和质量保障（或质量管理）也是软件测试工程师职业的一个发展方向。

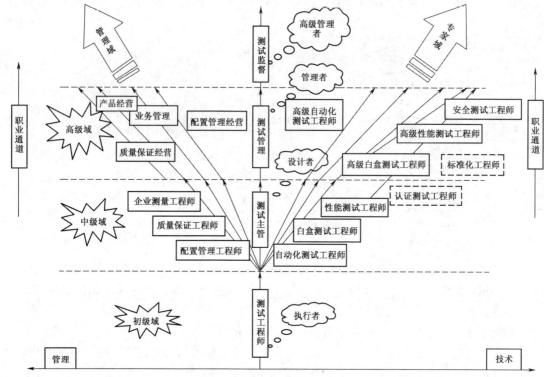

图 3-7　测试工程师职业发展

3.6　小结

　　本章首先介绍了测试部在企业的位置，由此可见测试的重要性。然后介绍了项目团队模型，软件测试是项目团队模型核心之一。接着介绍了软件测试组织演变的三大过程，进一步介绍了软件测试的发展。最后介绍了测试工程师晋升通道和测试工程师个人的职业发展，在未来很长一段时间内，软件测试工程师职业发展还是很明确的，同时也意味着该行业的竞争压力。

第二部分

设 计 篇

设计篇包括七个章节的内容，结合实际工作中的测试流程对软件测试设计的过程进行详细的介绍。首先介绍了测试的整个流程，这样可以对软件测试整个过程有一个详细的了解；接着介绍软件质量模型，软件质量模型是我们后面测试设计中需要使用到的内容；再接着是介绍测试设计和用例设计的方法，需要注意的是，在工作中我们一般是直接进行用例设计的，可能会对测试设计进行分析，但在实际的测试过程中，很多成熟的公司其实主要是对测试进行分析，再根据测试分析的数据进行用例设计，而非直接进行用例设计。

测试设计和测试用例设计是测试过程中一个很重要的步骤，直接影响着软件测试的质量，这是很核心的一部分内容，而测试用例不仅仅需要设计，还需要对它进行管理和维护。同时，还介绍了测试过程中如何对发现的缺陷进行管理和分析，通过分析缺陷来改善测试流程。

4

软件测试过程

测试过程是整个测试活动中一个至关重要的环节，对于一家企业来说，如果没有一个很好的测试流程规范，那么测试的质量就很难被控制，标准的测试流程包括五大阶段：计划与控制、分析与设计、实现与执行、评估与报告和结束活动。在实际测试过程中分为测试计划、测试方案、测试用例、测试执行和测试报告五个阶段。在测试过程中必须明白每个阶段需要完成的工作以及每个阶段需要注意的事项。

本章主要包括以下内容：

- 测试过程模型
- 计划与控制
- 分析与设计
- 实现与执行
- 评估与报告
- 结束活动

4.1　测试过程模型

过程决定质量，软件测试过程的重要性我们不用过多地去描述，标准的软件测试流程划分为五大阶段：计划与控制、分析与设计、实现与执行、评估与报告和结束活动。如图 4-1 所示。

计划与控制主要包含的内容有：工作分配、测试风险、测试资源、工作任务、记录和分析、测试结果、跟踪和控制、风险。

分析与设计主要包含的内容有：确定用例优先级、测试环境、测试数据、测试设计和测试工具。

实现与执行主要包含的内容有：搭建测试环境、准备测试数据、完成测试用例、记录缺陷、记录测试结果、回归和验证缺陷。

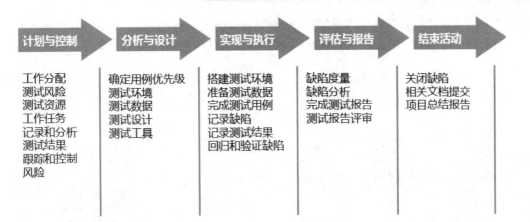

图 4-1 软件测试过程

评估与报告主要包含的内容有：缺陷度量、缺陷分析、完成测试报告、测试报告评审。

结束活动主要包含的内容有：关闭缺陷、相关文档提交、项目总结报告。

测试控制是贯穿整个测试流程的，测试控制需要记录整个测试过程中测试执行的过程，并且分析测试过程中的风险。

关于测试流程我们需要掌握测试流程中每个测试步骤的主要活动、度量指标和需要注意的内容。

4.2 计划与控制

计划与控制是测试第一个阶段的内容，后面所有的工作都是以测试计划为指导进行的，所以测试计划中时间、任务和资源的安排显得很重要。

4.2.1 关键过程域

计划与控制主要包括以下几方面的关键过程域：

（1）制订一份详细的测试计划，主要包含时间安排、资源分配。

（2）整个测试执行过程中的风险管理。

（3）记录整个测试过程的结果。

（4）对结果进行分析和度量。

4.2.1.1 测试计划

制定测试计划的目的是通过确定测试任务、定义测试对象和详细的测试活动来达到组织的目标和使命。测试计划主要描述的内容是整个项目测试的阶段、每个阶段的时间安排和每天阶段需求的资源分配。

关于测试计划通常使用两张表来描述：一是详细的时间安排 WBS（工作分解结构 Work Breakdown Structure）；二是里程碑时间点，也叫关键时间点。

详细的时间安排即通常说的 WBS 的创建方法，通常可以使用一些专业的工具（如 office project 工具）来创建。关于工具如何使用，在这里就不再赘述了。如图 4-2 所示是一个典型测试计划的 WBS 图。

	❶	任务名称	工期	开始时间	完成时间	前置任务	资源名称
1		需求分析	5 工作日	2015年5月1日	2015年5月7日		张三
2		测试计划	2 工作日	2015年5月7日	2015年5月8日		张三
3		测试方案	20 工作日	2015年5月8日	2015年6月4日		张三
4		测试用例	20 工作日	2015年6月4日	2015年7月1日		李四
5		**测试执行**	**66 工作日**	**2015年7月1日**	**2015年9月30日**		
6		T1版	8 工作日	2015年7月1日	2015年7月10日		王五[50%],麻六[50%]
7		T2版	9 工作日	2015年7月10日	2015年7月22日		王五[50%],麻六[50%]
8		T3版	10 工作日	2015年7月22日	2015年8月4日		王五[50%],麻六[50%]
9		T4版	10 工作日	2015年8月4日	2015年8月17日		王五[50%],麻六[50%]
10		T5版	10 工作日	2015年8月17日	2015年8月28日		王五[50%],麻六[50%]
11		T6版	9 工作日	2015年8月28日	2015年9月9日		王五[50%],麻六[50%]
12		T7版	8 工作日	2015年9月9日	2015年9月18日		王五[50%],麻六[50%]
13		T8版	9 工作日	2015年9月18日	2015年9月30日		王五[50%],麻六[50%]
14		测试报告	5 工作日	2015年9月30日	2015年10月6日		张三

图 4-2　WBS 工作计划图

很多人不理解为什么有了详细的 WBS 工作计划，还需要一个关键时间点的图。关键时间点的图其实本质上来说根本不如详细的 WBS 工作计划，但是在测试计划的文档中，这个关键时间点的图扮演着很重要的角色。因为这个测试计划是要给领导看的，领导其实根本就没有时间看详细的测试计划，他只想看一些关键的时间点，如测试方案什么时候完成、测试用例什么时候可以完成等，也就是说，这个关键时间点主要是为了提高文档的可读性。文档的可读性比较高，那么领导会更认可你，这样加薪或升职就有戏了。所以不能只工作，还要表现出你的能力，而文档就是一方面。如图 4-3 所示就是一个典型的关键时间点的图。

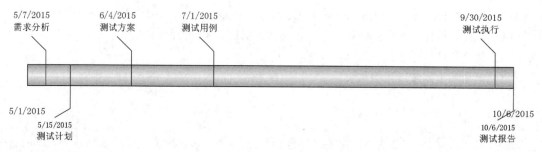

图 4-3　关键时间点图

在做计划时有一个很重要的问题需要解决，就是如何估算工作时间，例如，如何估算某个版本要测试多久。这就要涉及到测试时间的估算了。在测试过程中常见的工作量估算方法包括：功能点评估法、类比法、Delphi 法、开发时间的百分比法和 PERT 估计法。

（1）功能点评估法

在评估测试工作量时，使用最多的方法是功能点评估法，其步骤如下：

第一步：分析需求，确定本次测试的需求点。

第二步：根据需求点确定本次要测试的功能点。

这些功能点不能是复合的功能点，应该是一个原子功能点，所谓的原子功能点是指这个功能点中不再包含其他的子功能，如登录功能就是一个原子功能点，但用户管理这类功能就是复合功能，因为用户管理功能下面还包含新增用户、删除用户等。

如果是升级的版本，还需要分析当前升级的这些需求有没有和以前版本中其他的一些需求是否有关联的地方，如果有相关联的地方就必须对原来老的功能点进行详细的测试。

第三步：评估功能点的用例数。

确定原子功能点后就可以估算这些功能点的用例数，在估算用例数时，可以估算一个功能的平均用例的个数。

第四步：确定具体的时间。

用例数确定后，就可以确定写用例的时间和对这些用例执行一轮所需要的时间。如估算用例数为 1000 条用例，那么写这些用例的时间大约为 20 天，一般的情况一天只能写 50 条用例左右（不计算加班时间），一天能执行的用例数也在 50 条左右。

（2）类比法

类比法也叫经验值法或历史数据法，主要是根据以前相类似项目所积累的经验和历史数据来估算工作量。既然是根据以前的经验来估算工作量，那么就一定要选择对类似的项目，一般判断两个项目是否是类似的项目或者说是否有参考价值，一般从以下三个维度来判断：

1）项目性质。首先相比较的两个项目应该是同一性质的，即其是一类系统，如同为银行系统。

2）相同领域。相比较的两个项目应该是相同领域的，不能是跨领域的，跨领域的没有可比性。

3）规模。项目规模大小应该是一个级别的，也就是说不能是 10 万行代码的项目与 100 万代码的项目进行比较，这在项目规模上来说不是同一个级别的。

在使用类比法进行估算时，通常需要先对历史项目的数据进行详细分析再进行估算，一般分析一个历史项目应该从以下维度进行详细的分析：

1）阶段分布：每个阶段占总工作量的百分比。

2）工种分布：每个工种占总工作量的百分比。

3）阶段工作分布：每个阶段每个工种点本阶段工作量的百分比。

类比法估计结果的精确度取决于历史项目数据的完整性和准确度，因此，用好类比法的前提条件之一是组织建立起较好的项目后评价与分析机制，对历史项目的数据分析是可信赖的。

（3）Delphi 法

德尔菲法（Delphi method），是采用背对背的通信方式征询专家小组成员的预测意见，经过几轮征询，使专家小组的预测意见趋于集中，最后做出符合市场未来发展趋势的预测结论。德尔菲法又名专家意见法或专家函询调查法，是依据系统的程序，采用匿名发表意见的方式，即团队成员之间不得互相讨论，不发生横向联系，只能与调查人员发生关系，以反复地填写问卷，以集结问卷填写人的共识及搜集各方意见，可用来构造团队沟通流程，应对复杂任务难题的管理技术。

Delphi 法的步骤如图 4-4 所示。

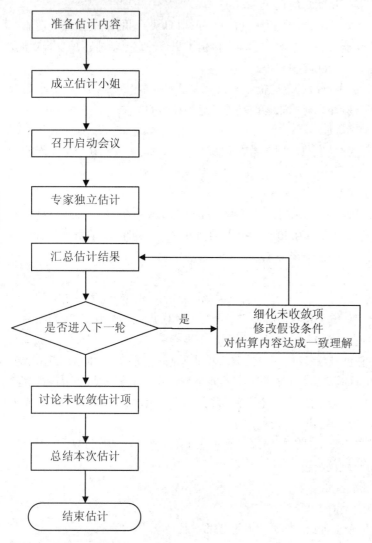

图 4-4　Delphi 法的步骤

第一步：准备估计内容

准备估计内容主要有两点需要注意：一是完备地识别被估计内容；二是尽管 Delphi 法既可以对颗粒度比较大的任务进行估计，也可以对颗粒度比较小的任务进行估计，但是还是要细分任务，目的是提高估计的准确度与加快估计值收敛的速度。

第二步：成立估计小组。

成立估计小组阶段应该注意以下事项：

①估计小组应该由协调人、作者和 3 到 6 名估计专家组成。

②协调人负责计划和协调软件估计活动，协调人在担任此角色时不能用自己的观点去引导专家，也不能因为自己的认识或偏见而对软件估计的结果进行歪曲。

③协调人不能是作者，也不必作为专家。

④专家的数量不宜过多，否则成本比较高。

⑤专家必须具备两个条件：一是：有业务与技术经验的，熟悉估计的内容；二是要有估计的经验，接受过估计方法的培训，并曾经在实践中评价过自己的估计准确率。

第三步：召开启动会议。

协调人负责召开启动会议，在启动会议上主要进行以下工作：

①作者向专家介绍估计的内容、项目的各种假设和限制条件。

②专家对被估计的内容达成一致，并确认各种假设和限制条件。

③专家对估计结果的试题单位达成一致，如估计软件的规模时，是用行还是千行作为计量单位，代码行是否包括注释、空行、开发平台自动生成的语句等，这些都应该达成一致。

④对估计结束的准则达成一致。

第四步：专家独立估计。

在专家进行独立估计时，应该注意以下问题：

①专家的估计活动不应受外界压力的影响，协调人或作者不能给出估计结果的上下限或其他限定。

②各专家之间没有讨论和咨询。

③各专家采用的估计方法也不受限制。

④如果专家认为被估计的内容中存在不明确的地方，应该记录自己所做出的各种假设。

第五步：汇总估计结果。

汇总估计结果应该收集各专家的估计结果，制作本轮的估计结果表。差异率的计算方法以及接受的准则应该在活动 2 或者活动 3 时确定，通常的差异率的计算方法如下：

- 差异率=max(最大值-平均值，平均值-最小值)/平均值；
- 当差异率小于 25%时，平均值为最终估计结果。

需要注意的是，由于颗粒比较小的任务对差异率比较敏感，所以可能需要区别定义接受准则。如果存在离群点，可以考虑删除。

估计结果表的格式见表 4-1。

表 4-1　估计结果表

任务 ID	任务	最大值	最小值	平均值	差异率	是否接受

第六步：讨论不收敛项。

讨论不收敛项主要需要完成以下内容：

①将本轮的匿名估计结果公布给各专家。

②讨论不收敛的估计项。

③为了达成一致的理解，此时可能需要重新细化估计内容或确定估计假设。

第七步：新一轮估计。

新一轮估计主要是对上一轮估计结果未被接受的估计项，执行活动 4 的步骤，如此不断反复，直至满足以下任何一项条件：

● 完成多轮估计（如 5 轮），该条件已经在结束准则中确定了；

● 所有的估计结果收敛于一个可以接受的范围；

● 所有专家拒绝对各自的估计结果进行修改。

第八步：讨论未收敛的估计项。

对于结束了多轮估计后，仍然未收敛的估计项，可以采用如下方法确定最终估计结果：

● 按照少数服从多数的原则，忽略少数与其他估计结果差异很大的估计结果；

● 采用"掐头去尾求平均值"的方法；

● 由各专家进行讨论，形成一个一致的意见。

当然，也不限于采用其他方法来确定最终的估计结果。

第九步：总结本次估计。

总结本次估计主要需要完成以下内容：

①估计小组对最后汇总的估计结果进行审核，并对结果达成一致。

②估计小组可以对 Delphi 法进行思考，提出改进措施，以使将来的估计活动更加有效。

（4）开发时间百分比法

使用开发时间百分比法评估的前提是开发时间和开发工作量，也就是说，这种方法评估的准确性很大程度依赖于开发时间和开发工作量的评估。其步骤如下：

第一步：使用 LOC 或 FP 的方法，先估算出开发工作量。

第二步：使用一些探索性的方法来限制测试的工作量，通常遵守以下原则：

● 测试总花费的时间占整个项目的 35%；

● 5%～7%给组件和集成测试；

● 18%～20%给系统测试；

● 10%给接收测试（或回归测试等）。

这种估算方法存在很大的不确定性，因为这个更多的是依靠经验来制定，不像其他的方法计算比较精确。

（5）PERT 法

PERT（Program Evaluation an Review Technique，计划评审技术）主要用来估算软件项目时间成本。PERT 估计方法需要评估最佳的、可能的、悲观的三种情况下的估计值，假设最佳的、可能的、悲观的估计值分别计为 a、m、b，之后再按照以下公式来计算估计值：

$$E=(a+4 \times m+b)/4$$

E 的值则为计算出来的期望值。

在该公式中，包含了如下两个原理：

原理一：对上式进行变换，引入一个中间结果 c，c 的值为 a+2×m+b，那么期望值 E 的结果为 E=(m+c)/2。

原理二：从上面的公式也可以看出，在计算 E 的公式中，m 的权重为 4，而 a 和 b 的权重都是 1，也就是说，该方法强调了中间值的重要性，而极值的重要性并不大。

该方法在实际使用过程中，需要注意以下问题：

第一：当只有一个人参与估算时，则需要估算人估算三个数值：悲观的值、可能的值、乐观的值，然后再使用公式来计算就可以。

第二：当 2 个人参与估算时，则需要 2 个估算人分别估算三个数值：悲观的值、可能的值、乐观的值，然后分别计算这 3 个数据的平均值，再将计算出来的悲观的平均值、可能的平均值、乐观的平均值这三个值使用公式来计算就可以。

第三：当 3 个人参与估算时，有以下 2 种方法：

- 类似第二种情况的处理方法，此时 3 个人估计得到 9 个值；
- 每个人只估计一个数，取最大值、最小值作为悲观值和乐观值，取中间的数据作为可能值，再使用公式计算就可以。

第四：当 N 个人（N>3）参与估算时，有以下 2 种方法：

- 类似第二种情况的处理方法，此时 N 个人估计得到 3×N 个值；
- 每个人只估计一个数，取最大值、最小值作为悲观值和乐观值，对中间的 N-2 个数值取平均值，再使用公式计算就可以。

一般 PERT 方法适用于少于 6 人参与估算的项目。

以上详细地描述了功能点评估法、类比法、Delphi 法、开发时间的百分比法和 PERT 估计法，但在实际工作中，我们使用最多的方法还是按功能点来评估，这样更直接，其他的方法更适合整个项目工期的评估。

4.2.1.2 风险管理

项目风险管理是指通过风险识别、风险分析和风险评价去认识项目的风险，项目风险管理并以此为基础合理地使用各种风险应对措施、管理方法技术和手段，对项目的风险实行有效的控制，妥善地处理风险事件造成的不利后果，以最少的成本保证项目总体目标实现的管理工作。

风险管理与项目管理的关系通过界定项目范围，可以明确项目的范围，将项目的任务细分为更具体、更便于管理的部分，避免遗漏而产生风险。在项目进行过程中，各种变更是不可避免的，变更会带来某些新的不确定性，风险管理可以通过对风险的识别、分析来评价这些不确定性，从而向项目范围管理提出任务。

关于风险通常包含两个方面的含义：一是风险是指当其出现时是有损失的，或者是我们预期的

一项中可能出现多种风险，如技术风险、经济风险等，特别是随着项

目标未能达到的；二是某种损失是否出现是不一定的，其带有很大的不确定性，即具有偶然性，也可以使用概率来表示出现的可能程度，但不能对出现与否作出确定性判断。

但仅仅从风险的这个内部含义来解释风险还是不够的，有学者也尝试从风险要素的交互角度去解释风险的本质，具有代表性的有两种：

（1）美国学者 Chicken 和 Posner 在 1998 年提出，风险应是由损害（Hazard）和对损害暴露度（Exposure）两种因素决定的，并给出了其对应的表达式：

$$Risk= Hazard×Exposure$$

Exposure 是指风险承受者对风险的暴露程度，通常是指风险发生的频率和可能性。

（2）我国的杜端甫教授认为，风险是指损失发生的不确定性，是人们因对未来行为的决策及客观面对条件的不确定性而可能引起的后果与预定目标发生多种负偏离的综合，并给出如下数学公式：

$$R = f(P,C)$$

计划与控制是测试第一个阶段的内容，后面所有的工作都是以测试计划为指导进行的，所以测试计划中时间、任务和资源的安排显得很重要。

其中 R 表示风险，P 表示损失发生的概率，C 表示损失发生的后果。

风险在每个项目中都是存在的，通常风险具有以下特征：

1）客观性

风险是否出现受那些可能引起风险的因素影响，不管我们是否意识到风险，只要决定风险的因素还存在，就说明风险是可能出现的，这不受人的主观意识转移。因此，要减少和避免风险就必须及时发现可能影响风险的因素，并对其进行有效管理。

2）突发性

风险产生往往带有很大的突发性，给人感觉是突然出现，对于这种突发的风险，往往不知如何应对，这样加剧了风险的破坏性，所以平时需要对风险预警和防范。

3）多变性

风险的多变性是指，在风险因素影响的情况下，风险性质、破坏程度等都可能会呈动态变化的特性。

4）相对性

相对性包含两个方面，一是人对风险有一定的承受能力，这种能力因活动、人和时间不同而有所不同，一般来说，风险承受能力受收益的大小、投入的大小、拥有财富状况等因素的影响；二是风险其本身和其他事物也是矛盾的统一体，当条件发现变化时，风险也会发现相应的变化，并且随着科学技术的不断发展，一些风险是可以较为准确的被预测和估计。

5）无形性

风险不像一般实体的物质，我们在生活中可以精确地描绘出其形状，在风险识别过程中，通常会借用系统理论、概率等相关方法来对风险进行评估，一般从定性和定量两个方面进行综合分析。

6）多样性

风险的多样性是指在一个项目中可能出现多种风险，如技术风险、经济风险等，特别是随着项

目越来越复杂、规模越来越大，风险的多样性就体现得越来越明显。

对于不同的项目其风险也不尽相同，不同阶段的风险也有不同的表现。从不同的需要、不同的角度、不同的标准出发，项目风险通常可以有以下几种分类。

（1）按风险后果划分

1）纯粹风险

纯粹风险是指不能带来机会、无获得利益可能的风险，通常纯粹风险结果有两种：造成损失和不造成损失。纯粹风险所带来的损失是绝对的损失，不仅是活动主体受损失，社会也可能受损失。

2）投机风险

既可能带来机会、获得利益，又隐藏着威胁，可能会造成损失的风险，这类风险叫投机风险。投机风险可能有三种后果：造成损失、不造成损失和获得利益。如果造成损失，活动主体会受到损失的影响，但社会不一定会跟着受损失。

（2）按风险来源划分

按项目风险来源或损失产生的原因，可分为自然风险和人为风险。

1）自然风险

由于自然力的作用，造成财产损失的这类风险属于自然风险。

2）人为风险

人为风险是指由于人的活动而带来的风险，人为风险又可以细分为行为、经济、技术、政治和组织风险等。

行为风险是指由于个人或组织的过失、恶意、侥幸等不当行为造成财产损失。

经济风险是指人们在从事经济活动过程中，由于经营管理不善、市场预测失误、价格波动、供求关系发生变化等所导致经济损失的风险。

技术风险是指伴随着技术的发展而来的风险，如核辐射。

政治风险是指由于政局变化、政权更迭等引起社会动荡造成损失。

组织风险是指由于项目有关各方关系不协调以及其他不确定性而引起的风险。

（3）按风险是否可管理划分

按项目风险是否可管理划分，可分为可管理风险和不可管理风险。可管理风险是指这类风险可以预测、并可采取相应的措施对风险加以控制；反之，不可管理风险是指在整个风险过程中不可预测，也没有相应的措施来应对风险。

（4）按风险影响范围划分

风险按其出现后影响的范围来划分，可以分为局部风险和总体风险。局部风险影响是指风险只会让项目的某个局部受到损失，如果是总体的就会对整个项目带来损失。当然局部风险和总体风险是相对的。

（5）按风险后果的承担者划分

按项目风险后果的承担者的角色来划分，可以划分为业主风险、政府风险、承包商风险、投资方风险、设计单位风险、监理单位风险、供应商风险、担保文风险和保险公司风险等，这样的目的是提高对风险的承受能力。

（6）按风险的可预测性划分

按风险的可预测试性划分，通常可以划分为已知风险、可预测风险和不可预测风险。

1）已知风险

已知风险是指在我们现有的认知情况下对项目进行进行严格的分析后，可以确定这个问题一定会出现，并且当这个风险出现后，这个结果是可以预测的，一般已知风险发生的概率比较高，但一般后果都比较轻微。

2）可预测风险

可预测风险是指可以预见其会发生，但这类风险不能完全确定其严重程度。

3）不可预测风险

不可预测风险是指未来可能发生的，但不能确定一定发生，之所以不可预测，主要是因为现在的经验和能力无法很好地分析出这类风险。

项目风险管理分为四个阶段：风险识别、风险分析与评估、风险处理和风险监视，如图 4-5 所示。

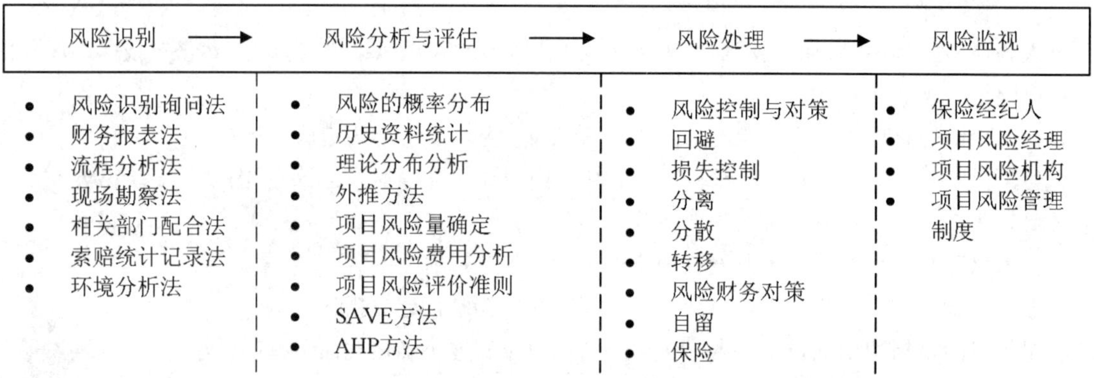

风险识别	→	风险分析与评估	→	风险处理	→	风险监视
• 风险识别询问法 • 财务报表法 • 流程分析法 • 现场勘察法 • 相关部门配合法 • 索赔统计记录法 • 环境分析法		• 风险的概率分布 • 历史资料统计 • 理论分布分析 • 外推方法 • 项目风险量确定 • 项目风险费用分析 • 项目风险评价准则 • SAVE方法 • AHP方法		• 风险控制与对策 • 回避 • 损失控制 • 分离 • 分散 • 转移 • 风险财务对策 • 自留 • 保险		• 保险经纪人 • 项目风险经理 • 项目风险机构 • 项目风险管理制度

图 4-5　风险管理四大阶段

（1）风险识别

风险识别（Risk Identification）是对于存在项目中的各类风险源或不确定的因素，按其产生的背景、表现特征和预期后果进行界定和识别，对项目风险因素进行科学分类的过程。

在项目风险识别过程中，通常从三个项目相关联的因素进行分析：

风险来源（Risk Sources）：从风险来源的角度分析，通常风险的来源包含时间、成本、技术、法律等。

风险事件（Risk Event）：影响项目的积极或消极的相关事件。

风险征兆（Risk Symptoms）：风险征兆是指与风险相关的间接事件的表现。

风险识别的过程如图 4-6 所示。

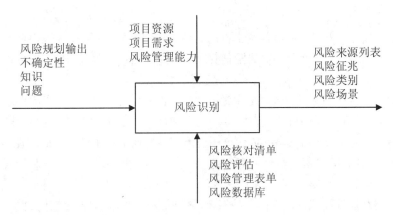

图 4-6　风险识别过程

风险识别过程的具体步骤如下：

步骤一：过程输入

过程输入主要包括不确定性、知识、顾虑和问题。不确定性是指我们不知道的事，是假设或怀疑的一部分。知识是指根据我们现在的经验、认知水平来识别项目风险。顾虑是指我们担心的事，这些事会引起我们的担心、不安或担忧。问题是现在已经存在的现在未确定解决方案的内容。

步骤二：过程机制

过程机制是指在风险识别过程活动中提供的方法、技巧、工具或其他的手段，其主要包括：风险核对清单、风险评估、风险管理表和风险数据库。

步骤三：过程控制

在风险识别过程中，通过项目资源、项目需求和风险管理能力调节风险识别过程，而成本、时间、人等一些其他的项目资源将限制风险识别的范围。

步骤四：过程输入

风险识别过程的输出是风险描述和与之相关的风险场景。风险描述是指用标准的表示对风险进行简要的说明，其主要包括：项目风险来源、项目风险征兆、项目风险类别、风险发生的可能性、风险的后果和影响等。风险场景是指提供风险描述相关的间接信息，如条件、约束、假定等。

通常在项目测试过程中主要存在以下几类风险：人力资源、测试技术、测试工具、测试需求、项目管理等维度的风险。

人力资源是指在测试过程中，测试人员离职或其他的一些原因导致测试人员脱离正在测试的项目。

● 测试技术是指测试某方面的内容以我们现在团队的技术能力无法完成，如项目需要性能测试，但我们团队中并没有熟悉性能测试的工程师。

● 测试工具是指在测试过程中需要的相关测试工具，但目前我们并没有这些相关的工具或对相关的测试工具使用不熟悉，如自动化工具、抓包工具等。

● 测试需求是指在测试过程中，软件需求出现变更，导致测试计划和测试方案的变更。

● 项目管理主要是指项目时间、项目成本、项目沟通等方面的风险。

（2）风险分析与评估

风险分析是指分析风险事件发生的可能性、风险发生可能的结果范围和危害程度、风险事件预期发生的时间。风险分析也称为风险测定、衡量和对风险估算。项目风险估计一般采用统计、分析和推断的方法。

风险事件发生的可能性是有一定的概率的，概率是度量风险出现的可能性，是一个随机事件函数。当事件必发时，其概率为 1，即我们说的百分之百发生，记为 $P(U)=1$，其中 U 代表必然事件，不可能发生的事件其概率为 0，记为 $P(V)=0$，其中 V 代表不可能事件。而随机事件，其概率在 0 到 1 之间，记为 $0 \leqslant P(A) \leqslant 1$，A 代表随机事件。对于概率包含三类：客观概率、主观概率和合成概率。

客观概率是根据事件发展的客观性而统计出来的一种概率，客观概率可以根据历史统计数据或是大量的试验来推定。通常有以下两种方法：

● 将一个事件分解为若干子事件，通过计算子事件的概率来获得主要事件的概率；

● 通过足够量的试验，统计出事件的概率。

主观概率以概率估计人的个人信念为基础，主观概率可以定义为根据确凿有效的证据对个别事件设计的概率。这里所说的证据，可以是事件过去的相对频率的形式，也可以是根据丰富的经验进行的推测。比如有人说："阴云密布，可能要下一场大雨！"这就是关于下雨的可能性的主观概率。

合成概率是介于主观和客观估计之间形成的概率，它不直接由大量试验或计算分析得到，也不是完全由主观判断或计算分析得出。

风险估计的过程如图 4-7 所示。

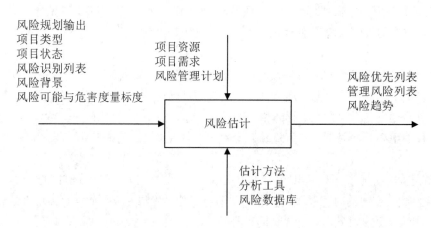

图 4-7　风险估计过程

步骤一：过程输入。

风险估计是对项目中的风险进行定性或定量分析，并依据风险对项目目标的影响程度，对项目风险进行分级排序的过程。风险估计的依据主要包括：风险管理规划、风险识别的成果、项目进展状况、项目类型、数据的准确性和可靠性、概率和影响的程度。

步骤二：过程机制。

估计方法、分析工具和风险数据库是风险估计过程的机制，机制可以是方法、技巧、工具或为过程活动提供结构的其他手段，风险发生的可能性、风险后果的危害程度和风险发生的概率均有助于风险影响和风险的排序。

步骤三：过程控制。

项目资源、项目需求和风险管理计划调节风险估计过程，其方式类似于控制风险识别过程。

步骤四：过程输出。

风险估计过程的输出是按优先等级排列的风险列表及其趋势分析。

风险评估是在对单个项目风险进行估计分析的基础上，对项目风险进行系统和整体的评估，以确定项目的整体风险等级，关键的风险要素及项目内部各系统风险之间的关系，为风险应对和监控提供依据。

在风险评估过程中，项目管理员应该详细研究决策的各种可能后果，并将决策者做出的决策和自己个人所做的预测后果进行比较，以判断这些预测能否被决策者所接受。常见的风险评估的依据如下：

- 风险管理计划。
- 风险识别成果，已识别的项目风险以及风险对项目的潜在影响需要进行评估。
- 项目进展情况，风险的不确定性常常与项目所处的生命周期阶段有关，项目初期，项目风险症状往往表现不明显，承前项目的开展，项目风险可能性增加。
- 项目类型，一般来说，项目技术含量越低，复杂程度越低或重复率较高的项目其风险程度比较小。
- 数据的准确性和可靠性，在风险识别过程中所收集的数据或信息的准确性和可靠性应该进行评估。
- 概率和影响的程度。

在评估风险时，为了更好地评估风险，评估时应该遵循以下基本原则：

- 风险回避准则。风险回避是最基本的风险评价准则，根据该准则，项目管理员应采取措施有效控制或完全回避项目中的各类风险。
- 风险权衡准则。风险权衡的前提是假设项目中存在一些可接受的、不可避免的风险，则可以确定可接受风险的限度。
- 风险处理成本最小原则。如果在处理风险过程中需要付出一些成本并且是不可避免的，那么在处理风险时需要遵守处理成本最小原则。
- 风险成本和收益比原则。项目风险管理的基本动力是以最经济的资源消耗高效地保障项目达成预定的目标，那么在处理风险时，显然希望风险收益比越大越好。一般情况下，风险水平和风险收益是成正比的，当然也只有风险处理成本与风险收益相匹配，项目管理活动才是有效的。

● 社会费用最小准则。在风险评价时必须遵循社会费用最小的准则，这一指标也体现了一个组织对社会应负的责任。

风险评价过程如图 4-8 所示。

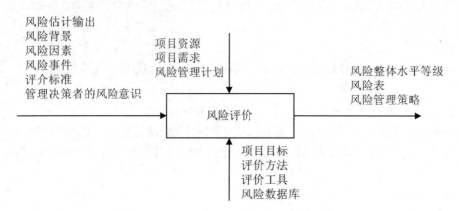

图 4-8 风险评价过程

第一步：过程输入。

风险评价是对项目中的风险进行定性或定量分析，并依据风险对项目目标的影响程度，对项目整体风险水平和风险等级进行综合分析的过程。

第二步：过程机制。

项目目标、评价方法、分析工具和风险数据库是风险估计过程的机制，机制可以是方法、技巧、工具或为过程活动提供的其他手段。

第三步：过程控制。

项目资源、项目需求和风险管理计划决定着风险评价的过程，其方式类似于控制风险规划过程。

第四步：过程输出。

风险评价过程主要输出整体风险等级水平、风险表和风险管理策略三个方面的内容。

风险分析实例见表 4-2。

表 4-2 风险分析实例

序号	风险类型	风险事件	内容	风险分析	排序	应对措施
1	技术风险	海底光纤信号中断	海底光纤信息中断，可能导制卖出重票	海底光纤信号中断影响为"极高"6，概率为底3，综合为高风险，风险值为 18	2	

（3）风险处理

风险处理即我们说的风险应对，风险应对是对项目风险提出处理的意见和方法，即当风险出现时如何处理风险，将风险的处理成本降到最低。

风险的应对措施通常包括以下几类。

1）减轻风险

减轻风险策略是指通过缓和或预知手段来减轻风险,降低风险发生的可能性或减缓风险带来的不利后果，以达到风险减少的目的。

对于已知风险，在项目管理过程中可以很大程度上加以控制，可以动用项目现有资源降低风险的严重性和出现的频率，而对于可预测风险或不可预测的风险，在管理时就很少或根本不能控制这类风险，所以可以采用一些方法来降低风险出来的频率和其他出现时所带来的后果。

2）预防风险

风险预防是一种主动的风险管理策略，常见的预防风险的方法包括有形和无形两种。

有形手段是一种工程法，这种方法主要用于建筑工程领域，它以工程技术为手段，消除物质性风险威胁。

无形手段主要是教育法和程序法，教育法主要是通过一些培训或相关的课程来降低项目人员可能因为行为不当构成的项目风险。程序法是指以制度化的方式从事项目活动，减少不必要的损失。

使用预防策略需要注意的是，如果在项目的组成结构或组织中加入了多余的部分，将会增加项目的复杂性，进而提高了项目成本，增加了风险。

3）回避风险

所有风险应对的目的都是尽可能地避免人、财、物、设备等其他方面的损失，回避风险策略是指主动地避开某些项目。如一些项目其潜在的风险很大，并且如果该风险出现其后果很严重，而此时又无法找到更好的应对策略时，可以选择回避风险的策略，主动放弃项目或改变项目目标。

回避风险包括主动预防和完全放弃两种，主动预防是指从风险源入手，将风险的来源彻底消除。完全放弃是指彻底放弃某个项目，如市场不好，主动关闭一些分店，完全放弃是最彻底的回避风险方法。

4）转移风险

转移风险是指将风险转移至参与该项目的其他人或其他组织，也叫合伙分担风险，转移风险其实并不能降低风险发生的概率和不利后果，只是借用合同或协议的方法，在风险发生时将一部分风险转移到有能力承受或控制的个人或组织。对转移风险，一般情况下承担风险方都会得到相应的报酬。

转移风险又可以分为财务性风险转移和非财务性风险转移。财务性风险转移又可分为保险类风险转移和非保险类风险转移两种。非财务类风险转移是指将项目有关的物或项目转移到第三方，或者以合同、协议的方式将风险转移到第三方组织。

5）接受风险

接受风险是指我们认为自己可以承担风险所带来的损失，有意识地选择承担风险，这种策略叫接受风险。接受风险可以是主动的，也可以是被动的，如果在做风险计划时我们已经准备好了这种接受风险的策略，那么这就是主动的；如果风险出现后我们是被迫接受时，那么这种接受风险的策略是被动的。

6）储备风险

对于一些大型工程项目或软件系统，由于其复杂性，其风险是客观存在的，我们不可能完全控制，对于这种情况，我们可以采用储备风险的策略。即在做计划时故意预留一些余量，以防止风险发生，这样即使风险发生也不致于带来很大的影响。

储备风险主要有三种：费用、进度和技术。

第一：预算应急费。

预算应急费是指事先备好资金，用于补偿可能存在的差错、疏漏以及其他不确定性或未评估到的费用。

第二：进度后备措施。

项目进度会受很多不确定的因素影响，但当项目进度受影响时，其实有关方都不希望项目的进度时间延长，此时在做计划时，可以适当地预留一些时间或者制定一个更为紧凑的时间计划，来预防项目进度的风险。

第三：技术后备措施。

技术后备措施专门用于应对项目的技术风险，前期预先准备好一些时间或一笔资金，这样当技术的相关风险出现后就可以更好地应对。

（4）风险监视

在项目开发过程中，必须每天对项目进行监控，不管是否实施预先计划好的策略和措施都要监控，而风险控制是为了最大限度地降低风险事故发生的概率和减少损失的处置技术。风险监控是通过对风险规划、识别、估计、评价、应对全过程的监视和控制。

风险监控过程活动包括监视项目风险的状况，如风险是否已发生、仍然存在还是已消失；检查风险应对策略是否有效，监控机制是否在正常运行，并且在这个过程中应该不断地识别新的风险，及时发出风险预警信号并制定必要的对策措施。其主要包括以下内容：

- 监控风险设想。
- 跟踪风险管理计划的实施。
- 跟踪风险应对计划的实施。
- 制定风险监控标准。
- 采用有效的风险监视和控制方法、工具。
- 报告风险状态。
- 发出风险预警信号。
- 提出风险处置新建议。

4.2.2 阶段度量指标

阶段度量主要是度量本阶段的工作质量，本阶段的工作是计划与控制，那么其实需要度量两个维度的内容，一是测试计划；二是过程控制。

测试计划度量的指标主要包括以下几个方面：

- 每个测试阶段的时间、资源是否明确，并经过详细的评审。
- 关键时间点和里程碑点是否明确。
- 风险评估是否覆盖了所有的维度。
- 每类风险是否有确定的解决措施或方案。

过程控制其实是控制整个测试过程的，主要是通过获取测试过程中的数据来判断测试质量或风险，过程控制贯穿整个测试过程。对整个测试过程进行监控的目的是为测试控制提供反馈信息和可视性，监控的信息可以通过手工方式来收集，也可以通过自动化的方式来收集。

过程控制度量的指标主要包括以下几个方面：

- 测试用例设计完成率。
- 测试环境搭建进度。
- 测试执行数据，如测试用例执行结果、测试用例执行率等。
- 缺陷管理及缺陷分析。
- 测试里程碑点控制。
- 测试成本控制。
- 测试风险跟踪。

通过测试监控活动以及监控过程中收集到的数据，可以掌握测试活动的时间信息、资源、成本和产品质量等信息，这些信息有利于在测试控制活动中做出正确的决定。

同时在整个监控过程中还需要跟踪风险运行的情况，当风险出现时，可以迅速地对风险做出应对措拖。

4.2.3　能力评价

能力评价主要包括以下几个方面：

- 明确本次测试的范围。
- 项目时间估算方法，能够较准确地估算项目的时间。
- 项目估算的过程。
- 项目计划制定工具。
- 项目风险管理过程：风险识别、风险估计和分析、风险处理、风险监控。

4.3　分析与设计

测试计划完成后，接下来的步骤就是对被测试对象进行分析和设计对象的测试方法。分析与设计是整个测试过程中最重要的一个环节，其决定测试质量的好坏，而此步骤中最核心的就是测试的设计方法。

4.3.1 关键过程域

（1）需求分析

通过对需求进行详细的分析，确定本次测试的范围、被测试对象的特征。

（2）确定功能测试设计方法

为每个被测试功能设计相应的测试方法，并且将其设计的方法图表化，即画成图表的方式，关于测试设计在第 5 章中会详细介绍。

（3）测试数据准备

在测试过程中，测试数据主要包括两类：基础数据和业务数据。

（4）准备测试环境

确定测试过程中的测试环境，包括测试拓扑结构图和测试机的软硬件配置。

1. 需求分析

需求分析主要是分析需求的特性、需求的继承性等，需求分析的目的是更好地完成测试设计，将测试设计得更全面，但需求分析并不会在测试分析与设计中体现。

2. 测试设计

测试设计是整个测试方案中最重要的内容之一，主要描述核心功能点的测试方法，一般情况下，测试方案不可能对所有功能进行详细设计，主要是对核心功能和基本功能进行详细设计。需要注意的是，很多人认为在工作中写好测试计划后直接写测试用例，但实际的测试过程中并不是这样的，在写测试用例之前需要先做测试设计，再根据测试设计来完成测试用例，关于测试设计的方法在第 5 章中会详细的介绍。

例如：163 邮箱注册的功能。其中邮箱地址的要求为"6~18 个字符，可使用字母、数字、下划线，需以字母开头"，如图 4-9 所示。

图 4-9　163 邮箱注册

现在对邮箱地址文本框进行测试设计，这里使用的方法是典型的等价类的测试设计方法，测试设计的内容见表 4-3。

表 4-3 测试设计方法

输入条件	规则	有效等价类	边值	编号	无效等价类	边值	编号
邮件地址	长度	[6,18]	6	1	<6		10
			18		>18		11
	以字母开头	以字母开头		2	数字开头		12
					特殊字符开头		13
	字母或数字或下划线	全字母		3	特殊字符		14
		全数字		4			15
		全下划线		5			16
		字母+数字+下划线		6			17
	必填	填写		7	不填写		18
	保留字段	否		8	是		19
	是否已注册	否		9	是		20

测试设计完成后，再根据这个测试设计来完成用例的设计。

3. 数据准备

测试过程中通常会涉及到两类数据：一是基础数据；二是业务数据。基础数据是指在对某个业务进行测试之前，数据库里面已经存在的问题；业务数据是指在测试过程中使用的数据。

例如，向数据库中插入一条记录，数据库中已经存在的记录就是基础数据，假设数据库中已存在的记录一共是 1 万条，那么这 1 万条就是基础数据，而插入的数据就是业务数据。在这里，基础数据的多少会直接影响到测试的结果，例如数据库中存在 100 万条记录和只存 1 万条记录，其插入的时间是完全不同的。所以在测试过程中，基础数据也是很重要的。

关于数据准备，应该遵守以下原则：

（1）全面性

全面性是指设计的数据应该包含所有类型的数据，需要覆盖客户操作过程中所有类型的数据，如测试移动 BOSS 系统中的计费功能。那么在测试过程中，参数化的数据就不能仅仅使用某个网段的手机号（如 135 段的手机号），使用的数据应该包含所有网段的手机号（如 135、136、138 等）。

（2）无约束性

无约束性是指数据与数据之间不能存在相互约束的现象，如测试银行系统的存取款业务，如果一张银行卡正在存款，这样就必定不能同进行取款操作，如果设计的数据恰好同时进行存取款操作，那么取款就一定需要等待存款结束后才可以进行，这样取款的响应时间就包括了存款的时间，而这个响应时间显然不是真实的取款时间。

（3）正确性

正确性是指设计的数据应该保证业务能被正确地运行,因为性能测试的目的是测试业务的响应时间，而非测试功能（有一些朋友容易将性能误解为验证功能测试）测试，所以设计数据时，不能由人为的原因导致业务操作失败。如果是由于数据导致业务失败，那么在结果分析过程中分析事务的成功率时就不准确，导致影响性能测试的结果。如测试移动 BOSS 系统计费功能,如设计一个已注销的手机号进行计费结算，这样必然导致业务失败，而这个业务失败是人为引起的，不是系统性能测试导致的。

（4）数据量充足

准备的数据是否充足也会影响到性能测试结果，在一些业务场景中，如果准备的数据不够多，即准备的数据比脚本迭代的次数少,那么当数据不够用时,将会重新循环或一直使用最后一个数据，这样很容易导致一些业务失败。例如注册功能，假设共准备了 100 条数据，但迭代了 150 次，那么第 100 到第 150 次迭代即没有数据可用，必须重新循环一次或一直使用最后一条数据，而同一个数据不可能注册多次，这样导致第 100 到第 150 次注册业务失败。

（5）无敏感数据

软件的安全性是软件特性中一个很重要的维度，在设计数据进行性能测试时，需要注册避免一些敏感数据，即使使用敏感数据也应该是密文显示，而非明文显示。

数据准备过程中，关于数据的来源通常有两种方式：历史数据和构造数据。

（1）历史数据

历史数据是指真实存在的数据,通常这些数据是以前上线过的版本所收集到的真实数据,例如,移动或联通的收费系统，这类收费系统叫 BOSS 系统。BOSS 系统升级时，在做系统测试时，就可以将以前版本中的测试数据导入到新的版本中进行测试。如果有历史数据是最好的，这样可以尽最大可能性地模拟用户真实的使用场景，尽最大可能地避免漏测的性能问题。

（2）构造数据

如果在测试过程中没有真实的历史数据，那么就只能自己去构造数据了，构造数据的方法有很多种，可以使用 Excel、数据库、Shell 等方法。但在构造数据时最好要咨询数据库管理员的建议，这样构造出来的数据才可能更符合测试的要求，并且在数据准备时要描述清楚详细的数据准备方法。

4. 测试环境

测试环境是指在执行测试时我们搭建的测试环境。环境设计主要是确定测试执行过程中服务器和测试机所处的环境，关于环境设计包括三部分内容：系统运行的拓扑结构图、服务器和测试机环境、环境的备份与恢复。

系统运行拓扑结构图主要用于指导如何搭建测试环境，实例图如图 4-10 所示。

服务器和测试机环境包括两部分内容：一是服务器和测试机的硬件配置；二是服务器和测试机的软件配置。服务器的硬件配置是一个基准环境，而负载机的硬件测试配置则受每个虚拟用户运行时所消耗的内存资源的影响，服务器和测试机环境配置见表 4-4。

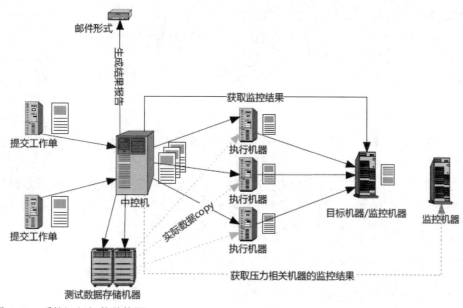

图 4-10　系统运行拓扑结构图

表 4-4　服务器和测试机环境

设备	硬件配置	软件配置
数据库服务器 应用服务器	PC 机（一台） CPU：Intel Xeon X3200 2.4GHz 内存：2.0GB 硬盘：300GB	Windows 2003 MySQL Apache
控制器 负载机	PC 机（一台） CPU：Intel Celeron 3.06GHz 内存：512MB 硬盘：80GB	Windows XP LoadRunner 9.1 IE 6.0 Microsoft Office

　　环境备份和恢复是必须要注意的，在执行性能测试之前，为了避免出现错误需要先将环境进行备份，执行完成后需要恢复测试前的环境，这样做主要有以下两个原因：第一，测试前如果环境不确定，则可能导致一些数据运行失败，进而导致一些业务运行失败；第二，如果不及时恢复环境，可以会影响到整个测试的数据。

　　具体如何备份与恢复，可以与数据库管理员一起确定。

4.3.2　阶段度量指标

　　分析与设计阶段度量的指标主要包括以下几个方面：

● 详细的需求跟踪矩阵；

- 需求继承性分析；
- 测试设计覆盖所有的需求，对于优秀级高的需求，测试用例的粒度应该更高；
- 所有的测试设计项都转化为测试用例；
- 测试拓扑结构图完成；
- 测试机的软、硬件环境已经确定；
- 基础数据生成的方法已确定。

这里最重要的指标为测试粒度，测试粒度的高低从某个侧面反应了测试是否全面，测试粒度的公式为：用例粒度=用例数/功能数。

关于用例粒度到底为多少合适，其实是没有固定值的，通常用例粒度受系统的类型、系统的复杂程度和当前功能的优先级的影响。一般情况下对系统来说，基础功能和核心功能要求的用例粒度会高出很多，当然原因也很简单，因为我们不希望发布时，基本功能和核心功能出现问题。

4.3.3　能力评价

能力评价主要包括以下几方面：

- 需求特性、需求分析、需求的继承性分析；
- 测试设计模型、测试设计步骤；
- 功能测试用例设计的方法（如等价类、边界值、因果图等）；
- 测试数据准备的方法、数据准备应该遵守的原则；
- 测试环境拓扑结构图、环境搭建方法。

4.4　实现与执行

分析与设计阶段完成后，就需要将已经设计好的内容变成可操作的具体步骤，之后再执行，执行过程中需要记录相关测试的结果。

4.4.1　关键过程域

在实现与执行阶段主要有两个关键过程域：实现和执行。实现主要是将测试设计阶段的内容变成可操作的内容；执行主要是执行每个版本的测试用例，当然在执行过程中就必须记录一些相关的测试结果。

1. 实现

实现主要是将分析与设计阶段的内容变成可操作的对象，主要需要实现的对象包括以下几个方面的内容：

（1）根据测试环境拓扑结构图，搭建测试环境。

（2）将测试设计模型的内容使用测试用例来覆盖。

（3）根据准备测试数据的方法准备相关的测试数据。

（4）审核所搭建的测试环境是否正确。

（5）对测试用例进行评审并完善相关的测试用例。

测试环境搭建好之后，应该对测试环境进行进行审核，以确保测试环境的正确性，因为测试环境会直接影响测试结果正确与否。

使用测试用例来覆盖测试设计模型中的内容，其实就是我们通常说的测试用例设计的方法，通过测试用例设计方法来完成功能的测试用例，所以在测试过程中写用例只是测试设计中的一个步骤，当然完成用例时需要将测试数据也置入用例中，这样用例才能被用于执行。

完成用例后，需要准备好测试过程中使用的数据，在测试方案中已经将测试数据应该准备的内容和如何获得测试数据描述得很清楚了，所以只要利用这些方法将数据变成可以使用的数据就行。

在整个测试过程中，需要对测试用例不断地维护，可能是新增一些用例，也可能是删除一些无效的用例，还可能是修改一些有出入的用例。

2. 执行

用例完成且环境也搭建好之后，就是对测试用例进行执行了，在整个执行过程中可能会有很多次的迭代版本。

测试执行的方法通常有两种：工手测试和自动化测试，对于新增的功能需求或新修改的内容，一般建议使用手工测试进行。对于回归的功能，通常可以使用自动化测试的方式来回归。当然做不做自动化测试取决于公司目前测试的成熟度。

随着软件系统功能越来越多，功能越来越复杂，如果只是使用手工测试其实是很难对所有的功能进行回归测试的，所以现在越来越多的企业开始研究自动化测试，希望通过自动化测试的方法来提高回归测试的效率。

在执行用例时，一般会有很多轮的迭代过程，但并不代表每次迭代执行的内容都是相同的，每一次迭代所执行的用例是根据测试计划而定的。如果时间很紧张，一般我们会挑选优先级比较高的先执行。

测试执行的过程一般有工具来管理，现在企业中一般都有相关的测试执行管理工具，如开源工具 testlink，在测试执行管理工具中可以分配每次迭代需要执行的用例，手工测试时需要对这些用例进行回归测试，并且测试结果会自动保存在这些工具中。

测试执行过程需要记录两个方面的结果信息：一是记录每条用例执行的结果；二是记录测试过程中所发现的缺陷。测试用例执行结果会自动记录在测试工具中，用例执行的结果一般包括 PASS、FAIL 和 N/A 三种

PASS：表示用例执行通过。

FAIL：表示用例执行失败。

N/A：表示用例无法执行被阻塞，假设 A 功能测试没有通过，导致 B 功能无法执行，这个时候，这 B 功能就是 N/A 状态。

如果测试过程中遇到问题，就需要将这些问题记录下来，这个过程其实就是缺陷管理，缺陷管理也有相关的工具，如 Bugzilla、Bugfree、Mantis 等。

4.4.2　阶段度量指标

实现与执行阶段度量的指标主要包括以下几个方面：

- 使用测试用例覆盖测试设计模型；
- 准备好测试数据；
- 测试环境搭建完成；
- 完整的记录用例测试结果；
- 完整地记录每个缺陷，并对缺陷进行跟踪。

4.4.3　能力评价

能力评价主要包括以下几个方面：

- 具备用例设计能力；
- 构建数据或使用调用历史数据；
- 会搭建测试一环境，如果是在类 UNIX 操作系统平台下搭建测试环境；
- 使用测试用例管理工具；
- 使用缺陷管理工具。

4.5　评估与报告

实现与执行阶段后，就是评估与报告，主要是评估测试是否达到准出状态，如果达到准出状态，则需要完成测试报告。

4.5.1　关键过程域

本阶段的关键过程域主要包括两个方面：一是评估本次测试的质量；二是完成测试报告。测试报告完成后，还需要对测试报告进行评审，才能决定产品是否可以发布。

1. 评估软件质量

测试执行完成后，需要对软件质量进行评估，评估的目的是确定被测试系统是否可以发布。通常评估的指标主要包括以下几个方面。

（1）验证所有需求都被实现

所以有需求都必须被实现，并且所有的需求应该都有相应的测试用例覆盖，即我们通常所说的需求 100%覆盖。当然在实际测试过程中我们很难对所有需求进行 100%覆盖，因为这涉及到两个问题：一是在整理需求时，我们很难将所有的需求都整理出来，也就是说，其实任何一份需求说明书都有一些隐性需求的存在；二是每个需求其实都有一个覆盖粒度的问题，也就是覆盖的粒度大小会决定需求验证的全面性。由于这两个原因的存在，在实际测试过程中我们很难保证需求 100%覆盖。

（2）致命和严重问题都已解决

在测试执行结束时需要对未解决的问题进行评审，评审未解决问题的目的主要包括两个维度：一是评审未解决问题的风险，确定系统是否带着这些问题发布；二是系统不能遗留致命和严重问题发布，即致命和严重问题都必须解决。

之所以不能带着致命和严重问题发布，是因为发布后系统可能存在着很大的风险，这样后期面临着巨大的市场压力。

（3）测试用例通过率超过 97%

在执行测试时我们会记录下所有用例执行的结果，在统计测试用例执行结果时，必须确定测试用例通过率超过 97%。之所以对测试用例通过率有要求，原因很简单，如果我们不能确定绝大多数用例执行结果都是通过的，那么意味着我们的功能存在很多缺陷，而一个存在很多缺陷的产品被发布，后期的风险可想而知。

（4）三级操作以内的缺陷都已经修复

在定义缺陷时，一般将三级操作以内的缺陷定义为严重或致命的问题，所以不允许遗留三级操作以内的缺陷与不能遗留严重或致命问题是一样的道理。

（5）缺陷修复率超过 95%

在分析缺陷的时候，还有一个指标是遗留缺陷率，通常缺陷修复率应该超过 95%，即遗留缺陷不能超过 5%，虽然遗留缺陷中不能有严重或致命的缺陷，但同时也需要注意，缺陷遗留率不能超过 5%。因为如果遗留的缺陷数太多，这样系统发布出去后，系统失效的风险会变得很大。

（6）核心业务和基本业务的基本事件流和备选事件流都正确，不存在缺陷

关于这个维度其实和遗留问题中不能包含致命和严重问题是一致的，因为核心业务和基本业务的基本流和备选流如果出现问题，一般都是严重问题，如果这些问题遗留出去后，势必都会带来严重的影响。

（7）分析缺陷变化趋势，确定系统处于稳定状态

评估系统能不能发布，还有一个很重要的因素，就是评估系统是否达到稳定状态。如果系统未处于稳定状态，说明系统是不可以发布的，比如华为现在最常用的方法就是使用四象限的方法对缺陷进行分析。

关于缺陷分析方法，在缺陷管理与分析章节中会详细地介绍。

2. 完成测试报告

测试报告是整个测试过程的一个总结，主要包括以下几个方面的内容：

（1）测试内容记录

在测试报告中必须记录整个执行过程中用例执行的结果，执行测试时一般会有好多次迭代过程，每次迭代时所执行的用例可能有一些不同的地方，所以在记录测试结果时应该记录每轮迭代的结果，每轮迭代中每条用例执行的情况必须详细记录。当然如果公司有专业的用例管理工具，那么这些测试的结果都会自动记录在这个用例管理工具中，这样只要将测试结果导出来就可以。

（2）测试度量

在测试报告中需要对缺陷进行一些度量，通过这些度量指标可以更好地确定系统是否可以发布。测试度量的主要目的如下：

- 判断测试的有效性；
- 判断测试的完整性；
- 判断工作产品的质量；
- 分析和改进测试过程。

通常需要度量的指标包括以下几个方面：

第一：千行代码缺陷率。

千行代码缺陷率=缺陷总数/代码总数，千行代码缺陷率是衡量软件开发质量的一个常用指标。在 CMMI 级别中，其实不同的 CMMI 级别与缺陷的发生率也是有关系的。

CMMI 级别	千行代码缺陷率
CMMI1	11.95‰
CMMI 2	5.52‰
CMMI 3	2.39‰
CMMI 4	0.92‰
CMMI 5	0.32‰

但千行代码缺陷率的高低并不能完全衡量软件质量，因为随着开发能力的不断进步，我们更希望少写些代码来实现软件功能，这样可能千行代码缺陷率较高，但研发能力并不一定就很差。

第二：用例粒度。

用例粒度=用例总数/代码总数，这个指标主要是衡量测试用例粒度的，用例粒度侧面反应了测试的完面性，从某种情况来说，用例粒度值越大说明测试越全面，但在实际的测试工作中，不能单纯地只统计整个系统的用例粒度，这是不正确的。因为不同的需求在实际测试中用例粒度要求是完全不同的。所以在分析用例粒度时，通常需要按需求的优先级来划分，即对于基本功能和核心功能其用例粒度一定会更大，同样对于一些用得比较少的功能，其粒度也就可以小一些。

现在很少有公司具体去定义这个用例粒度的值，目前来说并没有具体的计算公式，这个值只能通过对以往的历史项目进行分析得到。

通常在实际的测试过程中，如果需要得到准确的用例粒度，需要分析以下几类功能的用例粒度：核心功能、基本功能、一般功能、镀金功能。

第三：用例探测率。

用例探测率=缺陷总数/用例总数。用例探测率是侧面衡量用例质量的一个指标，通常情况下如果用例探测率的值越大，说明设计用例的质量越高；反之则说明用例设计的质量可能比较低。

当然在企业中如何希望更全面地控制测试质量，测试设计是很重要的一个环节，需要注意的是我们说的是测试设计而非用例设计。准确地说，用例设计是测试设计里面的一个环节，而非全部的测试设计，关于测试设计模型在第 6 章中将会详细介绍。

（3）测试结果分析

测试结果分析是指对测试结果的数据进行分析，当然分析的对象首先就是缺陷，通过对这些缺陷的分析来确定系统是否处于稳定状态，这是最核心的，否则无法确定系统是否可以发布，或者说无法确定系统发布后存在的风险。

对测试结果进行分析，通常要分析以下数据：

- 遗留缺陷分析，按严重等级分析未解决的 BUG 分布情况。这个主要是分析遗留问题中是否存在严重或致命问题，如果存在这两类问题未解决，那么系统可能不允许发布。
- 分析所有缺陷，按严重等级分析所有发现的 BUG 分布情况。这主要是分析缺陷分布的情况，同时也可以分析开发质量。通常情况下发现的缺陷中，严重和致命问题不能超过某个百分比，如果超过就说明开发质量还存在很大的问题，并且增加了系统发布的风险。
- 分析累积缺陷分布的情况。这主要是分析后期缺陷是否处于一个稳定状态，关于分析方法在第 8 章中会详细地介绍。
- 以每个版本或每周为单位分析每个版本或每周发现缺陷数。这主要是分析缺陷的趋势，分析缺陷是否收敛、缺陷是否服从韦伯分布，关于分析方法在第 8 章中会详细地介绍。
- 分析每个版本修复缺陷数。这主要是分析每个版本修复缺陷的情况，当然这个图需要与每个版本所发现缺陷一起分析，目的是分析缺陷收复成本，分析是否有一些缺陷重复修改多次。
- 按核心模块来分析所有发现缺陷的数目。这主要是分析核心模板缺陷情况，分析这类数据有两个目的：一是这类数据以后可以成为其他类似系统参考的数据；二是可以确定核心模块测试的充分性。
- 按缺陷引入方式来分析缺陷分布情况，如需求、设计、代码等。这类分析主要是用于持续改进研发流程，因为通过这个图的分析可以更好地确定缺陷分布的情况，这也是我们常说的正交缺陷分析方法。关于正交缺陷分析法，在第 8 章中会详细地介绍。
- 按测试类型（如功能、易用性等）分析 BUG 的分布情况，这类分析也是典型的正交缺陷分析方法，在第 8 章中会详细地介绍。
- 四象限。四象限主要是分析系统是否到达稳定状态，具体的使用方法在第 8 章中会详细地介绍。

（4）测试结论

就上面分析的数据对测试结果进行说明，主要是描述被测试对象是否达到发布的要求，是否可以发布，所以关于测试结论主要是从系统功能、性能、易用性等角度来确定系统是否可以发布，当然还有一个重要的维度是从缺陷的角度来说明系统是否处于稳定状态，是否可以发布。

（5）可能风险

就目前的测试数据进行分析，系统发布后可能存在的风险，列出所有可能的风险点，主要包括以下方面的内容：

- 系统的可靠性风险；

- 系统稳定性风险；
- 核心功能稳定性风险；
- 系统雪崩的风险。

4.5.2 阶段度量指标

评估与报告阶段度量的指标主要包括以下几个方面：

- 完成评估所需要的所有数据；
- 对缺陷进行详细的分析，确定系统是否达到稳定状态；
- 产品发布风险确定；
- 完成测试报告。

4.5.3 能力评价

能力评价主要包括以下几个方面：

- 具备对产品评估的能力；
- 掌握常用的评估数据；
- 掌握常用缺陷分析方法，可以对缺陷进行较详细的分析；
- 可以确定产品发布的风险。

4.6 结束活动

其实分析与报告完成后，正常的工作流程就已经结束了，但在标准的流程中还是有这样一个步骤的，结束活动主要是描述提交报告后一些后续的工作内容。

4.6.1 关键过程域

在结束活动的过程中，主要需要完成的工作包括：关闭缺陷、提交相关文档和完成项目总结报告。

（1）关闭缺陷

测试结束后需要将所有已解决的缺陷关闭，对于未解决的或解决不了的问题，也需要将缺陷置为正确的状态。

（2）提交相关文档

测试完成后需要将相关的测试文档都提交到文控部门，当然在提交前必须评审通过。

（3）完成项目总结报告

项目测试完成后，需要写一个项目总结报告，一般项目总结报告的主要内容包括本次测试遇到的困难，以及这些困难是如何解决的。但总结报告其实不仅仅是这些内容，更重要的是写本次测试过程中的一些关键数据，如发现多少缺陷、测试时间、缺陷分布等信息，之所以需要写这些信息，目的是方便为以后类似的项目作参考。

4.6.2　阶段度量目标

结束活动阶段度量的指标主要包括以下几个方面：

- 所有的缺陷都被置为正确的状态；
- 相关的测试报告都已经提交；
- 完成项目总结报告。

4.6.3　能力评价

能力评价主要包括：掌握缺陷管理流程和掌握文档规档的流程。

4.7　小结

本章主要描述了软件测试的标准流程，其主要包括：计划与控制、分析与设计、实现与执行、评估与报告和结束活动，在学习过程中必须熟悉每个阶段需要完成的工作内容以及需要注意的事项。软件测试流程是整个软件测试的基础，也是必须要掌握的内容。在这 5 个阶段中，计划与控制、分析与设计是核心的内容，这两个阶段会直接影响到整个软件测试的质量。

5

软件质量模型

关于产品质量模型在国标中其实有详细的定义,《GB-T 16260.1－2006 软件工程 产品质量 第1部分质量模型》《GBT 16260.3－2006 软件工程 产品质量 第 3 部分内部度量》和《GBT 16260.2－2006 软件工程 产品质量 第 2 部分：外部度量》三个标准体系中详细地介绍了产品质量模型,所以本章与其说是讲述软件质量模型,不如说是对这三个标准在使用过程中的一个详细说明。之所以需要对软件质量模型进行专门的介绍,是因为软件质量会影响到后期测试的很多内容,包括测试分类、测试方法等,所以对一名优秀的软件测试工程师来说,软件质量模型的特性是一定要掌握的。

本章主要包括以下内容:

- 软件质量框架
- 外部和内部质量模型
- 使用质量的质量模型

5.1 软件质量框架

在整个产品研发过程中,产品的质量受到多个维度的内容影响,本小节主要介绍不同维度是如何影响产品质量的,以及在整个产品生命周期中,产品质量与产品生命周期每个阶段的关系。

5.1.1 质量途径

在整个产品生命周期中,产品质量受过程质量、内部质量、外部质量和使用质量的影响,关于质量传递途径如图 5-1 所示。

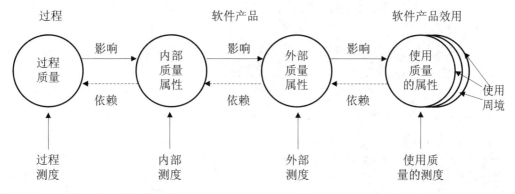

图 5-1　生命周期中的质量传递途径

从图中可以看出，过程质量会直接影响到内部质量的好坏，内部质量会直接影响到外部质量的好坏，而外部质量会直接影响到用户使用的质量，而用户对产品质量的感受直接决定其是否购买我们的产品。从图中可以看出整个评估软件质量是软件开发生命周期中一个很重要的过程，也可以对应为我们平常说的测试过程。之所以对软件产品质量内部属性、外部属性和使用质量的属性进行评估，目的就是保证产品在指定的使用环境下具有所需的效用，也就是我们通常说的要满足客户的需求。

用户质量要求包括在指定的使用环境下对使用质量的需求进行评估，常用到的测试方法包括：验收测试、α 测试和 β 测试。

外部质量是指软件系统作为完整的整体运行时所表现出来的各方面的质量特征。常用到的测试方法包括：动态测试和系统测试。

内部质量是指软件研发过程中，中间过程产品的质量，如单元模块、功能点等。内部质量的测试通常包括静态测试和动态测试两个方面，静态测试包括需求说明书评审、概要设计评审、详细设计评审和代码评审。动态测试主要包括集成测试和单元测试。

过程质量是指对整个研发过程进行控制，通过控制过程进而控制质量，主要是评估过程设计的完善程度和过程执行的力度。使用的方法是 SQA（Software Quality Assurance，质量保证），也就是通过一系统的质量保证方法来保证软件的质量。

5.1.2　产品质量和生存周期

内部质量、外部质量和使用质量的观点在软件生命周期中是变化的，不能说是一成不变的。在生命周期刚开始阶段，质量需求是从外部和用户的角度获得的，这与设计质量不同，设计质量属于中间产品质量，它是从内部和开发者的角度获得的。

当然在实际过程中，在收集用户质量要求时，用户所反应的要求往往不是其真正的需求，之所以会出现这种情况，一般由以下几个方面影响：

（1）用户并不是经常可以意识到自己的实际需要。

（2）要求在被确定之后还是可能会发生变化的。

（3）不同的用户可能具有不同的操作环境。

（4）特别是对于现代软件，咨询所有可能类型的用户是很难办到的。

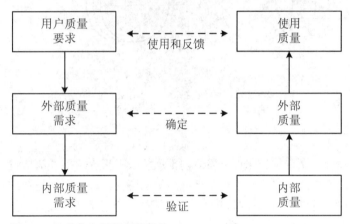

图 5-2　软件生命周期中的质量

用户质量要求可通过使用质量的度量、外部质量、内部质量来确定为质量需求。确定后，这些需求应该作为准则来使用。当然获得满足用户的产品通常需要一个不断迭代的过程。

外部质量需求从外观角度来规定要求的质量级别，也包括从用户质量要求派生的需求。外部质量需求用作不同开发阶段的确定目标，对在本部分中定义的所有质量特性，外部质量需求应在质量需求说明中用外部度量加以描述，宜先换为内部质量需求，而且在评价产品时应该作为准则使用。

内部质量需求从产品的内部度量来规定要求的度量级别。内部质量需求用来规定中间产品的特性，这可以包括静态和动态的模型、文档和源代码。内部质量需求可用作不同开发阶段的确认目标，也可用于开发期间定义开发策略以及评价和验证的准则。

内部质量是基于产品开发内部角度的特性总体，针对产品内部质量需求被测量和评价。通常内部质量过程包括代码实现、评审、测试等。当然内部质量并不会影响产品质量的基本性质，除非对内部设计进行重新设计。

外部质量是基于外部角度的软件产品特性的总体。在软件执行过程中，通常我们会在模拟环境中使用模拟数据进行测试，站在外部质量进行测量和评价。在测试期间，大多数故障都可以被发现和消除。当然这并不代表测试结束后产品就不存在故障，在测试后仍会有一些故障我们没有发现。

使用质量是基于用户角度的，软件产品在指定的环境和使用环境时的质量，测量用户在特定环境中达到目标的程度。

5.2　外部和内部质量模型

外部质量和内部质量模型通常划分为 6 个大的特性，27 个子特性，如图 5-3 所示。接下来我们将对每个特性进行详细的描述。

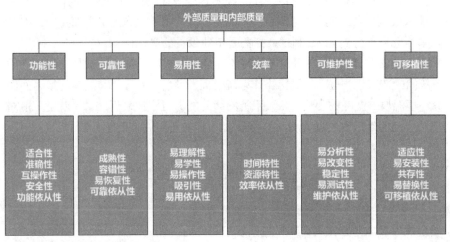

图 5-3　外部质量和内部质量模型

5.2.1　功能性（Functionality）

功能性（Functionality）是指当软件在指定条件下使用时，软件产品提供满足明确和隐含需求的功能的能力。功能的特性包含适合性、准确性、互操作性、安全性和功能依从性五个子特性。

（1）适合性（Suitability）

适合性是指产品是否适合我们的客户群，适合性这个词的意思是指 A 是否适合 B，例如去专卖店买衣服，会对衣服有一个试穿的过程，衣服款式没问题并不代表衣服就一定合适当前买家穿。

在软件产品中，适合性是指研发出来的产品是否适合用户，那么如何体现是否适合用户，主要是通过用户的需求来体现，也就是如果产品满足了用户需求，则说明我们的产品适合用户；如果产品不满足用户需求，则说明产品不适合用户。

（2）准确性（Accuracy）

软件产品提供具有所需精确度的正确或相符的结果或效果的能力。即软件除了能实现所要求的功能外，还要求能正确实现所要求的功能。

准确性不单有正确性的意思，还有精度的意思，即相对单纯的正确性来说，精度是其强调的一个维度。一般情况下我们可能很少注意到精度的概念，但对于一些行业来说精度显得尤为重要，如军工、医疗等。例如研发导弹，该导弹需要准确地打击到 1000 公里外的目标，这个时候就涉及到一个精度的问题，也就是导弹所落下的位置应该是在被打击的一个有效半径范围内，否则就不能精确地打击到目标。而导弹发射时其本身受到天气、环境等因素影响，所以这个时间精度就显得尤为重要。

（3）互操作性（Interoperability）

互操作性（Interoperability）是指软件产品与一个或更多的规定系统进行交互的能力。产品在使用时处于一个大的系统下，在这个大的系统中有三种对象：人、机器、环境。人指的是用户，机器指的是产品。

人与机器之间的互操作性更多的是指产品的易用性，当然这个方面又分两个维度的内容，一是如果测试的是纯软件，那么人也软件之间的互操作性是指 GUI 的易用性，即图形界面接口；二是如果测试的是纯产品，那么互操作性是指 UI 测试，指的是工业设计的易用性。

机器与环境的互操作性指的是兼容性，这也包含两个方面的内容：一是如果纯软件与环境之间的兼容性，如与操作系统间的兼容性，与其他类似操作系统之间的兼容性；二是产品与环境之间的兼容性，如手机受外界环境温度、湿度的影响，冬天手机的续航能力肯定比夏天差。这就是环境对产品的影响，当然环境对产品的影响远不止是温度、湿度，还有很多其他方面的影响。

（4）安全性（Security）

安全性（Security）是指软件产品保护信息和数据的能力。主要包含两方面：

● 防止未得到授权的人或系统访问相关的信息或数据。

● 保证得到授权的人或系统能正常访问相关的信息或数据。

不同的系统对于安全性的需求差别很大，通常包括以下几方面：

● 低：如 Word 的文档加密。

● 中：如论坛登录密码验证、登录次数限制、用户名、IP 限制。

● 高：如防火墙软件主要是测试功能的安全性测试。

常见的安全性测试如下：

● 用户验证：登录密码验证、IP 地址访问限制等。

● 用户权限管理：验证低级别用户是否具有了高级别用户的权限，各级别用户权限都得到了实现。

● 系统数据的保护：对系统文件、用户密码文件等进行隐藏、密码验证、内容加密、备份。

● 防 DoS 攻击：DoS（Denial of Service）攻击：拒绝服务攻击。

● 防溢出攻击。

● 加密、解密：在计算机通信中，采用密码技术将信息隐蔽起来，再将隐蔽后的信息传输出去，使信息在传输过程中即使被窃取或截获，窃取者也不能了解信息的内容，从而保证信息传输的安全。

● 防病毒。

关于安全性的测试在后面的章节中会详细介绍。

（5）功能依从性（Functionality Compliance）

功能依从性（Functionality Compliance）是指软件产品遵循与功能性相关的标准、约定或法规以及类似规定的能力。这些标准要考虑国际标准、国家标准、行业标准、企业内部规范等。

5.2.2　可靠性（Reliability）

可靠性（Reliability）是指在规定条件下使用时，软件产品维持规定的性能级别的能力。规定条件的三要素，也称"三规"，包括规定的环境、规定的时间、规定的性能。

可靠性可以通过以下三个指标来衡量：

- MTTF（Mean time to failure）：平均无故障时间。
- MTTR（Mean time to restoration）：平均恢复时间或平均修复时间（Mean time to repair）。
- MTBF（Mean time between failures）：平均失效间隔时间，如图 5-4 所示。

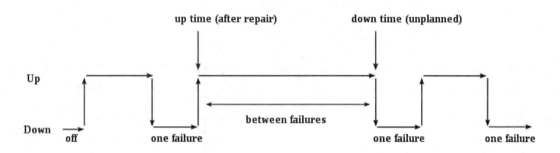

Time Between Failures = { down time - up time}

图 5-4　平均失效间隔时间

MTBF 平均失效间隔时间公式如下：

$$MTBF = \frac{\Sigma(downtime - uptime)}{number\ of\ failures}$$

可靠性主要包括：成熟性、容错性、易恢复性和可靠依从性四个子特性。

（1）成熟性（Maturity）

成熟性（Maturity）是指软件产品为避免由软件中错误而导致失效的能力。这里主要是指软件避免自身的错误、自身模块间的错误而导致整个软件失效，如对其他模块传递的指针进行非空检查。子系统、模块、单元模块的设计人员应该仔细分析与自身有接口关系的子系统、模块、单元模块，识别出这些接口上可能会传递过来的错误，然后在自己子系统、模块、单元模块内部对这些可能的错误预先进行防范，规避这些错误传递到自身而引起自身的失效。

如在研究"神七"载人航天飞船时，一般根据其他国家开展载人航天和舱外活动的经验，航天员上天后一般要 3 到 4 天才可开展出舱活动，但"神七"的任务是航天员第二天就要出舱活动。这样无论是对航天员的船体还是对飞船、测控都带来一个巨大的挑战。所以为了保证航天员出舱的可靠性，在研究的时候设立了 243 个故障模式来应对航天员出舱可能存在的问题。

（2）容错性（Fault Tolerance）

容错性（Fault Tolerance）是指在软件出现故障或者违反指定接口的情况下，软件产品维持规定的性能级别的能力（注：规定的性能级别可能包括失效防护能力）。

这里主要是指软件和外部的接口，如用户接口、硬件接口、外部软件接口等，设计人员应该充分分析外部接口可能产生的错误，然后在设计上对这些错误一一予以防范，防止这些外部传入的错误波及自身而失效。

例如：用户登录，要求用户密码小于或等于 6 位，则用户接口处要判断大于 6 位时要进行的相应处理。

（3）易恢复性（Recoverability）

易恢复性（Recoverability）是指在失效发生的情况下，软件产品重建规定的性能级别并恢复受直接影响的数据的能力，通常包括以下两个方面的指标：

● 原有能力恢复的程度；

● 原有能力恢复的速度。

例如路由器中，在交换板故障的情况下，备用板升为主板，经过短暂的平滑时间后能恢复到原来的性能级别，这里可以用恢复时间、恢复期间丢包数等来衡量易恢复性，如图 5-5 所示。

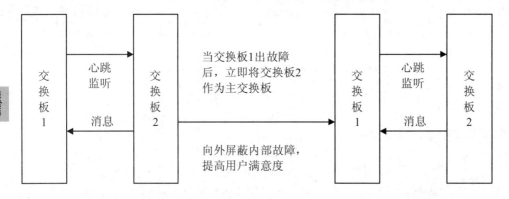

图 5-5　路由器交换板故障处理

开发人员进行设计时，应该充分分析架构中哪个组件风险最集中、最高，那么应该对这类核心组件采用主备倒换等易恢复机制。

（4）可靠依从性（Reliability Compliance）

可靠依从性（Reliability Compliance）是指软件产品遵循与可靠性相关的标准、约定或法规的能力。

5.2.3　易用性（Usability）

易用性（Usability）是指在指定条件下使用时，软件产品被理解、学习、使用和吸引用户的能力。功能性、可靠性和效率的某些方面会影响易用性。

用户可能包括操作员、最终用户和受该软件的使用影响或依赖于该软件使用的间接用户。易用性必须针对软件所影响的所有不同的用户环境。

易用性包括五大子特性：易理解性、易学性、易操作性、吸引性和易用依从性。

（1）易理解性（Understandability）

易理解性（Understandability）是指软件产品使用户能理解软件是否合适，以及如何能将软件用于特定的任务和使用环境的能力。用户在使用软件系统的过程中，系统交互给用户的信息是否准确、清晰、易懂，能帮助用户准确理解系统当前真实的状态，指导其进一步的操作。

例如：手机打电话功能，当手机来电时，接电话的一般是绿色的电话图标，挂断电话一般是红色的电话图标，大家使用习惯了，看着就明白了。如果某个手机生产商恰好将这两个图标反过来设计的话，就很容易弄错，所以通常使用一些标准图标更容易被理解。

（2）易学性（Learnability）

易学性（Learnability）是指软件产品使用户能学习其应用的能力。

例如用户手册、用户手册是否有中文版，帮助文档是否齐全、是否有在线帮助，控件是否有回显功能，是否简明易懂等是易学性考虑的因素。

一般情况下步骤越少越容易学，当然在实际测试过程中我们会发现易理解的特性也适合易学，因为如果一个功能不易理解就不可能会易学。

（3）易操作性（Operability）

易操作性（Operability）是指软件产品使用户能操作和控制它的能力。

例如：我们平时开汽车，自动化档的车显然比手动档的车容易开，因为其他操作步骤更少。

一般情况下，符合易学的功能通常是易操作的，因为如果某个功能用户不容易学会，那更无从谈易操作了。

（4）易吸引性（Attractiveness）

易吸引性（Attractiveness）是指软件产品吸引用户的能力。这主要考虑的是产品的界面等外在美观因素，这也是一个产品质量很重要的组成部分，甚至是关键因素。例如目前手机产品已经成为时尚产品，外观就成了其成败的关键。

（5）易用依从性（Usability Compliance）

易用依从性（Usability Compliance）是指软件产品遵循与易用性相关的标准、约定、风格指南或法规的能力。这些标准要考虑国际标准、国家标准、行业标准、企业内部规范等，例如企业内部的界面规范。

例如：美国康复法案 508 条款要求联邦机构的电子和信息技术对残疾人士是可访问的。该标准提供了特定于各类技术的标准，包括：软件应用程序和操作系统、基于 Web 的信息或应用程序、电信产品、视频和多媒体产品、自给自足的、保密的产品、台式机和便携式计算机。

5.2.4　效率（Efficiency）

效率（Efficiency）是指在规定条件下，相对于所用资源的数量，软件产品可提供适当性能的能力。

效率包括三个子特性：时间特性、资源特性、效率依从性。

（1）时间特性（Time Behavior）

时间特性（Time Behavior）是指在规定条件下，软件产品执行其功能时，提供适当的响应和处理时间以及吞吐率的能力，即完成用户的某个功能需要的响应时间。

在性能测试过程中，时间特性指的就是平均事务响应时间。在使用产品时，用户其实只关注业务的响应时间，其他的根本就不关注，事务响应时间是反应系统性能的直接标准。我们说的平均事务响应时间是指，在进行业务操作时，每个业务都有一个时间，如果很多人同时操作，取这些人操作业务的平均时间就是我们通常说的平均事务响应时间。

（2）资源特性（Resource Utilization）

资源特性（Resource Utilization）是指在规定条件下，软件产品执行其功能时，使用合适的资源数量和类别的能力。

在多用户同时使用系统时，站在用户的角度来说，他们其实只关注时间特性，不会再关注其他的特性，但是对于公司来说，就不仅仅要关注时间特性，还要关注资源特性。所谓的资源当然指的是系统资源，常见的操作系统有 Windows、UNIX、Linux 和 AIX 等。之所以要关注系统资源使用情况，是因为当系统资源处于临界值时，即使业务的响应时间达到要求，也不一定能保证事务的成功率一定达到标准。事务成功率是指用户在执行业务时，业务是否成功，如果业务执行不成功，那么即使响应时间更快也没有实际意义。

当然更深层次的性能测试是在有限的资源情况下，将性能最大化或者说通过性能测试的方法来验证系统资源是否存在一些瓶颈。

（3）效率依从性（Efficiency Compliance）

效率依从性（Efficiency Compliance）是指软件产品遵循与效率相关的标准或约定的能力。

5.2.5 可维护性（Maintainability）

可维护性（Maintainability）是指软件产品可被修改的能力。修改可能包括修正、改进或软件对环境、需求和功能规格说明变化的适应。

可维护性包括五个子特性：易分析性、易改变性、稳定性、易测试性和维护依从性。

（1）易分析性（Analyzability）

易分析性（Analyzability）是指软件产品诊断软件中的缺陷或失效原因或识别待修改部分的能力。易分析性最终目的是降低定位缺陷的成本，或者说是降低缺陷修复成本，因为定位缺陷是修复缺陷的一个过程。

例如：很多系统都有一个日志系统，用于跟踪系统运作的情况，复杂的系统日志还会分为很多种类型，如一般日志、安全性日志等。这样做的目的很简单，就是如果哪天系统运行出问题了，可以迅速地进行定位，进而找到系统失效的原因。

（2）易改变性（Changeability）

易改变性（Changeability）是指软件产品使指定的修改可以被实现的能力。实现包括编码、设计和文档的更改。设计上封装性好、高内聚（同层次设计时，一个实体只完成一个功能）、低耦合，为未来可能的变化留有扩充余地。这样做的目的是可以更好地提高产品的可扩展性，进而降低缺陷出现的可能性。

（3）稳定性（Stability）

稳定性（Stability）是指软件产品避免由于软件修改而造成意外结果的能力。易改变则较稳定，减少频繁修改而导致的不稳定。例如：代码中有物理含义的数字，一定用宏代替。

上面的三个特性主要是针对开发需要考虑的特性，主要影响软件的内部质量。

（4）易测试性（Testability）

易测试性（Testability）是指软件产品使已修改软件能被确认的能力。软件的可测试性是指软件发现故障并隔离、定位其故障的能力特性，以及在一定的时间和成本前提下，进行测试设计、测试执行的能力。软件的可测试性通常包含可操作性、可观察性、可控制性、可分解性、简单性、稳定性和易理解性。但在实际软件设计中，通常考虑其可观察性和可控制性。可测试性主要是考虑如何方便测试执行，以及发现问题后如何方便问题定位。在进行可测试性分析之前，通常要分析被测特性，然后根据各被测特性的观察和控制来提出测试人员的可测试性需求。简单地说，就是研究如何打点、打什么点和如何进行流程控制。我们通常使用的方法是在关键的位置（模块输入/输出、错误、关键数据更新等）上执行输出，引入输出过滤，在线修改模块变量等。业界还有不少其他算法，如哨兵算法：通过一个独立的程序周期去读被测试程序 P 的状态数据，并转储出来。易测试的目的是降低发现缺陷的成本。

第一：软件可控制。

软件系统提供辅助手段帮助测试工程师控制该系统的运行，实现其测试执行步骤的能力（通过打点、改变内部状态、值等手段）。

第二：可观察。

软件系统提供辅助手段帮助测试工程师获得充分的系统运行信息，以正确判断系统运行状态和测试执行结果的能力。

- 设计单独的测试模式；
- 提供单独的测试版本。

测试部（一般指测试系统工程师）应该在需求分析阶段就提出可测试性需求，可测试性需求和软件产品其他需求一起纳入需求包被分析设计并实现。

（5）维护依从性（Maintainability Compliance）

维护依从性（Maintainability Compliance）是指软件产品遵循与维护性相关的标准或约定的能力。

5.2.6　可移植性（Portability）

可移植性（Portability）是指软件产品从一种环境迁移到另外一种环境的能力。

可维护性包括五个子特性：适合性、易安装性、共存性、易替换性和可移植依从性。

（1）适合性（Adaptability）

适合性（Adaptability）是指软件产品无须采用有别于为考虑该软件的目的而准备的活动或手段，就可能适应不同指定环境的能力。即软件系统无需做任何相应变动就能适应不同运行环境（操作系统平台、数据库平台、硬件平台等）的能力。关于适合性其实与兼容性很类似。

例如：解决平台无关、可移植性问题的一个常用思路是构造出一个虚拟层，虚拟层将下层细节屏蔽，对上层提供统一接口（如 Java、JVM）。

再例如 PetShop 项目，如图 5-6 所示，为了解决数据库兼容性问题，在数据库层会针对不同的数据库有不同的代码来实现。

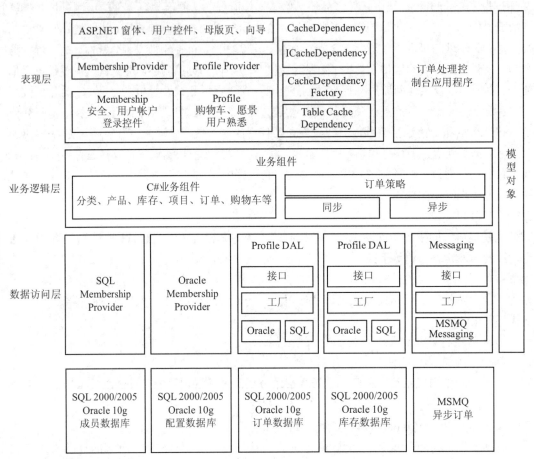

图 5-6　PetShop 项目

（2）易安装性（Installability）

易安装性（Installability）是指软件产品在指定环境中被安装的能力。如果软件由最终用户安装，那么易安装性就可能导致对适合性与易操作性的影响。一般主流平台执行全部测试用例，非主流平台执行 10%测试用例。

安装性的测试主要包括以下几个维度的内容：

- 整个安装过程测试；
- 不同环境下的安装；
- 系统升级测试；
- 安装的文件存放；

- 卸载测试；
- 安装的易用性。

关于安装性的测试在后面的章节中有详细的介绍。

（3）共存性（Co-existence）

共存性（Co-existence）是指软件产品在公共环境中同与其分享公共资源的其他独立软件共存的能力。测试不仅需要关注自身特性的实现，还要关注本软件是否影响了其他软件的正常功能。

例如：杀毒软件赛门铁克"误杀"事件。2007 年 5 月 18 日，在赛门铁克SAV 2007-5-17 Rev 18 版本的病毒定义码中，将 Windows XP 操作系统的 netapi32.dll 文件和 lsasrc.dll 文件判定为 Backdoor.Haxdoor病毒，并进行隔离，导致重启计算机后无法进入系统，以致连安全模式也无法进入，并出现蓝屏、重启等现象。

（4）易替换性（Replaceability）

易替换性（Replaceability）是指软件产品在同样环境下，替代另一个有相同用途的指定软件产品的能力。

典型的有软件升级、浏览器兼容点，在软件升级时需要对新版软件在不同的环境下安装，确定升级后，软件功能不会出现问题。

浏览器兼容还是一个很典型的例子，访问某个网站，正常需要测试几种典型的浏览器不能出现问题，常见的浏览器包括 IE、FireFox 和 Chrome。易替换性可能包括易安装性和适应性的属性。

（5）可移植依从性（Portability Compliance）

可移植依从性（Portability Compliance）是指软件产品遵循与可移植性相关的标准或约定的能力。

5.3　使用质量的质量模型

关于使用质量的质量模型主要是在用户使用的角度进行描述，包含 4 个子特性，如图 5-7 所示。接下来我们将对每个特性进行详细的描述。

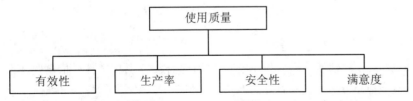

图 5-7　使用质量的质量模型

使用质量的获得依赖于取得必需的外部质量，而外部质量的获取则依赖于取得必需的内部质量，在测试过程中其实会从外部质量、内部质量和使用质量三个维度进行测试，因为满足内部准则的要求并不一定可以确保其符合外部准则要求，而满足外部准则也不一定就能保证其符合使用质量准则。

1．有效性

有效性是指软件产品在指定的使用周境下，使用户能达到与准确性和完备性相关规定目标的能力。即在用户使用周境下，验证产品是否满足内外质量模型的相关特性，有效性的反义是失效，所以在用户使用过程中不能出现失效的现象，当然失效并不代表产品一定会报错，有时候显示计算准确度不够高或者偶尔出现报错的现象都叫做失效。也就是说，测试产品是否有效应该从内部质量和外部质量相关的子特性进行验证。

2．生产率

生产率是指软件产品在指定的使用周境下，使用户为达到有效性而消耗适当数量的资源的能力。这里所指的相关资源可以包括完成任务的时间、用户的工作量、物质材料和使用的财政支出等。

例如：在库存中查询一件商品，查询时间就是生产率的一个体现，如果一个查询所花费的时间超过 15 秒，这个功能就无法让用户满意了，除了其所花费的查询时间外，查询所消耗的系统资源也是生产率的一个体现，因为消耗的系统资源对应的是服务器的配置，消耗的资源越高，那么服务器的配置就必须越好，这样就间接地给运作增加了成本。

3．安全性

安全性是指软件产品在指定使用周境下，达到对人类、业务、软件、财产或环境造成损害的可接受的风险级别的能力。一般情况下风险常常是由功能性、可能性、易用性或维护性中的缺陷所引起的。

例如：医疗产品中的 X 光机，在体检时做胸透项目时，就会使用到这种仪器，但大家都知道 X 射线照射的时间不能过长，时间长了就会对身体产生影响并且可能会很严重，所以医生会穿防辐射的衣服进检查室。

4．满意度

满意度是指软件产品在指定的使用周境下，使用户满意的能力。满意度是用户对产品交互的反应，还包括对产品使用的意见。

例如：人们通常会发现奔驰汽车的舒适性就会比宝马的好，也就是从舒适性这个角度来说，宝马的满意度不如奔驰汽车。

5.4　小结

本章详细介绍了软件质量框架、软件质量模型和使用质量的质量模式，其中软件质量模型是我们必须要掌握的。软件质量模型包括 6 个大的特性：功能性、可靠性、易用性、效率、可维护性和可移植性，这也是指导我们测试分类的原则，所以是该章最核心的内容。这 6 个大特性又包括 27 个子特性。当然整个软件研发过程中的质量途径也需要了解，这样可以更好地掌握软件质量的内容。

6

测试需求分析过程

产品的原始需求确定后，接下来就需要对产品的原始需求进行详细的测试需求分析，从产品的原始需求中提炼出产品测试的规格，再根据测试的规格说明书进行测试设计。但现在很多的企业并没有对需求进行分析，而是直接根据原始需求写测试用例，这样显然是错的，因为这样做存在很多问题，如测试不全面、测试特性分析不清楚、测试分配没有计划等。所以为了提高测试的全面性，更好地去控制测试质量，就需要一个详细的、专业的、可规范的流程来对原始需求进行分析。

本章主要包括以下内容：

- 测试需求分析相关概念
- 需求的特性
- 原始需求收集
- 原始需求整理
- 需求继承性分析
- 确定测试原始需求
- 测试需求分析
- 生成最终产品规格
- 需求跟踪矩阵

6.1 测试需求分析相关概念

需求，简单理解就是客户的一些"需要"，这些"需要"被分析、确认后形成完整的文档，该文档详细地说明了产品"必须或应当"做什么，这样的一份文档就是我们通常说的软件需求说明书，也就是我们说的原始需求。

IEEE 软件工程标准中对需求进行了详细的定义，具体的定义为：

（1）用户解决问题或达到目标所需的条件或权能（Capability）。

（2）系统或系统部件要满足合同、标准、规范或其他正式规定文档所需的条件或权能。

（3）一种反映上面（1）或（2）中所描述的条件或权能的文档说明。

需求是"用户所需要的并能触发一个程序或系统开发工作的说明"，为了满足用户需求，我们必须将需求形成一份文档（即需求说明书）。需求说明书描述了系统的行为、特性或属性，在开发过程中对系统的约束。

在这里有几个与"用户"相关的名词："用户""客户"和"最终用户"。通常购买软件的人称之为客户，而真正操作软件的用户叫"最终用户"，当然我们通常说的"用户"是泛指"客户"和"最终用户"。对于企业来说，"客户"和"最终用户"通常不会是同一个人。

对于需求不同角色的人，其要求也不尽相同，这就是我们通常所说的需求层次。通常需求可能被分为三层：业务需求、用户需求和功能需求，如图 6-1 所示。

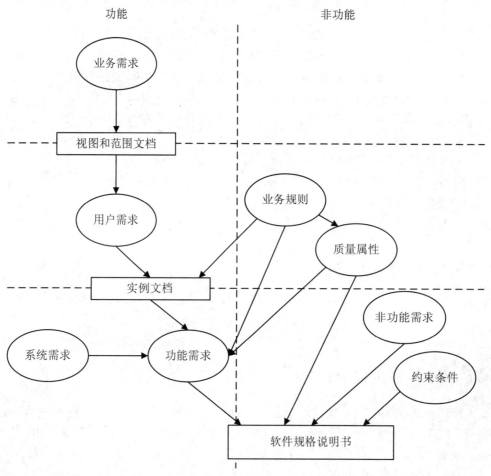

图 6-1 需求的三个层次

（1）业务需求

业务需求是描述组织或客户的高层次目标，通常问题定义本身就是业务需求。业务需求是一个系统目标，它必须是业务导向的、可度量的、合理的、可行的。这类需求通常来自于高层，例如项目投资人、购买产品的客户、实际用户的管理者、市场营销部门或产品策划部门。

业务需求从总体上描述了为什么要开发系统（why），组织希望达到什么目标。一般使用前景和范围（vision and scope）文档来记录业务需求，这份文档有时也被称作项目轮廓图或市场需求（project charter 或 market requirement）文档。组织愿景是一个组织对将使用的软件系统所要达成的目标的预期期望。比如"希望实施 CRM 后公司的客户满意度达到 80% 以上"就是一条组织愿景。当然这些高层的需求数量并不会很多，也不会很具体（2～5 条）。

（2）用户需求

用户需求是指描述用户对产品的要求，即要求产品完成哪些任务。如何完成用户需求呢？通常可以通过对用户访谈、调查等方法来获得用户原始的要求，再对用户使用的场景进行整理，进而得到用户需求说明书。用户需求说明书必须能够体现整个软件系统将给用户带来的价值，或用户要求系统必须完成的任务，也就是用户需求描述了用户通过使用该系统能做什么事情。用户需求是很重要的内容，通常可以使用用例、用户故事、特性等来表达用户的需求。

（3）功能需求

功能需求是需求最核心的内容，它详细描述了具体的功能应该如何实现，开发工程师根据功能需求提供设计的解决方案，主要包括方案设计、详细设计、编码实现，都是依据功能需求说明书来进行的。功能需求的数量远比用户需求多，这些需求会被记录在软件需求规格说明书中（Software Requirements Specification，SRS）。

SRS 完整地描述了软件系统的预期特性、输入和输出等相关信息。产品特性是指一组逻辑上相关的功能需求，为用户提供某项功能，使用业务目标得以满足。对于商业软件来说，特性则是一组能被客户很快识别，并帮助他决定是否购买的需求，客户希望得到的产品特性和用户的任务相关的需求不完全是一回事，一项特性可以包括多个用例，每个用例又要求实现多项功能需求，以便用户能够执行某项任务。

功能需求除了来自用户需求，还有来自以下几部分的需求：

1）系统需求（System Requirement）

系统需求用于描述包含多个系统的顶级需求，它是从系统实现的角度描述的需求，当然有时还需要考虑相关的硬件、环境方面的需求。

2）业务规则

业务规则本身并非软件需求，因为它们不属于任何特定软件系统的范围。然而，业务规则常常会限制谁能够执行某些特定用例，或者规定系统为符合相关规则必须实现某些特定功能。它包括企业方针、政府条例、工业标准、会计准则和计算方法等。有时，功能中特定的质量属性也源于业务规则。所以，对某些功能需求进行追溯时，会发现其来源正是一条特定的业务规则。

3）质量属性（Quality Requirement）

质量属性是指产品是否遵守软件质量模型中关于质量特性的要求,常见的质量属性包括:功能、性能、易用性、可靠性、可移植等。

4）约束（Constraint）

约束也称为限制条件、补充规约，通常是对解决方案的一些约束说明，通常相关的法律、法规都会成为约束条件的来源。

在原始需求整理好之后，测试工程师会将原始需求转化为测试规格，我们通常说的测试规格是产品测试规格和特性测试规格的一个统称，一般我们说的测试规格是指整个系统测试的规格。测试规格主要是对客户需求、产品包需求、设计需求、设计规格进行综合分析得到的一份文档，之所以需求这份文档，是因为我们必须在测试的角度对测试进行分析，以确定我们测试的主要内容和特性。但这些原始需求是没有给出来的，或者说原始需求在这方面给出来的信息很有限，测试规格需要经过多次会议和整理才能得到，然后对每条测试规格使用唯一标识进行标记。

测试特性是指在逻辑上相关的一组测试规格的集合，可以是功能方面的测试规格集合，也可以是非功能性方面的测试规格集合，当然这个逻辑划分是有一定规则的。

6.2 需求的特性

在整个研发过程中，原始收集完成后，接下来进行的第一个步骤就是需求评审，那么如果要将需求评审好，就必须知道什么样的需求说明是好的说明，通常一个好的需求说明应该具备以下 7 个特性。

（1）完整性

完整性是指每一项需求都必须将所要实现的功能描述清楚，不能丢失一些信息，如果有丢失信息则说明需求不够完整，需求的完整性也是开发人员获得设计和实现这些功能所需的必要信息。

（2）正确性

正确性是指每一项需求都必须准确地陈述其要开发的功能，做出正确判断的参考是需求的来源，如用户或高层的系统需求规格说明，若软件需求与对应的系统需求相抵触则是不正确的。只有用户代表才能确定用户需求的正确性，这就是一定要有用户积极参与的原因。没有用户参与的需求评审将会导致这种现象出现："那些没有意义,不是我们想要的",因为没有用户参与的话，很多评审都可能是我们评审专家自己凭空想的。

（3）可行性

可行性是指需求是否能被正常地实现,每一项目需求都必须是可以在已知系统和环境的权能和限制范围内实施的。为避免不可行的需求，最好在获取需求过程中始终有一位软件工程小组的组员与需求分析人员或考虑市场的人员在一起工作，由他检查技术可行性。

（4）必要性

必要性是指每一项需求都应把客户真正所需要的和最终所需遵从的标准记录下来，"必要性"

也可以理解为每项需求都是用来授权你编写文档的"根源"，要使用每项需求都能回溯至某项客户的输入。

（5）划分优先级

划分优先级是对所有的需求进行分类，分成不同等级的需求，通常需求可以分为高、中、低三个级别。

需求优先级高是指一个关键任务的需求，如果这个业务没有实现，那么这个产品就没有用户会购买。如手机的通话功能，如果手机没有通话功能，这个手机就没有人会买。

需求优先级中是指这个业务一定要实现，但质量特性可以做得是不是很完善，如手机的摄像头功能，现在的智能机都带摄像头，但像素不一定做得很高，如有的厂家做到 3000 万像素，但我们可以做到 1000 万像素，这样产品还是有人会买，但可能价格会受到影响。

需求优先级低是指这个业务可以实现也可以不实现，如月饼包装得很漂亮，如果我们是买给自己吃的，那么这个包装是否很漂亮并不是主要的，通常这类需求也叫镀金需求。

（6）无二义性

二义性是指一个描述的需求有两种或多种理解的方式，在描述需求的过程中由于自然语言很容易导致二义性，所以尽量使用简洁明了的用户性的语言表达每项需求。

（7）可测试性

可测试性是指每项需求都可以通过具体的用例或测试步骤来验证其是否正确，如果我们不能使用一套有效的方法进行验证，那么就无法客观地判断当前的需求是否被正确地实现。

上面是我们评审时需要注意的一些特性，只有符合这些特性的需求，我们才认为是一个好的需求，那么需求说明通常具备以下四个特点：

1）完整性

完整性上面我们介绍过，是指不能遗漏任何必要的需求信息，如果有遗漏的信息很难被查出来。在描述需求时，如果我们尽量注重用户的任务，抛开系统的功能，可以更好地避免需求的不完整性。

2）一致性

一致性是指与其他软件需求或高层（系统、业务）需求不相矛盾，在开发前有必要解决所有需求之间不一致部分，只有进行详细的检查才能确定某一项需求是否正确。

3）可修改性

在必要的时候或为了维护每一个需求变更历史记录时需要修改需求，这样就要求每项需求要独立标识出来，并与其他需求区别开来，这样可以保证无二义性。并且每项需求只应在需求说明书中出现一次，这样更改需求时，可以保持需求的一致性。

4）可跟踪性

可跟踪性是指每项软件需求与其根源和设计元素、源代码、测试用例之间建立起链接，这样可以确保每项需求都被实现和验证，这也是我们工作中常说的需求跟踪矩阵。

6.3 原始需求收集及整理

在研发过程中，需求分析通常分成 8 个步骤进行，如图 6-2 所示。

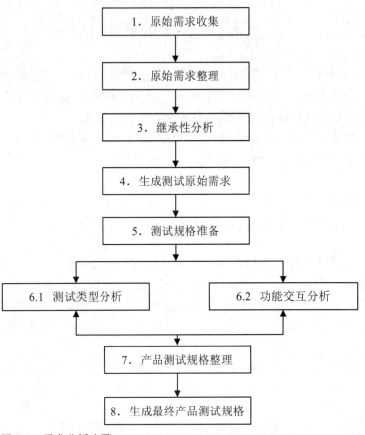

图 6-2 需求分析步骤

第一个步骤是收集原始需求，原始需求都是由需求工程师来收集的，所以具体的收集方法我们不用明确。通常原始需求的来源有五个方面：开发需求、协议和规范、测试经验库、继承产品需求和用户原始需求。

（1）开发需求：是指开发工程师站在开发的角度提出的相关需求。

（2）协议和规范：是指不同类型的产品应该遵守的相关行业的法律规范，如电子产品就必须满足 3C 认证的要求。

（3）测试经验库：是指测试工程师站在测试的角度，根据以往的项目经验总结出来的需要注意的事项。

（4）继承产品需求：是指需求的继承性分析，在后面会详细介绍如何分析需求的继承性。

（5）用户原始需求：是指用户提出来的最原始的需求。

现在对需求来源进行编号，对于不同来源使用不同的字母表示：DR 表示开发需求、PR 表示协议和规范、ER 表示测试经验库、SR 表示继承产品需求、UR 表示用户原始需求。对于相同来源的需求，使用字母加数字的方式来标识不同的需求，如 DR001 中的 DR 表示开发需求，001 是一个顺序号。

对需求进按来源整理后，可以得到表 6-1 的相关内容。

表 6-1　原始需求来源

原始需求来源	来源编号	文档名称	备注
开发需求	DR001	SE001 设计需求样例.DOC	
开发需求	DR002	SE001 E2E OR.XLS	
开发需求	DR003	SE001 设计规格样例.DOC	由于设计需求较为详细，设计规格作为参考，补充测试原始需求
用户原始需求	UR001	SE001 E2E OR-bussiness.XLS	
协议和规范	PR001	SE 数据传输协议.DOC	
继承产品需求	SR001	无	
测试经验库	ER001	SE 系统产品测试经验库.DOC	

相关列解释如下：

原始需求来源：表示对被测试对象进行分析的来源的类型，目前有五类：开发需求、协议和规范、测试经验库、继承产品需求和用户原始需求。

来源编号：表示需求来源的编号，编号分为五类：DR、PR、ER、SR 和 UR。

文档名称：表示需求来源的文档的名称。

原始需求确定后，就需要对原始需求进行整理，整理后的需求见表 6-2。主要是对原始需求进行开发特性和测试原始需求的完善。

表 6-2　整理后的原始需求

来源编号	需求标识	需求描述	开发特性	测试原始需求编号	测试原始需求描述
DR001	OR_MKT.00010	能够支持电子邮件的收发	E-mail	EMAIL-001	能够支持电子邮件的收发
DR001	OR_SPT.00011	通过 LCD 可以查看手机中的各种状态和错误信息	LCD	LCD-001	LCD 能够显示手机的状态、错误信息、呼叫状态、号码
DR002		手机应该支持显示输入的号码（0-9 # *：字母），手机状态，呼叫状态	LCD		LCD 能够显示手机的状态、错误信息、呼叫状态、号码

来源编号	需求标识	需求描述	开发特性	测试原始需求编号	测试原始需求描述
DR001	OR_MKT.00028	LCD 需提供背景灯，当有来电和短消息、E-mail 时均能自动点亮	LCD	LCD-002	LCD 需提供背景灯，当有来电和短消息、E-mail 时均能自动点亮

相关列解释如下：

来源编号：同"需求来源"表的"来源编号"一致。

需求标识：表示该原始需求在来源文档中的标识

需求描述：表示该原始需求在来源文档中的描述，如果此项与"测试原始需求描述"相同可以不填写，是可选项。

开发特性：表示开发文档中的功能特性。

测试原始需求编号：编号规则：特性编码＋XXX。"特性编码"为针对开发提供的特性进行编码，可以用缩写作为编码（如 VPMN 特性，可以缩写为 VPMN），也可以顺序编号（如 R001 等）。XXX 为顺序编号，对于同一个开发特性，如果有多条原始需求，可以按照顺序编号（001 开始）。

测试原始需求描述：对原始需求的描述，可以是从来源文档中的需求描述的拷贝，或者是从测试角度的提炼出来的描述。

6.4　需求继承性分析

将原始需求收集完成后，接下来的步骤就是对继承性进行详细的分析，继承性分析主要分析新版本特性与历史版本特性继承方面的关系，主要是从网上使用情况、历史测试情况、应用变化情况、与新开发特性的交互关系等进行全面的分析，分析的结果可能出现以下三种情况：

（1）新增测试原始需求。

（2）测试策略建议。

（3）进行功能交互分析的继承特性。

新增测试原始需求和用户原始需求或开发设计需求一样，将作为后续产品测试规格分析的输入，再采用各种工程方法进行分析，生成产品测试规格。

测试策略建议则可以直接完善测试策略制定和测试范围确定方面。

进行功能交互分析的继承特性将作为后续产品测试规格分析中功能交互分析工程方法的输入，经过分析后产生新的产品测试规格。

需求继承性分析工程方法主要是应用在测试需求分析阶段的原始需求提取活动，当然如果在后续的产品规格设计、特性规格设计中发现分析遗漏的情况，也可以再进行补充分析。

在进行继承性分析时，通常需要以下输入件：

（1）需求来源表。

（2）历史版本的测试报告。

（3）历史版本的产品特征清单及其说明。

（4）其他可供参考的相关资料。

继承性分析完成后的相关输出件如下：

（1）测试策略建议。

（2）新增原始需求。

（3）需要进行功能交互分析的继承特性。

（4）继承性分析表、继承特性与新增特性交互分析表、继承变化分析表。

继承性分析主要从失效影响程度、成熟度、继承方式三个维度进行分析。继承性分析主要的步骤如下：

（1）继承特性确定。

首先要列出产品所继承的全部特性，继承特性包括但不限于本产品前期版本的特性和从其他产品移植的特性，具体的继承性分析表见表6-3。

表6-3 继承性分析表

来源编号	继承特性	失效影响度	成熟度	继承方式	优先级
DR001	输入一定的按键应能获得给手机的序列号（序列号不唯一），方便防伪和维修	M	M	变化	M

（2）继承特性的失效影响度分析。

列出所有的继承特性后，接下来分析的是失效影响度，失效影响程度通常分为三个等级：高（H）、中（M）、低（L）。通常我们分析失效影响程度的主要依据是用户对特性功能的使用和关注程度，那么如何得到这些数据呢？我们通常可以从三条途径来获得：一是网上调查统计；二是收集用户使用的相关信息；三是分析网上缺陷。通过这三方面的数据来评估失效影响度。

通常失效影响定义的级别见表6-4。

表6-4 失效影响定义级别

级别	参考值
失效影响程度 H	1. 该功能出现失效将对产品的市场造成严重影响。 2. 不允许该功能出现任何严重级别以上的错误。 3. 故障发生后必须立即解决。 4. 影响大面积最终用户使用
失效影响程度 M	1. 该功能出现失效将对产品的市场造成较大影响。 2. 允许有部分严重问题遗留，但是故障发生的概率要很小。 3. 故障发生后必须限期解决。 4. 影响小范围最终用户使用

续表

级别	参考值
失效影响程度 L	1．该功能出现故障后对用户造成的影响很小。 2．出现问题后允许产品在后续的补丁中修复错误，而不会对产品市场造成较大影响。 3．对最终用户无影响或者不可觉察

根据失效影响级别定义，给出各继承特性的初始失效影响度的具体值，并将分析依据填入失效影响度分析表中，见表 6-5。

表 6-5　失效分析表

来源编号	继承特性	失效影响度	依据	失效影响度（修正值）	修正依据
DR001	输入一定的按键应能获得给手机的序列号（序列号不唯一），方便防伪和维修	M	局部常用，允许部分错误		

接下来需要对失效影响度这个值进行修正，在修正这个失效影响度的值时，需要确定不同的用户类型及其所对应的修正系数。

用户类型：对于系统的操作，使用较为一致的用户集合。

特性范围：该用户类型所关注的特性集合。

使用概率修正：该用户使用特性中的功能的可能性，用于修正使用概率分析的结果。

失效影响修正：该用户对特性能发生故障后的关注程度，用于修正故障影响分析的结果。

一个产品所设计的功能针对不同类型的用户，其使用系统的频率和出现故障后的影响是存在很大不同的，我们很难在同一个层面上直接针对不同用户的测试规格进行统一的分析和比较。如关于后台维护查询功能和用户拨打电话提示音功能，这两个功能的失效或故障就很难在同一个层次进行比较其故障发生的概率和故障级别。

用户类型分析的目的，首先需要确定不同的测试规格可能有哪些用户类型，对于不同的用户类型，应该有针对性地分析使用到的可能性和故障级别的影响。然后再将同一用户类型的测试规格进行相互比较，标识出其风险级别。最后在风险综合评估的时候结合用户类型对失效可能性和风险级别进行修正，进而得到综合的风险评估结果。

例如网络设备，主要的用户有两类：运营商和最终用户。这两类用户关注的功能点就存在很大的差别，这样会直接体现在失效影响修正上面。运营商主要关心的功能通常包括：警告、话费统计、配置管理等。最终用户主要关心的功能通常包括：电话业务、前转、短消息等。

例如：某款产品同时满足 4G 实验网需求和 3G 国内商业需求，接下来按产品用户类型分析，分析的结果见表 6-6。

表 6-6　用户类型分析

用户类型	用户标识	涉及特性	使用概率修正	失效影响修正	评估依据
3G 运营商	3GOP	3G 业务维护功能	M	H	对于最终用户其使用系统频率评估为 M 时，如果影响运营导致用户满意度下降。那么该故障影响级别为 H
3G 最终用户	3GUSER	3G 业务业务功能	H	H	使用的用户量大，如果发生故障会有大面积的投诉
4G 运营商	4GOP	4G 业务维护功能	L	L	运营商基本不使用维护系统；发生故障后对实验网无重要影响
4G 最终用户	4GUSER	4G 业务业务功能	L	M	用户数量少，使用概率低；但需对入网测试，功能是否可用对产品准入至关重要

失效影响修正值得到后，还不能直接确定，需要使用失效影响修正表进行再次修正，将失效影响度和失效影响修正值填入到修正表中进行修正，修正表见表 6-7。

表 6-7　失效影响修正表

失效影响\失效影响修正	H	M	L
H	H	H	M
M	H	M	L
L	M	L	L

最后将各继承特性的失效影响度修正值作为各继承特性的最终失效影响度结果，填入到继承分析表中，见表 6-8。

表 6-8　失效影响度分析

来源编号	继承特性	失效影响度	依据	失效影响度（修正值）	修正依据
DROO1	XXX 特性	H	局方主要考核指标，可靠性要求高	H	相对于最终用户使用系统频率评估为 M 规模应用，如果影响运营，则导致用户满意度下降

（3）继承特性的成熟度分析

关于各个继承特性的成熟度，其与网上实际应用成熟度、历史测试情况相关，而网上实际应用成熟度又与继承特性使用频度和网上缺陷密度相关。评估继承特性的成熟度有以下四个步骤：

第一步：评估继承特性的使用频率。

关于继承特性的使用频率评估，可以参考测试分析评估中测试特性使用频度，测试特性使用频度评估是针对不同用户类型，如果是同一用户的特性，可以进行相互比较确定使用频度。通常评估测试特性的使用频度有两种方法：头脑风暴和用户调研。当市场用户的数据比较欠缺时，采用头脑风暴方法确定使用频度是比较合适的，头脑风暴法先估算不同类型用户的使用频度值，再对这些数据进行相互比较，经过多轮讨论得到最终的使用频度结果。

当然如果市场用户历史数据比较完整，也可以通过市场用户调研得到更加准确的特性使用频度，这种准确评估的方法步骤如下：

1）确定测试特性使用频度定义

测试特性使用频度定义是指需求为每一种用户类型的所有测试特性确定一个评估标准。使用频度通常分为 H、M 和 L，频度定义的标准见表 6-9。

表 6-9　使用频度评估标准

级别	参考使用情况
H	经常使用，每周使用大于 1 次或者实时运行
M	使用较少，每个月大于 4 次
L	很少使用，每个月使用次数低于 1 次

2）市场用户数据收集

根据评估标准，通过市场收集相关产品在使用过程中的一些数据资料，见表 6-10。

表 6-10　市场用户数据

序号	特性	使用情况	用户使用频度评估
1	数据配置台	用户平均每个月至少使用 4 到 5 次	M
2	告警台使用	用户平均每个月至少使用 5 次	M
3	话单业务台	用户平均 1.5 个月才使用 1 次	L

3）确定测试特性使用频度

根据收集到的数据，结合评估标准，确定测试特性使用频度的评估结果。其使用的修正表见表 6-11。

表 6-11　使用频度修正表

使用频度修正 使用频度	H	M	L
H	H	H	M
M	H	M	L
L	M	L	L

第二步：结合网上缺陷密度，评估出继承性网上实际应用成熟度。

首先确定继承性缺陷密度级别,见表 6-12。

表 6-12 缺陷密度级别

级别	参考使用情况
H	网上问题<0.3 个/KLOC
M	网上问题>0.3 个/KLOC
L	网上问题<0.5 个/KLOC

根据网上收集到的问题并进行分析,确定每个继承特性所对应成熟度的级别,见表 6-13。

表 6-13 网上缺陷密度成熟度

序号	特性	使用情况	网上缺陷密度对应成熟度
1	数据配置台	网上问题<0.3 个/KLOC	H
2	告警台使用	网上问题>0.3 个/KLOC	M
3	话单业务台	网上问题>0.5 个/KLOC	L

接下来根据使用频度修正值和网上缺陷密度,结合分析并修正后,可以确定最终继承特性的网上实际实用成熟度,使用频度与网上缺陷密度修正表见表 6-14。

表 6-14 使用频度与网上缺陷密度修正表

使用频度 ＼ 网上缺陷密度	H	M	L
H	H	H	M
M	H	M	L
L	M	L	L

上述实例使用使用频度和网上缺陷密度修正表修正后的结果见表 6-15。

表 6-15 修正后的成熟度

序号	特性	使用情况	网上缺陷密度对应成熟度
1	数据配置台	网上问题<0.3 个/KLOC	H
2	告警台使用	网上问题>0.3 个/KLOC	L
3	话单业务台	网上问题>0.5 个/KLOC	L

第三步:对历史的测试数据进行分析,根据测试频度和测试的充分性列出项目测试历史的结果,见表 6-16,主要是从测试的力度来衡量。

表 6-16　历史测试情况

级别	参考使用情况
H	90%以上用例经过 4 轮的测试
M	80%以上用例经过 3 轮的测试
L	80%以上用例经过 1 轮的测试

第四步：最终从网上实际使用成熟度和历史测试的情况两个维度进行修正，以确定最终成熟度，修正表见表 6-17。

表 6-17　历史测试与网上实际使用修正表

网上实际使用 历史测试情况	H	M	L
H	H	H	M
M	H	M	L
L	M	L	L

上面对继承性中的使用频度、频度修正、网上缺陷密度对应的成熟度、历史测试情况进行了详细分析，最后可以得出最终的成熟度，最终继承性成熟度分析的内容见表 6-18。

表 6-18　最终成熟度

序号	特性	使用频度	频度修正	网上缺陷密度对应成熟度	历史测试情况	最终成熟表
1	数据配置台	M	M	H	H	H
2	告警台使用	M	M	M	L	L
3	话单业务台	L	L	L	L	L

（4）继承方式分析

分析完失效影响和成熟度之后，接下来需要对继承方式进行分析。通常继承方式包括：交互、变化、交互与变化和独立四种。

如果某继承性和新开发特性处在交互的影响，那么我们把这种继承方式称之为交互，这将成为后续产品测试规格分析活动中功能交互分析的输入。如果某继承特性的应用环境和使用模式发生了变化，这里的变化是指以前测试分析设计中没有覆盖的，那么我们把这种继承方式称为变化，后续再描述出这些应用变化作为新的原始需求。如果某继承特性既可能和新开发特性有交互影响，应用又发生了变化，则继承方式两种都有，那么我们把这种继承方式称为交互、变化。除上面几种情况之外，其他的继承方式我们统称为独立。

继承方式分析的步骤如下：

第一步：交互影响分析。

交互影响分析，主要是就继承特性和每个新增特性之间可能的相互影响，见表 6-19。表中列出了继承特性和新增特性之间可能产生的影响,当然这个不是绝对准确的,甚至可以出现这种情况:这个分析实际情况下并没有影响,如果某继承特性和某新增特性的相关影响较大,但这种影响不会导致新的代码开发,也就没有对应的开发设计需求,这种情况也需要进行相关测试验证,并且这种情况下,应该从交互影响分析的结果提炼出新的测试原始需求来作为输入,再进行产品测试规格分析。

表6-19　继承特性与新特性分析交互分析表

编号	继承特性	新特性1	新特性2	...	新特性n
DR001	波形增益	如果波形幅值太大,自动化缩小	如果波形幅值未超过范围时,波形幅值不变		
DR002	XXX特性				
DR003	YYY特性				

第二步:继承性的应用变化分析。

继承性应用变化分析主要是把各继承特性的各种应用变化用简单的文字描述出来,应用变化可能来自网上的需求收集,也可能是网上应用的实际调查结果,可以把这些应用变化情况作为新的测试原始需求,并进行后续的产品测试规格设计,见表6-20。

表6-20　继承性变化分析

编号	继承特性	应用变化1	应用变化2	...	应用变化n
DR001	波形增益	幅值可以自动化缩放	基线自动化调整		
DR002	XXX特性				
DR003	YYY特性				

第三步:确定继承性分析表。

经过前面两个步骤的分析后,已经得出各个继承性的继承方式,之后需求把最终的结果填入继承性分析表中,见表6-21。

表6-21　继承分析表

编号	继承特性	失效影响度	成熟度	继承方式	优先级
DR001	波形增益	H	M	交互、变化	高
DR002	XXX特性				
DR003	YYY特性				

第四步:测试建议提取。

经过上面几个步骤的分析后,接下来需要针对上面分析的结果提取测试时的建议,或者说提取测试过程中需要注意的事项,重点是对失效影响度大、成熟度低的继承特性,给出针对性的测试建议，这些测试建议将作为测试策略和测试范围评估的具体参考依据，具体见表 6-22。

表 6-22　继承性测试建议表

编号	继承特性	测试建议 1	测试建议 2	...	测试建议 n
DR001	波形增益	测试不同幅值的波形	测试基线调整是否正确		
DR002	XXX 特性				
DR003	YYY 特性				

第五步：原始需求提取。

接下来将前面分析出来的结果转化为原始需求提取出来，直接列入到原始需求表中，而有的是不能直接列入到原始需求中的，这样就进行适当的加工再列入原始需求中。这些列入到原始需求中的数据，将会作为用户原始需求、开发设计原始需求的补充，见表 6-23。

表 6-23　原始需求

编号	继承特性	软件需求标识	原始需求描述	原始需求编号	测试规格分析工程方法
DR001	波形增益		波形增益特性的应用发生了如下变化： 基线自动调整 增益自动调整		
DR002	XXX 特性				
DR003	YYY 特性				

6.5　确定测试原始需求

需求的继承性分析完后，下面整理所有的原始需求，见表 6-24。

表 6-24　整理后的原始需求

开发特性	需求标识	需求描述	需求优先级	测试规格分析的工程方法	需求是否实现
E-mail	OR_MKT.00010	能够支持电子邮件的收发	H	测试类型分析，功能交互分析	需实现
LCD	OR_SPT.00011	通过 LCD 可以查看手机中的各种状态和错误信息	H		

在这里主要的一项内容是测试规格分析的工程方法，测试规格分析工程方法包含三个方面：测试类型分析、功能交互分析和测试特性建模。但我们工作中使用最多的是测试类型分析和功能交互分析。

之所以需要对测试类型进行分析，主要是可以帮助解决以下几个方面的问题：

（1）在测试过程中进行不同类型的测试，可以发现不同类型方面的缺陷。

（2）测试必须从不同的角度来分析和测试产品。

（3）在测试过程中，不同的产品对应的测试类型集合可能不同。

（4）每种测试类型的测试方法也不同。

测试类型源于质量模型，也就是说，测试类型时是从软件质量的角度进行分析的，关于每种测试类型应该如何测试、如何进行测试设计，在后面的系统测试中会详细地介绍。

当然不同的测试阶段也可以使用不同的测试类型，如系统测试阶段可以用到性能测试、功能测试等。

功能交互分析主要是为了防止存在交互的功能被漏测了，因为现在产品功能一般不是独立的，很多功能之间都是存在交互的，所以以为了提高测试的全面性，需要对产品功能交互方面进行分析。同时功能交互方面的分析是对功能测试与测试类型分析方面的补充。交互点原始需求与功能特性关系见表 6-25。

表 6-25　交互点原始需求与功能特性关系

交互点原始需求与功能特性关系	影响与约束
时序关系影响（时间、时序）	功能之间存在顺序关系
	功能之间存在交互关系
共享关系影响（数据和资源）	共享数据影响
	共享资源影响

6.6　测试需求分析

原始需求整理好之后，接来的动作是站在测试的角度对测试需求进行分析，测试需求分析包括三个步骤：测试规格分析准备、测试类型分析、功能交互分析。

6.6.1　测试规格分析准备

测试需求分析主要是从测试类型和功能交互方面进行分析，所以前期需要对测试类型、开发特性和功能集合进行标识。

测试类型划分见表 6-26。

表 6-26　测试类型划分

测试类型	编码	备注
功能测试	FUNC	
协议测试	PROT	

续表

测试类型	编码	备注
长时间测试	LONG	
安装测试	INST	
系统性能	PERT	
业务指标	TARG	
压力测试	STRE	
兼容性测试	COMP	
配置测试	CONF	
恢复测试	RESU	
故障注入测试	FIT	
流控测试	FLOW	

测试需求分析主要是从测试类型和功能交互方面进行分析，所以前期需要对测试类型、开发特性和功能集合进行标识。

测试特性划分见表 6-27。

表 6-27　测试特性划分

开发特性	功能集合	编码	备注
E-mail	数据业务	DATA	
LCD	信息显示	INFO	
SIM 卡	数据处理	DDEAL	
电话呼叫	电话业务	CALL	
短消息	短消息	SMS	
多媒体短消息	短消息	SMS	
安全管理	安全管理	SECU	
安装	结构	STRU	
包装	结构	STRU	
编程规范			
菜单	操作维护	OMA	
参数设置	数据配置	CONF	

接下来需求确定每个测试阶段需要使用的测试类型，具体见表 6-28。

表 6-28 测试类型划分

测试类型	SDV	SIT
功能测试	√	●
一致性测试	√	●
安全性测试	●	√
性能测试	●	√
压力测试		√
配置测试	√	√
安装测试	●	√
恢复测试	√	√
长时间测试		√
系统指标测试	●	√

注：●表示对应测试阶段有该测试类型或回归测试；√表示该测试类型的主要测试阶段。

6.6.2 测试类型分析

测试类型分析是对每个功能点就不同测试类型的角度进行分析，即从不同的角度分析该功能特性的测试内容，见表 6-29。

表 6-29 测试类型分析

测试原始需求编号	测试原始需求	功能测试		协议测试		长时间测试	
		初始产品测试规格编号	初始产品测试规格描述	初始产品测试规格编号	初始产品测试规格描述	初始产品测试规格编号	初始产品测试规格描述
TEL-001	支持要求能支持普通手机具有的呼叫功能	TT-FUNC-001	手机作为主叫，呼叫其他用户			TT-PERT-001	电池充满电，保持通话 70 小时（看看最长的通话时间）
		TT-FUNC-002	手机作为主叫呼叫特殊号码			TT-PERT-002	电池充满电，每个小时通话 20 次，每次保持 5 分钟，看看作长待机时间
		TT-FUNC-003	手机作为被叫，接听电话				

这里需要注意的是，每种测试类型都应该分析到，当然这个例子中我们只写了一部分测试类型，

但实际分析过程中不能这样，必须把每种测试类型都分析到。同时还需要控制分析粒度，尽量保持每个规格所对应的检查点应该是适当的，其粒度应该是差别不大的，如果在分析过程中有多人参与，那么也需要保持粒度一致。

关于测试规格编号的规则为：测试阶段－测试类型－序号，测试类型必须在测试规格编号中体现出来，如果同一个测试类型可以分解出很多不同的初始测试规格，那么使用一组序号来标识。

6.6.3 功能交互分析

功能交互分析主要是分析功能之间的时序关系影响和共享关系影响。时序影响主要包括功能之间的顺序关系和交互关系，共享关系主要包括共享数据和共享资源的影响。分析的结果见表6-30。

表 6-30　功能交互分析

测试原始需求编号	测试原始需求	信息显示		数据处理	
		初始产品测试规格编号	初始产品测试规格描述	初始产品测试规格编号	初始产品测试规格描述
TEL-001	支持要求能支持普通手机具有的呼叫功能	FI-DATA-001	进行数据业务时，有来电	FI-SMS-001	呼叫过程中，其他MS发送短消息
		FI-DATA-002	进行数据业务时，进行呼叫	FI-SMS-002	编辑短消息时，退出，进行呼叫，之后再编辑原有的短消息

功能交互分析的方式有两种：一是先标记后分析；二是直接分析。先标记后分析就是先根据分析或经验判断可存在交互的情况，将可以交互的功能标记在表格中，再来详细分析功能时序和功能共享之间的关系。直接分析就是直接分析每一个交互点功能时间和功能共享之间的关系，对有交互内容的交互点产生初始产品测试规格。

6.7　生成最终产品规格

测试需求完成后，开始对最终产品规格进行整理，见表 6-31。依据确定的测试规格分析工程方法，针对原始需求逐一分析得出初始的产品测试规格。每个工程分析方法得出的产品测试规格应该先进行内部的测试规格整理，过滤掉重复的。汇总初始的产品测试规格，为下一步测试特性建模和测试规格整理提供素材。通过测试特性建模，明确本次新增的测试特性及其边界。将分析得出的初始的产品测试规格，按照一定的原则和方法进行整合，并按测试特性归类，得出最终本表所述的产品测试规格。

表 6-31 整理产品测试规格

测试原始需求编号	测试原始需求描述	初始产品测试规格编号	初始产品测试规格描述	测试类型	测试特性	大类	小类	产品测试规格编号	产品测试规格描述	整合方法	初始测试规格跟踪号
SMS-001	支持短消息的发送和接收（普通的短消息），管理（编辑、删除等）	TT-FUNC-001	短消息编辑	功能测试				TT-FUNC-001	短消息编辑	新建	TT-FUNC-001

对最终需求整理后，就可以梳理出一个最终的产品规格，见表 6-32。在这张表中增加了实际使用频率、影响程度和失效可能性三个维度的内容，目的是确定规格的优先级，这样可以更好地确定用例的优先级，通常情况下我们认为需求的优秀级越高，所对应的用例优先级越高，这样可以方便确定测试的计划以及测试的重点。

表 6-32 最终产品测试规格

测试原始需求编号	测试原始需求描述	测试测试特性	大类	小类	产品测试规格编号	产品测试规格描述	测试类型	验证方法	使用频率	影响程度	失效可能性	优先级	估计用例规模	用例估计说明
SMS-001	支持短消息的发送和接收（普通的短消息），管理（编辑、删除等）	短消息维护	消息管理	短消息	TT-FUNC-001	短消息编辑	功能测试	系统测试	H	M	M	H	25	

同时可以根据规格估算出大致的用例规模，这可以方便后续对工作进行有效的评估，通常我们在评估工作时都是以用例数来估算工作量。

当然在测试分析过程中，如果想到一些规格特别的约束条件或检查点，请务必及时记录，以避免遗忘。

6.8 需求跟踪矩阵

前面详细地介绍了需求分析的过程，这一节我们重点讨论的是需求跟踪矩阵的内容。那么这里有一个很重要的问题，为什么需要有一个需求跟踪矩阵呢？其实需求跟踪矩阵是在 CMM3 中提出来的方法，之所以需要对需求进行跟踪，是因为测试是一个验证客户需求是否被正确实现的一个过程，开发是实现需求的过程，那么如何确定开发的内容是否满足用户需求呢？这就必须对需求的每个实现的阶段进行验证，只有每个阶段验证后没有问题，才能保证每个阶段的工作是对的，这样才能确保最后的系统是满足客户需求的。我们不可能脱离过程直接来衡量结果，这样结果将无法控制，但我们以前的工作中并没有一个对需求进行跟踪的一个全景图，所以需求一个记录需求使用期限全过程的表格来跟踪需求，这就是需求跟踪矩阵被提出的原因。

需求跟踪是指跟踪一个需求使用期限的全过程，需求跟踪包括编制每个需求同系统元素之间的联系文档，这些元素包括其他类型的需求、体系结构、其他设计部件、源代码模块、测试、帮助文件等。需求跟踪为我们提供了由需求到产品实现整个过程范围的明确查阅的能力。

需求跟踪矩阵的目的是：

（1）建立与维护需求、设计、编程、测试之间的一致性，确保所有的工作成果符合用户需求。

（2）作为各个环节的负责人沟通的桥梁。

（3）作为一根线条将需求与最终的实现串联在一起。

（4）作为一种检验的手段，确认需求是否被实现，确认需求是否被覆盖。

（5）在某种程度上，需求跟踪提供了一个表明与合同或说明一致的方法。

需求跟踪的方式通常有以下两种：

（1）正向跟踪：检查《产品需求规格说明书》中的每个需求是否都能在后续工作成果中找到对应点。

（2）逆向跟踪：检查设计文档、代码、测试用例等工作成果是否都能在《产品需求规格说明书》中找到出处。

跟踪能力（联系）链（Traceability Link）使你能跟踪一个需求使用期限的全过程，即从需求源到实现的前后生存期。跟踪能力是优秀需求规格说明书的一个特征。为了实现可跟踪能力，必须统一地标识出每一个需求，以便能明确地进行查阅。

通常需求跟踪能力是四类需求可跟踪能力，如图 6-3 所示。

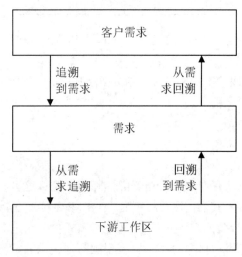

图 6-3　四类需求跟踪能力

需求分为客户需求和需求两类，客户需求是指客户的原始需求，而这里的需求是我们通常所说的开发的原始需求。需求是通过客户需求追溯过来的，这样的好处是可以区分出开发过程中或开发结束后由于客户需求变更带来的对需求的影响，同时也可以确定客户的需求都被实现了，即我们通常说的需求都被满足了。从需求回溯到客户需求可以确认每个软件需求都有一个来源的源头，不致于是无中生有的，如果用使用实例的形式来描述客户需求，图的上半部分就是使用实例和功能性需求之间的跟踪情况。图的下半部分指出，由于开发过程中系统需求转变为软件需求、设计、编写等，所以通过定义单个需求和特定的产品元素之间的（联系）链，可从需求向前追溯。这种联系链让我们知道每个需求对应的产品部件，从而确保产品部件满足每个需求。第四类联系链是从产品部件回溯到需求，使你知道每个部件存在的原因。

绝大多数项目不包括与用户需求直接相关的代码，但对于开发者却要知道为什么写这一行代码。如果不能把设计元素、代码段或测试回溯到一个需求，则可能有一个画蛇添足的程序。然而，若这些孤立的元素表明了一个正当的功能，则说明需求规格说明书漏掉了一项需求。

图6-4所示需求跟踪能力图记录了单个需求之间的父层、互连、依赖的关系，在这个过程中，如果某个需求发生了变更，那么这个变更的信息将会延续下去，这样后面的研发工作就必须做出正确的调整。

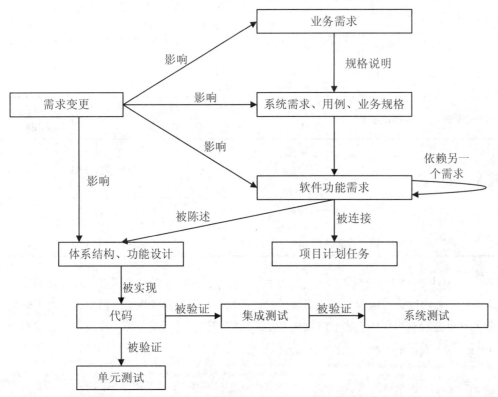

图6-4　需求跟踪能力联系链

需求跟踪是个要求手工操作且工作量很大的任务，需要组织提供支持，随着系统并发的进行和维护的执行，要保持关联链信息一致，跟踪能力信息一旦过时，可能再也不会重建它，所以平时需求正确地使用需求跟踪能力。

在工作中，需求可能会出现变更，甚至有的公司需求变更得很频繁，每次变更都会影响整个跟踪链的信息，这些信息可能出现增、删、改。维护可靠的跟踪能力信息，使得维护时能正确、完整地实施变更，从而提高生产率。

在开发中，认真记录跟踪能力数据，就可以获得计划功能当前实现状态的记录。还未出现的联系链意味着没有相应的产品部件。再设计（重新建造）时，可以列出传统系统中将要替换的功能，记录它们在新系统的需求和软件组件中的位置。通过定义跟踪能力信息链提供一种方法收集从一个现成系统的反向工程中所学到的方法。重复利用跟踪信息可以帮助我们在新系统中对相同的功能利用旧系统相关资源，如功能设计、相关需求、代码、测试等。减小风险使部件互连关系文档化，可减少由于一名关键成员离开而给项目带来的风险。测试测试模块、需求、代码段之间的联系链，可以在测试出错时指出最可能有问题的代码段。

CMMI要求具备需求跟踪能力。软件产品工程活动的关键过程域关于它的陈述，"在软件工作产品之间，维护一致性。工作产品包括软件计划、过程描述、分配需求、软件需求、软件设计、代码、测试计划、以及测试过程。"

在表示需求和其他系统元素之间的联系链时，通常使用的方式是需求跟踪能力矩阵，需求跟踪矩阵见表6-33。

表 6-33　需求跟踪矩阵

需求 ID	需求名称	系统测试项 ID	系统测试项描述	系统测试子项 ID	系统测试子项描述	系统测试用例 ID	系统测试用例描述
SRS-0001	支持硬币的输入（0.5、1）	项目名－ST－类型－编号	验证系统能否支持不同面额硬币的输入			项目名－ST－模块－类型－编号	
	支持纸币的输入（5、10）		验证系统能否支持不同国家硬币的输入				

上表说明了每个功能性需求向后连接一个特定的使用实例，向前连接一个或多个设计和测试元素。通过需求跟踪矩阵可以清楚地看到每个需求被验证的情况，因为测试是验证需求是否被正确实现的，所以我们这里并没有列举同需求被实现的情况，我们是站在测试的角度，并没有对需求实现的过程进行跟踪。这个表记录了测试过程中我们对每个需求进行验证的情况，这样可以确定测试的完整性，当然如果需求发生变更，我们对相应的测试项也需要进行修改。

6.9　小结

本章节主要介绍从原始需求开始，将原始需求转化为测试需求的过程。在测试过程中，很多公司是直接拿着需求就开始测试设计用例的，这是不正确的，这样设计出来的用例往往是不全面的，正常情况下我们一定要对原始需求进行整理，得到一份完善的测试需求，再根据测试需求进行测试设计。所以本章详细介绍了如何对原始需求的继承性进行分析，接着介绍了对整个测试需求分析的过程，最终生成产品规格说明书，这才是我们测试的需求。最后介绍了在整个测试过程中需求被跟踪的整个过程，当然重点介绍了测试维度的跟踪。

7

测试设计

在早期的测试过程中，我们测试时对需求规格进行分析，分析之后就开始直接写用例，我们把这个过程叫测试设计。其实现在很多国内公司都还是根据需求直接写用例的，这个方法过于简单，以致于出现设计出来的用例并不能发现太多问题。这说明一个问题，我们以前的测试设计方法其实很难全面地覆盖到我们的需求，所以在本章中，我们将介绍一个专业的测试设计模型。

本章主要包括以下内容：

- MFQ 测试设计模型概述
- 建模
- 设计用例覆盖模型
- 确定测试数据
- 非正式测试

7.1 MFQ 测试设计模型概述

早期的测试设计过程是直接根据测试需求或规格来设计用例，这种方法存在很多局限性，本章我们讨论的是一种新的，或者说更全面的测试设计方法。现在在很多测试更完善的企业（如华为），他们提出了新的测试设计过程：需求/规格→测试分析→测试设计→用例设计，将测试设计划分为4 个阶段，然后通过模型的方法来控制测试设计的整个过程，当然事实也证明基于模型的测试对帮助提高和改进测试设计质量是有很大的帮助。通过模型可以描述系统如何工作，可以通过表格形式、流程图或其他图表来表示。

本节主要介绍目前华为公司在使用的一种设计模型——MFQ 模型，如图 7-1 所示。

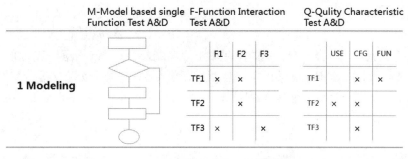

图 7-1　MFQ 模型

MFQ 模型将测试设计分为 4 个步骤，第一步是为测试对象建模；第二步是设计基础测试用例来覆盖模型；第三步是确定测试数据；第四步是非正式测试内容。详细的测试设计步骤在接下来的章节中会详细介绍。

当然之所以使用模型的方法来分析测试设计，主要是因为测试模型可以帮助我们更全面地覆盖需求，MFQ 模型可以更好地帮助解决以下问题：

- 通过建模可以更熟悉被测试对象，同时也可以让测试对象变得更清晰。
- 通过分析，并且在分析过程中测试分析工程师不断地与需求工程师、开发工程师交流，这样可以发现一些潜在的问题，提前预防一些缺陷的出现。
- 通过模型可以更好地了解我们是如何分析被测试对象的，这样可以提高测试评审的效率。
- 通过模型的展现，在设计用例时可以更好地去覆盖被测试对象。

7.2　建模

MFQ 测试设计模型中，第一个步骤是建模，也是整个模型中最重要的一个步骤，建模的过程其实就是测试分析的过程。建模主要有两部分内容：一是建模的维度；二是 PRDCS 建模方法。

7.2.1　建模的维度

建模是一个很重要的步骤，也是测试分析的过程，所以如果要建一个好的模型就必须对被测试对象很熟悉，通常可以从以下几个方面来收集被测试对象的信息：

- 需求规格说明书。
- 系统架构设计说明书。
- 系统概要设计说明书。

● 系统详细设计说明书。

● 行业知识。

对被测试对象充分了解后，就可以选择一个合适的模型来描述被测试对象。描述被测试对象的方法也有很多，常见的有等价类划分、边界值、判定表、因果图、状态迁移、场景分析法等。

从 MFQ 模型中可以看出，建模一般从三个维度进行：M（Mode）单个功能、F（Function）功能与功能之间的关联、Q（Quality）质量特性。

（1）M-Mode

M-Mode based single Function Test A&D 是指基于单个功能的测试设计，这个建模方法主要是针对单一功能进行建模的，如 163 邮箱注册功能，如图 7-2 所示。

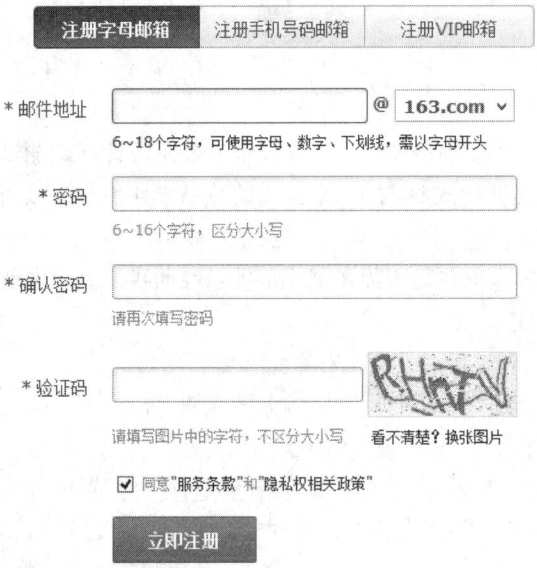

图 7-2　163 邮箱注册界面

假设我们要对邮箱地址这个文本框进行测试，这个字段的要求是：6～18 个字符，可使用字母、数字、下划线，需以字母开头。通常对于这类文本框，我们使用等价类划分的方法，那么建模的时候就需要将这些功能的有效和无效等价类写出来。

关于如何更好地针对单一功能进行建模，其通常会使用到 PRDCS 的模型，7.2.2 小节中会详细介绍。这个 163 邮箱注册的功能在介绍 PRDCS 模型时将会详细补充。

（2）F-Function

F-Function Interaction Test A&D 是指单个功能与单个功能之间的交互关系，F-Function（功能与功能间的关联）建模通常按以下步骤进行：

第一步：列出所有要测试功能有关的遗留功能。通常功能与功能之间的关系是"交互"或"修改"。"交互"是指遗留功能和被测试功能在处理某些事时，两者之间有数据调用；"修改"是指遗留功能因为新增的被测试功能而需要进行修改。

第二步：列出与被测试功能相关的新功能。一般从两个维度来划分：一是时间关系；二是空间关系。时间关系是指两个功能之间运行时间的先后关系，如某个功能先运行另外一个功能后运行，或者说两个功能是同时运行的；空间关系是指两个功能是使用了相同资源，如内存、定时器等。

第三步：将测试功能放在第一行，将遗留功能和其他新功能放在第一列。

第四步：在交叉的单元格中将有关系的功能之间标注"×"。

单个功能与单个功能之间的交互关系见表 7-1。

表 7-1　功能关系模型

特性	特性 1		特性 2		
测试功能	FUN1_1	FUN1_2	FUN2_1	FUN2_2	FUN2_3
继承功能 1	×		×		
继承功能 2		×			×
继承功能 3		×			
新功能 1			×		
新功能 2				×	
新功能 3	×			×	×

（3）Q-Quality

Quality 表示质量性，除了从那两个维度建模之外，还应该考虑其他质量属性的维度，质量属性维度建模的步骤如下：

第一步：选择和定义要测试的产品的相关功能质量属性，当然这个前提是需要对质量模型很熟悉。

第二步：将质量属性写在第一行，将测试的新功能写在第一列。

第三步：将功能和需要测试的质量属性所交互的单元格画上"×"。

度量属性与功能关系见表 7-2。

表 7-2　质量属性与功能关系

特性	特性 1		特性 2		
测试功能	FUN1_1	FUN1_2	FUN1_1	FUN1_2	FUN1_3
QC1	×		×		
QC2		×			×
QC3		×			
QC4			×		
QC5				×	
QC6	×			×	×

7.2.2 PRDCS 建模方法

上面介绍了 M、F 和 Q 三个维度的测试分析和测试设计，F 和 Q 其实是相对简单的是一种表格模型，只要对系统足够熟悉就没有问题，但是 M 这个维度是相对比较难的。虽然可能每次分析的测试对象不同，但测试设计的技术都是大同小异的，所以通常对 M 部分的测试设计进行总结，得到一个新的模型 PRDCS 模型。PRDCS 模型如图 7-3 的示。

图 7-3　PRDCS 模型

（1）P

P 是指 Process 流程，如果被测试对象的设计规范中存在与"流程"相关的特性，那么可以使用 P-Process 方法来建模。

流程通常包括以下特性：

● 一个业务有很多个步骤完成，步骤之间有明显的顺序关系。

● 涉及超过一个角色或触发条件。

如购票系统就是典型的使用流程分析法进行设计的，如图 7-4 所示。

（2）R

R 是指 Rules，如果在测试对象设计规格中存在"参数或规格"含义的特性，那么可以使用 R-Rules 来建模。

规则通常包括以下特性：

● 设计规格中包括很多参数。

● 设计规格中包含很多规则，每条规格由不同的变量和不同的值组成。

● 参数的数量是有限，可以较容易的识别参数间的逻辑关系。

如扫雷程序测试设计，见表 7-3。

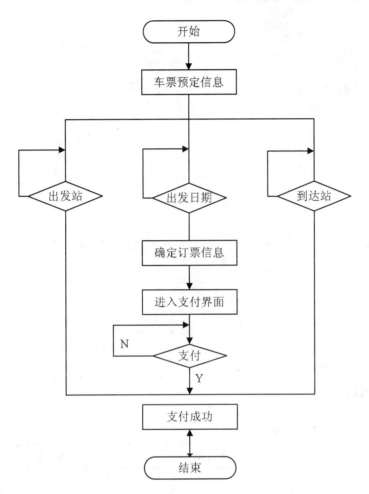

图 7-4　购票流程

表 7-3　扫雷测试设计

鼠标当前状态	A1	A1	A1	A1	A1	A1	A2	A2	A2	A2	A3	A3	A3	A3	A3	A3	A4	A5	A6
鼠标动作	B1	B1	B2	B2	B3	B3	B2	B2	B3	B3	B1	B1	B2	B2	B3	B3	B3	B3	B3
方块当前状态			Y	Y															
回到初始														Y	Y				
方块标识红旗							Y	Y											
方块标识问号		Y											Y						
方块标识数字	Y										Y								Y
炸弹爆炸，游戏结束					Y	Y			Y	Y					Y	Y		Y	
周围所有的非雷显示																	Y		

A1 表示标识问号方块；

A2 表示方块标识红旗；

A3 表示方块初始状态；

A4 表示标识数字 X 且周围已标记正确了 X 个雷；

A5 表示标识数字且周围没标 X 个雷；

A6 表示标识数字且周围标雷错误；

B1 表示单击左键；

B2 表示单击右键；

B3 表示双击左右键。

（3）D

D 是指 Data，如果在测试对象设计规格中存在"数据"的特性，那么可以使用 D-Data 来建模。数据通常包括以下特性：

- 每个数据有它特殊的范围值。
- 数据之间没有明显的逻辑关系。
- 不同的数据可能存在限制。
- 涉及的数据总数是有限的。

如注册 163 邮箱时，有一个邮箱地址字段，要求是这样的：6～18 个字符，可使用字母、数字、下划线，需以字母开头。如表 7-4 所示。

表 7-4 注册邮箱测试设计

输入条件	规则	有效等价类	无效等价类
邮件地址	长度	[6,18]	<6 >18
	以字母开头	以字母开头	数字开头 特殊字符开头
	字母或数字或下划线	全字母 全数字 全下划线 字母+数字+下划线	特殊字符
	必填	填写	不填写
	是否已注册	否	是

（4）C

C 是指 Combination，如果在测试对象设计规格中数据很多，每类数据还可能有多种取值，这些取值在不同的取值情况下结果可能都不一样，对于这类情况可以使用 C-Combination 来建模。

组合通常包括以下特性：

- 参数很多或者说数据很多。
- 每个参数可能有很多种取值。
- 参数之间存在一些逻辑关系。

如以下查询的例子，见表 7-5。

表 7-5　查询各因子情况

因子 状态	A 查询类别	B 查询方式	C 元胞类别
1	功能	简单	门
2	结构	组合	功能块
3		条件	

根据因子设计的用例见表 7-6。

表 7-6　根据因子设计的用例

因子 用例号	21	22	23
1	A1	B1	C1
2	A1	B2	C1
3	A2	B1	C2
4	A2	B2	C2
5	A1	B3	C2
6	A2	B3	C1

（5）S

S 是指 Status，如果在测试对象设计规格中存在"状态"特性，如从某一状态到某一状态，对于这类情况可以使用 S-Status 来建模。

状态通常包括以下特性：

- 测试对象的行为变化基于它内部的状态。
- 确定的事件触发测试对象的状态。

常见的状态图如图 7-5 所示。

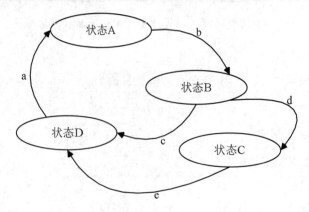

图 7-5　状态图

7.3　设计用例覆盖模型

建模完成后，需要使用测试用例来覆盖这些模型，在以前的编写用例过程中，用例和数据是同时完成的。在 MFQ 模型中，将测试用例设计分成两个步骤：一是设计基础测试用例来覆盖模型；二是针对每个测试用例更多的测试数据，产生最后可执行的测试用例。

设计基础用例的目的是更好地覆盖模型，当然不同的模型可以通过不同的测试覆盖方法来覆盖。也有人研究使用算法自动生成测试用例进行模型覆盖。

当然"模型"的概念是广义的，有很多种方法来表达模型的概念，通常我们说的 UML 语言就是建模的一种，当然还可以使用其他语言来表达，但在测试设计过程中，我们可以使用一种常见的、相对简单的方法来建模，如表格、图表等。

在建模时主要从 M（Mode）、F（Function）、Q（Quality）三个维度建模，所以在介绍基础测试用例时也从这三个维度来介绍。

7.3.1　M（Mode）

M 是指单个功能点的测试设计，通常对于单个功能使用 PRDCS 的方法进行建模，建模完成后就需要设计基础用例来覆盖模型。以 163 邮箱注册的功能为例，对其邮箱地址字段进行建模，模型见表 7-4，在这里就不再详细地介绍整个建模的过程。

现在对这个模型使用基础用例进行覆盖，具体的见表 7-7。

表 7-7　基础测试用例

用例编号	基本用例	优先级
ST_163-REG_001	邮箱地址长度为 6～18 位	1
ST_163-REG_002	邮箱地址长度大于 18 位	2
ST_163-REG_003	邮箱地址长度小于 6 位	2

用例编号	基本用例	优先级
ST_163-REG_004	以字母开头，组合方式纯字母	1
ST_163-REG_005	以字母开头，组合方式字母与数字	1
ST_163-REG_006	以字母开头，组合方式字母与下划线	1
ST_163-REG_007	以字母开头，组合方式字母、数字和下划线	1

当然这里只写了一部分测试用例，并没有将所有的用例都列出来，更详细的用例过程在用例设计和用例管理章节中会详细介绍。

7.3.2　F（Function）

F-Function 建模完成后，接下来需要列出基础测试用例来覆盖这些模型，而这些基础测试用例必须详细地描述两个交互功能之间的关系，见表 7-8。

表 7-8　F-Function 基础用例

用例编号	基本用例	优先级
ST_163-F_001	FUN1_1 与继承功能 1:XXXX	1
ST_163-F_002	FUN1_1 与新功能 3:XXXX	2
ST_163-F_003	FUN1_2 与继承功能 2:XXXX	2
ST_163-F_004	FUN2_1 与继承功能 1:XXXX	1
ST_163-F_005	FUN2_1 与新功能 1:XXXX	2
……	……	

7.3.3　Q（Quality）

Q-Quality 建模完成后，接下来需要列出基础测试用例来覆盖这些模型，而这些基础测试用例必须详细的描述被测试功能与质量属性的关系，见表 7-9。

表 7-9　Q-Quality 基础用例设计

用例编号	基本用例	优先级
ST_163-Q_001	FUN1_1 与 QC1:XXXX	1
ST_163-Q_002	FUN1_1 与 QC6:XXXX	1
ST_163-Q_003	FUN1_2 与 QC2:XXXX	2
ST_163-Q_004	FUN1_1 与 QC3:XXXX	2
ST_163-Q_005	FUN2_1 与 QC1:XXXX	1
……	……	

Chapter
7

7.4 确定测试数据

测试设计的第三步是确定测试数据，在设计基础测试用例时，其实就可能会包含一些测试数据，但这可能还不够全面，需要再分析测试数据变化的情况（如边界值），为这些变化的测试数据设计相应的测试用例。

7.4.1 M（Mode）

针对单个功能完成基础测试用例设计后，需要分析测试数据的情况，然后为每个测试数据设计具体的可执行的用例。

如 163 邮箱注册的功能，以第一个基础用例为例对其设计测试数据，见表 7-10。

表 7-10　确定测试数据

测试用例编号	ST_163-REG_001
测试项目	163 邮箱注册
测试标题	输入长度为 12 的邮箱地址进注册
重要级别	高
预置条件	进入注册界面
输入	邮箱地址 abcd12345678
操作步骤	1．进入邮箱注册界面 2．在邮箱地址文本框中输入邮箱地址 abcd12345678
预期输出	邮箱地址文本框旁出现对勾的符号，表示这个地址是可以注册的

7.4.2 F（Function）

关于功能与功能之间关系，可能大部分是接口数据之间的关系，所以在准备测试数据时，更多的是根据两者间的关系，去准备不同类型的数据。如 A 模块会将结果数据传递给 B 模块，那么这个时间就应该模拟 A 模块产生不同类型数据的过程。常用的方法是边界值和等价类的方法。

7.4.3 Q（Quality）

关于测试质量特性的测试数据，需要根据当前被测试特性是属于哪类特性而进行详细的分析，如性能测试过程中，测试用例设计就没有手工测试要求高，所以不能一概而论。当然在工作中对于不同的特性，会有不同的用例方法，而有的方法其实对测试数据几乎是没有要求的，如易用性测试。所以具体特性应该具体分析。

7.5　非正式测试

　　虽然上面我们有一整套的流程来设计用例，但到目前为止，没有哪种方法可以保证被测试对象能够被全面地测试，所以提出了一种新的方法——非正式测试。也就是除上面的方法外，其他的测试我们都统称为非正式测试。非正式测试的方法通常包括以下几类：经验值法、探索性测试、特殊值法、错误猜测法。

7.6　小结

　　本章详细介绍了 MFQ 测试设计模型的流程，当然整个测试设计过程最核心的步骤就是建模，建模从三个维度进行了详细介绍：M-Mode、F-Function 和 Q-Quality。而平常工作中用得最多的是 M-Mode 这个维度。在描述 M-Mode 维度建模时，详细介绍了 PRCDS 建模方法。学习本章时，必须对建模和整个测试设计的流程有一个全面的了解，这样才能更好地设计用例。

8

测试用例设计及管理

测试方案完成后，测试流程到测试实现阶段，而测试用例的设计是测试实现阶段的核心工作，也是指导如何执行测试的基础。执行测试时主要依靠测试用例来进行，所以测试用例设计的优劣直接影响测试的质量。所以如何设计出高质量的测试用例是本章主要解决的问题。测试用例设计完成后，还需要对测试用例进行管理，如通过测试用例来检查测试的覆盖情况，因此，管理测试用例是很重要的工作。对于测试用例的管理过程，不仅仅表现在用例设计方面，还包括测试用例编写和管理的过程。测试用例管理主要表现在测试用例评审和测试用例变更控制两个方面。

本章主要包括以下内容：

- 测试用例概述
- 黑盒测试用例设计方法
- 测试用例评审
- 测试用例变更

8.1 测试用例概述

测试用例（Test Case）是将软件测试的行为活动进行一个科学化的组织归纳。软件测试是有组织性、步骤性和计划性的，而设计软件测试用例的目的就是将软件测试的行为转换为可管理的模式。为什么需要写测试用例？什么样的测试用例是一个好的测试用例？

8.1.1 写测试用例的优势

写测试用例主要是规范化、科学化测试过程，写测试用例有以下几方面优点：

（1）测试用例使测试更全面，避免测试过程中出现遗漏的现象。

（2）测试用例可以突出测试重点，提高测试效率。

（3）测试用例有利于制定测试计划、控制测试进度。

（4）测试用例可以减少测试过程中对人的依赖。

（5）当时间紧迫时可以确定测试的优先级。

（6）随着版本的升级，测试用例可以不断地升级完善，使测试越来越全面。

（7）测试用例可以成为考核工作量的一个指标。

8.1.2 测试用例项

对于测试用例目前并没有经典的定义，一般一个测试用例需要包括以下几部分内容：测试用例编号、测试标题、重要级别、预置条件、输入、执行步骤和预期结果。

测试用例编号一般是由字符和数字组成的字符串，并且用例编号应具有唯一性、易识别性和自解释性。测试过程中用例定义的规则如下：

（1）系统测试用例：产品编号－ST－系统测试项名－系统测试子项名－×××，如 N3310-ST-CALL-URGENTCALL-001 表示测试手机在没有 SIM 卡的情况下可以拨打紧急号码。

（2）集成测试用例：产品编号－IT－集成测试项名－集成测试子项名－×××，如 N3310-IT-FILEITF-READFILE-001 表示测试模块 A 提供的文件接口。

（3）单元测试用例：产品编号－UT－单元测试项名－单元测试子项名－×××，N3310-UT-FILEITF-READFILE-001 表示测试函数 int ReadFile（char *pszFileName）。

测试标题是测试用例的简单描述，需要用概括的语言描述该用例的出发点和关注点，原则上每个用例的标题不能重复。

重要级别主要是用例描述测试规格和测试特性的优先级别，一般分高、中、低三个级别。从业务的角度上来说，任何一个业务都包括基本流和备选流，如图 8-1 所示。

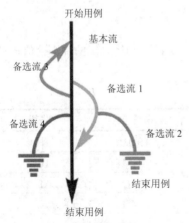

图 8-1　业务的基本流和备选流

（1）优先级别最高的业务是核心业务+基本流。

（2）优先级别高的业务是核心业务+备选流和基本业务+基本流。

（3）优先级别中的业务是基本业务+备选流和一般业务+基本流。

（4）优先级别低的业务是一般业务+备选流。

排除业务的影响，单纯地分析一个用例的优先级别，那么主要从功能的使用频率、失效时的影响程度和失效可能性三个方面进行评估。其权值分别为 0.4、0.2 和 0.4，将评估等级分为高、中、低三级，假设高为 5 分，中为 3 分，低为 1 分。将使用频率、失效时的影响程度和失效可能性三者所得分值相加，如果所得分值在 3.5 到 5 分之间，那么将测试用例的优先级定为高；如果所得分值在 1.5 到 3.5 分之间，那么将测试用例的优先级定为中；如果所得分值在 0 到 1.5 分之间，那么将测试用例的优先级定为低，如图 8-2 所示。

评估分项	权值（权值之和为 1）
使用频率	0.4
影响程序	0.2
失效可能性	0.4

	评估等级 H（5）	评估等级 M（3）	评估等级 L（1）
使用频率	2	1.2	0.4
影响程度	1	0.6	0.2
失效可能性	2	1.2	0.4

优先级	综合评估权值（>=）	综合评估权值（<）
优先级（H）	3.5	5
优先级（M）	1.5	3.5
优先级（L）	0	1.5

图 8-2　评估项权值和优先级

使用频率、失效时的影响程度、失效可能性、综合评估权值、关键字和优先级的综合估值表见表 8-1。

表 8-1　综合估值表

使用频率	失效时的影响程度	失效可能性	综合评估权值	关键字	优先级
H	H	H	5.0	HHH	H
H	H	M	4.2	HHM	H
H	H	L	3.4	HHL	M
H	M	H	4.6	HMH	H
H	M	M	3.8	HMM	H
H	M	L	3.0	HML	M
H	L	H	4.2	HLH	H

续表

使用频率	失效时的影响程度	失效可能性	综合评估权值	关键字	优先级
H	L	M	3.4	HLM	M
H	L	L	2.6	HLL	M
M	H	H	4.2	MHH	H
M	H	M	3.4	MHM	M
M	H	L	2.6	MHL	M
M	M	H	3.8	MMH	M
M	M	M	3.0	MMM	M
M	M	L	2.2	MML	M
M	L	H	3.4	MLH	M
M	L	M	2.6	MLM	M
M	L	L	1.8	MLL	M
L	H	H	3.4	LHH	M
L	H	M	2.6	LHM	M
L	H	L	1.8	LHL	M
L	M	H	3.0	LMH	M
L	M	M	2.2	LMM	M
L	M	L	1.4	LML	L
L	L	H	2.6	LLH	M
L	L	M	1.8	LLM	M
L	L	L	1.0	LLL	L

预置条件是指执行当前测试用例需要的前提条件，如果这些前提条件不满足，则后面的测试步骤无法进行或者无法得到预期结果，预置条件表现执行测试用例前系统应该达到的状态。如注册邮箱功能，预置条件为用户能正常进入用户注册界面，用户名、密码、确认密码、安全提问、回答、E-mail 地址等输入框可以输入信息。

输入是指用例执行过程中需要加工的外部信息。根据软件测试用例的具体情况，有手工输入、文件、数据库记录等，输入强调的是数据内容。如注册邮箱功能，输入的数据如下：

用户名：lililiu，密码：123456，确认密码：123456，安全提问：你喜欢软件测试吗？回答：喜欢，E-mail 地址：lililiu@testingba.com，其他项取默认值。在输入数据时，应该注意输入的各项内容不能写成固定值，且具有引导性。如用户名不能直接写为 "lililiu"，应该写成 "输入用户名如 lililiu"，这样执行测试的工程师可以自己思考扩展这一类数据中的其他测试用例。

执行当前测试用例需要经过的每一个操作步骤，需要给出明确的描述，测试用例执行人员可以根据该操作步骤完成测试用例执行。执行步骤强调的是执行过程，很容易与输入混淆。如邮箱注册功能的执行步骤如下：

（1）选择用户类型：普通会员。

（2）输入用户名：lililiu。

（3）输入密码：123456。

（4）输入电子邮件地址：lililiu@ testingba.com。

（5）发送邮件选项：发送。

（6）单击"添加用户"按钮。

（7）单击"完成"按钮。

预期结果是指当前测试用例的预期输出结果，通常需要从返回值的内容、界面的响应结果、数据库、日志文件等几个方面来检查。如邮箱注册功能的预期结果：

（1）提示：用户被添加成功。

（2）登录论坛后用户类型为普通用户。

（3）从邮箱收到确认邮件。

（4）在数据库相关表中能检索新增用户的信息：

select * from 用户信息表 where name = ' lililiu '。

除了上面几部分内容外，还可以根据工作中的实际情况适当地添加一些其他项，如测试项名称、是否为自动化测试用例、是否为新增、作者、日期、设计用例方法、用例版本等。

8.2 黑盒测试用例设计方法

黑盒测试用例设计方法通常包括：等价类测试用例设计方法、边界值测试用例设计方法、场景法测试用例设计方法、因果图测试用例设计方法、判定表测试用例设计方法、正交试验测试用例设计方法、状态迁移图测试用例设计方法、输入域测试用例设计方法、输出域测试用例设计方法、异常分析测试用例设计方法和错误猜测测试用例设计方法等方法。下面就对这十一种方法进行详细的分析。

8.2.1 等价类测试用例设计方法

等价类测试用例设计方法是一种典型的黑盒测试设计方法，使用该方法主要对测试子项进行测试规格分析，进而得到测试用例，不需要对系统内部处理进行深入了解，它也是目前测试设计过程中使用最普遍的一种方法。采用等价类设计方法是将系统的输入域划分为若干部分，然后从每个部分选取少数代表性数据进行测试，这样可以避免穷举产生的大量用例。

等价类是指某个输入域的子集合，在该子集合中，各个输入数据对于揭露软件中的错误都是等效的。在测试设计中合理地假设，假设测试某等价类的代表值就等于该等价类子集合中的其他值的测试。因此可以将全部输入数据进行合理的划分，划分为若干等价类，在每一个等价类中取一个数据作为测试的输入条件，这样可以使用少量代表性测试数据取得较好的测试结果。

等价类通常可以划分为有效等价类和无效等价类两种。

（1）有效等价类：是指对于系统的规格说明书是合理的、有意义的输入数据构成的信息集合。利用有效等价类可以检验程序是否实现了规格说明书中所规定的功能和性能。

（2）无效等价类：是指对于系统的规格说明书是不合理的或无意义的输入数据构成的信息集合。

设计测试用例时需要充分考虑这两种等价类，需要验证系统不但能正确地接收合理的数据，还能处理无效数据。

使用等价类测试用例设计方法的步骤如下：

步骤 1：划分等价类。

划分等价类可以参考以下几方面原则：

（1）在输入条件规定了取值范围或值的个数时，则可以确定一个有效等价类和两个无效等价类。

（2）在输入条件规定了输入值的集合或者规定了必须在什么条件的情况下，可以确定一个有效等价类和一个无效等价类。

（3）在输入条件是一个布尔值的情况下，可以确定一个有效等价类和一个无效等价类。

（4）在规定了输入数据的一组值假定 N 个，并且程序要对输入值分别处理的情况下，可以确定 N 个有效等价类和一个无效等价类。

（5）在规定了输入数据必须遵守的规则的情况下，可以确定一个有效等价类和若干个无效等价类。

（6）在确定已划分的等价类中各元素在程序处理中的方式不同的情况下，应该再将该等价类进一步划分，划分为更小的等价类。

步骤 2：根据划分的等价类确定测试用例。

等价类测试用例设计方法虽然对输入的数据域进行了全面的分类，但在工作中使用等价类分析法存在以下问题：

（1）等价类是以效果来换取效率，等价类细分程度和等价类组合程度取决于进度和人力资源情况。

（2）等价类的出发点是考虑设计用例把输入的每种情况都有用例测试到，就认为达到了充分性，但对于各情况的组合并没有进行充分的考虑。

（3）等价类划分的优劣，关键是需要把输入背后隐藏的信息从各个角度进行分类。

【实例】使用等价类测试用例分析方法，分析保险费率计算的功能。

某保险公司承担人寿保险已经很多年，该公司保费计算方式为投保额×保险率，保险率受点数的影响，点数不同保险率也不同，10 点及以上的费率为 0.6%，10 点以下的费率为 0.1%。

保险率和以下参数关系如下，见表 8-2。

年龄：数字 0～150 岁；

性别：字符组合，区分大小写（如 FEMALE/MALE）；

婚姻：字符组合（已婚/未婚）；

抚养人数：数字 1～9 人。

其中前三项为必填项，最后一项为选填项。

表 8-2　保险率与参数关系

年龄	20～39 岁	6 点
	40～59 岁	4 点
	60 岁以上及 20 岁以下	2 点
性别	MALE	5 点
	FEMALE	3 点
婚姻	已婚	3 点
	未婚	5 点
抚养人数	一人扣 0.5 点，最多扣 3 点（四舍五入取整数）	

等价类测试用例设计方法分析步骤如下：

步骤 1：确定输入。

输入：年龄、性别、婚姻、抚养人数

内部数据结构：点数

设计用例时，除了考虑以上输入外，还要考虑内部数据结构"点数"，需要构造相关输入数据覆盖"点数"的等价类。

步骤 2：确定每个输入项的输入条件。

年龄：非负整数、0～150、必填；

性别：字符组合、区分大小写、MALE 或者 FEMALE、必填；

婚姻：字符组合、已婚或者未婚、必填；

抚养人数：正整数、1～9、选填。

步骤 3：对每个输入进行等价类分析，得到等价类表，见表 8-3。

表 8-3　等价类表

输入	输入条件	有效等价类	无效等价类
年龄	非负整数	非负整数（1）	负整数（7）
			小数（8）
			字母（9）
			特殊字符（10）
	0～150	0～19（2）	<0（11）
		20～39（3）	>150（12）
		40～59（4）	
		60～150（5）	
	必填	填（6）	不填（13）

输入	输入条件	有效等价类	无效等价类
性别	字符组合	字符组合（1）	非字符组合（6）
	区分大小写	大写（2）	小写（7）
			大小写混合（8）
	MALE 或者 FEMALE	MALE（3）	非 MALE、FEMALE（9）
		FEMALE（4）	
	必填	填（5）	不填（10）
婚姻	字符组合	字符组合（1）	非字符组合（5）
	已婚或者未婚	已婚（2）	非已婚、未婚（6）
		未婚（3）	
	必填	填（4）	不填（7）
抚养人数	正整数	正整数（1）	非正整数（6）
			小数（7）
			字母（8）
			特殊字符（9）
	1～9	1～6（2）	<1（10）
		7～9（3）	>9（11）
	选填	填（4）	
		不填（5）	

步骤 4：针对每个输入设计数据覆盖等价类，见表 8-4。

表 8-4　设计数据覆盖等价类

输入	有效值	无效值
年龄	15（覆盖 1、2、6）	-20（覆盖 7）
	25（覆盖 1、3、6）	15.5（覆盖 8）
	50（覆盖 1、4、6）	a（覆盖 9）
	80（覆盖 1、5、6）	&（覆盖 10）
		-999.5（覆盖 11）
		180（覆盖 12）
		不填（覆盖 13）
性别	MALE（覆盖 1、2、3、5）	6553（覆盖 6）
	FEMALE（覆盖 1、2、4、5）	male（覆盖 7）

续表

输入	有效值	无效值
性别		fEMALE（覆盖 8）
		男（覆盖 9）
		不填（覆盖 10）
婚姻	已婚（覆盖 1、2、4）	1234（覆盖 5）
	未婚（覆盖 1、3、4）	离婚（覆盖 6）
		不填（覆盖 7）
抚养人数	5（覆盖 1、2、4）	-6（覆盖 6）
	8（覆盖 1、3、4）	5.1（覆盖 7）
	不填（覆盖 5）	A（覆盖 8）
		$（覆盖 9）
		-100（覆盖 10）
		100（覆盖 11）

数据覆盖等价类应该依据以下原则：

（1）每个输入值应该尽量多地覆盖该输入没有覆盖的其他有效等价类。

（2）每个输入值只能覆盖该输入所对应的一个无效等价类。

注意 在设计输入值时，虽然强调尽量多地覆盖其他有效等价类，但是这里的有效等价类是针对一个封闭条件而言的，不能跨条件覆盖。如果跨条件覆盖有效等价类，当测试过程中发现缺陷时，就无法确定是什么条件导致的缺陷。

步骤 5：设计用例覆盖多个输入的有效值和无效值，见表 **8-5**。

表 8-5　设计用例覆盖输入有效值和无效值

测试用例编号	年龄	性别	婚姻	抚养人数	点数
1	15	MALE	未婚（注：这里没有选已婚是考虑了实际情况，在进行数据组合时不要完全随机，要分析其意义，15 岁不可能已婚）	不填	12
2	25	FEMALE	已婚	8	9
3	50	MALE	未婚	5	11
4	80	FEMALE	已婚	1	7
5	0	MALE	未婚	不填	12
6	19	FEMALE	未婚	不填	10
7	20	MALE	未婚	不填	16

测试用例编号	年龄	性别	婚姻	抚养人数	点数
8	39	FEMALE	已婚	6	9
9	40	MALE	已婚	7	9
10	59	FEMALE	已婚	9	7
11	60	MALE	未婚	不填	12
12	150	FEMALE	已婚	9	5
13	-20	FEMALE	已婚	9	无
14	15.5	FEMALE	已婚	9	
15	a	FEMALE	已婚	9	
16	&	FEMALE	已婚	9	
17	-999.5	FEMALE	已婚	9	
18	180	FEMALE	已婚	9	
19	不填	FEMALE	已婚	9	
20	-1	FEMALE	已婚	9	
21	151	FEMALE	已婚	9	
22	39	6553	已婚	9	
23	39	male	已婚	9	
24	39	fEMALE	已婚	9	
25	39	男	已婚	9	
26	39	不填	已婚	9	
27	39	MALE	1234	9	
28	39	MALE	离婚	9	
29	39	MALE	不填	9	
30	39	FEMALE	已婚	-6	
31	39	FEMALE	已婚	5.1	
32	39	FEMALE	已婚	a	
33	39	FEMALE	已婚	$	
34	39	FEMALE	已婚	-100	
35	39	FEMALE	已婚	100	
36	39	FEMALE	已婚	0	
37	39	FEMALE	已婚	10	

设计用例覆盖的依据如下：

（1）设计测试用例时，每个测试用例尽可能多地覆盖还没有覆盖的有效值。

（2）设计测试用例时，每个测试用例只覆盖一个无效值。

注意 该测试用例中包含了边界值的测试用例，关于边界值分析方法在 8.2.2 小节中会详细介绍。

8.2.2 边界值测试用例设计方法

边界值测试（Boundary-Value Testing）是从输入域测试中衍生出来的。边界的条件落在等价类的边界上、边界外和边界内，边界值测试是对等价类测试的一个补充，但不同于等价类测试。由长期测试工作经验得知，大量的错误是发生在输入域或输出域的边界上，因此针对各种边界情况设计测试用例，可以查出更多的错误。

边界值分析方法的理论基础是假定大多数的错误是发生在各种输入条件的边界上，如果在边界附近的取值不会导致程序出错，那么其他取值导致程序出错的概率会很小。

关于边值点的定义如下：

（1）上点：就是边界上的点，如果该域的边界是封闭的，上点就在域范围内；如果域的边界是开放的，上点就在域范围外。

（2）离点：就是离上点最近的一个点，如果域的边界是封闭的，离点就在域范围外；如果域的边界是开放的，离点就在域范围内。

（3）内点：顾名思义，就是在域范围内的任意一个点。

上点和离点的确定与该域的边界是开放的还是封闭的有关，但不论边界是开放的还是封闭的，上点和离点总是一个在域内，另一个在域外。如对于封闭边界，上点在域内，离点在域外；对于开放边界，上点在域外，离点在域内。例如，假设 A 是整数，A 的边界描述为 A>0，那么上点为 0，离点为 1；如果边界描述为 A=0，那么上点仍然为 0，但离点为-1。

上点和离点的选择还与区间的数据类型有关，对于整数，离点可以通过在上点的基础上加 1 或减 1 来确定；对于实数，可以选择一个精度，在该精度下寻找最靠近的离点。例如，假设 A 是实数，首先需要确定精度，若精度为 0.001，如果 A 的边界描述为 A>0，那么上点是 0，离点为 0.001；如果边界描述为 A≥0，那么上点仍然为 0，但离点为-0.001。

关于上点、离点和内点的确定，如图 8-3 所示。

边界值分析原则如下：

（1）如果输入（输出）条件规定了取值范围，或是规定了值的个数，则应该以该范围的边界内及边界附近的值作为测试用例。

（2）如果输入（输出）条件规定了值的个数，则用最大个数、最小个数、比最小个数少一、比最大个数多一的数作为测试数据。

（3）如果程序规格说明中提到的输入或输出是一个有序的集合，应该注意选取有序集合的第一个和最后一个元素作为测试用例。

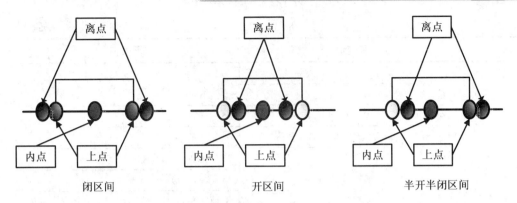

图 8-3 上点、离点和内点

（4）如果程序中使用了内部数据结构，则应当选择这个内部数据结构的边界上的值作为测试用例。

边界值用例设计方法的步骤如下：

（1）分析输入参数的类型：从测试规格中分析得到输入参数类型。

（2）等价类划分（可选）：对于输入等价类划分方法进行等价类的划分。

（3）确定边界：运用域测试分析方法确定域范围的边界（上点、离点与内点）。

（4）相关性分析（可选）：如果存在多个输入域，则需要运用因果图、判定表方法对这些输入域边界值的组合情况进行进一步分析。

（5）形成测试项：选择这些上点、离点与内点或者这些点的组合形成测试项。

【实例】以等价类分析方法中的实例（保险率费计算的功能）为例对边界值进行分析，见表 8-6。

表 8-6 边界值分析

输入	有效值	无效值
年龄	15（覆盖 1、2、6）	-20（覆盖 7）
	25（覆盖 1、3、6）	15.5（覆盖 8）
	50（覆盖 1、4、6）	a（覆盖 9）
	80（覆盖 1、5、6）	&（覆盖 10）
		-999.5（覆盖 11）
	边界值：	180（覆盖 12）
	0	不填（覆盖 13）
	19	
	20	边界值：
	39	-1
	40	151
	59	

133

续表

输入	有效值		无效值
年龄	60		
	150		
性别	MALE（覆盖 1、2、3、5）		6553（覆盖 6）
	FEMALE（覆盖 1、2、4、5）		male（覆盖 7）
			FEMALE（覆盖 8）
			男（覆盖 9）
			不填（覆盖 10）
婚姻	已婚（覆盖 1、2、4）		1234（覆盖 5）
	未婚（覆盖 1、3、4）		离婚（覆盖 6）
			不填（覆盖 7）
抚养人数	5（覆盖 1、2、4）		-6（覆盖 6）
	8（覆盖 1、3、4）		5.1（覆盖 7）
	不填（覆盖 5）		a（覆盖 8）
			$（覆盖 9）
	边界值：		-100（覆盖 10）
	1		100（覆盖 11）
	6		
	7		边界值：
	9		0
			10

下一步是将边界值转化为测试用例，在表 8-6 的测试用例中已经覆盖了边界值的输入。

8.2.3　场景法测试用例设计方法

场景法测试用例设计方法主要用于事件触发流程，当某个事件触发后就形成相应的场景流程，不同的事件触发不同顺序和不同的处理结果，就形成一系列的事件结果。也可以将这一系列的事件触发流程看成不同的路径，使用路径覆盖的方法来设计测试用例，故场景分析法也称为流程分析法。

场景法测试用例设计方法的步骤如下：

（1）画出业务流程图。

（2）设置功能路径优先级。

（3）确定测试路径。

（4）选取测试数据。

（5）构造测试用例。

首先将系统运行过程中所涉及到的各种流程图表化，可以先从最基本的流程入手，将流程抽象为不同功能的顺序执行。在最基本流程的基础上再去考虑次要或者异常的流程，这样将各种流程逐渐细化，既可以逐渐加深对流程的理解，还可以将各个看似孤立的流程关联起来。完成所有流程的图表化后就完成了所有路径的设定。

找出所有的路径后，下面的工作就是给每条路径设定优先级，这样在测试时就可以先测优先级高的，再测优先级低的，在时间紧迫的情况下甚至可以考虑忽略一些优先级低的路径。优先级根据两个原则来选取：一是路径使用的频率，使用越频繁的优先级越高；二是路径的重要程度，失败对系统影响越大的优先级越高。将根据两个原则分别得到的优先级相加，就得到了整个路径的优先级。根据优先级的排序就可以更有针对性地进行测试。

为每条路径设定好优先级后，接下来的工作就是为每条路径选取测试数据，构造测试用例。一条路径可以对应多个测试用例，在选取测试数据时，可以充分利用边界值选取等方法，通过表格将各种测试数据的输入、输出对应起来，这样就完成了测试用例的设计。

【实例】使用场景分析法对邮件账户添加功能进行设计测试用例。邮件账户添加功能的需求规格如下：

（1）设置邮件账户的显示名，如图 8-4 所示，显示名为 1～255 个字符。

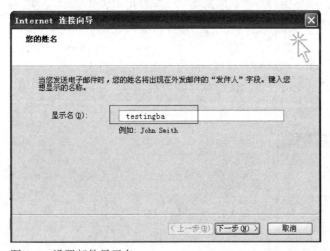

图 8-4　设置邮件显示名

设置了显示名后可单击"下一步"按钮；如果单击"取消"按钮，则弹出对话框询问用户是否真的要退出，如果用户选择"是"则退出向导；如果选择"否"则回到本对话框。如果不输入任何内容或输入空格，则无法单击"下一步"按钮。

（2）设置电子邮件地址。

地址信息为 1～255 个字符，如图 8-5 所示。有效的电子邮件地址格式需包含@符号，且@符号不在字符串的首部或尾部，其前可以是任意字符，其后可以是字母、数字及字符"."，但字符"."不能在字符串的尾部。

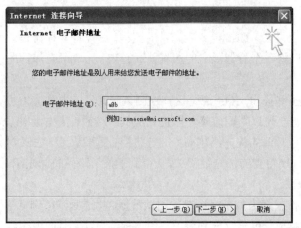

图 8-5　设置电子邮件地址

　　如果用户输入的电子邮件地址不符合以上格式要求，则系统在用户单击"下一步"按钮后弹出对话框，提醒用户输入的地址可能无效，是否继续使用该地址。此时若用户选择"是"则进入下一步；若选择"否"则回到本对话框，而且输入的电子邮件地址处于全部选中状态。

　　如果单击"取消"按钮，则弹出对话框询问用户是否真的要退出，如果用户选择"是"则退出向导；如果选择"否"则回到本对话框。

　　（3）配置电子邮件服务器名。

　　邮件接收服务器是可选项，分别提供 POP3、IMAP、HTTP 供用户选择，如图 8-6 所示。如果用户选择了 POP3 或 IMAP 邮件接收服务器，则需设置"接收邮件服务器"和"发送邮件服务器"信息，设置的服务器信息由 1～255 个字符组成。

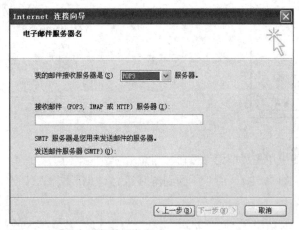

图 8-6　配置电子邮件服务器

　　如果用户选择了 HTTP 邮件接收服务器，则需要选择 HTTP 邮件服务提供商，如果服务提供商选择了 Hotmail，则无须再填写其他内容，如图 8-7 所示。

图 8-7　选择 HTTP 服务供应商为 Hotmail

　　如果选择了"其他"HTTP 邮件服务提供商，则需要用户输入接收邮件服务器信息，该信息由 1～255 个字符组成，如图 8-8 所示。

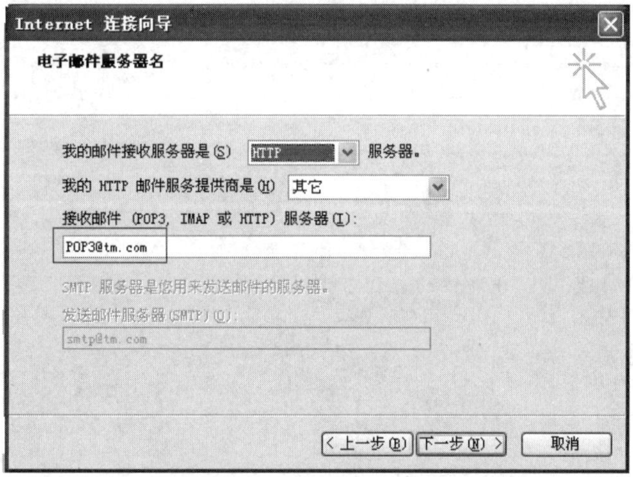

图 8-8　选择 HTTP 服务供应商为其他

　　如果单击"取消"按钮，则弹出对话框询问用户是否真的要退出，如果用户选择"是"，则退出向导；如果选择"否"，则回到本对话框。

　　（4）输入服务提供商提供的账户名称和密码。

　　其中账户名为 1～255 个字符，必填项；密码为 1～255 个字符，可以不用填写，如果选择"记住密码"复选项，则需要输入密码，否则不必输入，如图 8-9 所示。"使用安全密码验证登录"等为选填项。如果单击"取消"按钮，则弹出对话框询问用户是否真的要退出，如果用户选择"是"，则退出向导；如果选择"否"，则回到本对话框。

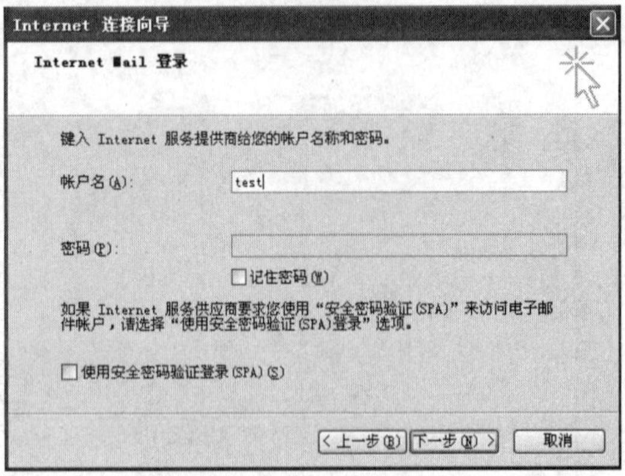

图 8-9　输入服务供应商提供的账户名和密码

（5）完成新账户的添加。

在向导完成对话框单击"完成"按钮，完成新账户的添加。单击"取消"按钮，则弹出对话框询问用户是否真的要退出，如果用户选择"是"，对话框则退出向导；如果选择"否"，则回到本对话框。

步骤 1：根据需求画出业务流程图，如图 8-10 所示。

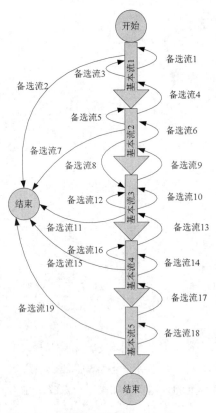

图 8-10　业务流程图

基本流和备选流说明见表 8-7。

表 8-7　基本流和备选流说明

事件流	事件说明
基本流 1	设置邮件账户的显示名
基本流 2	设置一个有效的电子邮件地址
基本流 3	配置电子邮件服务器名
基本流 4	输入服务提供商的账户和密码
基本流 5	完成账户的添加
备选流 1	单击"取消"按钮后选择"否"
备选流 2	单击"取消"按钮后选择"是"
备选流 3	设置一个空的账户名
备选流 4	单击"上一步"按钮
备选流 5	设置无效的电子邮件地址，系统提示后进行了修改
备选流 6	单击"取消"按钮后选择"否"
备选流 7	单击"取消"按钮后选择"是"
备选流 8	设置无效的电子邮件地址，系统提示后选择了继续
备选流 9	单击"上一步"按钮
备选流 10	单击"取消"按钮后选择"否"
备选流 11	单击"取消"按钮后选择"是"
备选流 12	不填写必填信息
备选流 13	单击"上一步"按钮
备选流 14	单击"取消"按钮后选择"否"
备选流 15	单击"取消"按钮后选择"是"
备选流 16	必填信息为空，不能进入下一步
备选流 17	单击"上一步"按钮
备选流 18	单击"取消"按钮后选择"否"
备选流 19	单击"取消"按钮后选择"是"

　　步骤 2：设置路径的优先级，本例中对所有的测试用例进行测试，实际过程中可以根据实际情况对路径的优先级进行排序。

　　步骤 3：确定测试路径，见表 8-8。

表 8-8　测试路径

场景编号	流程	说明
场景 1	1 2 3 4 5	邮件账号正确、有效电子邮件地址、电子邮件服务器名正确、服务提供商账户和密码正确、完成账户添加
场景 2	[1] 1 2 3 4 5	单击"取消"按钮后选择"否"、邮件账号正确、有效电子邮件地址、电子邮件服务器名正确、服务提供商账户和密码正确、完成账户添加
场景 3	[2]	单击"取消"按钮后选择"是"
场景 4	[3] 1 2 3 4 5	设置一个空账号、有效电子邮件地址、电子邮件服务器名正确、服务提供商账户和密码正确、完成账户添加
场景 5	1 2 [4] 1 2 3 4 5	邮件账号正确、有效电子邮件地址、单击"上一步"按钮、邮件账号正确、有效电子邮件地址、电子邮件服务器名正确、服务提供商账户和密码正确、完成账户添加
场景 6	1 [5] 2 3 4 5	邮件账号正确、无效电子邮件地址、有效电子邮件地址、电子邮件服务器名正确、服务提供商账户和密码正确、完成账户添加
场景 7	1 [6] 2 3 4 5	邮件账号正确、单击"取消"按钮后选择否、有效电子邮件地址、电子邮件服务器名正确、服务提供商账户和密码正确、完成账户添加
场景 8	1 [7]	邮件账号正确、单击"取消"按钮后选择"是"
场景 9	1 [8] 3 4 5	邮件账号正确、无效电子邮件地址，提示后选择继续、电子邮件服务器名正确、服务提供商账户和密码正确、完成账户添加
场景 10	1 2 3 [9] 2 3 4 5	邮件账号正确、有效电子邮件地址、电子邮件服务器名正确、单击"上一步"按钮、有效电子邮件地址、电子邮件服务器名正确、服务提供商账户和密码正确、完成账户添加
场景 11	1 2 [10] 3 4 5	邮件账号正确、有效电子邮件地址、单击"取消"按钮后选择"否"、电子邮件服务器名正确、服务提供商账户和密码正确、完成账户添加
场景 12	1 2 [11]	邮件账号正确、有效电子邮件地址、单击"取消"按钮后选择"是"
场景 13	1 2 [12] 3 4 5	邮件账号正确、有效电子邮件地址、不填必填信息、电子邮件服务器名正确、服务提供商账户和密码正确、完成账户添加
场景 14	1 2 3 4 [13] 3 4 5	邮件账号正确、有效电子邮件地址、电子邮件服务器名正确、服务提供商账户和密码正确、单击"上一步"按钮、服务提供商账户和密码正确、完成账户添加
场景 15	1 2 3 [14] 4 5	邮件账号正确、有效电子邮件地址、电子邮件服务器名正确、单击"取消"按钮后选择"否"、服务提供商账户和密码正确、完成账户添加
场景 16	1 2 3 [15]	邮件账号正确、有效电子邮件地址、电子邮件服务器名正确、单击"取消"按钮后选择"是"
场景 17	1 2 3 [16] 4 5	邮件账号正确、有效电子邮件地址、电子邮件服务器名正确、必填信息为空，不能进入下一步、服务提供商账户和密码正确、完成账户添加
场景 18	1 2 3 4 5 [17] 4 5	邮件账号正确、有效电子邮件地址、电子邮件服务器名正确、服务提供商账户和密码正确、完成账户添加、单击"上一步"按钮、服务提供商账户和密码正确、完成账户添加

场景编号	流程	说明
场景 19	1 2 3 4 [18] 5	邮件账号正确、有效电子邮件地址、电子邮件服务器名正确、服务提供商账户和密码正确、单击"取消"按钮后选择"否"、完成账户添加
场景 20	1 2 3 4 [19]	邮件账号正确、有效电子邮件地址、电子邮件服务器名正确、服务提供商账户和密码正确、单击"取消"按钮后选择"是"

注：表 6-8 中，加"[]"（方括号）的路径表示备选流路径

步骤 4：选取测试数据，构造测试用例，在本实例中只以场景 1 为例进行测试用例设计，见表 8-9。

表 8-9　场景 1 的测试用例

测试用例编号	Email-ST-FUNC-AddUser-001
对应场景	场景 1
测试项目	正常添加邮件账户
测试标题	测试设置正确的邮件账号、有效电子邮件地址、正确的电子邮件服务器名、正确的服务提供商账户和密码进行添加邮件账户操作
重要级别	高
预置条件	无
输入	1. 邮件显示名，如 testingba 2. 电子邮件地址，如 testingba@testingba.com 3. 选择 HTTP 服务器 4. 选择 HTTP 邮件提供商 Hotmail 5. 提供商账户，如 test 6. 提供商密码，如 123456
操作步骤	1. 输入邮件显示名，并单击"下一步"按钮 2. 设置相应的电子邮件地址，并单击"下一步"按钮 3. 选择服务器 HTTP，选择提供商 Hotmail，并单击"下一步"按钮 4. 设置提供商账户和密码，并单击"下一步"按钮 5. 单击"完成"按钮
预期输出	1. 重新登录 Outlook，使用添加的账户和密码进行登录，可以正确登录 2. 在用户信息数据库中可以查询到已经添加的账户信息

场景法测试用例设计的重点是测试业务流程是否正确，测试时需要注意的是，业务流程测试没有问题并不代表系统的功能都正确，还必须对单个功能进行详细的测试，这样才能保证测试的充分性。

8.2.4　因果图测试用例设计方法

因果图（Cause-Effect Graph）是用于描述系统的输入、输出以及输入和输出之间的因果关系、输入和输入之间的约束关系。因果图的绘制过程是对被测试系统外部特征的建模过程。在实际测试

过程中,因果图和判定表两种方法往往同时使用,根据系统输入和输出间的因果图可以得到判定表,根据判定表产生设计测试用例。

因果图需要描述输入与输出之间的因果关系和输入与输入之间的约束关系。

表示输入与输出间的因果关系有以下四种:

(1)恒等关系:当输入项发生,会产生对应输出;当输入项不发生时,不会产生对应输出。

(2)非关系:与恒等关系相反。

(3)或关系:多个输入条件中,只要有一个发生,则会产生对应输出。

(4)与关系:多个输入条件中,只有所有输入项都发生,才会产生对应输出。

该四种因果关系对应的因果图表示方法如图 8-11 所示。

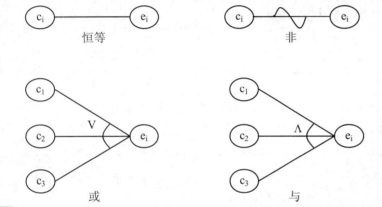

图 8-11　因果图符号

表示输入与输入间的约束关系也有以下四种:

(1)异:所有输入中至多一个输入条件发生。

(2)或:所有输入中至少一个输入条件发生。

(3)唯一:所有输入中有且只有一个输入条件发生。

(4)要求:所有输入中只要有一个输入条件发生,则其他输入也会发生。

该四种约束关系对应的因果图表示方法如图 8-12 所示。

因果图法设计用例的步骤如下:

(1)把大的系统规格分解成可以测试的规格片段。

(2)分析分解后待测的系统规格,找出哪些是原因,哪些是结果。

(3)画出因果图。

(4)把因果图转换成判定表。

(5)简化判定表。

(6)用判定表中的每一项生成测试用例。

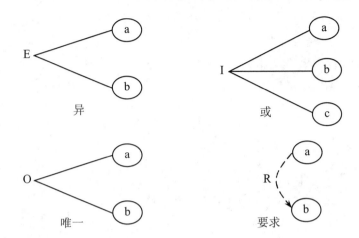

图 8-12　因果图表示方法

【实例】使用因果图分析法对中国象棋中的走马规则进行测试。

步骤 1：分析中国象棋中的走马规则，中国象棋中走马规则的描述如下：

（1）如果落点在棋盘外，则不移动棋子。

（2）如果落点与起点不构成"日"字型，则不移动棋子。

（3）如果落点处有己方棋子，则不移动棋子。

（4）如果在落点方向的邻近交叉点有棋子（绊马腿），则不移动棋子。

（5）如果不属于 1～4 条，且落点处无棋子，则移动棋子。

（6）如果不属于 1～4 条，且落点处为对方棋子（非老将），则移动棋子并除去对方棋子。

（7）如果不属于 1～4 条，且落点处为对方老将，则移动棋子，并提示战胜对方，游戏结束。

步骤 2：分析以上要求，得出原因和结果。

（1）原因：

原因 1：落点方向的邻近交叉点无棋子。

原因 2：落点与起点构成"日"字。

原因 3：落点处有己方棋子。

原因 4：落点在棋盘外。

原因 5：落点处无棋子。

原因 6：落点处为对方棋子（非老将）。

原因 7：落点处为对方棋子（老将）。

（2）中间结点：

中间结点 11：允许移动。

（3）结果：

结果 21：不移动棋子。

结果 22：移动棋子。

结果 23：移动棋子，并除去对方棋子。

结果 24：移动棋子，并提示战胜对方，结束游戏。

步骤 3：根据原因和结果画出因果图，因果图如图 8-13 所示。

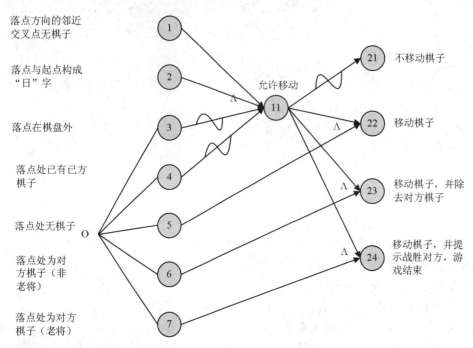

落点方向的邻近
交叉点无棋子

落点与起点构成
"日"字

落点在棋盘外

落点处已有己方
棋子

落点处无棋子

落点处为对
方棋子（非
老将）

落点处为对方
棋子（老将）

允许移动

不移动棋子

移动棋子

移动棋子，并除
去对方棋子

移动棋子，并提
示战胜对方，游
戏结束

图 8-13 走马规则因果图

接下来的步骤是将因果图转化为判定表，并根据判定表来完成测试用例。关于判定表分析方法将在 8.2.5 小节中详细介绍。

使用因果图法设计测试用例有以下优点：

（1）尽管等价类法将各个输入条件可能出错的情况都考虑到了，但是多个输入条件组合起来出错的情况却被忽略了，因果图分析法则可以考虑多输入条件组合的情况。

（2）因果图法能够帮助我们按照一定步骤高效地选择测试用例，设计多个输入条件组合用例。

（3）因果图分析还能为我们指出程序规格说明描述中存在的问题。

因果图分析法存在优点但也存在以下缺点：

（1）输入条件与输出结果的因果关系，有时难以从软件需求规格说明书得到。

（2）即使得到了这些因果关系，也会因为因果关系复杂导致因果图非常庞大，测试用例数目极其庞大。

8.2.5 判定表测试用例设计方法

判定表是分析和表达多种输入条件下系统执行不同动作的工具,它可以把复杂的逻辑关系和多种条件组合的情况表达得既具体又明确。判定表通常由四部分组成，如图 8-14 所示。

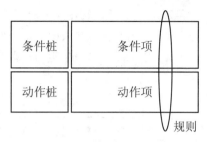

图 8-14 判定表组成部分

（1）条件桩：列出系统所有输入，列出的输入次序没有影响。

（2）动作桩：列出系统可能采取的操作，这些操作的排列顺序没有约束。

（3）条件项：列出针对它左列输入条件的取值，在所有可能情况下的真假值。

（4）动作项：列出在输入项的各种取值情况下应该采取的动作。

动作项和条件项指出了在条件项的各种取值情况下应该采取的动作，在判定表中贯穿条件项和动作项的一列就是一条规则，可以针对每个合法输入组合的规则设计用例进行测试。

判定表测试用例设计方法的步骤如下：

（1）确定规则的个数。

根据输入的条件数据计算出规则的个数，如果有 N 个条件，那么规则一共有 2^N 个，如 N 为 3 时，规则数为 $2^3=8$ 个。

（2）列出所有的条件桩和动作桩。

条件桩是影响结果的条件，动作桩是由于所有条件组合后可能产生的结果。

（3）填入条件项和动作项。

对各条件项进行标识，一般使用 1 和 0 来标识，当该条件选中时使用 1 来标识，当条件不选中时使用 0 来标识。需要将条件项中所有条件组合的情况标识出来，根据条件的情况来确定动作项，对动作项进行标识。

（4）简化、合并相似规则。

简化判定表是将相似规则（即表中的列）进行合并，以减少测试用例，当然它是以牺牲测试用例充分性为代价的。

简化的过程为，首先找到判定表中输出完全相同的两列，观察它们的输入是否相似。例如只有一个输入不同时，说明不管该输入取何值，输出都是一样的。也就是说，该输入对输出是无影响的，因此可以将这两列合并为一列，简化、合并相似规则示例图如图 8-15 所示。

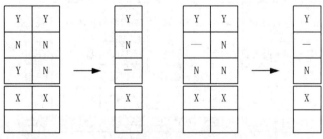

图 8-15 简化、合并相似规则示例图

（5）将每条规则转化为用例。

简化、合并后的判定表中的每一列可以规划为一个测试用例。

【实例】将中国象棋中走马规则的因果图转化为判定表，见表 8-10 和表 8-11。

表 8-10　判定表 1

		1	2	3	4	5	6	7	8	9	10
条件	1	1	1	1	1	1	1	1	1	1	1
	2	1	1	1	1	1	0	0	0	0	0
	3	1	0	0	0	0	1	0	0	0	0
	4	0	1	0	0	0	0	1	0	0	0
	5	0	0	1	0	0	0	0	1	0	0
	6	0	0	0	1	0	0	0	0	1	0
	7	0	0	0	0	1	0	0	0	0	1
中间结果	11	FALSE	FALSE	TRUE	TRUE	TRUE	FALSE	FALSE	FALSE	FALSE	FALSE
结果	21	TRUE	TRUE	FALSE	FALSE	FALSE	TRUE	TRUE	TRUE	TRUE	TRUE
	22	FALSE	FALSE	TRUE	FALSE	FALSE	FALSE	FALSE	FALSE	FALSE	FALSE
	23	FALSE	FALSE	FALSE	TRUE	FALSE	FALSE	FALSE	FALSE	FALSE	FALSE
	24	FALSE	FALSE	FALSE	FALSE	TRUE	FALSE	FALSE	FALSE	FALSE	FALSE
		11	12	13	14	15	16	17	18	19	20
条件	1	0	0	0	0	0	0	0	0	0	0
	2	1	1	1	1	1	0	0	0	0	0
	3	1	0	0	0	0	1	0	0	0	0
	4	0	1	0	0	0	0	1	0	0	0
	5	0	0	1	0	0	0	0	1	0	0
	6	0	0	0	1	0	0	0	0	1	0
	7	0	0	0	0	1	0	0	0	0	1
中间结果	11	FALSE	FALSE	FALSE	FALSE	FALSE	FALSE	FALSE	FALSE	FALSE	FALSE
结果	21	TRUE	TRUE	FALSE	FALSE	FALSE	TRUE	TRUE	TRUE	TRUE	TRUE
	22	FALSE	FALSE	TRUE	FALSE	FALSE	FALSE	FALSE	FALSE	FALSE	FALSE
	23	FALSE	FALSE	FALSE	TRUE	FALSE	FALSE	FALSE	FALSE	FALSE	FALSE
	24	FALSE	FALSE	FALSE	FALSE	TRUE	FALSE	FALSE	FALSE	FALSE	FALSE

表 8-11 判定表 2

		1	2	3	4	5	6	7	8	9	10	11	12	13	14	15	16
条件	1	-	-	-	-	-	-	-	-	-	-	-	-	-	-	-	-
	2	-	-	-	-	-	-	-	-	-	-	-	-	-	-	-	-
	3	1	1	1	1	1	1	1	1	1	1	1	1	1	1	1	1
	4	1	1	1	1	1	1	1	0	0	0	0	0	0	0	0	0
	5	1	1	1	0	0	0	0	0	1	1	1	1	0	0	0	0
	6	1	1	0	0	1	1	0	0	1	1	0	0	1	1	0	0
	7	1	0	1	0	1	0	1	0	1	0	1	0	1	0	1	0
中间结果	11																
结果	21																
	22				这样的数据组合在实际测试时是不可能构造出来的，所以无须测试												
	23																
	24																

		17	18	19	20	21	22	23	24	25	26	27	28	29	30	31	32
条件	1	-	-	-	-	-	-	-	-	-	-	-	-	-	-	-	-
	2	-	-	-	-	-	-	-	-	-	-	-	-	-	-	-	-
	3	0	0	0	0	0	0	0	0	0	0	0	0	0	0	0	0
	4	1	1	1	1	1	1	1	1	0	0	0	0	0	0	0	0
	5	1	1	1	1	0	0	0	0	1	1	1	1	0	0	0	0
	6	1	1	0	0	1	1	0	0	1	1	0	0	1	1	0	0
	7	1	0	1	0	1	0	1	0	1	0	1	0	1	0	1	0
中间结果	11																
结果	21																
	22				这样的数据组合在实际测试时是不可能构造出来的，所以无须测试												
	23																
	24																

考虑到只要是在棋盘外，其他条件无法取值，结果就是不能移动。所以条件 1 可以单独考虑成一个用例，其他条件一起做因果图和判定表。即 1、6、11、16 可以合并成一个用例，就是在落点是棋盘外的情况下，结果直接为不能移动，不需要跟其他条件放在一起判断。这样就只剩下 17 个测试用例。如果落点不构成"日"字，也就没有所谓的"绊马腿"判断，所以当条件 2 为 0 时，条件 1 不必取值，这样 6、7、8、9 和 14、15、16、17 又能合并。合并后的判定表见表 8-12。

表8-12　简化、合并后的判定表

		1	2	3	4	5	6	7	8	9	10	11	12	13
条件	1	-	1	1	1	1	-	-	-	-	0	0	0	0
	2	-	1	1	1	1	0	0	0	0	1	1	1	1
	3	1	0	0	0	0	0	0	0	0	0	0	0	0
	4	-	1	0	0	0	1	0	0	0	1	0	0	0
	5	-	0	1	0	0	0	1	0	0	0	1	0	0
	6	-	0	0	1	0	0	0	1	0	0	0	1	0
	7	-	0	0	0	1	0	0	0	1	0	0	0	1
中间结果	11	FALSE	FALSE	TRUE	TRUE	TRUE	FALSE	FALSE	FALSE	FALSE	FALSE	FALSE	FALSE	FALSE
结果	21	TRUE	TRUE	FALSE	FALSE	FALSE	TRUE	TRUE	TRUE	TRUE	TRUE	TRUE	TRUE	TRUE
	22	FALSE	FALSE	TRUE	FALSE	FALSE	FALSE	FALSE	FALSE	FALSE	FALSE	FALSE	FALSE	FALSE
	23	FALSE	FALSE	FALSE	TRUE	FALSE	FALSE	FALSE	FALSE	FALSE	FALSE	FALSE	FALSE	FALSE
	24	FALSE	FALSE	FALSE	FALSE	TRUE	FALSE	FALSE	FALSE	FALSE	FALSE	FALSE	FALSE	FALSE

使用判定表设计测试用例存在如下优点：

（1）充分考虑了输入条件间的组合，避免遗漏。

（2）设计过程中对输入条件间的约束关系进行分析，避免无效用例的出现，提高测试用例的有效性。

（3）设计时同时输出每个测试项目的预期结果。

使用判定表设计测试用例存在如下缺点：

（1）当被测试特性输入较多时，判定表会非常庞大。

（2）输入条件之间的约束不能有效区分当前的组合是否合理，会导致产生一些不需要的组合条件。

（3）规则合并过程中存在可能漏测的风险，虽然某个输入条件在输出接口上是无关的，但是在软件设计上，内部针对这个条件采取了不同的程序分支。

8.2.6　正交试验测试用例设计方法

正交试验设计法（Orthogonal Experimental Design）是从大量的试验点中挑选出适量的、有代表性的点，应用依据伽罗瓦理论导出的"正交表"，合理地安排试验的一种科学的试验设计方法，是研究多因素、多水平的一种设计方法。它是根据正交性从全面试验中挑选出部分有代表性的点进行试验，这些有代表性的点具备"均匀分散、齐整可比"的特点，正交试验是一种基于正交表的，高效率、快速、经济的试验设计方法。

正交试验分析法包括以下常用术语：

（1）指标：通常把判断试验结果优劣的标准叫做试验的指标。

（2）因子：是指所有影响试验指标的条件。

（3）因子的状态：是指影响试验因子的因素，也称之为因子的水平。

正交表的表示形式：$L_r(m^n)$

（1）n 表示因子数（Factors），即正交表中列的个数。

（2）m 表示水平数（Levels），也称为状态，任何单个因子能够取得的值的最大个数。

（3）r 表示行数（Rows），正交表中行的数量，即测试用例数。

行数 r=(m-1)×n+1，如 $L_4(2^3)$，测试用例数 4=(2-1)×3+1，这是等水平的正交表。但对于非等水平的正交表，其表示形式为 $L_r(m^n, p^q)$，那么行数 r=(m-1)×n+(p-1)×q+1，如 $L_{36}(2^{11}, 3^{12})$，测试用例 36=(2-1)×11+(3-1)×12+1。

在网站http://www.york.ac.uk/depts/maths/tables/orthogonal.htm中可以查找到相关的正交表。

正交试验分析法的步骤如下：

（1）提取功能说明，构造因子－状态表。

分析规格说明书，通过规格说明书提取影响该功能的因子以及每个因子可能取值的最大数，即因子状态。

（2）加权筛选，生成因素分析表。

计算各因子和状态的权值，删去一部分权值较小即重要性较小的因子或状态，使最后生成的测试用例集缩减到允许范围。

（3）画出布尔图。

如果各个因子的状态数是不统一的，几乎不可能出现均匀的情况，必须先用逻辑命令来组合各因子的状态，作出布尔图。

（4）查找最接近的相应阶数的正交表。

根据布尔图选择最接近的相应阶数的正交表，实际的测试工作中，因子和因子状态很难与正交表完全符合，所以只能选择一个阶数最接近的正交表。

（5）将实际的因子和状态带入正交表中，得到最终的正交表。

选择好正交表后，应该将实际的因子和因子水平带入正交表中，此时可能出现以下三种情况：

第一种情况：因子的状态数正好和正交表的状态数相等，那么此时只需要直接替换正交表中的值即可。

第二种情况：因子的状态数多于正交表中的状态数，那么此时需要先将多余的状态合并，带入正交表中，然后再将合并的中间状态展开。

第三种情况：因子的状态数少于正交表中的状态数，那么只要将正交表中多出来的状态，使用实际状态中的任意值替换即可。

（6）利用正交表每行数据构造测试用例。

在使用实际因子和状态替换过的正交表中的每一行，选择数据构造测试用例即可。

【实例】某数据库查询系统的测试。

步骤 1：分析规格说明书，生成因子—状态表，见表 8-13。

表 8-13　因子—状态表

因子 状态	A 查询类别	B 查询方式	C 元胞类别	D 打印方式
1	功能	简单	门	终端显示
2	结构	组合	功能块	图形显示
3	逻辑符号	条件		行式打印

步骤 2：对因子—状态表进行加权筛选，本实例中加权筛选时，将打印方式和查询类别中的逻辑符号删掉，不进行分析，加权筛选后的因素分析表见表 8-14。使用字母表示因素分析表中各种因子和状态见表 8-15。

表 8-14　因素分析表

因子 状态	A 查询类别	B 查询方式	C 元胞类别
1	功能	简单	门
2	结构	组合	功能块
3		条件	

表 8-15　字母表示因子和状态

因子 状态	A 查询类别	B 查询方式	C 元胞类别
1	A1	B1	C1
2	A2	B2	C2
3		B3	

步骤 3：根据因子和状态分析表画出布尔图，如图 8-16 所示。

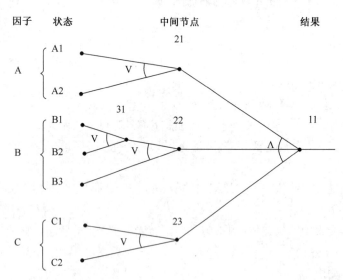

图 8-16　布尔图

步骤 4：选择正交表，本例选择的正交表为 $L_4(2^3)$，把 21、22、23 作为因子，带入正交表中，见表 8-16。

将正交表中的中间结点展开，见表 8-17。

表 8-16　带有中间结点的正交表

因子 组合号	21	22	23
1	A1	31	C1
2	A2	32	C2
3	A1	B3	C2
4	A2	B3	C1

表 8-17　展开后的正交表

因子 用例号	21	22	23
1	A1	B1	C1
2	A1	B2	C1
3	A2	B1	C2
4	A2	B2	C2
5	A1	B3	C2
6	A2	B3	C1

步骤 5：根据每行写出测试用例，以第一个测试用例为例，完成测试用例的写作，见表 8-18。

表 8-18　测试用例

测试用例编号	Email-ST-FUNC-Query-001
测试项目	数据库查询功能
测试标题	测试按功能、简单和门进行查询的情况
重要级别	高
预置条件	进入查询界面
输入	1．功能 2．简单 3．门
操作步骤	1．在查询类别中选择"功能" 2．在查询方式中选择"简单" 4．在元胞类别中选择"门" 5．单击"查询"按钮
预期输出	确定查询的结果与在数据库中使用该查询条件进行查询的结果一致

注意　借助正交试验法虽然可以提高编写测试用例的效率，但是正交试验终归是数学推导出来的公式，因此其组合情况并没有考虑到实际取值的情况，所以很可能一些组合在实际过程中不出现，或者出现的机率很小。因为在完成正交表后，应该对正交表进行仔细的检查，将其中无效的组合删除，添加一些正交表中没有的，但实际情况可能使用机率比较高的组合。

以上步骤是使用手工进行构建正交表，实际测试过程中可以借助 Allpairs 工具来自动生成正交表。使用 Allpairs 工具自动生成正交表的步骤如下：

（1）首先下载 Allpairs 工具，该工具是一款开源的工具。

（2）将因子和因子状态写入 Excel 文件中，见表 8-19。

表 8-19　因子和因子状态

查询类别	查询方式	元胞类别	打印方式
功能	简单	门	终端显示
结构	组合	功能块	图形显示
逻辑符号	条件		行式打印

（3）将 Excel 文件另存为以 Tab 键作为分隔符的文本文件（假设保存的文件名为 test.txt），保存的路径为 Allpairs 工具所在的目录。

（4）运行 cmd 程序，进入 Allpairs 工具所在的目录，执行命令 appairs.exe test.txt > output.txt；output.txt 为正交表输出的文件，内容如图 8-17 所示。

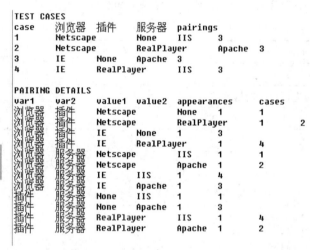

图 8-17　自动生成的正交表

只有 TEST CASES 的内容是正交表的内容，PAIRING DETAILS 的内容不需要关注。

8.2.7　状态迁移图测试用例设计方法

许多需求用状态机的方式来描述，状态机的测试主要关注状态转移是否正确。对于一个有限状态机，通过测试验证其在给定的条件内是否能够产生需要的状态变化，有没有不可达的状态和非法的状态，是否可能产生非法的状态转移等。通过构造能导致状态迁移的事件来测试状态之间的转换，多用于协议测试，使用这种方法可以设计逆向的测试用例，如状态和事件的非法组合。

状态迁移图测试用例设计方法的步骤如下：

（1）画出状态迁移图。

（2）列出状态－事件表。

（3）画出状态转换树，并从状态转换树推导出测试路径。

（4）根据测试路径编写测试用例。

【实例】使用状态迁移分析法分析从提交到解决整个过程中，Bug 状态变化的情况。

步骤 1：画出状态迁移图，如图 8-18 所示。

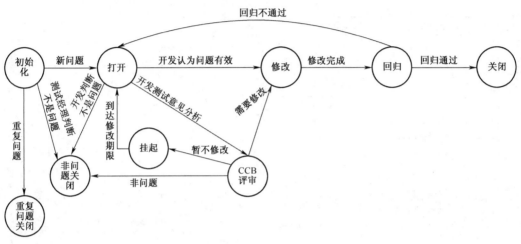

图 8-18　Bug 状态迁移图

步骤 2：列出状态－事件表，见表 8-20。

表 8-20　状态－事件表

前一状态	后一状态	事件
初始化	打开	新问题
初始化	重复问题关闭	重复问题
初始化	非问题关闭	测试经理判断不是问题
打开	非问题关闭	开发判断不是问题
打开	修改	开发认为问题有效
打开	CCB 评审	开发测试意见分歧
CCB 评审	挂起	暂不修改
CCB 评审	非问题关闭	非问题
挂起	打开	到达修改期限
CCB 评审	修改	需要修改
修改	回归	修改完成
回归	关闭	回归通过
回归	打开	回归不通过

步骤3：根据状态迁移图画状态转换树，如图8-19所示。

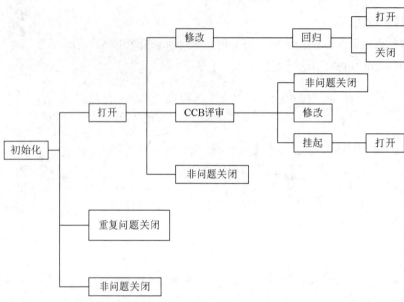

图 8-19　状态转换树

根据状态转换树可以推导出以下路径：

路径1：初始化→打开→修改→回归→打开。

路径2：初始化→打开→修改→回归→关闭。

路径3：初始化→打开→CCB 评审→非问题。

路径4：初始化→打开→CCB 评审→修改→打开。

路径5：初始化→打开→CCB 评审→挂起→打开。

路径6：初始化→重复问题关闭。

路径7：初始化→非问题关闭。

步骤4：根据测试路径编写测试用例，以路径6为例，设计的测试用例见表8-21。

表 8-21　测试用例

测试用例编号	Email-ST-FUNC-Duplicate-001
覆盖	路径6
测试项目	新建 Bug
测试标题	测试新建 Bug 为重复 Bug 的情况
重要级别	高
预置条件	无
输入	无

续表

操作步骤	1. 新建一个 Bug 2. 将 Bug 状态置为重复 3. 将该 Bug 关闭
预期输出	该 Bug 的状态为关闭状态

8.2.8　输入域测试用例设计方法

输入域测试法是一种综合的方法，其综合考虑了等价类划分法、边界值分析法等方法，针对输入可能存在的各种情况进行考虑，关于输入域测试法主要考虑以下三个方面：

（1）极端测试（Extremal Testing），需要选择测试数据覆盖输入域的极端情况。

（2）中间范围测试（Midrange Testing），选择域内部的数据进行测试。

（3）特殊值测试（Special Value Testing），根据要计算的功能特性的基础来选择测试数据，这个过程尤其适合于数学计算。所有计算功能的属性可以有助于选择能够验证被计算方案正确的测试数据。例如，根据 Sin() 函数的周期，可以使用 2π 不同倍数的测试数据。

在 8.2.1 小节和 8.2.2 小节中介绍了等价类划分法和边界分析法，这两种方法是输入域测试的一部分，那么在实际的测试过程中只需要在此基础上考虑即可，通常需要考虑以下两方面：

（1）特殊值：特殊值与输入的特点有关，需要充分了解该输入的存储和处理过程。

（2）长时间输入：对于一些没有指定长度的输入，测试时需要长时间持续的输入，以验证输入的数据是否会引起内存越界，从而导致系统故障的情况。

8.2.9　输出域测试用例设计方法

8.2.8 小节中介绍了输入域的测试，但是系统输出与输入之间并不一定是线性关系，所以从输出的角度来说，覆盖了输入域并不代表一定能完全覆盖输出域，故测试时需要对输出域进行测试。

测试时需要分析各输出的等价类，通常需要先确定输出域所有可能情况，然后再对输出域的结果进行分类，最后需要设计输入的数据来覆盖所有输出的结果。

同时分析各输出的边界值，通常需要先确定输出域的所有边界值，再设计不同的数据来覆盖所有输出域的边界值，这样可以保证所有输出域的边界值都可以被有效覆盖到。这样可以保证系统功能最大和最小的输出条件都已被检查。

8.2.10　异常分析测试用例设计方法

异常分析法是针对系统有可能存在的异常操作、软硬件缺陷引起的故障进行分析，依此设计测试用例，验证系统的容错能力，以及当系统出现异常时故障恢复的能力。测试时可以人为地制造一些异常的情况（如安装程序时断电、数据损坏等情况），来验证系统的处理情况。

8.2.11　错误猜测测试用例设计方法

错误猜测法是根据以往的测试经验和对系统内部知识的了解，列出系统中各种可能存在的错误和容易发生错误的特殊情况，并设计出测试用例。随着对产品了解程度的加深和测试经验的丰富，使用错误猜测法设计测试用例往往非常有效，但是错误猜测法只能作为测试设计的补充，而不能单独用来设计测试用例，否则可能导致测试的不充分。

错误猜测不是瞎猜，不是没有根据和目的地猜测，它需要了解系统薄弱的地方和开发人员的盲点，也可以根据以往缺陷分析的报告来分析系统最容易出现错误的地方，作为错误猜测法的依据。

8.3　测试用例评审

当需求基线确定后，测试工程师即开始设计测试计划、测试方案和编写测试用例，测试用例设计完成后，是否代表该测试用例已经达到要求了呢？不管从研发流程还是从软件质量控制角度来说，此时的测试用例都不能归档，必须进行测试用例评审，只有评审后的测试用例才能归档。

从研发流程角度来说，在整个研发过程中要求每个过程必须有相应的检查点，这样才能确保软件质量可控。从质量保证角度来说，也要求测试用例进行评审，因为测试是验证系统需求是否被实现的过程，提高测试的覆盖率显然可以更好地保证软件的质量，测试用例的评审更像是集多人的思想来提高测试的覆盖率。因此，从这两个角度来说，测试用例设计完成后都必须进行评审。

测试用例的评审形式一般有两种：一种是正式会议评审，另一种是非正式会议评审。正式会议评审要求必须执行同行评审的流程，评审的专家主要是项目组的相关成员，即测试工程师、开发工程师、需求工程师、项目经理、QA 工程师等。对于非正式会议评审则可以不必那么正式，可以是项目组中的测试工程师对彼此的用例进行检查，或者组织一个非正式的会议。

测试用例评审的目的有以下几个方面：

（1）提高测试覆盖率。

通过对测试用例评审，完善测试的覆盖率。因为在评审过程中，不同评审专家看待问题的角度不完全一致，所以可以更充分地考虑测试的方法，扩充测试用例的全面性，这样可以更好地确保基本功能和核心功能的测试覆盖率，进而提高软件质量。

（2）确保需求的可追溯性，复审需求。

通过测试用例的评审，可以确定每个需求是否都有测试用例与之对应，只有每个需求都是相应的测试用例与之对应才能保证测试的全面性，同时也相当于对需求进行了一次复审，通过评审测试用例可以反过来验证需求设计是否合理、是否存在遗漏等情况。

（3）开发工程师可带入新的测试角度。

由于开发工程师对业务的处理流程很清楚，这样在评审测试用例时，可以对设置的参数和流程提出新的测试用例，进而从逻辑角度来改善测试用例覆盖的情况。

（4）预防缺陷，改善开发质量。

在对测试用例的评审过程中，可以开拓开发工程师对代码逻辑的思维，弥补以前设计过程中存在的缺陷，将潜在的缺陷挖掘出来，这样可以进一步预防缺陷的发生，进而改善软件质量。

在评审测试用例时主要关注规范性规则、内容符合性、质量目标和其他方面，具体的检查点如下：

（1）规范性规则。

1）用例是否按照公司规定的模板进行编写。

2）用例的编号是否符合规范命名要求（项目缩写－子特性－ST－测试类型－编号，如 HaiDaTicket-Login-ST-Func-001）。

3）用例与方案中的用例是否一致，或者是否完全覆盖方案中描述的所有系统测试项。

4）是否更新了需求跟踪矩阵，用例编号和需求跟踪矩阵中的用例编号是否一一对应。

5）用例是否覆盖了基线化后的 SRS。

6）用例设计是否按照测试计划安排的时间完成。

7）用例对新增或者变更的需求是否做了相应的调整。

（2）内容符合性。

1）用例设计是否考虑了正向和反向两方面的情况。

2）用例是否可测试。

3）用例的重要级别和优先级是否定义合理。

4）用例是否清晰地描述了测试用例的标题。

5）用例是否清晰地描述了预置条件。

6）用例是否清晰无二义地描述了操作步骤。

7）用例是否清晰描述了用例的输入且输入（测试数据）的准备是否有相关的描述。

8）用例是否清晰地描述了预期结果以及预期结果是否可以验证。

9）用例设计是否使用了等价类分析、边界值、因果图、判定表、错误推测、正交分析、流程分析、状态迁移分析、输入域覆盖、输出域覆盖等测试用例设计方法？是否针对不同的测试特性设计使用合适的设计方法。

10）重点特性用例设计是否结合了多种方法来设计，是否过滤掉了重复的测试用例。

11）用例中需要进行打印输出（如报表）、表格的导入、导出是否说明了打印位置、表格名称、指定数据库表名或文件位置；表格和数据格式是否有说明或附件。

12）测试用例的预期结果是否唯一，即一个测试用例不可能出现多种测试结果。

13）预置条件是否正确。

14）测试用例中数据输入是一个固定值还是一类值（一般输入应为一类值，如输入用户名为 test，这样可以引导测试执行工程师进行思考，从而发现更多的缺陷）。

15）测试用例是否存在冗余。

16）业务流程的路径是否全部覆盖。

17）每个测试用例的步骤不应该超过 12 步。

18）对于核心和基本功能，每条基本路径应该覆盖到。

19）对升级的功能，在评审时需要重点关注。

（3）质量目标。

1）用例覆盖率（如用例个数/KLOC）是否达到相应质量目标。

2）用例评审发现的缺陷率（缺陷总数/用例总数）是否达到了相应的质量目标。

3）用例的粒度是否合理和统一，是否均匀覆盖了测试需求。

4）用例发现的问题是否占整个测试执行发现问题的 80%（当然越高越好）以上（事后验证）。

5）测试用例设计的时间占整个系统测试过程的时间是否合理（一般在 30%～40%，这里排除一些专项测试，如稳定性测试、长时间测试等）。

（4）其他方面：

1）测试执行过程中发现用例不完善时是否做相应的调整。

2）由于软件版本的升级，用例是否做相应的调整。

由于一个完整的项目测试用例数量比较多，如果每个测试用例都评审，那么将花费很大的工作量，一般情况下测试用例评审的策略分以下三种：

（1）完全评审。

完全评审是指对整个项目中的所有测试用例进行评审。这种评审方式的优点是可以对所有的用例都进行评审，进而完善测试用例质量；但同样缺点也很明显，完全评审需要更多的时间和精力，那么在工作中可能很难有充裕的时间进行完全评审。这种评审方式适用于新的项目，对于一个新的项目来说，为了保证软件质量，必须对所有的测试用例进行充分的评审。

（2）有选择性的评审。

有选择性的评审，即不对所有的测试用例进行评审，只对部分测试用例进行评审。该方法的优点是使用最少的时间对最重要功能的测试用例进行评审；缺点是未评审的测试用例无法完全保证质量。该方法更适用于维护产品，假设当前的版本是升级的版本，只修改了部分功能，那么评审测试用例的时候可以将重点转向这些新添加的用例，以前评审过的测试用例则可以不用花费过多的时间进行评审。

（3）指标评审法。

指标评审法是指研发流程中规定每个项目测试用例的评审覆盖率需要达到多少（如60%等）。指标评审法使用较少，因为指标评审法很容易导致为了达到指标而评审，并不一定能真正提高测试用例质量，所以经常将指标评审法与有选择的评审合并使用。

不管使用哪种方法进行评审，对于客户经常使用到的功能和业务流程一定要详细地评审，一定要将所有可能的路径全部覆盖，因为这类功能如果存在缺陷，被投诉的概率就很大。

8.4 测试用例变更

测试用例变更是测试用例管理过程中一个很重要的步骤，测试用例不可能一次性写好，任意需求的变更和对系统的熟悉程度不一致，都会对后期测试用例有影响。现在也有很多测试用例的管理工具，如 TestManager、TestDirector 和 TestLink 等。

测试用例变更通常包括以下几个方面：

（1）删除一些以前版本的测试用例。

当需求发生变化时，以前的一些功能已经不存在，或某些功能的实现方式已完全改变时，以前写好的的测试用例就不再适合现在的测试版本了，就必须将该部分的测试用例删除。

（2）增加新的测试用例。

当需求增加时，测试用例也要进行相应的增加，否则需求无法完全覆盖。并且随着测试的深入，对业务了解的程度不断加深，也可能需要增加新的测试用例。

（3）更新测试用例。

测试用例基线完成时，此时的测试用例并不一定是最完善的，后期可能由于需求的不断完善或更改，测试用例也不得不进行相应的更新操作。

（4）删除冗余的测试用例。

如果存在两个或者更多个测试用例针对一组相同的输入和输出进行测试，那么这些测试用例是冗余的。冗余测试用例会降低测试效率，浪费测试时间，增加了测试成本，所以需要定期地整理测试用例库，并将冗余的用例删除掉。

现在也有很多关于测试用例的管理工具，这些工具可以对测试用例的整个流程进行管理，从编写到变更。常见的测试用例管理工具如下：

（1）Rational TestManager 测试解决方案中推荐的测试用例管理工具，是针对测试活动管理、执行和报告的中央控制台，是为可扩展构建的，支持的范围从手工测试方法到各种自动化范围（单元测试、功能回归测试和性能测试）。

（2）Quality Center 是一个基于 Web 的测试管理工具，可以组织和管理应用程序测试流程的所有阶段，包括指定测试需求、计划测试、执行测试和跟踪缺陷。此外，通过 Quality Center 还可以创建报告和图来监控测试流程。

（3）TestLink 用于进行测试过程中的管理，使用 TestLink 提供的功能，可以将测试过程从测试需求、测试设计到测试执行完整地管理起来。同时，它还提供了多种测试结果的统计和分析，使我们能够简单地开始测试工作和分析测试结果。TestLink 是 SourceForge 的开放源代码项目之一。

其实 Microsoft Excel 也是一款很好的工具，很多中小企业充分利用 Microsoft Excel 灵活易扩展的特性，对测试用例进行管理。

8.5 小结

本章的核心内容是如何编写测试用例和如何管理测试用例，包含四部分内容：第一部分主要是对测试用例进行概述，目的是介绍一个好的测试用例应该包含哪几部分内容，并且需要了解这几部分内容的区别；第二部分主要介绍在实际测试过程中编写测试用例的方法，其中等价类测试用例设计方法、边界值测试用例设计方法、场景法测试用例设计方法、因果图测试用例设计方法、判定表测试用例设计方法、正交试验测试用例设计方法和状态迁移图测试用例设计方法是工作中常用的设计用例方法；第三部分主要介绍在实际工作过程中如何对测试用例进行评审；第四部分主要介绍测试过程中测试用例变更的几种情况。

9

缺陷管理与分析

测试过程中提交缺陷是测试工程师最常做的一件事，也是开发工程师解决问题的依据，所以需要对缺陷进行管理和分析。缺陷管理主要是管理从提交缺陷到解决缺陷这一系列的过程，包括流程中角色的变换。缺陷分析主要对测试过程中所发现的缺陷进行分类分析，分析缺陷分布的情况，并对缺陷产生的原因进行归纳分类，为改善研发和测试过程提供依据。

本章主要包括以下内容：
- 缺陷报告的发展
- 相关术语
- 缺陷管理
- 缺陷特征
- 缺陷修复成本
- 缺陷分析方法
- 缺陷遏制能力
- 缺陷监控
- 缺陷质量
- 常用缺陷管理系统

9.1 缺陷报告的发展

早期并没有缺陷的概念，直到第一台计算机诞生后才有人提出 Bug 一词。那时仅仅是将缺陷使用 Bug 这个词来描述，而并未真正对缺陷的产生进行详细的描述。1945 年美国的哈珀将军第一次通过报告的形式来描述缺陷。

9.1.1　Bug 的由来

Bug 一词的原意是"臭虫"或"虫子"。现在在软件测试过程中所有发现的问题，我们都喜欢使用"Bug"这个词来描述。

早期第一代的计算机是由许多庞大且昂贵的真空管组成，并利用大量的电子真空管发光，可能正是由于计算机运行产生的光和热，导致一只小虫子钻进了一支真空管内,使整个计算机无法工作。研究人员花费很长时间才找到小虫子所在的真空管，将其取出后，计算机又恢复正常。后来，"Bug"这个名词就沿用下来，表示计算机系统或程序中隐藏的错误、缺陷或问题。

与 Bug 相对应，人们将发现 Bug 并加以纠正的过程称为"Debug"，即"捉虫子"或"杀虫子"。遗憾的是，在中文中一直没有找到一个恰当的词来准确地翻译"Bug"的意思，因此就一直使用"Bug"一词来表示，所以测试中所有的问题我们都称之为"Bug"。

9.1.2　一份简单的缺陷报告

从计算机诞生之日起，就存在 Bug。但早期并没有针对缺陷的相关报告，第一个使用缺陷报告的方式来记录 Bug 的是美国海军编程员、编译器的发明者格蕾斯·哈珀（Grace Hopper）。哈珀后来成为了美国海军的一个将军，领导了著名计算机语言 Cobol 的开发。

1945 年 9 月 9 日下午 15 点，哈珀中尉正带领着她的小组构造一个称为"马克二型"的计算机。当时的计算机并不完全是电子计算机，还使用着大量的继电器。那时正处于第二次世界大战期间，哈珀的团队在一间第一次世界大战时建造的老建筑中工作，夏天很炎热又没有空调，所有的窗户都敞开散热，突然"马克二型"死机了，研究员想尽了办法，最后定位到第 70 号继电器出现故障，仔细研究发现原来是一只飞蛾在继电器里面，当然飞蛾被继电器电死了，她小心地使用镊子将飞蛾取出来，并用透明胶布贴到记录本中，这是第一次对缺陷进行描述。

早期的缺陷报告描述是很简单的，只对缺陷的步骤进行描述，下面是一份简单的缺陷报告。

缺陷标题：Arial、Wingdings 和 Symbol 字体会破坏新文件

缺陷产生的步骤：

（1）启动 WordEdit 编辑器，然后创建新文件；

（2）输入四行文本，如重复输入内容"The quick fox jumps over the lazy brown dog"；

（3）选中所有四行文本，然后选择字体下拉菜单，并选择"Arial"字体。所有文本被转换成控制字符、数字和其他明显的随机二进制数据。

这是一份简单的缺陷报告，现在的缺陷报告所包含的元素已经丰富了很多。

9.1.3　一份好的缺陷报告

一份好的缺陷报告应该包含以下元素：缺陷 ID 号、严重等级、归属版本、归属模块、简要描述、详细描述、附件、提交日期、提交人、当前状态、当前负责人和当前测试环境。

（1）缺陷 ID 号。缺陷 ID 号即提交 Bug 的 ID 号。一般情况下，当我们在缺陷管理系统中提交 Bug 时，缺陷管理系统会自动生成一个 ID 号，并不需要人为的定义，当然不同的缺陷管理系统

生成缺陷 ID 号的方式有所不同。

（2）严重等级。缺陷严重等级是缺陷报告中最重要的属性之一，缺陷的严重等级分为：致命、严重、一般和建议四类，衡量缺陷的严重等级必须考虑两个维度：该功能在客户端使用的频率和缺陷带来的影响详见 7.3.1 小节。

（3）归属版本。归属版本是指当前测试的版本，即发现该 Bug 所测试的系统版本。

（4）归属模块。归属模块是指测试哪个模块发现 Bug 的，即该 Bug 是由哪个模块引起的。

（5）简要描述。简要描述即使用一句话简要地概述该 Bug 的内容，简要描述要简单明了，最好是一看便知道其含义，一般不超过 15 个字。

（6）详细描述。详细描述是 Bug 报告中的核心内容之一，需要通过详细的步骤来介绍发现 Bug 的过程，一般分步骤地描述，这样让读 Bug 的人更轻松、更省时且易理解。对于一些建议的问题，在详细描述里面还应该写明建议将功能修改成什么样。

（7）附件。附件是用来辅助描述 Bug 的内容，一般包括以下几种形式：图片、日志文件、配置文件等。对于一些操作步骤或 Bug 的结果，如果不能很准确地描述，应该借助图片来帮助描述，图片可以让开发工程师很简单地了解 Bug 的步骤和结果；日志文件主要是将出现 Bug 时的日志文件附带给开发工程师，这样便于分析 Bug 出现的原因；相关配置文件主要是在出现 Bug 时，将系统的相关配置文件附带给开发工程师，便于分析 Bug 出现的原因。

（8）提交日期。提交日期是指提交 Bug 时的日期，一般情况下缺陷管理工具会自动生成。

（9）提交人。提交人是指提交该 Bug 的测试工程师。

（10）当前状态。当前状态是指 Bug 当前的状态，Bug 状态在 7.3.4 节有详细的介绍，每到一个步骤 Bug 都有一个对应的状态，而这个状态一定要更新正确。

（11）当前负责人。当前负责人是指该 Bug 由哪些开发工程师负责修复。

（12）当前测试环境。当前测试环境是指发现该 Bug 时所处的环境，测试环境主要包括使用的浏览器、分辨率、操作系统和相关硬件信息。

1）浏览器是指当前测试使用的是哪个厂家的浏览器及相关的版本，主要用于分析一些浏览器兼容的问题。

2）分辨率是指当前测试时系统的分辨率。主要用于分析一些关于界面显示的问题。

3）操作系统是指当前测试时的操作系统，应该介绍是什么操作系统以及是 32 位还是 64 位。

4）相关硬件信息更多的是用于嵌入式系统的描述上，在纯软件的系统中一般不需要描述此项内容，对于嵌入式的测试应该描述清楚主板、电源板、接口板等其他硬件的版本信息。

缺陷报告应该遵循以下几个原则：

- Correct（准确）：每个组成部分的描述应该准确无误，不会引起误解。
- Clear（清晰）：每个组成部分的描述应该清晰，易于理解。
- Concise（简洁）：只包含必不可少的信息，不包括任何冗余的内容。
- Complete（完整）：包含修改该缺陷的完整步骤和其他本质信息。
- Consistent（一致）：按照一致的格式书写全部缺陷报告。

9.2　相关术语

缺陷管理的相关术语有 Bug、缺陷（Defect）、错误（Error）、故障（Fault）和失效（Failure）。

（1）Bug：程序缺陷、计算机系统或者程序中存在的任何一种破坏正常运转能力的问题或者缺陷，都可以统称为"Bug"，有时也泛指因软件产品内部的缺陷引起的软件产品最终运行时和预期属性的偏离。

（2）缺陷（Defect）：指静态存在于软件工作产品（文档、代码）中的错误，也指软件运行时，由于这些错误被激发引起的和软件产品预期属性的偏离现象。

（3）错误（Error）：指编写错误的代码，一种是语法错误（Syntax Error），另一种是逻辑错误（Logical Error）。

（4）故障（Fault）：软件运行中出现的状态，可引起意外情况，若不加以处理可导致失效，是一个动态行为。

（5）失效（Failure）：软件运行时产生的外部异常行为结果，表现与用户需求不一致，功能能力终止，用户无法完成所需要的应用。

在测试过程中我们无法保证系统零缺陷发布，任何一个系统不管是简单还是复杂，一个简单的程序也存在 Bug，一个花费大量人力资源开发的系统发布后也存在 Bug。但是这些 Bug 在客户端不一定会被激活，也不一定会形成故障，有的功能客户几乎不使用，这样 Bug 被很好地隐藏起来，很难被客户发现。有时一些 Bug 也可能被激活，但如果其带来的负面影响很少，也不会表现为故障。

故障一定会导致系统失效吗？答案是否定的，开发工程师在开发系统时会考虑软件在使用期间可能出现的故障，并针对这些可能出现的故障采取了一系列的预防措施。比如数据库可能出现数据丢失的问题，为了避免这种失效出现，在开发过程中采用备份的方式来容错，这样当一个数据库出现异常时，另外一个数据库还可以正常工作。

缺陷不一定会导致故障，故障不一定会导致失效，但故障如果没有得到正确的处理则会导致失效。

9.3　缺陷管理

缺陷管理的目的是保证缺陷被有效地跟踪和处理，保证缺陷的信息一致性，不致于丢失，能正确地获取缺陷的信息，用于缺陷分析和产品质量度量。缺陷管理的内容包括缺陷的严重等级、缺陷的管理流程、缺陷的生命周期和缺陷的状态转变。

9.3.1　缺陷的严重等级

缺陷的严重等级是指软件缺陷对软件质量的破坏程度，即软件缺陷的存在将对软件的功能和性能产生怎样的影响。

7.1.3 节中介绍了缺陷的严重等级一般分为四类：致命、严重、一般和建议。对于不同的缺陷管理工具，其缺陷的等级划分可能有所不同，但也都大同小异。

如何定义缺陷的严重等级？一般认为导致系统出现死机现象或崩溃的缺陷为致命缺陷，这种定义是否正确呢？假如修改系统设置项导致系统偶尔出现死机现象，那么还能定义为致命问题吗？答案是否定的。

因此仅仅通过缺陷引起的结果来判断缺陷的严重等级是不客观的，也是不科学的。衡量缺陷的严重等级应该从两个维度来分析：一是该功能被客户使用的概率；二是缺陷带来的影响。

（1）该功能被使用的概率。

功能被使用的概率是指该功能在客户端可能被使用的程度，关于功能被使用的概率需要与业务专家确定，一般情况下核心业务和一般业务被使用的概率很大，如果这些业务存在缺陷则会直接影响客户对产品质量的认可程度，如手机通话功能。而对于一些类似于系统设置的功能，显然被使用的概率很小，有的客户可能只会使用一次，类似这种功能即使存在一些偶发的缺陷，也不会直接影响客户对产品质量的认可度，如手机设置时间格式的功能。

（2）缺陷影响。

缺陷影响是指由于该缺陷对系统带来的影响。如一些致命的影响，某功能导致系统出现死机等。

在工作中划分缺陷严重等级时需要将这两个维度结合起来考虑，不能仅考虑某个方面。西门子公司有着明确的规定，在三级菜单以下的功能，即使由于功能的缺陷导致系统出现崩溃的现象，最多也只能定义为一般问题。而测试工程师最容易犯的错是通过缺陷带来的影响来决定缺陷的严重等级。

在工作中缺陷严重等级的定义还容易受到开发工程师解决缺陷的难易程度影响，开发工程师认为修改缺陷越困难，这类缺陷严重等级越高；反之修改缺陷越简单，这类缺陷严重等级越低。如界面显示问题，在本地化开发过程中，系统主界面一些字样显示出现乱码的情况，这类问题的严重等级应该设置为严重，但如果将缺陷的严重等级设置为严重，开发工程师就无法理解，他们认为这类问题很容易解决，应该将其严重等级设置为建议或提示才对。西门子公司有着明确的规定，对于主界面或三级菜单以内的字符，如果出现显示不全或乱码现象，都应该将其设置为严重问题。

9.3.2　缺陷的管理流程

缺陷管理流程如图 9-1 所示，涉及到四个角色：测试工程师、测试经理、开发经理和开发工程师。缺陷从提交到关闭的步骤如下：

（1）测试工程师提交缺陷。

开始测试后，如果在测试过程中发现了 Bug，测试工程师会在 Bug 管理系统中提交相关 Bug 的记录。

（2）测试经理审核 Bug。

测试工程师提交 Bug 后，测试经理会对 Bug 进行审核，以确定该 Bug 是不是真实有效，避免提交无效或重复 Bug 的现象。如果提交的 Bug 是一个无效或重复的 Bug，那么测试经理会将流程驳回，反之则通过 Bug 的审核。

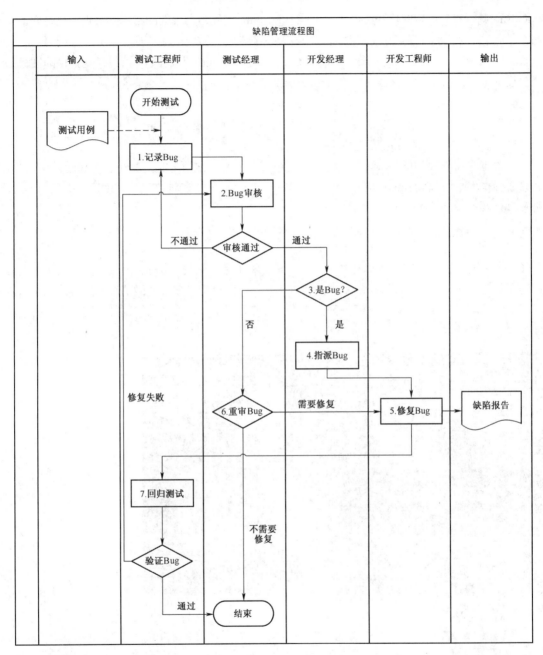

图 9-1 缺陷管理流程

（3）开发经理审核 Bug。

测试经理通过审核后，Bug 的流程会传递到开发经理，开发经理同样对 Bug 进行审核，以确定该 Bug 是否有效。如果确定是 Bug，开发经理则将 Bug 指派给相关开发工程师，由相关开发工程师对 Bug 进行修复；如果开发经理认为不是 Bug，Bug 流程则会被驳回给测试经理，此时处于一个比较尴尬的局面，即开发经理与测试经理对缺陷的看法不一致，此时需要进一步沟通或启动相关评审来确定该 Bug 是否真的是一个缺陷。如果确定真的是 Bug，则分配给相关开发工程师进行修改；如果确定不是 Bug，该 Bug 将会被标识为无效 Bug。

（4）开发工程师修复 Bug。

当开发经理确定是一个真实的 Bug 时，相关开发工程师则需要对 Bug 进行修复。

（5）测试工程师验证 Bug 修复情况。

当开发工程师修改 Bug 后，测试工程师需要对修改的 Bug 进行验证，以确定该 Bug 是否修复，同时需要确定的是修改该 Bug 是否引起了新的 Bug。当 Bug 被正确地修改后，就可以关闭该 Bug，否则该 Bug 将会被重新开启。

9.3.3　缺陷的生命周期

经常容易出现将缺陷的生命周期与缺陷的管理流程混淆的情况，缺陷的管理流程只是缺陷生命周期的一部分，只是将缺陷发现后的处理过程描述出来，但缺陷未被发现的情况并未描述出来。如果代码引入了缺陷，那么缺陷从这一刻开始就已经存在，只是并未被测试工程师发现，缺陷的生命周期如图 9-2 所示。

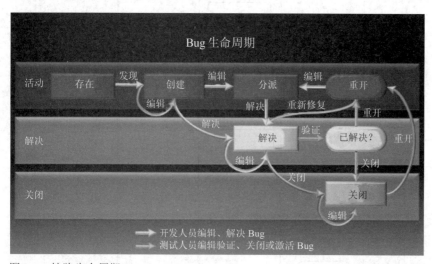

图 9-2　缺陷生命周期

缺陷的引入通常由三个方面引起：需求、设计和编码，如图 9-3 所示。

工作中一般可能存在以下几种缺陷生命周期：

（1）缺陷一直未被发现。如果一个缺陷一直未被发现，这个缺陷就会一直隐藏在产品中并发布到市场。如果隐藏的缺陷被客户发现，这个缺陷就会被反馈到公司；反之，如果客户也没有发现隐藏缺陷，这个缺陷将一直贯穿于整个产品的生命周期。当然还有一种情况除外，有时候客户发现了一些缺陷，但对工作没有任何影响，即缺陷的严重等级很低，客户也不会将该缺陷反馈到公司。

图 9-3　缺陷来源

（2）缺陷被发现但一直未解决。如果测试过程中发现了缺陷，但由于各种原因导致未修改，这个缺陷一直存在，直到某一个版本将其修复。如果一直未被修复，这个缺陷将一直伴随整个产品的生命周期，直到该产品退市。

（3）缺陷被发现并被解决。测试过程中发现缺陷后，如果开发工程师解决了，测试工程师应该对该缺陷进行验证。如果确定已解决，缺陷将会被关闭，此时缺陷的生命已结束。当然，如果该缺陷未修复成功，则将会被重新打开，其生命周期会被延长。工作中大多数的缺陷生命周期是这种情况。

9.3.4　缺陷的状态转变

缺陷状态一般包括 New、Open、Fixed、Closed、Reopen、Postpone、Rejected、Duplicate 和 Abandon，见表 9-1。但对于不同的缺陷管理工具，其缺陷状态有所不同。

表 9-1　缺陷状态描述

缺陷状态	描述
New	缺陷的初始状态
Open	开发人员开始修改缺陷
Fixed	开发人员修改缺陷完毕
Closed	回归测试通过
Reopen	回归测试失败
Postpone	推迟修改
Rejected	开发人员认为不是程序问题，拒绝缺陷
Duplicate	与已经提交的缺陷重复
Abandon	被 Reject 和 Duplicate 的缺陷，测试人员确认后的确不是问题，将缺陷置为此状态

在缺陷管理流程中，缺陷的状态是不断改变的，其状态转换如图 9-4 所示。

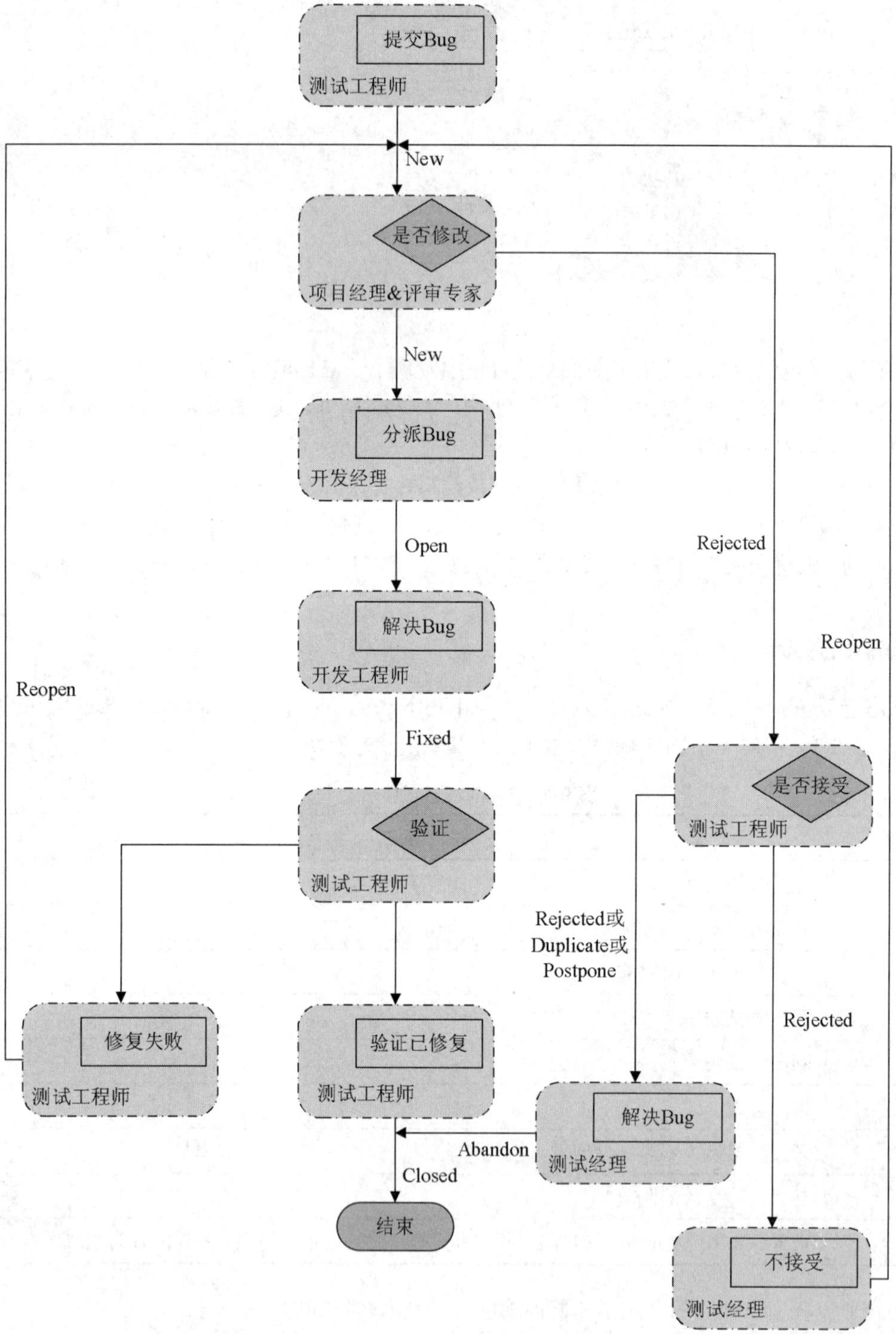
提交Bug
测试工程师
New
是否修改
项目经理&评审专家
New
分派Bug
开发经理
Open
解决Bug
开发工程师
Fixed
验证
测试工程师
修复失败
测试工程师
验证已修复
测试工程师
Closed
结束
Reopen
Rejected
是否接受
测试工程师
Rejected或
Duplicate或
Postpone
解决Bug
测试经理
Abandon
Rejected
不接受
测试经理
Reopen

图 9-4　缺陷状态转换图

缺陷的每种状态之间也存在着相互的关系，将缺陷状态画成矩阵，见表 9-2。

表 9-2　缺陷状态矩阵

From / To	New	Open	Fixed	Closed	Reopen	Postpone	Rejected	Duplicate	Abandon
New									
Open	Open					Open			
Fixed		Fix			Fix				
Closed			Close						
Reopen				Reopen	Reopen		Reopen	Reopen	Reopen
Postpone	Postpone								
Rejected	Reject								
Duplicate	Duplicate								
Abandon	Abandon						Abandon	Abandon	

9.4　缺陷特性

在分析缺陷过程中，发现集体缺陷会呈现一些特性，常见的缺陷特性包括：缺陷雪崩效应、缺陷成本放大效应、缺陷集群效应和缺陷的收敛性。

9.4.1　缺陷雪崩效应

在登山时，决不能顺着山边扔石子儿。一是有击中别人的危险，一枚从数千英尺落下的小石头，破坏力相当惊人；二是有可能引发雪崩，一枚不起眼的小石子，顶多只能撞动几块差不多大小的石头，但只要有足够数量的石头翻滚起来，用不了多久，大块大块的岩石也会松动下滑。于是这一颗小小的石子就能引发一场雪崩。这个道理不言自明，就好比是水滴石穿、蝴蝶效应，说的都是一个小因素的变化，却往往有着无比强大的力量，以致于最后改变整体结构、产生意想不到的结果。现在，把这个原理用于商业和技术领域，它同样能得到类似的效果——商业和技术本身具有一定的结构和体系，当人们适当地拆散其结构，并予以重新组合，便能释放出犹如雪崩般巨大的能量。雪崩把旧有的产业体系打得粉碎，甚至有时干脆让整个产业消失。在雪崩的巨大压力下，商业与技术之间固有的联系被彻底中断，不得不接受新的改造和整合，其最终将引爆一系列创新的革命，这就是"雪崩效应"。

在项目研发过程中，软件缺陷也会引起"雪崩效应"，即当系统在运行过程中时，由于某个小的缺陷导致整个系统瘫痪而不能运行。

在今年，美国在佛州卡纳维拉尔角空军基地发射一枚猎鹰 9 号火箭，当火箭升空 2 分半钟后突然爆炸解体，这起事故的详细内容如下：

当地时间 2015 年 6 月 28 日，美国佛州卡纳维拉尔角空军基地，美国太空探索技术公司 SpaceX 发射一枚猎鹰 9 号火箭执行国际空间站货运补给任务，火箭升空 2 分半钟后突然爆炸解体，携带约 2500 公斤补给的货舱也被炸毁。

SpaceX 公司经过详细的分析和调查，确认本次事故是由一个零部件的质量缺陷所造成的。这个零部件使得液氧罐的一个支柱出现了问题，在火箭发射过程中液氧罐的一个支柱断裂，该支架的强度仅为正常强度的五分之一，导致火箭爆炸。

这起事故显然是由质量缺陷引起的，也就是我们所说的缺陷的雪崩效应，一个看似很小的缺陷导致整个系统出现事故，最后火箭爆炸。

9.4.2 缺陷成本放大效应

缺陷成本放大效应是指缺陷修复成本会出现放大的现象，也就是缺陷修复的成本不是一成不变的，随着产品所处阶段不同，缺陷修复成本也不一样，并且产品越是接近推向市场或者已经进入市场，缺陷修复的成本就越高，这就是缺陷修复成本的放大效应。

关于缺陷修复成本的放大效应，在缺陷修复成本中会详细介绍。

9.4.3 缺陷集群效应

Pareto 原则是 20 世纪初意大利统计学家、经济学家维弗雷多·帕雷托提出的，他指出："在任何特定群体中，重要的因数通常只占少数，而不重要的因数则占多数，因此只要控制具有重要性的少数因数即可以控制全局。"这个原理经过多年的演化，已变成当今管理学界所熟知的二八法则，即 80% 的公司利润来自 20% 的重要客户，其余的 20% 的利润则来自 80% 的普通客户。

在我们的测试过程中，对所有的缺陷所分布的规则进行分析时，发现也存在这类集群现象。80% 的缺陷主要集中在 20% 的模块中，也就是说，缺陷其实并不是平均分布，其也呈现集群分布方式。

依据缺陷集群现象，我们可以对测试过程进行以下改进：
- 测试时应该将主要精力放在核心的 20% 的功能模块中。
- 通常一个模块发现很多缺陷，那么通常这个模块中可能发现更多的缺陷。

所以在测试前对以前研发的类似项目进行缺陷分布的分析是有必要的，可以按功能模块的方式对缺陷进行详细的分析，这样可以得出哪些功能模块曾经出现缺陷集群现象，这为后期项目测试策略的制定有着积极的作用。

9.4.4 缺陷的收敛性

缺陷的收敛性是指在系统测试过程中，每个 Build 版本所发现的缺陷数是逐渐减少的，呈逐步收敛的现象，最后趋向于零值。缺陷收敛性如图 9-5 所示。需要注意的是，虽然缺陷是具有收敛性的，但是并不代表测试过程中下一个 Build 版本所发现的缺陷数一定比上一个 Build 版本所发现的缺陷数少。在图 9-5 中，T2 版本所发现的缺陷就比 T1 版本所发现的缺陷多，这种现象一般是由以下两个原因引起的：

- 需求变更：需求出现修改或增加的情况时，可以导致当前 Build 版本所发现的缺陷数增多。
- 修改上一版本的缺陷时引入了一些新的缺陷。

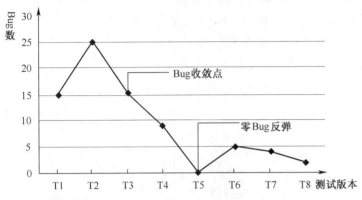

图 9-5   缺陷收敛性

一般情况下，这种情况只会在测试的前期出现，如果在测试后期出现这种情况（后期缺陷数只会出现小幅度的反弹，并且缺陷的数量不多，一般是在 5 个以内），说明我们制定的测试策略存在很大的问题。

缺陷收敛性的曲线图中有两个特征：

（1）Bug 收敛点。Bug 收敛点是指发现的缺陷开始逐渐减少的一个转折点，如图 9-5 所示，在 T3 版测试时 Bug 数量开始出现收敛现象，T3 版即为收敛点。

（2）零 Bug 反弹

零 Bug 反弹是指在某一个 Build 测试版本过程中发现零个 Bug。零 Bug 反弹一般出现在测试的后期，后期主要是验证缺陷修改的情况，如图 9-5 所示，在 T5 时出现零 Bug 反弹现象，即 T5 版本只发现零个 Bug，但在 T6、T7 和 T8 版又发现一些 Bug，此时就出现明显的零 Bug 反弹现象。为什么在后期又可能发现极少一些 Bug 呢？工作中有可能出现这种情况，T5 主要是对修改的问题进行回归测试，但开发工程师并没有一次性将所有的遗留问题都修改成功，不得不提交 T6 版的测试。但 T5 回归测试修改的问题时，并未带来新的 Bug，而在 T6 时遗留问题又引入了新的 Bug，这样就容易出现零 Bug 反弹现象。

9.5   缺陷修复成本

如今国内测试的发展阶段，其实很少有公司积极地去分析修复缺陷的成本，但随着测试的不断成熟，以及测试度量体系的不断完善，我们就必须对缺陷修复成本进行分析，这样可以帮助我们改进研发质量。

通常分析缺陷修复成本主要包括两个方面的内容：一是缺陷修复成本与研发阶段的关系；二是缺陷修复成本的计算方法。

9.5.1　缺陷修复成本与研发阶段的关系

研发阶段可以分为：需求、设计、编码、测试和发布。在不同的阶段，缺陷修复的成本是不一致的，并不是所有的缺陷在每个阶段所消耗的成本是一致的。一般来说，产品越是接近用户使用或者说已经是在用户使用的阶段，那么修复缺陷的成本就越高。

缺陷修复成本与产品所处阶段的关系如图 9-6 所示。

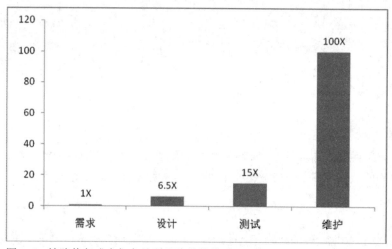

图 9-6　缺陷修复成本与产品所处阶段的关系

需求、设计和测试是研发阶段，产品维护时产品已经发布了，也就是在维护的时候，客户已经在使用该产品了。也就是说，如果产品已经到客户手上使用了，那么修复缺陷的成本可能会成指数级的增长，甚至远远不止是 100 倍了。

例如：很早的一个国产奶粉的品牌——三鹿奶粉，这个奶粉配方中三聚氰胺超标，导致幼儿发育不正常，当问题确定后，三鹿奶粉随即破产了。如果把奶粉配方中三聚氰胺超标看作一个缺陷的话，那么这个缺陷直接导致该公司破产，这个缺陷修复的成本是无法估算的。

当然如果缺陷是在研发阶段发现的，那么修复成本其实是很低的，特别是如果在需求阶段发现存在缺陷，那么修复的成本就更低，只需要修改需求文档就可以。所以在现在的研发体系中我们提倡尽早测试就是这个道理，我们希望在研发阶段发现更多的缺陷，这样可以降低后期缺陷修复的成本。

所以在测试时，需要尽量在研发阶段发现绝大多数缺陷，或者说最起码不应该将严重或致命的缺陷遗留到客户使用的阶段，这样产品可能面临着很高的缺陷修复成本。

发现缺陷的阶段通常包括：需求、设计、编码、用户使用和错误的修改。各阶段发现缺陷的比例见表 9-3。

表 9-3　各阶段发现缺陷的比例

软件所处的阶段	缺陷比例
需求	20%
设计	25%
编码	35%
用户使用	12%
错误的修改	8%

9.5.2　缺陷修复成本

　　上面的章节中只介绍了修复缺陷成本与产品所处阶段的关系，但并没有详细地介绍缺陷修复成本的值。如果需要详细计算缺陷修复的成本，那么就必须对缺陷进行详细的统计。因为到目前为止并没有一种方法可以精确的计算缺陷的修复成本，并且不同公司缺陷修复成本就是不一致的，但是对项目缺陷修复成本进行详细的统计还是可以很好地估算出缺陷修复的成本。

　　虽然我们很难精确地计算缺陷修复的成本，但可以明确地研究出修复缺陷的成本由哪些部分组成。通常缺陷修复成本由显性成本和隐性成本两部分组成。

　　显性成本是指可以明确计算的成本，隐性成本主要是指不可见或不可估算的成本，如对企业知名度的影响、品牌效应的影响等。

　　例如：5·26 广东深圳交通事故。2012 年 5 月 26 日凌晨 3 时 08 分许，侯培庆驾驶的红色小车在广东省深圳市滨海大道由东往西方向行驶至侨城东路段时，与同方向行驶的两辆出租车发生碰撞，造成其中一辆比亚迪 e6 电动出租车起火，导致该车内 3 人当场死亡。

　　经过专家测算，肇事 GT-R 在滨海大道时速达 242 公里，撞击时速为 183～193 公里，电动出租车时速为 81～83 公里，电动车被撞后尾部与树干碰撞速度为 64～67 公里，被撞后电动车尾部深凹 1.05 米，直接撞倒了电池包。专家称如果没有电池包，甚至可能把后排座椅切断。

　　撞击过程中电动出租车 96 节电池，有 24 节短路起火，其余完好。起火原因是车经过两次剧烈撞击，部分电池破损短路产生电弧，引燃内饰材料及部分电池。专家还称燃烧的电池极板保持整齐、层次分明，没有呈现爆裂现象。

　　在本次事故的分析过程中发现，比亚迪 e6 电动车存在两个问题，一是电池包放在尾部是否是最合理的；二是当车身电源中断时车门无法打开。这次事故导致比亚迪的股票跌停，王传福的身价缩水几十亿港币。

　　如果假设你正想买一辆比亚迪 e6 的电动车，看到这起事故时可能会考虑不买，因为比亚迪 e6 电动车的这两个问题会影响到你的决定。如果假设 e6 电动车在高速上出现电池故障，导致不能打开车门，这样这个缺陷就变得很严重了，所以如果知道比亚迪 e6 电动车存在这个缺陷，我想绝大多数消费者都会慎重考虑。

　　通过上面的案例我们可以看出，修复缺陷不仅仅是消耗时间或成本，还会给消费者对品牌的信心带来影响，进而影响产品的口碑。这就是修复缺陷中隐性成本的部分，而这个隐性成本是几乎没法去评估的。

接下来我们再分析修复缺陷的显性成本，通常显性成本包含源材料成本、工时成本、管理成本三个方面。

（1）源材料成本

源材料成本是指在修复缺陷中需要更换的部件，这类情况一般是针对产品，对于纯软件的系统，其实并不存在更换部件的情况。

例如：2012 年，一些速腾汽车的车主发现，速腾汽车的后悬挂容易出现撕裂和断轴现象，如果这个缺陷要彻底地解决，那就必须更换悬挂系统。这就是在修复缺陷过程中所涉及到的源材料成本。

（2）工时成本

工时成本是指修复缺陷所消耗的时间，这主要是统计开发修复该缺陷所花费的时间，当然如果需要按钱的方式来计算时，将消耗的时间折合成工资即可。需要注意的是，很多缺陷并不是一次性可以修复好的，有的缺陷开发工程师修复了多次才修复完成，那么这个时候每次修复该缺陷时间的总和就是修复缺陷的成本。当然最不希望看到的就是缺陷被重复修改了多次，才完全修复好。

还有一种情况是在修复某个缺陷时引入了新的缺陷，这种情况缺陷修复的成本也将大大提高。

（3）管理成本

在分析缺陷成本时，除了源材料成本和工时成本外，还包括一些管理成本。当然如果单纯的是研发阶段的修改缺陷，即在需求、设计、编码和测试阶段修复缺陷时，管理方面的成本其实是很少的。但针对已经发布的产品，产品在客户使用时出现问题，那么这就会涉及到管理成本。

例如：速腾汽车断轴事件，如果很多车主都到 4S 店来维权，此时除了安排相关工程师解决断轴的问题外，还需要有相关的人员来维持现场秩序，这些就是典型的管理方面的成本。

9.6 缺陷分析方法

软件缺陷管理过程不仅包含软件缺陷记录和统计，更重要的是对缺陷数据进行细致、深入的分析。缺陷分析是缺陷管理中的一个重要环节，有效的缺陷分析不仅可以评价软件质量，同时可以帮助项目组很好地掌握和评估软件的研发过程，进而改进研发过程，未对缺陷进行分析就无法对研发流程进行改进。此外，还能为软件新版本的开发提供宝贵的经验，进而在项目开展之前，制定准确、有效的项目控制计划，为开发高质量的软件产品提供保障。

常用的缺陷分析方法有：根本原因缺陷分析法、四象限缺陷分析法、ODC 缺陷分析法、Rayleigh 缺陷分析法和 Gompertz 缺陷分析法。

9.6.1 根本原因缺陷分析法

根本原因分析（Root Cause Analysis，RCA）是一种产品质量管理工具，但现在不仅仅用于对产品质量的管理，在很多领域对问题原因进行分析时都用到该工具。RCA 可以简单地定义为：使用结构化的过程和方法，识别问题产生的根本原因并制定相应的解决方案，使问题不再发生。根本原因（Root Cause）是指导致问题发生的最基本原因，与直接原因和表面原因不同的是，根本原因可防止问题的再次发生，一般一个根本原因与一组或一类问题相关，而不是仅仅局限于某个问题。

RCA 过程包括四个阶段：收集信息、理解问题、确定根本原因和制定解决方案。如图 9-7 所示。

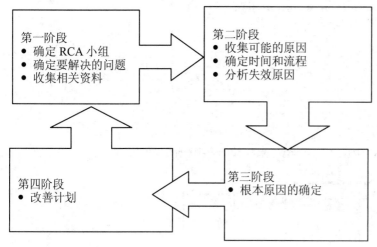

图 9-7　RCA 过程

RCA 在分析时采用一些特定的方法和工具，常用的方法有鱼骨图、关系图（Interrelationship Diagram）、当前现实树（Current Reality Tree）等，本节在后面的内容中主要介绍鱼骨图法如何分析系统缺陷。

1953 年，日本管理大师石川馨先生提出一种把握结果（特性）与原因（影响特性的要因）的极方便而有效的方法，故名"石川图"。因其形状很像鱼骨，是一种发现问题"根本原因"的方法，是一种透过现象看本质的分析方法，也称为"鱼骨图"（Cause & Effect/Fishbone Diagram）或者"鱼刺图"。

鱼骨图分析法的步骤如下：

（1）决定问题特性。

问题特性即需要解决的问题，如图 9-8 所示。

图 9-8　问题特性

（2）特性和主骨。

特性写在右端，用方框框起来，主骨用粗线画，加箭头标识，如图 9-9 所示。

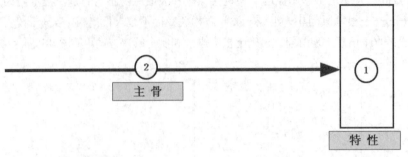

图 9-9　特性和主骨

（3）大骨和根本原因。

大骨上分类书写 3～6 个根本原因，用方框框起来，如图 9-10 所示。

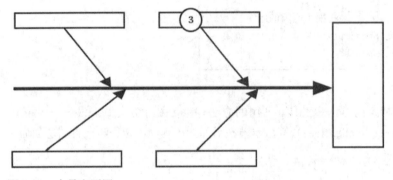

图 9-10　大骨和要因

大骨通常采用 6M 方法：人力（Manpower）、环境（Mother-nature）、机械（Machinery）、测量（Measurement）、方法（Methods）和物料（Materials）。6M 常规图如图 9-11 所示。

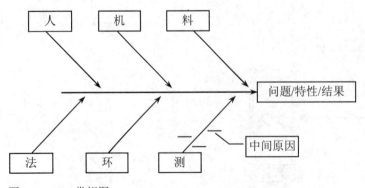

图 9-11　6M 常规图

（4）中骨、小骨、孙骨。

中骨是阐明事实，小骨要围绕"为什么会那样"来写，孙骨要更进一步来追查"为什么会那样"。

（5）记录中骨、小骨、孙骨的"要点"。

（6）深究要因。

（7）记入关联事项。

软件缺陷分析过程中，根本原因主要从四个方面来考虑：开发阶段相关（phase-related）、人员相关（human-related）、项目相关（project-related）和复审相关（review-related）。软件缺陷根本原因分析图如图 9-12 所示。

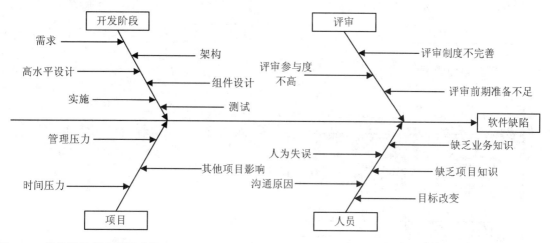

图 9-12　软件缺陷根本原因分析

【实例】系统中包含一个采集数据的模块，在测试过程中发现该模块偶尔出现数据采集中断的现象，但一直没有找到具体的原因。在发布前缺陷评审时，该缺陷也通过评审，允许发布，但发布到市场后，大量客户反馈该问题，之后研发团队才开始重视该问题，对该问题进行详细分析。分析发现选择的中断处理方式不是最优的，当前使用的中断方式存在缺陷。通过鱼骨图对该缺陷产生的原因进行分析，如图 9-13 所示，其主要的原因有两个：一是该方案在设计时并未经过任何审核；二是开发工程师经验缺乏，错误地认为设计的中断方案是最优的。

9.6.2　四象限缺陷分析法

四象限分析法是对软件内部各模块、子系统、特性测试所发现的缺陷，按照每千行代码缺陷率（累积缺陷数/KLOC）和每千行代码测试时间（累积人时/KLOC）两个维度进行划分。将缺陷分为四个象限：稳定象限、不确定象限、不稳定象限和极不稳定象限，如图 9-14 所示。将软件内部各模块、子系统、特性所累积的测试时间和累积的缺陷数与累积测试时间和累积缺陷数的基线值进行比较，划分出各模块、子系统、特性测试所位于的区间，进而判断哪些部分测试可以退出、哪些测试需要加强。四象限分析法可以用于指导测试计划和测试策略的调整。

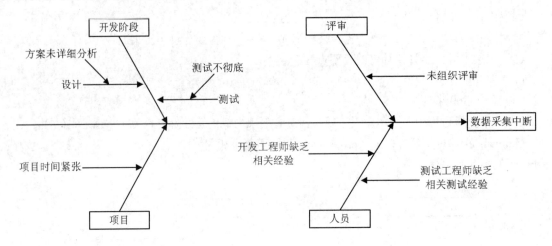

图 9-13　数据采集中断缺陷分析

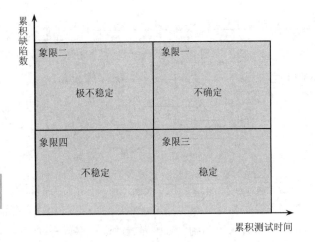

图 9-14　四象限图

（1）第一象限为不确定象限。

第一象限表示模块、子系统经过较长的测试发现较多的缺陷，此时不能确定该模块是否稳定，有可能是稳定的，也有可能是不稳定的。

（2）第二象限为极不稳定象限。

第二象限表示模块、子系统在较短的测试时间内发现较多的缺陷，此时说明该模块或子系统极不稳定，需要加强测试。

（3）第三象限为稳定象限。

第三象限表示模块、子系统在较短的测试时间内发现缺陷并不是很多，此时说明该模块或子系统不稳定，需要加强测试。

（4）第四象限为不稳定象限。

第四象限表示模块、子系统在较长的测试时间内发现的缺陷并不多，此时说明该模块或子系统已经比较稳定了。

【实例1】对系统中的每个模块发现的缺陷使用四象限分析法进行分析。假定累积测试时间和累积缺陷数的基线值分别为累积 1.5 人时/KLOC 和累积缺陷数 3/KLOC，系统中插入、查询、预定和保存报告四个功能累积测试时间和累积缺陷数见表9-4。

表 9-4　模块累积缺陷数和累积测试时间

功能	累积缺陷数/KLOC	KLOC	测试时间（人时）	累积人时/KLOC
插入	2	2	4	2
查询	2	3	4	1.33
预定	4	3	5	1.67
保存报告	5	4.2	6	1.43

使用四象限分析法对这四个模块的累积缺陷进行分析，如图 9-15 所示。

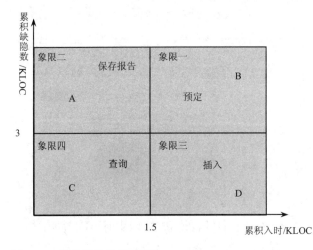

图 9-15　模块四象限分析图

通过四象限分析法可以发现保存报告模块极不稳定，查询模块不稳定，这两个模块应该加强测试，而预定模块则不能确定是否稳定，但可以确定插入模块是稳定的。当然实际工作中不只这四个功能，还包括其他功能，A、B、C 和 D 代表其他功能，但本例中未就其他功能进行详细的分析。需要注意的是，各功能在四个象限中的分布并不是均匀对称的。

【实例2】对整个系统累积发现的缺陷进行四象限分析。假定累积测试时间和累积缺陷数的基线值分别为累积 15 人天和累积缺陷数 65 个。系统在每个 Build 版本测试过程中所发现的累积缺陷数和测试时间见表9-5。

使用四象限分析法对每个 Build 版本的累积缺陷进行分析，见图9-16。

表 9-5　每个 Build 版本累积缺陷数和累积测试时间

Build	累积缺陷数	测试时间（人天）
T1	81	13
T2	70	14
T3	75	16
T4	70	16
T5	55	15
T6	32	14
T7	20	16
T8	10	15

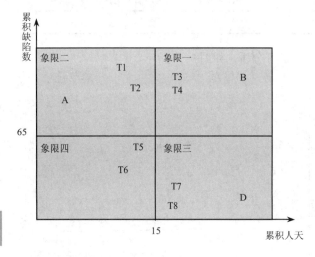

图 9-16　系统四象限分析图

通过四象限分析可以发现 T1 和 T2 版本是很不稳定的，到第 T7 和 T8 版本时系统趋向于稳定状态，这样可以正确地判断系统什么时候可以退出测试。

9.6.3　ODC 缺陷分析法

ODC（Orthogonal Defect Classification，正交缺陷分类）是获取缺陷的一种分类方案，但它不仅仅是一个分类方案，还是一个软件过程的度量系统，它是建立在包含于缺陷流中的语义信息基础上的，可以帮助评估测试效率，对错误进行跟踪，通过方案的分析机制可以评估客户的满意度。

1990 年 Ram Chillarege 博士等人提出 ODC 概念，并于 1997 年基本完成 ODC 理论体系建设。1998 年以后，IBM 公司开始在其全球 24 个研发机构推广该技术，并取得了很好的经济效益。

ODC 一共有 8 个属性，如图 9-17 所示。当测试工程师发现缺陷并进行提交时，可以为该缺陷分配"活动（Activity）""触发（Trigger）"和"影响（Impact）"三个属性；开发工程师在修改缺陷时，可以为该缺陷分配"阶段（Age）""来源（Source）""限定符（Qualifier）""类型（Type）"和"目标（Target）"五个属性。

- 活动（Activity）：是指当前缺陷被发现时的实际操作步骤（如代码审查、功能测试等）。
- 触发（Trigger）：描述暴露该缺陷时系统的环境或引发的条件。
- 影响（Impact）：该缺陷给用户带来哪些方面的影响。
- 阶段（Age）：缺陷是由新代码还是重写的代码引起的。
- 来源（Source）：缺陷出现在内部代码、重用库代码、移植代码还是外包代码。
- 限定符（Qualifier）：定义引起缺陷的原因。
- 类型（Type）：定义缺陷的类型，如算法、初始化等。
- 目标（Target）：将在哪里改正错误，如设计、代码等。

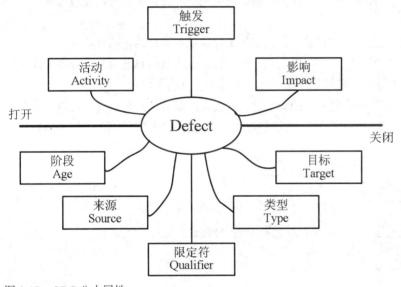

图 9-17　ODC 八大属性

ODC 的生命周期包括三种可能的角色、三种可能的循环和六大实施步骤。

（1）ODC 实施中可能的三种角色

- 团队成员：团队成员包括开发工程师、测试工程师、用户。
- ODC 负责人：ODC 负责人必须熟悉 ODC 分类的执行，需要制定 ODC 实施计划，指导团队成员进行 ODC 分析。
- ODC 特别小组：ODC 特别小组由开发工程师、测试工程师的代表组成，主要负责制定行动计划、确认录入数据的正确性和进行 ODC 分析。

（2）根据 ODC 所需步骤的数量，有三种可能的循环

- 大循环：除了预备步骤，该循环本身包含五个步骤。

- 中等循环：包含四个步骤，包含 ODC 生命周期的核心组成部分，尽管无法进行完整的 ODC 分析，但仍然可以执行一些有用的评估。
- 小循环：只包含两个步骤，只要找到一定数量的缺陷，随时可能发生确认的活动。

（3）ODC 包含以下六大步骤

1）预备阶段。获得主管的批准和支持来实施 ODC 方法，获得开发团队和测试团队的支持，确定一个 ODC 负责人，由负责人来提供培训和指导，分析项目当前状态，确定 ODC 特别小组，由开发工程师和测试工程师代表组成。

2）计划。需要把项目分成多个组件，每个缺陷都将追踪到相关组件，以供将来分析用，组件的划分可以按照功能名称、物理分布或逻辑关系来确定。确定 ODC 分析的时间点，ODC 分析可以在功能测试和用户验收测试之后进行，ODC 分析时间点的选择将直接影响后续质量改进的成效。对于迭代的开发流程，可以在每个迭代结束的时候进行 ODC 分析。

3）数据录入。在数据录入之前，应该确保所有的开发工程师和测试工程师清楚地理解每一个缺陷的含义。

4）数据确认。在数据录入之后，需要进行确认工作来保证录入数据的正确性。

5）分析。收集好一定的数据之后，即可以通过各种统计图表来分析这些数据，分析工作可以在项目开发周期的任何时间点进行，通过统计图表分析出影响质量的原因。

6）行动。制定一个正式的行动计划来帮助我们持续地提高产品质量，行动计划可以是针对设计文档、源代码、开发流程、测试方法等进行改进的建议，行动计划定义必须清晰且可度量。

ODC 模型如图 9-18 所示。

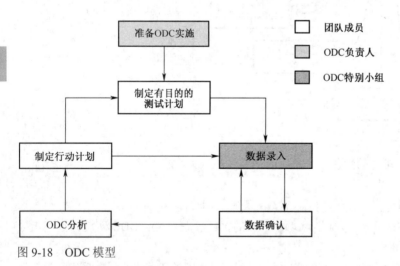

图 9-18　ODC 模型

ODC 分析案例 1：使用 ODC 评估设计、代码的充分性。

首先从缺陷类型的角度来分析缺陷与设计相关的问题，按分配、校验、设计方法、接口、编辑和打包几个维度对缺陷类型进行分类，如图 9-19 所示。

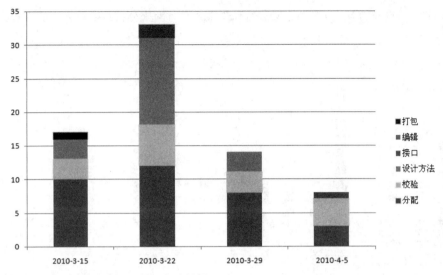

图 9-19　ODC 评估设计、代码充分性图

从图 9-19 中可以看出设计方法的问题较多，说明系统设计的水平应该再提高。接下来，在该图基础上可以从限定符维度对设计方法引入的缺陷进行详细的分析，从不同的角度来分析每种缺陷类型的数量。我们设置三种限定符：错误的（Incorrect）、丢失的（Missing）以及外来的（Extraneous），如图 9-20 所示。错误的表示代码存在，编写不正确；丢失的表示代码本应该有的，但开发工程师遗漏了。

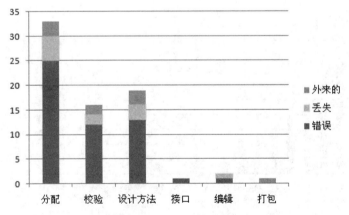

图 9-20　ODC 限定符图

从图 9-20 中可以看出，大多数缺陷是由代码错误引起的，说明我们的代码写得太糟糕，如果该案例丢失的缺陷很多，说明详细设计说明书做得不够好。

ODC 分析案例 2：使用 ODC 分析缺陷对客户的影响。

从缺陷影响的角度对缺陷进行分析，ODC 从可安装性、安全性、性能、易维护性、易操作性、易移植性、文档、易用性、标准符合性、可靠性、易获得和需求几个方面来分析缺陷对客户的影响。ODC 分析图如图 9-21 所示。

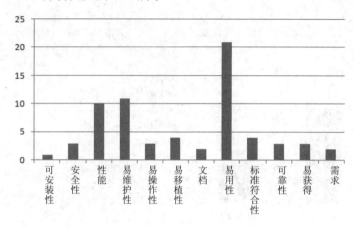

图 9-21　缺陷对客户影响图

从图 9-21 中可以看出，该产品问题主要集中在性能、易维护性和易用性方面，如果产品这样上市是很可怕的，必须采取相应的措施来完善这几个方面的问题。

ODC 分析案例 3：ODC 评估缺陷修复效率。

在测试过程中有时会发现测试时间被延迟，通过 ODC 按缺陷严重等级的属性可以分析每类缺陷修复的时间。通过描绘缺陷严重等级与修改缺陷的时间图，来分析修复缺陷所花费的时间，如图 9-22 所示。

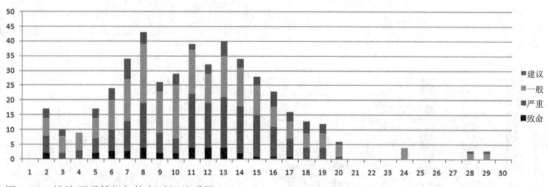

图 9-22　缺陷严重等级与修复时间关系图

从图 9-22 中可以看出，致命缺陷和严重缺陷都已经修复，修复所有致命缺陷的时间为 17 天，修复所有严重缺陷的时间为 20 天。

9.6.4　Rayleigh 缺陷分析法

Rayleigh 模型是 Weibull 分布系列中的一种。Weibull 分布又称韦伯分布、韦氏分布或威布尔分布，由瑞典物理学家 Wallodi Weibull 于 1939 年引进，是可靠性分析及寿命检验的理论基础。Weibull 分布能被应用于很多形式，包括 1 参数、2 参数、3 参数或混合 Weibull。3 参数的 Weibull 分布由形状、尺度（范围）和位置三个参数决定。其中形状参数是最重要的参数，决定分布密度曲线的基本形状，尺度参数起放大或缩小曲线的作用，但不影响分布的形状。

它的累积分布函数（CDF）和概率密度函数（PDF）为：

$$\text{CDF：}\quad F(t) = 1 - e^{-(t/c)^m} \tag{1}$$

$$\text{PDF：}\quad f(t) = \frac{m}{t}\left(\frac{t}{c}\right)m e^{-(t/c)^m} \tag{2}$$

参数说明：m 为形状参数（Shape Parameter）；c 为范围参数（Scale Parameter）；t 为时间。在软件测试过程中，一般使用概率密度函数 PDF 来表示缺陷密度随时间的变化情况，积累分布函数为累计缺陷分布情况，在使用 Rayleigh 模型分析缺陷时，形状参数 m 取值为 2。

将 m 值代入公式（1）和公式（2）中，累积分布函数（CDF）和概率密度函数（PDF）为：

$$\text{CDF：}\quad F(t) = 1 - e^{-(t/c)^2} \tag{3}$$

$$\text{PDF：}\quad f(t) = \frac{2}{t}\left(\frac{t}{c}\right)^2 e^{-(t/c)^2} \tag{4}$$

c 参数为常量 $c = \sqrt{2}\, t_m$，t_m 是 f(t) 达到峰值时对应的时间。在实际应用过程中，会在公式前面乘一个系数 K（K 为所有的缺陷数），将 K 值代入公式（3）和公式（4）中，累积分布函数（CDF）和概率密度函数（PDF）为：

$$\text{CDF：}\quad F(t) = K\left(1 - e^{-\left(\frac{t}{c}\right)^2}\right) \tag{5}$$

$$\text{PDF：}\quad f(t) = 2Kt\left(\frac{1}{c}\right)^2 e^{-(t/c)^2} \tag{6}$$

缺陷 t_m 时间的比率 $F(t_m)/K \approx 0.4$，即当 f(t) 达到最大值时，已发现的缺陷数约为总缺陷数的 40%。

统计测试中所发现的缺陷数，如表 9-6 所示。

表 9-6　测试中缺陷分布

测试时间	1	2	3	4	5	6	7	8	9	10	11	12	13
发现缺陷数	20	38	55	52	41	22	10	5	4	2	2	2	1

从表 9-6 中可以看出，第 3 周发现的缺陷数最多，截止到第 3 周所发现的缺陷数应该大约占全部缺陷总数的 40%，则 K（总缺陷数）=（前 3 周缺陷总数）/0.4=(20+38+55)/0.4=113/0.4=282。t_m 等于 3，那么 $c = \sqrt{2}t_m = 3\sqrt{2}$。将 K 值和 c 值代入公式（5）和公式（6）中，累积分布函数（CDF）和概率密度函数（PDF）为：

$$\text{CDF：}\quad F(t) = 282\left(1 - e^{\frac{-t^2}{18}}\right) \tag{7}$$

$$\text{PDF：}\quad f(t) = 31.33t\, e^{\frac{-t^2}{18}} \tag{8}$$

使用 Rayleigh 模型生成的模拟值见表 9-7。

表 9-7　真实缺陷数与 Rayleigh 模拟缺陷数

测试时间	1	2	3	4	5	6	7	8	9	10	11	12	13
Rayleigh 模拟值	26.637	50.175	57.011	51.525	39.066	25.445	14.419	7.162	3.134	1.212	0.415	0.126	0.034
真实值	20	35	55	52	41	22	10	5	4	2	2	2	1
累积 Rayleigh 模拟值	29.637	79.812	136.823	188.348	227.414	252.859	267.278	274.44	277.57	278.79	279.2	279.321	279.36
累积真实值	20	58	113	165	206	228	238	243	247	249	251	253	254

累积分布函数（CDF）与真实数据图如图 9-23 所示。

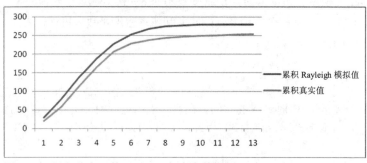

图 9-23　累积分布函数（CDF）与真实数据图

概率密度函数（PDF）与真实数据图如图 9-24 所示。

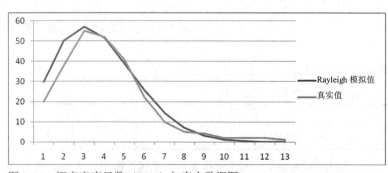

图 9-24　概率密度函数（PDF）与真实数据图

【实例】通过 Rayleigh 模型的概率密度来评估测试过程和软件质量。计划升级一个历史项目，以前的历史数据统计表明，该项目千行代码缺陷率为 9.56 个，估计升级后该项目的代码行数为 102KLOC（千行），希望本次升级发现的千行缺陷数比之前少 5.3%，即总缺陷数预计为 9.56×102×(1-5.3%)=923.44 个，计划项目的测试时间为 22 周。将数据代入到 Rayleigh 模型中的概率密度函数中，得到 PDF 为：

$$\text{PDF：} \quad f(t) = 11.45te^{-0.006199t^2} \tag{9}$$

使用 Rayleigh 模型生成的模拟值见表 9-8。

表 9-8　Rayleigh 模拟值

测试时间（周）	1	2	3	4	5	6	7	8	9	10	11	12
Rayleigh 模拟值	11.38	22.34	32.49	41.48	49.03	54.96	59.16	61.61	62.38	61.61	59.5	56.28
测试时间（周）	13	14	15	16	17	18	19	20	21	22	23	
Rayleigh	52.22	47.57	42.58	37.48	32.46	27.67	23.22	19.19	15.63	12.54	9.922	

使用 Rayleigh 模型生成概率密度函数图，如图 9-25 所示。

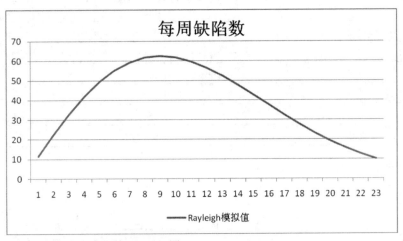

图 9-25　概率密度函数（PDF）图

测试过程应该将该图与测试过程真实的每周发现的缺陷数进行对比，如果两个图存在明显的差异，那么说明测试策略存在问题，需要重新修改测试策略。

9.6.5　Gompertz 缺陷分析法

Gompertz 是一种可靠性增长模型，是由 Virene 提出的。该模型的公式为 $R = ab^{c^t}$，其中 R 是随时间 t 变化的可靠性指标，a 为当测试时间或阶段 t 趋于无穷大时 R 的极值，ab 为系统测试初始值，即 t=0 时 R 的初值，c 为形状参数，c 值越大，则可靠性增长越慢，反之则增长越快。模型中 a、b、c 参数值为估值，通常是一个经验值。

在软件测试领域中，Gompertz 模型主要用于分析软件测试的充分性及软件缺陷发现率。其原理是使用 Gompertz 函数画出拟合曲线，再画出实际测试过程中每天累积的缺陷曲线，比较这两条曲线进而分析测试的充分性和软件缺陷发现率。

每天发现的缺陷数据及累积缺陷数见表 9-9。

表 9-9 日发现缺陷数和累积缺陷数

日期	日发现缺陷数	累积缺陷数
2010-3-22	15	15
2010-3-23	13	28
2010-3-24	10	38
2010-3-25	8	46
2010-3-26	3	49
2010-3-29	12	61
2010-3-30	8	69
2010-3-31	6	75
2010-4-1	5	80
2010-4-2	2	82
2010-4-5	6	88
2010-4-6	4	92
2010-4-7	3	95
2010-4-8	1	96
2010-4-9	1	97

Gompertz 模型估算缺陷增长趋势与累积缺陷趋势图如图 9-26 所示。

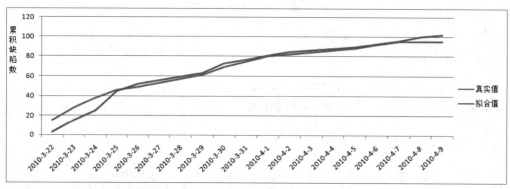

图 9-26 Gompertz 估算缺陷增长趋势与累积缺陷趋势图

从图中可以看出，执行测试 15 天发现的缺陷数为 97 个，Gompertz 拟合曲线估算值为 102 个，缺陷发现率为 95.1%。

Gompertz 模型虽然可以很好地估算软件中存在的缺陷数，但在使用时也有一定的约束条件：

（1）参数 a、b、c 的值通常是一个经验值，不易确定。

（2）要求被测试的对象特性一致，即测试的复杂度、规模、测试组织、测试执行的测试用例等需要一致，不能存在较大的差异。

（3）测试轮次应该不少于 2 次，否则无法使用 Gompertz 模型进行分析。

基于以上原因，在实际工作中，Gompertz 模型用来分析软件测试的充分性和发现缺陷率的频率较低，特别是基于第二个约束条件，在工作中可能很难保证对象特性的一致，每个测试版本的测试用例数可能都存在差别。

9.7　缺陷遏制能力

虽然软件系统和业务飞速地发展，但是我们的研发组织存在很多问题，阻碍了软件系统的快速发展。当然在整个软件系统快速发展过程中，遇到的最大挑战是如何最大可能性地减少缺陷的数量。因为缺陷太多会导致校正和返工的时间成本增加，进而导致研发成本上升。很多缺陷是由过程导致的，而非人为原因导致的，所以如何完善过程来预防缺陷的发生变得尤为重要。这就是本章节我们要讨论的缺陷预防（Defect Prevention）。

9.7.1　缺陷引入与移除矩阵

在我们分析缺陷的遏制能力时必须分析缺陷引入的情况，缺陷"注入阶段"和"发现阶段"是分析缺陷的两个重要指标。

在上面的章节中我们介绍了缺陷引入的阶段，缺陷注入阶段主要包括：需求阶段、设计阶段和编码阶段。

在对缺陷进行遏制分析时，除了需要分析缺陷注入阶段，还需要从"注入阶段"和"发现阶段"两个维度对缺陷进行分析，这就是通常所说的"注入阶段"和"发现阶段"矩阵。

"注入阶段"和"发现阶段"矩阵见表 9-10。

表 9-10　缺陷注入阶段与发现阶段矩阵

注入阶段 / 发现阶段	需求	设计	编码	注入总数
需求阶段	4			4
设计阶段	13	70		83
编码阶段	2	15	25	42
单元测试阶段	0	5	9	14
集成测试阶段	1	2	6	9
系统测试阶段	2	5	113	120
验证收测试	0	0	26	26
缺陷总计	22	97	179	298
缺陷移除率	18.10%	72.20%	14.00%	

该矩阵中，横向指的是缺陷引入的几个阶段，纵向指的是研发的几个阶段。通过这张表可以进行以下几个方面内容的分析：

（1）确定每个阶段注入缺陷的比例

通常缺陷的引入是有三个阶段：需求、设计和编码三个阶段，这张表中可以清晰的分析出每个阶段所引入的缺陷数占所有缺陷的比例。表中显示一共发现 298 个缺陷；需求一共发现 22 个缺陷，占总缺陷的 7.4%；设计阶段一共发现 97 个缺陷，占总缺陷的 32.6%；编码阶段一共发现 179 个缺陷，占总缺陷的 60%。

通过分析这个数据，可以发现每个阶段所发现缺陷的比例是否合理，一般需求阶段所引入的缺陷占总缺陷的 22%左右，设计阶段所引入的缺陷占 33%左右，编码阶段引入的缺陷占 55%左右。这样对照上面的数据发现，需求引入的缺陷明显少于 22%，这说明缺陷的修复成本将变得更高。因为需求阶段的缺陷大部分是在需求评审和设计阶段才发现的，如果在需求阶段可以发现更多的问题，就可以降低编码阶段引入的缺陷数，这样显然缺陷修复的成本就更低些。

所以通过对每个阶段引入的缺陷进行分析，可以确定每个阶段引入缺陷的比例是否合理，是否与历史数据相悖。

（2）确定每个阶段缺陷移除率

缺陷移除率的公式如下：

$$缺陷移除率 = (本阶段发现的缺陷总数 / 本阶段注入的缺陷总数) \times 100\%$$

确定缺陷移除率主要用来分析每个阶段移除缺陷的情况，在这里显然希望需求和设计阶段移除的缺陷越多越好，否则可能会导致绝大部分的缺陷遗留在系统测试阶段，这样不仅增加了缺陷修复的成本，还增大了系统发布的风险。那么为了尽可能在前期发现更多的缺陷，可以对需求分析得更彻底一些、对设计的方案分析得更全面些，同时可以将单元测试和集成测试做得更深入一些。

（3）分析整个研发过程中需要改进的地方

关于缺陷引入和移除矩阵表，除了可以分析上面两个维度的内容外，还可以用来分析整个研发过程中是否有需要改进的地方。

分析需要改进的内容，主要包括整个研发阶段发现缺陷的分布，这样可以确定研发过程每个阶段的工作是否到位，进而确定做得不好的阶段。

而缺陷移除阶段的分布可以确定我们每个测试阶段和研发阶段评审工作是否正确，特别是前期的阶段。如果前期需求、设计阶段没做好，那么遗留的问题都会在系统测试阶段中得到体现。

9.7.2 缺陷预防的特性

缺陷预防（Defect Prevention）是一种用于整个软件开发生命周期中识别缺陷根本原因和防止缺陷发生的策略，也是全面质量管理（Total Quality Management）的本质。DP 缺陷预防处于 CMM（Capability Maturity Model）能力成熟度模型的第 5 个级别，分析之前一些偶然发现的问题，并且在将来为类似的可能的缺陷进行检查。一个成熟的研发团队会通过实施 DP 来提高质量和降低研发成本。

使用 DP 缺陷预防后，缺陷会呈现以下特性：

（1）缺陷发现率与时间的关系

使用 DP 缺陷预防策略后，每个阶段所发现的缺陷数与使用 DP 缺陷预防策略前所发生缺陷数的分布如图 9-27 所示。

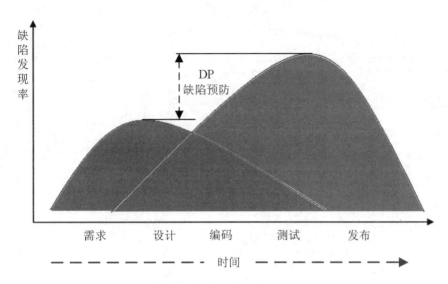

图 9-27　DP 预防缺陷策略对缺陷现率的影响

从图中可以看出，使用 DP 预防缺陷策略后，缺陷的特性发生了以下几个方面的变化：

1）需求和设计阶段所发现的缺陷数占所有缺陷的比例增大，这说明前期发现的缺陷比较多，这样可以降低缺陷修复的成本。

2）缺陷总数下降，也就是发现的总的缺陷数下降了，这得益于大部分的缺陷发现在前期的研发阶段。

（2）缺陷过滤器

使用 DP 预防缺陷策略后，缺陷会像漏斗一样，每一个测试阶段都可以过滤掉一些缺陷，缺陷过滤器如图 9-28 所示。

从图中可以看出，每经历一个阶段，缺陷就减少 20% 左右，直到测试结果，系统中 99% 的缺陷已经被解决。

9.7.3　缺陷预防的过程

在研发过程中，使用缺陷预防的策略是一个很复杂的过程，缺陷预防的具体过程如图 9-29 所示。

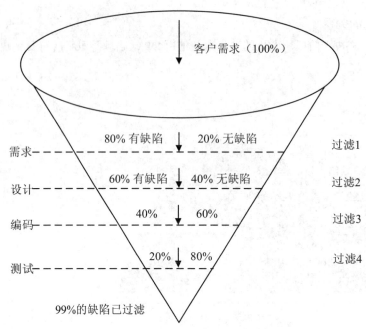

图 9-28　缺陷过滤器

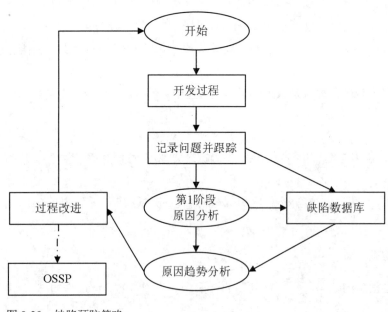

图 9-29　缺陷预防策略

整个缺陷预防策略的详细步骤说明如下：

第一步：项目进行研发，研发的过程主要包括需求管理、设计和编码三个阶段，这里统称为研发阶段，因为在分析缺陷预防时，研发的阶段没必要分的那么仔细。

第二步：在测试过程中就会发现一些缺陷，此时就需要记录这些缺陷并对缺陷进行跟踪，现在主要是通过缺陷管理工具来对这些缺陷进行记录和跟踪。

第三步：记录的问题会被收集到缺陷数据库中，同时可以对这些问题进行分析，分析这些缺陷出现的原因和解决的情况。

第四步：对缺陷分布的趋势和原因进行深入的分析，分析的目的是找到现阶段研发存在的问题。

第五步：经过分析过程找到改进的方法，进而对现在的研发流程进行改进。

需要注意的是，在分析过程中其实是很难一次就改进完成，可能需要多轮的分析与改进。

在使用 DP 策略时，管理层必须在组织层和项目层进行一些书面的说明，当然这类书面说明又包括几方面的内容：长期的一个资金计划、资源和 DP 活动组织相关的内部管理。

在实施 DP 之前，需要对 DP 项目成员进行培训，培训主要包括软件保证、配置管理、文档支持和 DP 中常见的主要的统计方法。

在整个 DP 活动过程中，应该定期检查 DP 团队沟通和协调的事项。评审过程中，通常需要确定以下几个方面的内容：

- 引入缺陷的原因。
- 缺陷的影响。
- 预防缺陷所花费的改进成本。
- 对软件质量的预期影响。

具体的关于缺陷预防和分析的步骤如下：

（1）数据文件与度量

数据文件是整个缺陷分析最基础的工作，如果没有一个数据文件来支撑，那么就无法对缺陷进行详细的分析。通常缺陷的数据会被集中记录在一个存储库中，在一些成熟的公司有专门的缺陷分析管理工具，这和我们现在用的缺陷管理工具可能还会有所不同，这样可以方便 DP 团队对缺陷进行跟踪和分析。通过缺陷分析管理系统可以详细地看到缺陷的细节和开发修改的计划或建议。这个分析系统还会记录缺陷修复成本与时间的关系，以及这个缺陷最后不被修复所带来的风险。

在对缺陷进行度量时，需要定期组织缺陷预防活动的审查，这样可以更好地帮助管理人员去判断缺陷预防的情况。审查或评审的时间应该是由组织来决定，有可能这个时间会很长，而且这个过程中应该存在处理异常的机制，出现异常时应该有方法可以处理。评审需要关注的内容包括：主要缺陷、缺陷的分类和缺陷分析的频率。

此外，相关的管理层应该评审 CP 策略的成效，记录活动的一些属性，缺陷实际修复的成本和预计的成本。对活动的有效性进行验证，是确保缺陷预防策略成功的有效途径。

（2）案例研究分析

在第一步我们收集了整个分析过程中的一些数据，也就是做成了数据仓库，并对这些数据进行分析和度量。完成这些后，应该实时地对这些案例数据进行分析，这是整个缺陷预防中一个最重要的步骤。案例分析的方法就是常用的缺陷分析方法，关于常用的缺陷分析方法在 9.6 节中进行了详细的介绍。

（3）基准线

在对之前的项目进行分析时，需要对已分析的数据创建一个参考基线，这个参考基线主要是用于对其他项目进行分析时参考用的，包括很多的缺陷分析方法其实都应该有一个参考值，否则很难对数据进行分析。

在对数据进行分析时，应该对数据进行分类，就如 ODC 缺陷分析法其实就是从不同维度对缺陷进行分析，也就是从不同的分类角度来对缺陷进行分析。分析时研发阶段从 5 个阶段进行分析：需求分析、系统设计、详细设计、编码和系统测试。一般情况下从 10 个角度对缺陷进行分析，并且将每个分类划分为三级，这时就可以用一个 4 位数来表示每类缺陷，缺陷的 10 个分类与说明见表 9-11。

表 9-11　缺陷分类说明

编号	分类说明
0XXX	计划类
1XXX	需求和特性类
2XXX	功能实现类
3XXX	架构类
4XXX	数据类
5XXX	实现类
6XXX	集成类
7XXX	实时处理与操作系统类
8XXX	测试定义与执行类
9XXX	其他类

上面只是对缺陷进行简单的分类，但这个分类还是太大了，不足以找到预防的方法，所以需要对缺陷进行再次挖掘，找到更深层次的原因，这样才能更好地定位引起缺陷的原因。下面以分析需求为例，对需求引起的缺陷进行详细的分析。

下面是一个项目的实际数据，按上面的 10 大类对缺陷进行分类，分类后的缺陷分布见表 9-12。

现在对上面 10 大类的的缺陷中的需求类的缺陷进行第二次挖掘，主要从四个方面对需求的缺陷进行分析：需求完整性、需求演示、需求变更和需求正确性。分类后的缺陷分布见表 9-13。

表 9-12　按 10 大类分析缺陷分布情况

编号	分类说明	缺陷分布
0XXX	计划类	
1XXX	需求和特性类	47.00%
2XXX	功能实现类	13.50%
3XXX	架构类	9.30%
4XXX	数据类	6.90%
5XXX	实现类	8.30%
6XXX	集成类	5.70%
7XXX	实时处理与操作系统类	4.90%
8XXX	测试定义与执行类	4.30%
9XXX	其他类	

表 9-13　分类后的缺陷分布

编号	分类说明	缺陷分布
13XX	需求完整性	41.50%
15XX	需求演示	37.70%
16XX	需求变更	12.30%
11XX	需求正确性	8.50%

下面对需求的完整性进行第三次挖掘,分析影响需求完整性的原因,主要从三个维度进行分析:需求不完整、丢失或未指定的需求、过于广义的需求,分类后的缺陷分布见表 9-14。

表 9-14　第三次挖掘后缺陷分布情况

编号	分类说明	缺陷分布
131X	需求不完整	75.40%
132X	丢失或未指定的需求	18.20%
134X	过于广义的需求	6.40%

对缺陷进行多次挖掘的目的是找到缺陷分布的根本原因,上面只是针对需求进行了分析,接下来使用同样的方法对其他维度进行分析。

当每个维度的内容都经过深度挖掘和分析后,接下来就可以根据根本原因分析法找到改进的方法或过程,防止下一版本出现类似的缺陷。当然对于常见的缺陷类型,显然在我们关注时优先级是最高的。在 DP 分析过程中,将 DP 预防的会议或相关培训灌输到研发阶段中,并且需要对缺陷进行记录和度量,以确定预防措施是否生效。

最后一步是分析改进后缺陷分布的情况，并与改进前的缺陷分布进行比较，以确定缺陷预防策略的有效性，之后将预防策略写入到公司的标准流程体系中，之后再次对缺陷进行分析，如此不断循环，不断完善 OSSP 标准流程，这样缺陷预防的策略就会越来越有效。

（1）期望结果

期望结果是指当我们不断改进缺陷预防策略时，必须将这些预防的策略建立成一套标准流程，并列出每个阶段预防策略的检查点，形成规范文章。

需要完善的策略主要包括以下内容：

- 应该有一套方法对需求文档中的需求进行编号。
- 在描述需求时应该有一套方法来降低二义性的需求出现。
- 将公用的支持和实施提取为策略。
- 改进软件需求规格说明书的模板。
- 在需求阶段应该使用上下文的方式来表达，在设计阶段应该使用功能接口或界面的方式来表达。
- 在研发的所有阶段，改进每个阶段检查点清单。
- 制定原因分析的策略和会议讨论或评审策略。
- 测试应该有一套策略。

一般从以下四个维度来评估缺陷预防策略的质量：

- 在研发过程中，每个阶段总的缺陷数减少。
- 研发的各个阶段的缺陷分布转变，即前期发现的缺陷数占总缺陷数的比例增多。
- 开发的成本降低。
- 开发的周期缩短。

（2）改进策略的成果

通过上面的分析可以找到缺陷预防的改进策略，但这些改进策略必须应用到整个研发过程中去，这样才能达到真正意义上的对缺陷进行预防。

在项目开始时，在研发的每一个阶段都需要举行相关的会议，来表达预防缺陷和因果分析的重要性，并且在每个阶段评审时应该有相应的检查清单，在进行同行评审时，应该对照这些检查清单来评审。

在整个研发过程中，每个阶段都应该使用缺陷跟踪系统详细记录缺陷并对其原因进行分析，现在很多公司都有自己的缺陷管理系统，将缺陷记录在缺陷管理系统中，这样可以更好地跟踪缺陷解决的方法和缺陷从开始记录到处理结束后的整个解决过程。

在对缺陷进行原因分析时，缺陷的解决方案必须是要让人满意的，并且通过会议来讨论，这样可以让大家在整个过程中对缺陷的预防和改进有一个较好的理解。

以上是缺陷预防的 5 个步骤，核心步骤还是缺陷分析和改进流程的确定。

9.8　缺陷监控

在执行过程中，如果我们发现缺陷，通常会将缺陷记录到缺陷管理系统中，这样方便对缺陷进行跟踪和管理。但在缺陷分析过程中，仅仅对缺陷进行跟踪和管理还是不够的，还要对缺陷进行监控，监控缺陷的分布、修复等相关的属性。

通常对缺陷应该监控以下维度的内容：缺陷收敛趋势、缺陷分布、无效缺陷和缺陷修复这几方面的数据。

9.8.1　缺陷收敛趋势

在前面介绍了缺陷的一些特性，其中包括缺陷收敛性的概念，那么在测试的整个过程中，就需要去分析缺陷是否收敛。分析缺陷收敛的方法很简单，具体的步骤如下：

（1）按版本对每个版本的数据进行统计。

（2）然后将每个版本所发现的缺陷数据画成一张曲线图，类似于图 9-30。

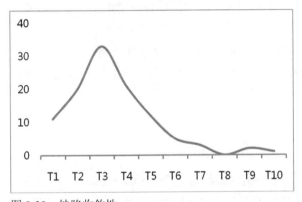

图 9-30　缺陷收敛性

分析这张曲线图时，需要确定的每个版本所发现的缺陷数是否呈下降的趋势，如果呈下降的趋势，就说明缺陷呈收敛性，否则说明缺陷不是收敛的。如果缺陷不呈收敛性，则说明产品的研发过程存在很大的问题，主要可能表现在以下几个方面：

（1）产品质量很不稳定，系统的不稳定可能导致缺陷呈波动状态。

（2）缺陷在修复时，引入了过多的新问题。

（3）测试设计存在很多问题。

（4）测试执行的过程存在很多问题。

9.8.2　缺陷分布

在缺陷监控过程中，还需要对所发现的缺陷的分布情况进行分析。缺陷分布应该至少从两个方面进行分析：一是按功能模块的分布进行分析；二是按缺陷的严重等级的分布进行分析。

（1）功能模块分布

按功能模块分布来分析缺陷，是指按功能模块来统计每个模块所发现的缺陷数。按功能模块统计缺陷的对象主要是核心模块发现缺陷的情况，当然也可以用来分析所有功能模块的情况，但没有必要，因为客户只会使用一些核心的和基础的功能。分析的目的主要包括两个方面：一是核心模块是否处于稳定状态；二是核心模块千行缺陷率。

关于分析核心模块是否稳定，其实在四象限分析法中有详细介绍，当然这要对核心模块持续多个版本的分析才能确定，只能保证核心模块的稳定性才能保证系统的稳定性。

核心模块千行缺陷率是用来统计缺陷的密度的，这样可以用来评估开发和测试的质量，当然这就需要一个参考值，如果没有参考值，这个值本身就没有意义了，而这个参考值来源于以前历史版本或相类似功能模块的数据。

（2）按严重等级分布

按缺陷的严重等级划分，缺陷是最常见的一种缺陷分布分析方法。按严重等级划分的目的是分析每类缺陷所占的比例，项目中不同等级的缺陷应该是以一定比例来分布的，如果在缺陷分布中致命和严重的比例过高，那就必须分析具体的原因，正常我们希望一般的问题占的比例更高，这样说明系统发布后其稳定性更高。

当然某类缺陷比例过高的原因可能会有很多情况，不过这与测试的方法或策略没有关系，只与研发的过程中关系。如果需要详细分析是什么原因导致严重或致命的缺陷比例过高，那就必须对整个研发过程进行详细的分析，这也是我们常说的通过对缺陷分析来找到研发做得不好的地方，进而改进研发流程。

9.8.3　无效缺陷

在测试过程中可能会发现一些无效的缺陷，无效缺陷也是缺陷监控分析的一部分，无效缺陷是指测试工程师提交的缺陷，但开发并不认为是缺陷，并且最终审核后也确定该缺陷不是真的缺陷，这种缺陷被称之为无效缺陷。

在测试过程中发现的缺陷中，无效缺陷的比例不能过多，一般在一个项目测试过程中发现的无效缺陷应该都是低于 5 个的。如果无效缺陷过多，则说明测试对需求的理解方面有问题，导致提交缺陷时出现过多无效缺陷。

那么是什么原因导致测试工程师对需求理解的偏差呢？那最主要的是在需求评审时，需求工程师在解释需求时（也可以说是唱需求）并没有表达得很清楚，导致对需求的理解出现问题。而目前很多公司在需求评审时，其实很多是没有详细解释需求的过程，而只是在评审过程中，如果评审发现需求有问题，才对有问题的需求进行详细的介绍。所以就可以发现对需求有着不一样的理解，这样就可能提交一些无效的缺陷。当提交的无效缺陷过多时，则说明我们的在解释需求和评审需求时存在很多问题，需要找到一个有效的方法来完善需求评审的过程。

9.8.4 缺陷修复

在整个测试过程上，开发修改缺陷的过程也是必须要去监控和评估的，通常缺陷修复的分析需求包括以下几个方面的内容：

（1）严重和致命类的缺陷修复的情况；

产品在发布时，不能遗留严重和致命类的缺陷，所以在产品发布之前一定要确保所有的致命和严重问题都得到解决。

（2）每个版本所修复缺陷的情况；

统计每个版所修复的缺陷趋势图，当然每个版本所修复的缺陷趋势图应该与所发现的缺陷趋势图是类似的，但主要需要分析以下问题，在所修复的缺陷中，有一些缺陷可能一次性没有修复完成，或者修复后引入了新的缺陷。这类问题就是我们主要分析的对象，因为当出现这类问题时，就必然会导致修复的缺陷成本升高。当然很少有公司具体去讨论这类未能被一次性修复的缺陷所占的百分比。但如果这个比例超过一定比例时，就必须对研发修复缺陷的过程进行详细的分析，以确定这类情况的具体原因。

9.9 缺陷度量

软件度量包含三个维度的内容：产品设计指标度量、过程度量和项目度量。产品设计指标度量是指从产品设计角度的一些特性指标角度度量，如规模大小、复杂程度、设计特点、性能和质量水平。过程度量主要是用于提高开发和维护的效率，如开发过程中缺陷去除的效果、测试过程中的缺陷模型和修复过程的响应时间。项目度量是从项目特点和执行的角度进行度量，如开发商数量、生命周期、成本、进度等。

但本节中我们将重点讨论缺陷如何度量，其他的维度我们在本书中不进行详细的讨论。

9.9.1 缺陷密度度量

缺陷密度也就是平常所说的缺陷率，缺陷率看似很简单，但是如果我们不能讨论清楚缺陷率中分子与分母的值，那么就不可能很好地确定缺陷率的概念。一般缺陷率的概念是指一个特定的时间帧中缺陷出现的机会。

分母通常指的是软件的大小，通常使用千万代码（KLOC）或功能数来形容。时间帧是指产品生命期中的一系列操作，生命期少则一年，多则几年，通常 95% 的缺陷会在产品发布的四年之内发现，而绝大多数数据缺陷通常是在两年内被发现。

千行代码这个度量其实很简单，主要的问题是如何精确地计数实际的代码行数，在早期的汇编语言中，一行物理代码就相当于我们要计数的一行代码，但在高级语言中可能就不会这样，一行物理行并不一定是一行代码，即使同一个代码片段使用不同的计数工具计数，也可能导致结果存在差异，通常统计代码行有以下几种方法：

- 只统计可执行的行代码。
- 只统计带数据定义的可执行的行代码。
- 统计可执行行代码、数据定义和注释。
- 统计可执行行代码、数据定义、注释和控制语句。
- 统计在输入屏幕中做为物理行的代码。
- 统计做为逻辑分隔符的终止行代码。

上面是常见的关于代码行的统计方法，不同的公司可能会有着不同的统计方法，但不管使用什么方法进行统计，统计的方法只能使用一种。不同的项目使用不同的统计方法，这样数据之间没有参考价值。

通常说的代码是程序文件中的一行代码，但是注释行或空行除外，代码通常包括程序头、函数声明、可执行的语句和不可执行的语句。

在统计过程中，统计物理行代码和统计指令语句是存在差异的，有时候甚至会差得很多，如Basic、Pascal 和 C 语言，在一行物理行上就可能出现多个指令。另一方面，一条指令语句和数据声明也可能跨越几条物理行代码，特别是在编程时，如果为了维护方便，写代码时就很容易出现这种问题。使用逻辑行和物理行进行统计各有优缺点，但是可能逻辑行来统计代码行会更合理一些。

例如：某个项目，通常代码行总数由逻辑行代码、可执行代码和相关数据定义的代码组成，但不包含注释代码。代码行的总数应该由产品所有的代码和新版本所新增的或修改的代码组成。源有的代码语句称之为 SSI，新增的和修改的称之为 CSI，SSI 与 CSI 公式如下：

SSI（当前版本）= SSI（以前的版本）+ CSI（当前版本新增或修改的代码行）

－ 删除的代码（一般这个值很小）

－ 修改的代码（不能在 SSI 和 CSI 中计算两次）

产品发布后需要对缺陷进行跟踪，在跟踪缺陷过程中可以对缺陷进行分类，通常分为用户发现和内部缺陷两类，每千行 SSI 和每千行 CSI 主要度量的内容如下：

（1）每千行缺陷率主要用来度量产品代码质量的。

（2）从不同类型的角度统计千行缺陷率，这主要用来度量不同类型所发现的缺陷总数。

（3）新修改或增加的每千行代码所发现的缺陷数。

（4）由客户所发现的，新新修或增加的每千行代码缺陷数。

产品发布后需要对缺陷进行跟踪，在跟踪缺陷过程中可以对缺陷进行分类，通常分为用户发现和内部缺陷两类，每千行 SSI 和每千行 CSI 主要度量的内容如下：

第（1）点主要度量总的已发布代码的质量，第（3）点主要度量新修改或增加的代码的质量，如果当前测试的版本就是发布的第一个版本，那么第（1）点和第（3）点表达的意思是一致的。第（1）点和第（3）点主要是针对过程进行度量的。第（2）点和第（4）点主要是从客户的角度进行分类度量。对千行 CSI 率和千行 SSI 率进行估计，开发工程师可以通过修复缺将对用户的影响降低到最小化。

9.9.2　客户角度

缺陷率是度量软件质量的一个基础单元，但从开发团队的角度来说，通过对缺陷率的分析可以有效地提高产品的质量。从实践的角度来说，一个好的软件质量需要从用户的角度来分析。如果以缺陷率来做产品发布时产品质量的度量，那么从客户角度，缺陷率并一定直接决定缺陷的总数。所以一个好的缺陷率应该是会让发布产品的总缺陷数下降。如果一个新发布的版本比较以前版本的代码量更大，这就说明新添加的修改的代码的缺陷率要下降，这样才能更好的降低缺陷的总数。

例如：

第一个版本发布时的数据如下：

KSSI=60 KLOC

由于第一个版本，KCSI 的值正好等于 KSSI 的值，所以 KCSI=KKSI=60 KLOC

统计出来的缺陷率为：缺陷/千行代码=2.0

总的缺陷数为 120 个。

第二个版本发布时的数据如下：

假设新增加代码量为 20 千行，即 KCSI=20KLOC

KSSI=60（上一版本总代码数）+20（新添加或新修改的代码数）

　　　　-4（假设新添加或新修改的代码数中，假设有 20%是修改原来的代码）

　　= 76

统计出来的缺陷率为：缺陷/千行代码=1.8（假设相对于第一个版本提高了 10%）

第二个版本总增加的缺陷数为 1.8×20=36。

第三个版本发布时的数据如下：

假设新增加代码量为 30 千行，即 KCSI=30KLOC

KSSI=76（上一版本总代码数）+30（新添加或新修改的代码数）

　　　　-6（假设新添加或新修改的代码数中，假设有 20%是修改原来的代码）

　　= 100

第三个版本总增加的缺陷数为 38

缺陷/千行代码=39/30=1/3

第一个版本发现了 100 个 BUG，第二个版本发现了 36 个 BUG，用户直观感受是缺陷下降了64%（（100-36）/100），当然这主要是因为第二版本新增或修改的代码量下降了。第三个版本的缺陷又大于第二个版本的缺陷数，这是因为第三个版本新增或修改的代码量比第二个版本多出很多，但缺陷率就下降了很多，第二个版本是 1.8，第三个版本是 1.3，缺陷率大概为第二版本的三分之一。当然第二个版本和第三个版本缺陷率差异太大，这样可能测试中很难达到这样一个值，这种情况下必须对计划、代码进行改进。

9.9.3 功能点

上面介绍的是通过代码行的方式来度量缺陷，除了这种方式外，另外一种度量方式是通过功能点的方式来度量，这两种方式都是通过缺陷密度来表达系统出错的可能性。在近些年通过功能点来度量的方式越来越被人接受，可以从两个方面来度量：开发工程师的工作效率（如每人每年开发了多少功能点）和系统质量（如平均每个功能点所发现的缺陷数）。

一个功能是指一个可执行语句的集合，这些语句是用来执行某项工作任务的，其包括参数、本地变量和声明语句。使用功能点度量开发工程师工作效率时，只关注功能点的多少，而不需要关注代码行数。使用功能点度量缺陷，即关注每个功能点的缺陷分布情况，如果单位功能点缺陷率比较低，那么通常说明产品的质量比较高，即使这个时候 KLOC 缺陷率比较高，但是如果一个功能点其实现的代码数很少，这样使用功能点去度量就可能会变得很困难。

功能度量最好是在 IBM 公司开始使用，但由于当时的技术并不能很好地对功能进行准确的度量，所以使用功能进行度量时出现一个失误的地方。使用功能点解决了生产率和代码行数的问题，因为在统计代码行时，有很多不确定的因素，特别是不同的语言其统计的结果可能差异比较大。在我们定义一个应用时，应该从五个方面来加权评估：

（1）如果是外部输入（如交易类型功能），权重为 4。

（2）如果是外部输出（如报告类型），权重为 5。

（3）内部逻辑文件，权重为 10。

（4）外部接口文件，权重为 7。

（5）外部查询数，权重为 4。

上面是平均加权的方式，还一种是低复杂度和高复杂度的加权，具体如下：

（1）如果是外部输入（如交易类型功能），低复杂度权重为 3，高复杂度权重为 6。

（2）如果是外部输出（如报告类型），低复杂度权重为 4，高复杂度权重为 7。

（3）内部逻辑文件，低复杂度权重为 7，高复杂度权重为 15。

（4）外部接口文件，低复杂度权重为 5，高复杂度权重为 10。

（5）外部查询数，低复杂度权重为 3，高复杂度权重为 6。

组件复杂度的确定也是很难的，在确定这些组件复杂度时，需要有一些标准的准则。例如，如果数据元素的类型超过 20 种，涉及的文件类型超过 2 个，这种情况复杂度为高；如果数据元素的类型少于 5 种，涉及的文件类型超过 2 个或 3 个，这种情况复杂度为低。

功能点总数的公式如下：

$$FC = \sum_{i=1}^{5} \sum_{j=1}^{3} w_{ij} \times x_{ij}$$

w_{ij} 是从 5 个方面和复杂度的高、中、低三个方面进行加权的加权因子，x_{ij} 表示应用程序中组件的数量。

接下来是确定 0～5 的范围，它受系统的以下 14 个特性影响：

● 数据通信；

- 函数分布；
- 性能；
- 使用配置；
- 交易率；
- 联机数据输入；
- 终端用户使用效率；
- 在线更新；
- 复杂的过程；
- 可重用性；
- 安装的易用性；
- 操作的易用性；
- 多站点访问；
- 改变的方便性。

这些特性的权值范围是 0～5，通过下面的公式可以对特性的因子进行调整，具体的公式如下：

$$VAF = 0.65 + 0.01\sum_{i=1}^{14} c_i$$

这些特性的权值范围是 0～5，通过下面的公式可以对特性的因子进行调整，具体的公式如下：

综合上面的功能点和权重因子，最后功能点的公式如下：

$$FP = FC \times VAF$$

从 CMM（能力成熟度模型）的角度来看，CMM 级别与功能缺陷率的关系见表 9-15。

表 9-15　CMM 级别与缺陷率的关系

CMM 级别	缺陷率
CMM 1	0.75
CMM 2	0.44
CMM 3	0.27
CMM 4	0.14
CMM 5	0.05

9.10　常用的缺陷管理系统

缺陷管理是软件质量管理中的一个重要组成部分，通过对缺陷的分析不仅可以改善测试流程，还可以改善软件质量，越来越多的企业借助缺陷管理工具来对缺陷的整个过程进行管理，下面就开源和商用两类缺陷管理系统进行介绍。

9.10.1 开源缺陷管理系统

开源，顾名思义是"免费的"，现在大多数中小企业使用的缺陷管理工具都是开源的，目前市场上主流的关于缺陷管理方面的开源工具主要有 Bugzilla、Mantis、JTrac 和 JIRA。

（1）Bugzilla。

Bugzilla 是一个开源的缺陷跟踪系统（Bug-Tracking System），它可以管理软件开发中缺陷的提交（New）、修复（Resolve）、关闭（Close）等整个生命周期。

Bugzilla 主要有以下几个特点：

- 普通报表生成：自带基于当前数据库的报表生成功能。
- 基于表格的视图：一些图形视图（条形图、线性图、饼图）。
- 请求系统：可以根据复查人员的要求对 Bug 进行注释，以帮助他们理解并决定是否接受该 Bug。
- 支持企业组成员设定：管理员可以根据需要定义由个人或者其他组构成的访问组。
- 支持通配符匹配用户名功能：当用户输入一个不完整的用户名时，系统会显示匹配的用户列表。
- 内部用户功能：可以定义一组特殊用户，他们所发表的评论和附件只能被组内成员访问。
- 时间追踪功能：系统自动记录每项操作的时间，并显示离规定的结束时间剩余的时间。
- 可当地化配置：管理员可以根据用户所在地域而自动使用当地用户的字体进行页面显示。
- 补丁阅读器：增强了与 Bonsai、LXR 和 CVS 整合过程中提交的补丁的阅读功能，为设计人员提供丰富的上下文。
- 评论回复连接：对 Bug 的评论提供直接的页面连接，帮助复查人员评审 Bug。
- 支持数据库全文检索：包括对评论、概括等的检索。
- E-mail 地址加密：保护使用者的电子邮件地址不被非法获取。
- 视图生成功能：高级的视图特性允许在可配置的数据集的基础上灵活地显示数据。
- 统一性检测：扫描数据库的一致性，报告错误并允许客户打开与错误相关的 Bug 列表，同时检测用户的发送邮件列表，提示未发送邮件队列等的状态。

（2）Mantis。

Mantis（Mantis Bug Tracker），也叫 MantisBT，是一个基于 PHP 技术的轻量级的开源缺陷跟踪系统，以 Web 操作的形式提供项目管理及缺陷跟踪服务，在功能上、实用性上足以满足中小型项目的管理及跟踪。

Mantis 主要有以下几个特点：

- 个人可定制的 E-mail 通知功能，每个用户可根据自身的工作特点只订阅相关缺陷状态邮件。
- 支持多项目、多语言。
- 权限设置灵活：不同角色可以设置不同权限，每个项目可设为公开或私有状态，每个缺陷也可以设为公开或私有状态，每个缺陷可以在不同项目间移动。

- 可以在主页发布项目相关新闻，方便信息传播。
- 缺陷关联功能方便：除重复缺陷外，每个缺陷都可以链接到其他相关缺陷。
- 缺陷报告可打印或输出为 CSV 格式，1.1.7 版支持可定制的报表输出，可定制用户输入域。
- 丰富的视图显示：可选择各种缺陷趋势图和柱状图，为项目状态分析提供依据，如果不能满足要求，可以把数据输出到 Excel 中进一步分析。
- 流程定制方便且符合标准，满足一般的缺陷跟踪。

（3）JTrac。

JTrac 是一个开源且可高度配置的缺陷跟踪的 Web 应用程序，可自定义字段来追究项目和分配任务等，采用 Spring MVC、Spring AOP 和 Spring JDBC/DAO 框架，JSP/JSTL 作为视图。

JTrac 主要有以下几个特点：

- 用户可自定义工作流：每一个跟踪器项目都可以有一个不同的工作流，JTrac 允许完全定制跟踪器项目的生命周期，可以创建非常复杂的工作流，也可以创建可编辑的可视地图（map）用于显示状态转换 Toggle 按钮，使管理更容易。
- 根据不同的角色设置不同的控制权限：JTrac 定制在工作流中不能停止，可以为每一个跟踪器项目定义不同的角色，区域级许可能被映射到角色中。
- E-mail 集成：可以自动发送邮件给相关人员。
- 文件附件：在提交缺陷时可以添加文件附件。
- 详细历史记录查询。

（4）JIRA

JIRA 是集项目计划、任务分配、需求管理、错误跟踪于一体的商业软件。JIRA 创建的问题类型包括 New Feature（新功能）、Bug（缺陷）、Task（任务）和 Improvement（改进）四种，还可以自己定义，是过程管理系统。JIRA 融合了项目管理、任务管理和缺陷管理，许多著名的开源项目都采用了 JIRA。

JIRA 是目前比较流行的基于 Java 架构的管理系统，由于 Atlassian 公司对很多开源项目实行免费提供缺陷跟踪服务，因此在开源领域，其认知度比其他产品要高得多，而且易用性也好一些。同时，开源还有其另一特色，在用户购买其软件的同时，将源代码也购置进来，方便做二次开发。

JIRA 主要有以下几个特点：

- 问题追踪和管理可自定义。
- 问题跟进情况的分析报告。
- 项目类别管理功能。
- 组件/模块负责人功能。
- 项目 E-mail 地址功能。
- 无限制的工作流。
- 子任务功能。

- 邮件通知功能。
- CVS、SVN 以及 LDAP 的集成功能。

9.10.2　商业化缺陷管理系统

目前市场上主流的关于缺陷管理方面的商业化工具主要有 Quality Center 和 ClearQuest。

（1）Quality Center。

Quality Center 是一个基于 Web 的测试管理工具，可以组织和管理应用程序测试流程的所有阶段，包括指定测试需求、计划测试、执行测试和跟踪缺陷。此外，通过 Quality Center 还可以创建报告和图来监控测试流程。

Quality Center 包括 4 个部分：

1）明确需求：对产品的需求进行分析，提取测试需求。

2）测试计划：根据测试需求创建测试计划、分析测试要点及设计测试用例。

3）执行测试：在测试运行平台上创建测试集或者调用测试计划中的测试用例执行。

4）跟踪缺陷：报告应用程序中的缺陷并记录下整个缺陷的修复过程。

缺陷管理只是其中的一个组件，Quality Center 提供了对缺陷管理的支持，在缺陷管理视图中，可以进行添加新缺陷、匹配缺陷、更新缺陷、缺陷关联等操作，并跟踪缺陷，直到缺陷被修复。

（2）ClearQuest。

ClearQuest 是 IBM Rational 提供的缺陷及变更管理工具，它对软件缺陷或功能特性等任务记录提供跟踪管理，提供了查询定制和多种图表，以实现不同管理流程的要求。

ClearQuest 包括以下功能：

- 提供用户弹性的变更需求管理环境。
- 用户可根据开发工作流程和变更需求周期，通过图示工具定义处理流程。
- 提供预设的变更需求管理流程，用户可直接使用或进行特殊设置。
- 提供强大的图表功能，用户可深入分析开发现状。
- 有浏览器界面，远端的用户可以进行访问。
- 与业界标准的数据库和报表生成器集成。
- 与 Rational 的软件管理工具 ClearCase 完全集成，让用户充分掌握变更需求情况。
- 支持数据库 MS Access 和 SQL Server 6.5。
- 优异的系统扩展性，提供将数据从 Access 转移到 SQL Server 的功能。

9.11　小结

本章主要介绍了缺陷方面的知识，分为几个大类的知识点：缺陷管理、缺陷度量、缺陷分析和缺陷遏制能力。关于缺陷管理的知识，其实很多工程师应该都是比较熟悉的，只是一些细节的地方做得不是很好，但是缺陷度量和缺陷分析方法，很多公司并没有真正使用起来，而恰好这部分是最重要的内容，所以本章节详细介绍了如何对缺陷进行度量以及应该如何更好地对缺陷进行分析，进而确定产品或系统是否可以正常地发布。关于缺陷度量主要介绍了常用的缺陷度量的几种方法：缺陷密度度量、客户角度和功能点度量。缺陷分析的常用方法包括：根本原因缺陷分析法、四象限缺陷分析法、ODC 正交缺陷分析法、Rayleigh 缺陷分析法和 Gompertz 缺陷分析法。缺陷的遏制能力也是本章重点，未来测试不仅仅是发现问题，更重要的是去预防缺陷，所以我们应该清楚地了解缺陷遏制的方法和过程。

10

单元测试

在第 6 章中详细介绍了测试用例的设计方法，这些测试用例的设计方法主要是针对黑盒测试进行的。而一个完整的测试过程包括界面和代码两部分的测试，本章主要介绍基于代码的测试方法，即单元测试，也可以称为白盒测试。

本章主要包括以下内容：

- 单元测试介绍
- 静态测试技术
- 动态测试技术
- CppUnit 自动化单元测试框架

10.1 单元测试介绍

单元测试主要是对单元测试的基础知识进行介绍，包括单元测试的定义、单元测试对象、单元测试环境和单元测试策略。

10.1.1 单元测试定义

单元测试是对软件基本组成单元进行的测试，如函数（function、procedure）或一个类的方法（method）。单元具有一些基本属性，如明确的功能、规格定义、与其他部分的接口定义等，可清晰地与同一程序的其他单元划分。

在一种传统的结构化编程语言（比如 C 语言）中，要进行测试的单元一般是函数或子过程。在类似 C++ 这样的面向对象的语言中，要进行测试的基本单元是类或类的方法。测试时基本单元不一定是指一个具体的函数或一个类的方法，也可能对应多个程序文件中的一组函数。

单元测试的目的在于发现各模块内部可能存在的各种错误，主要包括以下几个方面：

（1）验证代码是与设计相符合的。

（2）发现设计和需求中存在的错误。

（3）发现在编码过程中引入的错误。

10.1.2　单元测试的重点

单元测试主要是针对系统最基本的单元代码进行测试，测试时主要从接口、独立路径、出错处理、边界条件和局部数据五个方面进行测试，如图 10-1 所示。通过这五个方面来检查模块内部是否存在错误。

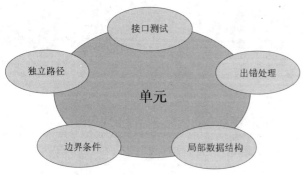

图 10-1　单元测试重点

下面就这五个方面进行详细的介绍。

（1）接口测试。

接口测试主要是对函数数据的输入和输出进行测试，主要包括以下几个方面的内容：

1）调用所测模块时的输入参数与模块的形式参数在个数、属性、顺序上是否匹配。

2）所测模块调用子模块时，它输入给子模块的参数与子模块中的形式参数在个数、属性、顺序上是否匹配。

3）是否修改了只用作输入的形式参数。

【实例】形式变量 sum 被作为工作变量使用，当外部函数调用该函数时，外部变量很可能会覆盖该形式参数对应的内存区域，进而导致 sum 的结果不一致。

```
void sum_data( unsigned int num, int *data, int *sum )
{
    unsigned int count;
    *sum = 0;
    for (count = 0; count < num; count++)
    {
        *sum += data[count]; // sum 成了工作变量
    }
```

```
}
```

应该将以上代码进行修改，修改后的代码如下：

```
void sum_data( unsigned int num, int *data, int *sum )
{
    unsigned int count ;
    int sum_temp;
    sum_temp = 0;
    for (count = 0; count < num; count ++)
    {
        sum_temp += data[count];
    }

    *sum = sum_temp;
```

4）输出给标准函数的参数在个数、属性、顺序上是否正确。

5）全局变量的定义在各个模块中是否一致。

6）约束条件是否通过形式参数来传送。

如果约束条件通过形式参数来传送，很容易出现控制耦合的情况，如以下代码段：

```
int add_sub( int a, int b, unsigned char add_sub_flg )
{
    if (add_sub_flg == integer_add)
    {
        return (a + b);
    }
    else
    {
        return (a – b);
    }
}
```

可以将代码分成两个函数来实现，代码如下：

```
int add( int a, int b )
{
    return (a + b);
}
int sub( int a, int b )
{
    return (a – b);
}
```

关于耦合还有以下几种情况：

1）无直接耦合：两个模块之间没有直接的调用关系，称为无直接耦合。

2）数据耦合：如果两个模块之间只是通过参数交换信息，而且所交换的信息仅仅是简单数据类型，那么这种耦合称为数据耦合。

3）印记耦合：如果数据结构作为参数进行传递，就称为印记耦合。印记耦合是数据耦合的一个变种。

4）控制耦合：如果两个模块之间所交换的信息包含控制信息，那么这种耦合称为控制耦合。

5）外部耦合：如果某个模块和外部的硬件环境产生交互操作，则产生外部耦合。

6）共用耦合：当两个或多个模块通过一个公共区相互作用时，它们之间的耦合称为共用耦合。这类公共区可以是全程数据区、共享通信区、内存公共覆盖区、任何介质上的文件、物理设备等。

7）内容耦合：内容耦合指的是一个模块和另外一个模块的内容直接产生联系，一个模块直接转移到另一个模块内部，一个模块使用另一个模块的内部数据，都会产生内容耦合。内容耦合是最高程度的耦合，是应该避免的。

（2）独立路径测试。

独立路径主要测试程序的运行路径是否存在错误，对基本执行路径和循环进行测试容易发现大量的错误，设计测试用例查找由于错误的计算、不正确的比较或不正常的控制流而导致的错误。主要包括以下几个方面的内容：

1）运算的优先次序不正确或误解了运算的优先次序：如+和-运算符的优先级高于>>和<<操作符。

2）运算的方式错误：如本来希望 a=++b，而错误地写成了 a=b++。

3）不同数据类型的比较：如 a 为 unsigned 类型，b 为 int 类型，执行 while(a>b)语句时很容易出现死循环，因为 a 为无符号类型。

4）"差 1 错"，即循环的次数多了一次或少了一次：如 for(i=0;i<=100;i++)，本来只希望循环100 次，结果循环了 101 次。

5）错误的或不可能的循环终止条件：如 while(|a|<0)这个条件永远不可能正确。

6）关系表达式中不正确的变量和比较符：如将等号写成了赋值符，if(a==1)写成了 if(a=1)。

7）当遇到发散的迭代时不能终止循环。

8）循环变量修改错误：while(i) {循环体中错误地修改 i 的值,使得循环次数错误}。

（3）出错处理测试。

比较完善的单元设计要求能预见出错的条件，并设置适当的出错处理，以便在程序出错时，能对出错程序重新做安排，保证其逻辑上的正确性。主要包括以下几个方面的内容：

1）出错的描述难以理解：如用户登录失败提示"Error code001"，该提示信息不易理解。

2）出错的描述不足以对错误定位和确定出错的原因：如网络无法连接时，提示"网络连接失败"。

3）显示的错误与实际的错误不符：如用户名输入错误时，提示"密码错误"。

4）对错误条件的处理不正确：如注册邮箱，提示输入的用户名格式错误，但还能正确地注册一个账号。

5）在对错误进行处理之前，错误条件已经引起系统的干预等。

（4）边界条件测试。

边界条件测试主要测试函数对循环条件、控制条件、数据流等临界值的处理情况，主要包括以下几个方面的内容：

1）在 n 次循环的第 n 次，取最大值或最小值时容易发生错误。

2）特别要注意数据流、控制流中等于、大于、小于确定的比较值时出现错误的可能性。

（5）局部数据结构测试。

局部数据结构测试主要测试对数据定义是否存在错误，包括以下几个方面的内容：

1）检查不正确或不一致的数据类型说明：如将 a 的类型设置为 unsighed int 类型，如果将 a<0 设置为结束的条件，那么一定会进入死循环，因为 a 永远不可能为负数。

2）使用尚未赋值或尚未初始化的变量。

3）错误的初始值或错误的缺省值：如 int a=65536，会导致 a 实际的值为 0。

4）变量名拼写错误或书写错误。

5）不一致的数据类型：如 int a 和 float b，如果运行 a=b，那么会导致精度丢失。

10.1.3 单元测试环境

单元本身不是一个独立的程序，一个完整的可运行的软件系统并没有构成，所以必须为每个单元测试开发驱动单元和桩单元。一个完整的单元测试环境如图 10-2 所示。

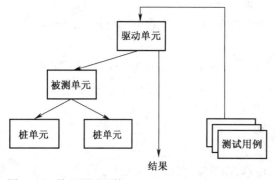

图 10-2　单元测试环境

驱动单元（Driver）：所测函数的主程序，它接收测试数据，并把数据传送给测试单元，最后再输出实测结果。当被测试单元能完成相关功能时，也可以不要驱动单元（如顶层函数就可以不使用驱动单元）。驱动单元具有如下特点：

（1）接收测试数据，包含测试用例输入和预期输出。

（2）把测试用例输入传送给要测试的单元。

（3）将被测单元的实际输出和预期输出进行比较，得到测试结果。

（4）将测试结果输出到指定位置。

桩单元（Stub）：用来代替所测单元调用的子单元。桩单元具有如下特点：

（1）桩单元的功能是从测试角度模拟被调用的单元。

（2）桩单元需要针对不同的输入，返回不同的期望值，模拟所替代单元的不同功能。

（3）桩单元返回的期望值根据输入和被模拟单元的详细设计来确定。

【实例】被测试的函数为 FuncTest，调用的子函数为加法函数 add 和减法函数 sub，函数代码如下：

```
//被测试的函数 FuncTest
int FuncTest(int x,int y)
{
    int z=0;
    if (x >= y)
    {
        z=add(x,y);
    }
    else
    {
        z=sub(x,y);
    }
    return z;
}
//加法函数
int add(int x,int y)
{
    return (x+y);
}
//减法函数
int sub(int x,int y)
{
    return (x-y);
}
```

由于被测试函数 FuncTest 调用了加法与减法两个函数，所以应该先写加法和减法的桩函数。但如果加法和减法这两个函数都已经经过了测试，并且是正确的，那么可以不用写桩函数，直接调用这两个函数即可。写好后的桩函数代码如下：

```
//模拟加法函数的桩
int stub_add(int a, int b)
{
    if((a==1) && (b==1))
    {
        return 2;
    }
    if((a==2) && (b==1))
```

```
    {
        return 3;
    }
    if((a==3) && (b==0))
    {
        return 3;
    }
    else return 9999;//只是为了处理异常，而且是自定义的
}
//减法函数的桩
int stub_sub(int a, int b)
{
    if((a==1) && (b==2))
    {
        return -1;
    }
    if((a==2) && (b==3))
    {
        return -1;
    }
    if((a==0) && (b==3))
    {
        return -3;
    }
    else return 9999;//只是为了处理异常，而且是自定义的
}
```

接下来写驱动模块，一般驱动程序都为 main 函数，驱动模块的代码如下：

```
int main()
{
    int z=0;//接受被测试函数结果
    z=FuncTest(1,1);
    if(2 == z)
    {
        printf("测试用例 001 通过! ");
    }
    z=FuncTest(2,1);
    if(3 == z)
    {
        printf("测试用例 002 通过!");
    }
    z=FuncTest(1,2);
    if(-1 == z)
```

```
    {
        printf("测试用例 003 通过!");
    }
    return z;
}
```

从上面的实例中可以看出,桩函数主要用于代替被测试函数(FuncTest 函数)所调用的函数(add 函数和 sub 函数),之所以设计桩函数就是为了隔离错误。假设如果不设计桩函数,直接调用 add 函数和 sub 函数,当测试结果失败时就无法确定是被测试函数(FuncTest 函数)还是被调用函数(add 函数和 sub 函数)出错。

那么什么时候需要写桩函数呢？一般以下两种情况需要写桩函数：

（1）被调用的函数未经过测试,不能保证其正确性。

（2）被调用的函数虽然已经测试过,但是有一些情况无法模拟,此时也需要写桩函数。

如函数 test：

```
int test(int x, int y)
{
    …
    if(a > 10)
    {
        return x + y;
    }
    else return 9999;//只是为了处理异常，而且是自定义的
}
```

假设被测试函数需要调用该函数,test 函数也经过测试且是正确的,但是在实际使用过程中很难模拟出 a<10 时的值,那么测试过程中就可以通过桩函数人为地模拟这种情况。

测试过程中并不是每次都需要写桩函数,通常以下情况不需要写桩函数：

（1）最底层函数,即被测试函数不调用任何的其他函数,此时不需要写桩函数。

（2）被调用的函数已经经过测试,并且是正确的。

测试过程中也并不是每次都需要写驱动函数,对于顶层函数或 main 函数,测试时就不需要写驱动函数。

10.1.4 单元测试策略

在实际测试过程中可能包括大量函数,不可能对所有的函数进行单元测试,所以如何选择单元测试策略是很重要的,选择不同的测试策略所花费的时间开销和带来的效果是不一样的。一般的单元测试策略有三种：孤立的单元测试策略（Isolation Unit Testing）、自顶向下的单元测试策略（Top Down Unit Testing）和自底向上的单元测试策略（Bottom Up Unit Testing）。

（1）孤立的单元测试策略不考虑每个模块与其他模块之间的关系,为每个模块设计桩模块和驱动模块,每个模块进行独立的单元测试。

（2）自顶向下的单元测试策略先对最顶层的单元进行测试，把顶层所调用的单元做成桩模块。接着对第二层进行测试，使用上面已测试的单元做驱动模块，依此类推，直到测试完所有模块。自顶向下的单元测试策略过程如图 10-3 所示。

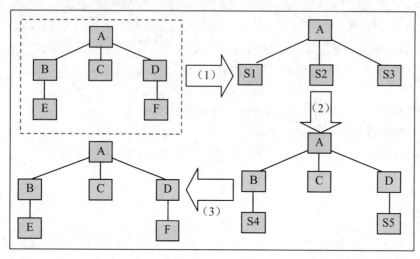

图 10-3　自顶向下的单元测试策略

（3）自底向上的单元测试策略先对模块调用层次图上最底层的模块进行单元测试，模拟调用该模块的模块做驱动模块，然后再对上面一层做单元测试，用下面已被测试过的模块做桩模块。依此类推，直到测试完所有模块。自底向上的单元测试策略过程如图 10-4 所示。

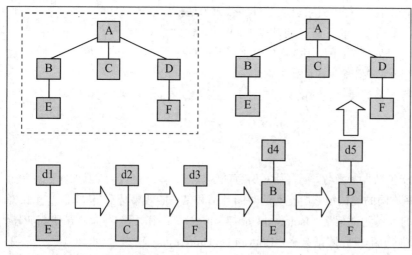

图 10-4　自底向上的单元测试策略

这三种策略各有优缺点，见表 10-1，具体的策略选择可以依据实际测试情况进行。

表 10-1　三种单元测试策略优缺点

策略名	使用方法	优点	缺点
孤立的测试策略	考虑每个模块与其他模块之间的关系，为每个模块设计桩模块和驱动模块，每个模块进行独立的单元测试	该方法是最简单、最容易操作的，可以达到高的结构覆盖率，该方法是纯粹的单元测试	桩函数和驱动函数工作量很大，效率低
自顶向下的测试策略	先对最顶层的单元进行测试，把顶层所调用的单元做成桩模块，接着对第二层进行测试，使用上面已测试的单元做驱动模块，依此类推，直到测试完所有模块	可以节省驱动函数的开发工作量，测试效率较高	随着被测单元一个一个被加入，测试过程将变得越来越复杂，并且开发和维护的成本将增加
自底向上的测试策略	先对模块调用层次图上最底层的模块进行单元测试，模拟调用该模块的模块做驱动模块。然后再对上面一层做单元测试，用下面已被测试过的模块做桩模块。依此类推，直到测试完所有模块	可以节省桩函数的开发工作量，测试效率较高	不是纯粹的单元测试，底层函数的测试质量对上层函数的测试将产生很大影响

10.2　静态测试技术

　　静态测试是通过分析代码来发现错误，所依据的只能是数据和代码的自然属性，对业务属性则一无所知。静态测试并不需要执行软件，通过审查软件的设计、体系结构和代码，从而找出软件缺陷的过程，有时也称为结构化分析。

　　这就是这类方法的极限，即静态测试方法做到极致，也只能发现一小部分错误。另外，静态分析只能基于现有代码，不能发现代码缺失造成的错误。

　　静态测试常用的方法有：代码走查、数据流分析、控制流分析和信息流分析。

10.2.1　代码走查

　　代码走查（code walkthrough）是开发人员与架构师集中讨论代码的过程，检查代码的逻辑和语法是否正确。

　　代码走查的作用主要包括以下几个方面：

- 检查是否符合编辑规范；
- 检查代码逻辑是否存在问题；
- 对源代码进行重构；
- 分享开发经验。

　　代码走查过程中需要注意的是，不应该匆匆忙忙地完成一次代码走查，需要充分地、认真地对待，同时在代码走查过程中可以学习其他工程师的经验。在走查过程中不能用自己的编程思维看待代码，代码走查的目的是确定代码是否正确。

10.2.2 控制流分析

控制流分析方法主要是将程序流程图转换为控制流程图,通过控制流程图来分析程序中可能存在的问题，通过分析控制流程图主要发现以下几类问题：

（1）转向并不存在的标号。

（2）没有用的语句标号。

（3）从程序入口进入后无法达到的语句。

（4）不能达到停机语句的语句。

在控制流程图中只有以下两种图形符号：

（1）结点：以标为编号的圆圈表示，它代表了程序流程图中矩形框所表示的处理、菱形所表示的两个或多个出口判断以及两至多条流线相交的汇合点。

（2）控制流线或弧：以箭头表示，它与程序流程图中的流线是一致的，表明了控制的顺序。为方便记录，一般会在控制流线上标有名字，如 a、b、c 等。

控制流分析步骤如下：

（1）确定所有程序元素。

（2）根据程序元素之间的相互关系得到控制流程图。

（3）将控制流程图转换成控制流矩阵。

（4）通过数据结构的形式把控制流矩阵表示出来。

（5）借助算法对控制流进行分析，找出存在的问题。

【实例】根据代码画出的控制流程图如图 10-5 所示。

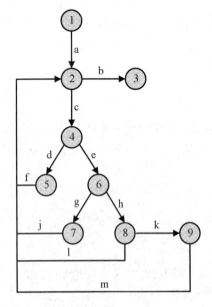

图 10-5　控制流程图

根据控制流程图画出的控制流矩阵见表 10-2。

表 10-2　控制流矩阵

结点	①	②	③	④	⑤	⑥	⑦	⑧	⑨
①		a							
②			b	c					
③									
④					d	e			
⑤		f							
⑥							g	h	
⑦		j							
⑧		l						k	
⑨		m							

通过分析控制流矩阵判断程序是否存在控制流分析方法所关注的几类问题，该实例是正确的，不存在那四类问题。

10.2.3　数据流分析

数据流分析最初是随着编译系统要生成有效的目标码而出现的，这类方法主要用于代码优化。近年来数据流分析方法在确认系统中也得到成功的运用。通过数据流分析可以查找代码中引用但未定义的变量等错误，查找以前未使用的变量再次赋值等数据流异常的情况。数据流分析法的关键是数据的定义和引用。

数据的定义：如果程序中某一语句执行时能改变某程序变量 M 的值，则称 M 是被该语句定义的。

数据的引用：如果语句的执行引用了内存中变量 N 的值，则称该语句引用变量 N。

数据流分析方法主要是发现以下两种错误：

（1）变量未定义但被引用。

（2）变量定义但未被引用。

数据流分析方法使用步骤如下：

（1）根据代码画出控制流程图。

（2）根据控制流程图画出数据流表。

（3）分析数据流表。

（4）根据分析结果对代码进行修正和优化。

【实例】根据代码画出的控制流程图如图 10-6 所示。

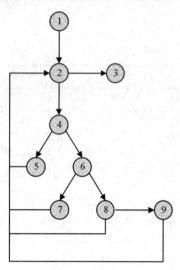

图 10-6　控制流程图

根据控制流程图画出的数据流表见表 10-3。

表 10-3　数据流表

结点	被定义变量	被引用变量
1	A、B、C	
2	A	M、A
3		B、C
4		A、C
5	V、N	N
6	W	N、A
7	Z	W
8	Z	Z
9		Z

对数据流分析表进行分析，可以发现以下问题：

（1）语句 2 中使用的变量 M 在之前的语句中并未定义。

（2）语句 5 中定义的变量 N，在后面一直未使用。

（3）语句 7 中定义的变量 Z，在语句 8 中被重新定义了，这样会出现异常警告。

10.2.4　信息流分析

信息流分析主要是验证程序变量间信息的传输。程序的信息关系可以通过输入变量与语句关系、语句与输出变量关系和输入变量与输出变量关系三个表来导出。

输入变量与语句关系：输入变量直接或间接影响语句的执行。

语句与输出变量关系：语句执行直接或间接影响变量的输出。

输入变量与输出变量关系：输入变量直接或间接影响输出变量。

信息流分析的步骤如下：

（1）根据代码得到三个关系表：输入变量与语句关系表、语句与输出变量关系表、输入与输出变量关系表。

（2）分析输入变量与语句关系表，查看对未定义的变量所有可能的引用，根据语句的执行情况来判断是哪个输入变量未定义。

（3）分析语句与输出变量关系表，查看所有可能会影响输出变量取值的语句，根据语句的执行情况来判断是哪条语句导致输出变量错误。

（4）分析输入变量与输出变量关系表，查看所有可能影响输出变量取值的输入变量，判断输出变量会不会由一些非法的变量导出。

信息流主要分析以下内容：

（1）能够列出对输入变量的所有可能的引用。

（2）在程序的任何指定点检查其执行可能影响某一输出变量值的语句。

（3）输入输出关系提供一种检查，看每个输出值是否由相关的输入值而不是其他值导出。

【实例】如以下代码段（此代码为伪代码）：

```
1       Q = 0;
2       R = M;
3       while(R>=N)
        {
4           Q=Q+1;
5           R=R-N;
        }
```

根据代码分析出输入变量与语句关系表、语句与输出变量关系表和输入变量与输出变量关系表，如图 10-7 所示。

	M	N
①		
②	√	
③	√	√
④	√	√
⑤	√	√

输入变量与语句关系

	Q	R
①	√	
②	√	√
③	√	√
④	√	√
⑤	√	√

语句与输出变量关系

	Q	R
M	√	√
N	√	√

输入变量与输出变量关系

图 10-7　输入变量、语句、输出变量关系表

输入变量与语句关系表中，由于输入变量 M、N 的大小直接影响 while 语句的循环次数，所以输入变量与语句 3、4、5 是有关系的。

语句与输出变量关系表中，语句 1、2、3 和 4 与输出变量的关系比较容易理解，较难理解的是语句 5 与输出变量 Q 和 R 都有关系，因为语句影响输出变量 R 的值，而 R 的值又影响 while 语句的循环次数，所以间接影响输出变量 Q 的值。

输入变量与输出变量的关系表比较容易理解，输入变量 M、N 决定输出变量 Q 和 R 的大小。

10.3　动态测试技术

动态测试是指通过运行代码来观察代码运行状况，利用查看代码和实现方法得到的信息来确定哪些需要测试、哪些不需要测试、如何开展测试，动态测试又称为结构化测试。常见的动态测试方法有：语句覆盖、判定覆盖、条件覆盖、判定/条件覆盖、路径覆盖和基本路径覆盖。

以如图 10-8 所示的程序流程图为例，对动态测试技术进行分析。

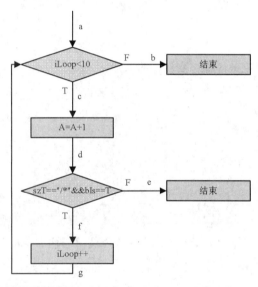

图 10-8　程序流程图

10.3.1　语句覆盖

语句覆盖是指在测试过程中，设计若干个测试用例，然后运行被测试程序，保证程序中每条可执行的语句至少被执行一次。若干个测试用例是指使用最小的测试用例数来覆盖所有的执行语句。

如图 10-8 所示的程序流程图，只要设计一个测试用例即可，执行的路径为 acdfg。

测试用例：iLoop=9，szT = "/*"，bIs=T；

语句覆盖的优点如下：

（1）能够检查所有语句。

（2）结构简单的代码的测试效果较好。

（3）容易实现自动测试。

（4）代码覆盖率比较高。

（5）如果是程序块覆盖，则不涉及程序块中的源代码。

上面的实例中看似每条语句都被执行了一次，但依然存在问题，语句覆盖无法测试到以下几个方面的内容：

（1）条件语句中逻辑运算符的正确性无法测试。

如实例中的第二个判断条件 szT== "/*"&&bIs==T，如果将该测试用例更改为 szT=="a"&&bIs==F，那么同样会执行路径 acde，如果程序中错误地将逻辑条件"与"写成了"或"，是无法测试出错误的。

（2）循环次数错误、跳出循环条件错误。

如实例中的第一个判断条件程序错误地写成了 iLoop<=10，那么执行第一个测试用例还是无法测试出错误。

（3）语句覆盖率高并不代表测试很全面。

如下面的代码，执行 x=2 的测试用例，测试结果语句的覆盖率达到 99%，但是程序中一个重要的分支没有被测试到，存在严重的缺陷。

```
if(x!=1)
{
    statements;
    ……;
    //99 条语句
}
else
{
    statement;
    //1 条语句
}
```

10.3.2　判定覆盖

判定覆盖是指设计若干测试用例，运行被测程序，使程序中每个判断的取真分支和取假分支至少经历一次，即判断的真假值均被满足。判定覆盖又称为分支覆盖。

如图 10-8 所示的程序流程图，只要设计三个测试用例即可，执行的路径分别为 ab、acde 和 acdfg。

测试用例 1：iLoop=11；

测试用例 2：iLoop=9，szT= "/*"，bIs=F；

测试用例 3：iLoop=9，szT= "/*"，bIs=T；

可以看出，这三个测试用例不仅满足判定覆盖还满足语句覆盖，所以其实判定覆盖是语句覆盖的一种增强版形式。因此语句覆盖存在的缺点在判定覆盖中依然存在，具体的缺点如下：

（1）条件语句中逻辑运算符的正确性无法测试。

（2）循环次数错误无法测试。

（3）跳出循环条件错误无法测试。

10.3.3 条件覆盖

条件覆盖是指设计若干测试用例，执行被测程序以后，确保每个判断中每个条件的可能取值至少满足一次。

首先将程序中每个分支中的条件取值情况列出来，如图 10-8 所示的程序流程图，各分支条件取值和标记见表 10-4。

表 10-4　条件取值和标记表

条件	取值	标记
iLoop<10	取真	T1
	取假	F1
szT="/*"	取真	T2
	取假	F2
bIs=T	取真	T3
	取假	F3

接着对条件进行组合，保证每个条件的取值至少被执行一次，再根据组合条件写出测试用例。在本例中只要两个测试用例即可覆盖到每个条件的取值情况，测试用例见表 8-5。

表 10-5　测试用例

测试用例	条件 iLoop	条件 szT	条件 bIs	执行路径	覆盖条件
CASE1	iLoop=7	szT="/*"	bIs=F	acde	T1，T2，F3
CASE2	iLoop=11	szT="//"	bIs=T	ab	F1，F2，T3

那么条件覆盖一定会满足分支覆盖吗？仔细分析表 10-5 的测试用例可以发现，有一条分支并没有被执行，即路径 acdfg。

所以，条件覆盖的优点是可以检查所有的条件错误；缺点是不能保证每个分支被覆盖，即不能实现对每个分支的检查，同时相对于语句覆盖，测试用例的数量也会增多。所以为了在条件覆盖的基础上达到分支覆盖，必须使用判定/条件覆盖分析法。

10.3.4 判定/条件覆盖

判定/条件覆盖是指设计若干个测试用例，然后运行被测程序，使得判断中每个条件的所有可能至少出现一次，并且每个判断本身的判定结果也至少出现一次。

首先将程序中每个分支中的条件取值和分支组合的取值情况列出来，如图 10-8 所示的程序流程图，各分支条件取值和分支组合取值见表 10-6。

表 10-6　条件取值和分支组合取值表

组合编号	条件取值	标记
①	iLoop<10	T1
②	iLoop>=11	F1
③	szT="/*"，bIs=T	T2，T3
④	szT="/*"，bIs≠T	T2，F3
⑤	szT≠"/*"，bIs=T	F2，T3
⑥	szT≠"/*"，bIs≠T	F2，F3

接着对条件进行组合，保证每个条件的取值以及每个分支至少被执行一次，再根据组合条件写出测试用例。在本例中只要两个测试用例即可覆盖到每个条件的取值情况，测试用例见表 10-7。

表 10-7　测试用例

测试用例	条件 iLoop	条件 szT	条件 bIs	覆盖组合	执行路径	覆盖条件
CASE1	iLoop=8	szT="/*"	bIs=T	① ③	acdfg	T1，T2，T3
CASE2	iLoop=7	szT≠"/*"	bIs=T	① ⑤	acde	T1，F2，T3
CASE3	iLoop=11	szT≠"/*"	bIs≠T	② ⑥	ab	F1，F2，F3

该实例中只要设计三个测试用例即可覆盖所有分支中的条件检查和分支检查，那么判定/条件覆盖分析法能覆盖所有的路径吗？答案是肯定的，判定/条件覆盖分析法并不一定能覆盖所有路径的检查，但该实例中恰好全部覆盖了所有的路径。

所以判定/条件覆盖分析法的优点是既考虑了每个条件的检查，又考虑了每个分支的检查，发现错误的能力强于单独的分支覆盖和条件覆盖；缺点是判定/条件覆盖并不能全面覆盖所有路径，并且相对前面几种分析方法，其测试用例数量也有所增加。

10.3.5　路径覆盖

前面讨论的多种覆盖准则，有的虽提到了所走路径问题，但尚未涉及到路径的覆盖。而路径能否全面覆盖在软件测试中是一个重要问题，因为程序要取得正确的结果，就必须消除遇到的各种障碍，沿着特定的路径顺利执行。只有程序中的每一条路径都得到测试，才能说程序受到了全面检验。

路径覆盖是指设计足够多的测试用例，覆盖程序中所有可能的路径。

如图 10-8 所示的程序流程图，只要设计三个测试用例即可覆盖所有路径，测试用例见表 10-8。

表 10-8　测试用例

测试用例	条件 iLoop	条件 szT	条件 bIs	覆盖路径
CASE1	iLoop=8	szT="/*"	bIs=T	acdfg
CASE2	iLoop=7	szT≠"/*"	bIs=T	acde
CASE3	iLoop=11	szT≠"/*"	bIs≠T	ab

路径覆盖看似可以完成覆盖程序中的所有路径，但对于一个复杂的循环语句，则很难全面覆盖所有执行路径。如图 10-9 所示的循环程序，其包含的不同执行路径条数达 5^{20}，假定对每一条路径进行测试需要 1 毫秒，一年工作 365×24 小时，要想把所有路径测试完需 3170 年。

所以在实际的测试过程中要做到完全的路径覆盖是无法实现的，为解决这一难题，只能把覆盖的路径数压缩到一定限度内。

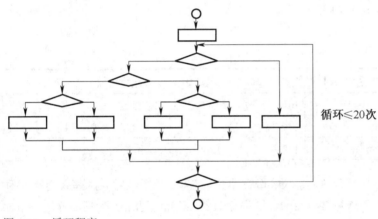

图 10-9　循环程序

10.3.6　基本路径覆盖

基本路径覆盖法是指在程序控制流图的基础上，通过分析控制结构的环路复杂性，导出基本可执行路径集合，设计测试用例的方法。该方法把覆盖的路径数压缩到一定限度内，程序中的循环体最多只执行一次。设计出的测试用例要保证在测试中，程序的每一个可执行语句至少执行一次。基本路径覆盖分析法步骤如下：

（1）从详细设计导出控制流图。

符号"〇"为控制流图的一个结点，表示一个或多个无分支的源程序语句。箭头为边，表示控制流的方向。

常见的顺序结构、If 选择结构、While 重复选择结构、Until 重复选择结构和 Case 多分支选择结构控制流图画法如图 10-10 所示。

顺序结构   If选择结构   While重复选择结构   Until重复选择结构   Case多分支选择结构

图 10-10   常见结构控制流图

在选择或多分支结构中，分支的汇聚处应有一个汇聚结点。边和结点圈定的区域叫做区域，当对区域计数时，图形外的区域也应记为一个区域。如果判断中的条件表达式是由一个或多个逻辑运算符（OR、AND、NAND、NOR）连接的复合条件表达式，则需要改为一系列只有单条件的嵌套的判断。如图 10-11 所示为程序流程图与控制流图的关系。

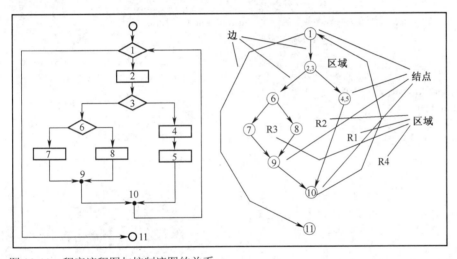

图 10-11   程序流程图与控制流图的关系

（2）确定控制流图的环形复杂度。

环形复杂度也称为圈复杂度，它是一种为程序逻辑复杂度提供定量尺度的软件度量。程序的环形复杂度是指程序基本路径集中的独立路径数量，这是确保程序中每个可执行语句至少执行一次所必需的测试用例数目的上限。独立路径是指程序中至少引入了一个新的处理语句集合或一个新条件的程序通路。从控制流图的角度来说，独立路径是指必须至少包含一条在本次定义路径之前不曾用过的边。

环形复杂度以图论为基础，为我们提供了非常有用的软件度量。可用如下三种方法来计算环形复杂度：

第一种方法：计算控制流图中的区域数量，控制流图中的区域等于环形复杂度。

第二种方法：给定控制流图 G 的环形复杂度 V(G)，定义 V(G) = E-N+2（其中 E 是控制流图中边的数量，N 是控制流图中的结点数量）。

第三种方法：给定控制流图 G 的环形复杂度 V(G)，也可定义为 V(G) = P+1（其中 P 是控制流图 G 中的结点，但该结点至少需要输出 2 条或 2 条以上的边）。

（3）确定独立路径的基本集。

（4）导出测试用例，确保基本路径集中的每一条路径都被执行。

【实例】使用基本路径覆盖法对下面一段程序进行分析，并导出测试用例，被测试代码如下：

```
//////////////////////////////////////////////////////
//Function:        BOOL IsCodeLine (CString szStatFileLine, BOOL &bIsComment)
//Description:     判断当前字符串是否是代码行
//Calls:           无
//Input:           szStatFileLine——文件中当前行的字符串，该行字符串不是空行
//                 bIsComment——标识当前行是否处于注释体内
//                 True——处于注释体内，False——不处于注释体内
//Output:          bIsComment：如果该行为注释的最后一行，bIsComment 赋值 False
//Return:          RET_OK——代码行，RET-FAIL——注释行
//Others:          无
//////////////////////////////////////////////////////
BOOL CCounter::IsCodeLine(CString szStatFileLine,BOOL &bIsComment)
{
        //定义代码行标志
1       int      iCodeFlag=RET_FAIL;
        //记录当前字符串的长度
2       int      iCodeLineLen=0;
        //循环变量
3       int      iLoop=0;
        //从字符串中获取的两个字符，判断是否为"/*"或者"*/"
4       CString szTmpCommLine;
        //从字符串中获取的一个字符，判断是否为代码字符
5       CString szTmpCodeLine;

        //删除 szStatFileLine 的首尾空格，Tab，回车，换行
6       szStatFileLine.TrimLeft();
7       szStatFileLine.TrimRight();

        //iCodeLineLen = szStatFileLine 的字符串长度
8       iCodeLineLen = szStatFileLine.GetLength();

        //如果没有读取到字符串的倒数第二个字符，循环继续
9       while (iLoop < iCodeLineLen - 1)
        {
                //szTmpCommLine 等于 szStatFileLine 的第 iLoop 和第（iLoop+1）个字符
```

```
10        szTmpCommLine = (CString)szStatFileLine.GetAt(iLoop) +
              (CString)szStatFileLine.GetAt(iLoop+1);

          //szTmpCodeLine 等于 szStatFileLine 的第 iLoop 个字符
11        szTmpCodeLine = szStatFileLine.GetAt(iLoop);

          //如果原来代码未处于注释段中，发现字符串"/*"则注释段开始
12        if( (szTmpCommLine == "/*") && (bIsComment == False) )
          {
              //注释标志位被置为 True
13            bIsComment = True;

              //循环变量加 2，越过"/*"，读取注释体内的字符
14            iLoop+=2;
15            continue;
          }
          //如果原来代码处于注释段中，发现字符串"*/"则注释段结束
16        else if ( (szTmpCommLine == "*/") && ( bIsComment == True) )
          {
              //注释标志位被置为 False
17            bIsComment = False;

              //循环变量加 2，越过"*/"，读取注释体外的字符
18            iLoop+=2;
19            continue;
          }

          //如果当前的字符非 tab 字符、非空格字符，并且没有处于注释体内，那么判断该行是
          //代码行
20        else if ( (szTmpCodeLine != "        ") && (szTmpCodeLine != " ")
              && (bIsComment == False))
          {
21            iCodeFlag = RET_OK;
          }

          //循环变量加 1，读取字符串中的下一个字符
22        iLoop++;
      }//

      return iCodeFlag;

}
```

第一步：分析被测试程序，画出程序流程图和控制流图，如图 10-12 所示。

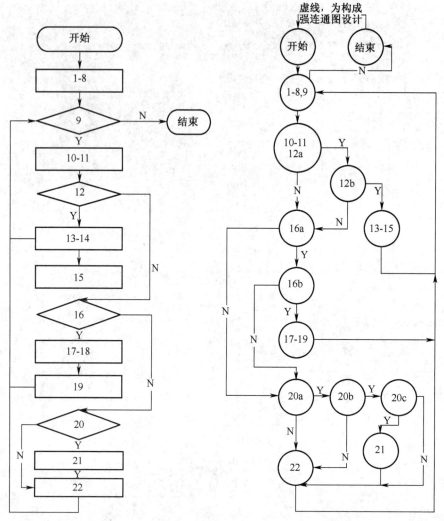

图 10-12　程序流程图与控制流图

 其中条件 12a：szTmpCommLine == "/*"，12b：bIsComment == False，16a：szTmpCommLine == "*/"，16b：bIsComment == True，20a：szTmpCodeLine != Tab 键，20b：szTmpCodeLine != 空格，20c：bIsComment == False。

第二步：确定控制流图的复杂度，该实例的复杂度为 9（复杂度=21-14+2）。

第三步：确定独立路径的基本集，该实例独立路径的基本集如下：

路径 1：开始→(1-8,9)→结束；

路径 2：开始→(1-8,9)→(10-11,12a)→(16a)→(20a)→(22)→(1-8,9)→结束；

路径 3：开始→(1-8,9)→(10-11,12a)→(16a)→(20a)→(20b)→(22)→(1-8,9)→结束；

路径 4：开始→(1-8,9)→(10-11,12a)→(16a)→(20a)→(20b)→(20c)→(22)→(1-8,9)→结束；

路径 5：开始→(1-8,9)→(10-11,12a)→(16a)→(20a)→(20b)→(20c)→(21)→(22)→(1-8,9)→结束；

路径 6：开始→(1-8,9)→(10-11,12a)→(12b)→(13-15)→(1-8,9)→结束；

路径 7：开始→(1-8,9)→(10-11,12a)→(16a)→(16b)→(17-19)→(1-8,9)→结束；

路径 8：开始→(1-8,9)→(10-11,12a)→(12b)→(16a)→(20a)→(22)→(1-8,9)→结束；

路径 9：开始→(1-8,9)→(10-11,12a)→(16a)→(16b)→(20a)→(22)→(1-8,9)→结束。

第四步：依据独立路径的基本集导出测试用例。该实例中包括 9 个测试用例，此处不一一列出，以路径 1 为例进行导出测试用例操作，导出的测试用例见表 10-9。

表 10-9　路径 1 导出的测试用例

测试用例编号	Counter-UT-IsCodeLine-001
测试项目	开始→(1-8,9)→结束
测试标题	当前行不处于注释体内，在 szStatFileLine 中查找到字符串 "i"，判断当前行是否为注释行
重要级别	1
预置条件	
输入	bIsComment＝False SzStatFileLine＝"i"
执行步骤	
预期输出	返回 RET_FAIL； bIsComment＝False

10.4　CppUnit 自动化单元测试框架

在前面章节中详细介绍了单元测试的方法以及单元测试的环境，但是手工单元测试时，测试用例、结果判断都需要人工干预，并且测试过程中非法分支会对源代码造成破坏，导致测试用例不可重用，这样效率会很低。所以我们需要使用自动化测试的方法来进行单元测试，即 BVT（Build Verification Test，创建确认测试）。

目前市场关于单元自动化测试的工具也较多，本书主要介绍 CppUnit 的使用。

CppUnit 是一个用 C++语言实现的单元测试框架，属于 XUnit 系列中的一员。CppUnit 采用了 BTV 的理念，用于面向对象 C++程序的单元测试的框架。它提供了一系列的头文件和静态库，采用 CppUnit 所提供的单元测试框架，可以很方便地开发测试用例，并实现单元测试的"自测试"。一方面使用 CppUnit 开发出来的测试用例是固化的，对同一个功能多次执行的测试用例是完全相同的，并实现了测试的自动化，在测试用例的执行过程中不需要测试人员干预；另一方面 CppUnit

采用断言来判断测试用例的执行结果，并可将执行结果写入一个文本文件中。

CppUnit 作为一个成熟的单元测试框架，具有以下特点：

（1）测试代码就是普通的 C++代码，不需要学习新的测试脚本。

（2）在测试期间测试代码和源代码一起运行，一旦发现错误，可以及时增加测试用例不停地进行测试，有利于发现更多的问题，更好地保证代码的质量。

（3）由于框架成熟，测试过程中就可以将更多的精力放在"桩函数的统一""可回归的单元测试"的目标上。

（4）由于 C++类有私有、保护成员，一般的外部单元测试工具对于 C++的支持都不是很好，但 CppUnit 就是针对 C++的，且采用了很直接的做法，只要在被测类的头文件中声明测试类是其友元，就可以在测试中得心应手。

（5）CppUnit 是开源代码，测试过程中可以增加它的功能。

CppUnit 单元测试框架中的主要概念如下：

被测试类（CUT）：被测试的类，该类的一个实例对象或者类本身作为测试的对象。

被测试方法：被测试的类中的成员方法。

测试用例（test case）：用来测试一个功能是否正确的一系列测试执行，是测试执行和统计的最基本单位。

测试工厂：一般给一个被测试类定义一个测试工厂，对该被测试类的被测试方法的测试用例和数据进行组装。

测试装置（test fixture）：容纳多个测试方法以及相关测试数据的类，它可以为多个测试方法准备相关数据、测试上下文，进行公共的初始化和后处理。

测试套（test suite）：相关测试用例的集合，测试套之间可以互相嵌套，即一个测试套可以包含一些测试用例，也可以包含其他测试套。一般来说，测试套和被测试的方法对应，并且需要把测试套定义为测试装置类。

测试方法（test method）：以一个函数形式表现出来的独立的测试执行。每个测试用例对应一个测试方法，但又不完全等同于测试方法。比如进行继承类的测试，虽然父类和子类有完全相同的测试方法，但在父类和子类中对应于同样测试方法的测试用例是不相干的。

使用 CppUnit 单元测试框架进行单元自动化测试的步骤如下：

第一步：编译 CppUnit 静态库文件*.lib 和动态库文件*.dll。

CppUnit 提供了两套框架库：一个为静态的 lib；一个为动态的 dll。Cppunit 工程为静态 lib，cppunit_dll 工程为动态 dll 和 lib。

进入 CppUnit 程序包，打开 src 文件，打开 CppUnitLibraries.dsw 程序，在 Microsoft Visual Studio 6.0 编辑器中单击"工程"下拉菜单，先选择"设置活动工程"菜单项，将当前活动工程分别设置为 cppunit 和 cppunit_dll 并进行编译，生成的静态文件*.lib 和动态库文件*.dll 都会输出到 lib 文件夹中。还有一个工程 TestRunner 需要注意，编译该工程也会输出一个 dll 文件，该 dll 文件提供了一个基于 GUI 方式的测试环境。

第二步：建立基于对话框的工程。

打开 Microsoft Visual Studio 6.0 编辑器，在"文件"下拉菜单中选择"新建"菜单项，创建一个基于 dialog 的工程，如图 10-13 所示，在新建对话框中设置好工程名（假设设置的工程名为 cppunit）和存放位置，单击"确定"按钮。

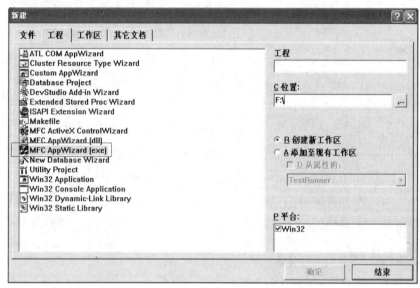

图 10-13　新建工程

弹出如图 10-14 所示的对话框，选择"基本对话"单选项，并单击"完成"按钮。

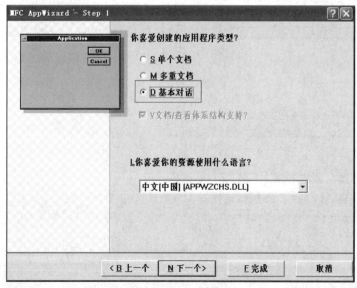

图 10-14　设置应用程序类型

第三步：屏蔽工程对话框。

在工程 cppunit.cpp 工程文件中，找到 BOOL CCppunitApp::InitInstance()方法，将如下代码注释掉：

```
/*CCppunitDlg dlg;
m_pMainWnd = &dlg;
int nResponse = dlg.DoModal();
if (nResponse == IDOK)
{
/*TODO: Place code here to handle when the dialog is
        dismissed with OK*/
}
else if (nResponse == IDCANCEL)
{
    /* TODO: Place code here to handle when the dialog is
     dismissed with Cancel */
}
 */
```

因为测试过程中需要调用 CppUnit 自带的 GUI 对话框（如图 10-15 所示），所以需要将创建时生成的基于对话框的应用程序类型注释掉。

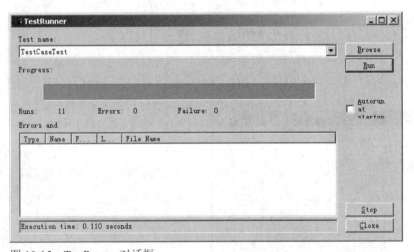

图 10-15　TestRunner 对话框

第四步：实现 CppUnit 测试执行器，并将测试工厂添加到测试执行器中。

找到 BOOL CCppunitApp::InitInstance()方法，添加如下代码：

```
//添加 CppUnit 的 MFC 类型的测试执行器
CppUnit::MfcUi::TestRunner runner;

//为被测试类（这里是 CCounter）定义一个测试工厂（这里取名叫 CounterTest）
CppUnit::TestFactoryRegistry &registry= CppUnit::TestFactoryRegistry::getRegistry("CounterTest");
```

```
//并将工厂添加到测试执行器中
runner.addTest( registry.makeTest() );

//运行执行器，显示执行器 GUI 界面
runner.run();
```

由于在 BOOL CCppunitApp::InitInstance()中引用了 CppUnit 的类，所以在文件开始处要添加如下头文件：

```
#include <cppunit/extensions/TestFactoryRegistry.h>
#include <cppunit/ui/mfc/TestRunner.h>
```

第五步：添加被测对象。

选择菜单"工程"→"添加工程"→"文件"选项，将被测对象所在文件（*.h 和*.cpp）添加到工程中（假设添加的被测试对象为 Iscodeline.cpp 文件）。

第六步：在工程中为被测对象 Iscodeline 编写测试类文件 CounterTest（可以自定义文件名）。

选择菜单"工程"→"添加工程"→"新建"选项，分别在源文件和头文件中新建 CounterTest.cpp 源文件和 CounterTest.h 头文件，添加后如图 10-16 所示。

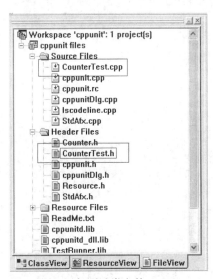

图 10-16　添加测试类文件

在 CounterTest.h 头文件中添加如下代码：

```
#include "cppunit/extensions/HelperMacros.h"

class IsCodeLineTest : public CppUnit::TestFixture {
    //声明一个 TestSuite
    CPPUNIT_TEST_SUITE( IsCodeLineTest);
    //添加测试用例到 TestSuite，定义新的测试用例需要在此声明
```

```
    CPPUNIT_TEST( Counter_UT_IsCodeLine_001);
    // TestSuite 声明完成
    CPPUNIT_TEST_SUITE_END();


public:
    //定义测试用例
    void Counter_UT_IsCodeLine_001();

};
```

在 CounterTest.cpp 源文件中添加如下代码：

```
#include "stdafx.h"

#include "CounterTest.h"
#include "Counter.h"

// 把这个 TestSuite 注册到名为"CounterTest"的工厂中
CPPUNIT_TEST_SUITE_NAMED_REGISTRATION( IsCodeLineTest,"CounterTest" );

#define RET_OK 0
#define RET_FAIL 1

void IsCodeLineTest::Counter_UT_IsCodeLine_001()
{
    //定义输入参数
    int bIsComment;
    CString    szFileLine;

    //定义期望输出
    int iOkReturn;
    int iOkIsComment;

    //定义测试实际输出
    int iResult;
    CCounter m_counter;

    //用例输入
    szFileLine = "int a";
    bIsComment = false;

    //期望输出
    iOkReturn = RET_OK;
```

```
        iOkIsComment = false;

        //驱动被测函数
        iResult = m_counter.IsCodeLine(szFileLine,bIsComment);

        //结果比较
        CPPUNIT_ASSERT_EQUAL(iOkReturn,iResult);
        CPPUNIT_ASSERT_EQUAL(iOkIsComment,bIsComment);
    }
```

第七步：添加 CppUnit 库文件。

选择菜单"工程"→"添加工程"→"文件"选项。把 CppUnit 相关的 lib 文件和 dll 文件（cppunitd.lib、cppunitd_dll.lib、testrunnerd.lib）加入到工程中。

第八步：设置头文件和 lib 库文件路径，打开 RTTI 开关，给 dll 库设置环境变量。

单击"工具"下拉菜单，选择"选择"菜单项，在弹出的"选择"对话框中选择"目录"选项卡，设置 CppUnit 的 include 文件路径和 lib 文件路径，如图 10-17 所示。

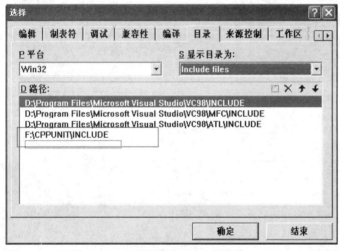

图 10-17　设置 include 文件路径和 lib 文件路径

单击"工程"下拉菜单，选择"设置"菜单项，在弹出的"工程设置"对话框中选择 C/C++ 选项卡，在"分类"下拉列表中选择 C++ Language 选项，选中"允许时间类型信息（RTTI）"复选框，如图 10-18 所示。

TestRunnerd.dll 提供了基于 GUI 的测试环境，为了让我们的测试程序能正确调用它，需要把 TestRunnerd.dll 拷贝到工程路径下，或者在操作系统的环境变量 Path 中添如 TestRunnerd.dll 的路径。

第九步：编译执行。

编译连接成功后，运行测试，出现如图 10-19 所示窗口，表示测试用例 Test1 运行成功。

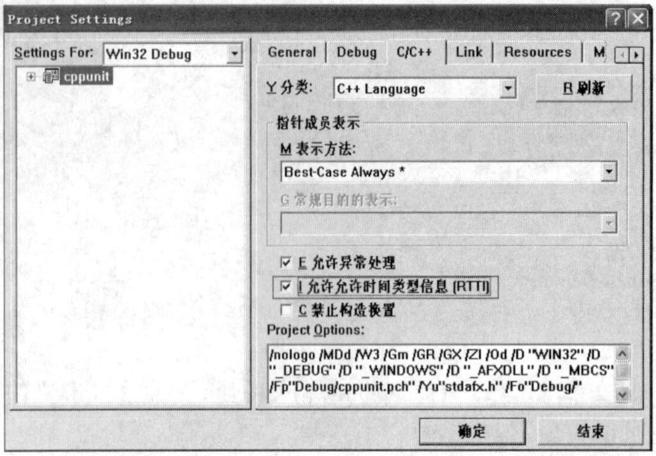

图 10-18　开启 RTTI 设置

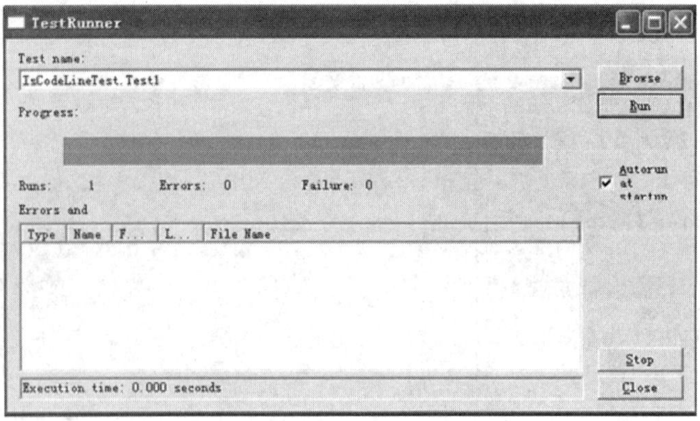

图 10-19　执行结果

10.5　小结

　　本章详细介绍了单元测试的方法，包括单元测试的定义、单元测试的重点、单元测试的环境和单元测试的策略，其中单元测试的重点和单元测试的环境是重点内容；然后介绍了单元测试中常用的方法，包括静态测试技术和动态测试技术两个方面，这些方法是进行设计单元测试用例的基础，也是本章的核心内容；最后介绍了如何使用 CppUnit 进行单元自动化测试。

第三部分
技术篇

　　技术篇主要包括五个章节的内容，主要介绍系统过程中的其他类型的测试，包括 Web 测试技术、本地化与国际化测试、兼容性测试和易用性测试。这些测试都是在系统测试过程中会涉及的测试类型。现在大部分系统都是 B/S 框架的，Web 系统的测试已经成为一个很重要的分支，而 Web 系统的测试主要在于安全性测试；本地化与国际化测试、兼容性测试和易用性测试也是被广泛使用的技术，但易用性测试在很多企业实施得不好，并没有设计专门的测试用例来进行测试。

11

系统测试

单元测试是针对代码进行测试，从理论上讲，单元测试发现的问题应该更多，那么大家一定会问，为什么既然有单元测试还要进行系统测试呢？单元测试虽然是针对代码进行测试的，但是单元测试也有所不及的地方，如界面测试、性能测试等，所以需要系统测试来补充。系统测试像是对产品的外表进行测试，单元测试则像是内在的测试，而一个产品只有内外兼修才能算得上是好产品。本章主要对系统测试的类型和系统测试的过程进行详细的介绍。

本章主要包括以下内容：

- 系统测试概述
- 功能测试
- 易用性测试
- 可安装性测试
- 异常测试
- 压力测试
- GUI 测试
- 兼容性测试
- 性能测试
- 安全性测试
- 配置测试
- 可靠性测试
- 健壮性测试
- 系统测试过程

11.1　系统测试概述

系统测试（System Testing）是将已经集成好的软件系统，作为整个基于计算机系统的一个元素，与计算机硬件、外设、某些支持软件、数据和人员等其他系统元素结合在一起，在实际运行（使用）环境下，对计算机系统进行一系列的测试活动。

需要注意的是，系统测试中的系统并不仅仅只是软件，还可以包含硬件（如平板电脑，整个系统就包括硬件和软件，触摸屏、电源等都属于硬件），但并不是所有系统都包含硬件。

系统测试的对象是软、硬件的结合体，即产品。系统测试的依据是需求规格说明书，测试用例也是依据需求规格说明书设计出来的，那么如果规格说明书有误，系统测试是无法测试出来的。

系统测试的目的是通过与系统的需求作比较，发现软件与系统定义不符合或与之矛盾的地方。

系统测试的常用方法有黑盒测试、手工测试和自动化测试。系统测试包含的类型有：功能测试、易用性测试、可安装性测试、异常测试、压力测试、GUI 测试、兼容性测试、安全测试、配置测试、可靠性测试、健壮性测试。

11.2　功能测试

功能测试（Functional Testing）是根据产品的需求规格说明书和测试需求列表，验证产品的功能实现是否符合产品的需求规格。它是系统测试过程中最基本的测试，不关注软件内部的实现逻辑。

功能测试的目的主要如下：

（1）是否有不正确或遗漏的功能。

（2）功能实现是否满足用户需求和系统设计的隐藏需求。

（3）能否正确地接受输入？能否正确地输出结果。

（4）验证业务流程是否正确、合理。

以上四个目的在测试过程中并不容易实现。

首先，第一个目的应该是相对比较容易实现的，测试工程师只需要按照需求规格说明书来验证即可。

接着，第二个目的是验证用户的需求是否被正确地实现，但用户的需求不只是那些显式的需求，还包括一些潜在的、隐藏的需求。而测试的难点恰好就是这些隐藏的需求，解决客户隐藏需求最好的办法就是在创建需求规格说明书时，尽量将客户的隐藏需求挖掘出来，但现实中并不是所有的隐藏需求都能被挖掘出来，这时就要求软件测试工程师必须对业务很熟悉，否则在测试过程中就很难发现这些潜在的需求。

再次，第三个目的是验证系统处理输入、输出的正确性，需要注意的是这里所讲的正确的接受输入，不仅仅指有效数据，还包括无效数据的输入，即系统不仅仅要能处理有效数据输入的情况，还应该能处理无效数据输入的情况，这说明在进行测试用例设计时必须考虑这两个方面的数据输入，并且在测试过程中恰恰是输入无效数据容易引起问题。

最后，第四个目的是在测试过程中一个难点，因为这个业务流程在需求规格说明书中不会明确的定义，完全是凭测试工程师的行业经验进行测试，但是如果仅仅靠测试工程师凭行业经验进行测试的话，那么这很难保证产品的质量，所以针对于这个方面的测试更多的是通过 Alpha 测试或 Beta 测试来完成，Alpha 测试与 Beta 测试的异同点见表 11-1。

表 11-1　Alpha 测试与 Beta 测试的异同点

		Alpha 测试	Beta 测试
共同点		1．从实际终端使用用户的角度来对软件的功能和性能进行测试，以发现可能只有终端用户才能发现的错误（更多的是业务流程和隐藏的需求）； 2．不能由测试人员和程序员完成	
比较	测试环境	开发环境或者模拟实际操作环境	实际使用环境
	测试工程师	可以是终端用户也可以是企业内部的用户（如市场或销售人员）	终端用户（包括潜在用户）
比较	开发工程师	有开发人员在场，那么这个测试结果其实受到开发人员的影响甚至被开发工程师控制	开发工程师通常不在测试现场，测试结果更客观，不受开发工程师影响
	关注点	Alpha 测试关注软件产品的 FLURPS（即功能性、局域性、可用性、可靠性、性能和可支持性），尤其注重产品的界面和特色 功能性（Functionality） 局域性（Locality） 可用性（Usability） 可靠性（Reliability） 性能（Performance） 可支持性（Supportability）	Beta 测试着重关注产品的可支持性，包括文档、客户培训和支持产品的生产能力

通常一个好的功能必须包含以下几个子特性：

（1）适合性。适合性是指系统提供的功能是否好用、是否适合客户使用，适合性的优劣会影响到系统的易用性。

（2）准确性。准确性是指系统能够准确地响应客户的请求。

（3）互操作性。互操作性包括两个方面的内容：一是人机交互，即客户与系统之间的互操作性；二是被测试系统与其他的软件、系统之间的互操作性，也称为兼容性，兼容性的测试将在 9.8 节中详细介绍。

（4）安全性。安全性是指系统对信息、数据的保护能力，安全性测试将在 11.10 节中详细介绍。

11.3 易用性测试

易用性测试（Usability Testing）是指用户使用软件时是否感觉方便，比如是否最多单击鼠标三次就可以达到用户的目的。易用性和可用性存在一定的区别，可用性是指是否可以使用；而易用性是指是否方便使用，如 Microsoft Excel 菜单的选择不会超过 3 级，如图 11-1 所示。

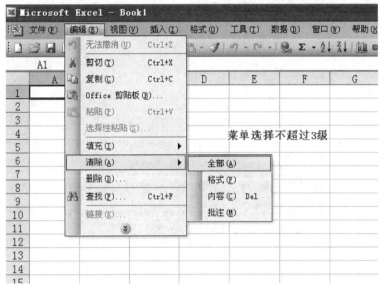

图 11-1　Excel 的菜单选择

从易用性的概念可以看出，易用性注重的是用户的感受，这样就不好衡量易用性的优劣，因为用户在衡量该特性时带有主观性，因此给测试带来了困难。一般从以下几个方面来测试易用性：

- 导航；
- 帮助和支持；
- 工作流支持；
- 错误处理；
- 一致性；
- 反馈信息；
- 功能性；
- 控制；
- 视角清晰；
- 语言。

易用性是交互的适应性、功能性和有效性的集中体现，关于易用性测试将在第 15 章中进行详细的描述。

11.4　可安装性测试

可安装性测试（Installing Testing）是确保该软件在正常情况和异常情况的不同条件下（正常情况如进行首次安装、升级、完整的或自定义的安装，异常情况包括磁盘空间不足、缺少目录创建权限等），软件是否能正确地被安装和使用。可安装性测试包括测试安装代码以及安装说明手册。安装说明手册是指导如何安装系统，安装代码提供安装程序能够运行的基础数据。

软件的可安装性测试应该考虑以下几个方面：

（1）整个安装过程测试。

（2）不同环境下的安装。

（3）系统升级测试。

（4）安装的文件存放。

（5）卸载测试。

11.4.1　安装过程测试

安装过程测试主要是指按照安装向导能否正确地安装好系统，需要注意在安装过程中测试工程师应该完全以一个不懂计算机的用户的心态来进行安装，因为系统用户可能对计算机完全不了解，而一个好的安装过程是不管客户懂不懂计算机，都可以顺利地将系统安装好。

关于安装过程是的测试一般从以下几个方面进行：

（1）安装文档是否写得正确、清晰。

（2）安装过程是否易操作。

（3）是否涉及到第三方程序的安装。

（4）安装是否涉及到操作系统权限。

（5）安装文件是否使用绝对路径。

（6）修改安装路径后是否涉及环境变量。

（7）测试不同磁盘剩余容量的情况和在不同系统盘下进行安装的情况。

（8）不同分区情况的安装（如系统盘中只有一个 C 盘，在国外经常出现系统只有一个 C 盘的情况）。

（9）安装时是否修改了启动项。

（10）安装时是否涉及到注册表的读写。

（11）是否需要注册服务。

（12）未卸载重新安装。

11.4.2　不同环境下的安装

测试系统可安装时最大的一个难点是，在不同环境下测试系统是否能被正确地安装。因为客户端可能出现各种不同的环境，但在测试过程中又很难去模拟，这样就可能出现，在测试过程中没有问题，但客户却投诉系统无法安装。

一般从以下几个方面进行不同环境的安装测试：

（1）干净的系统环境安装。

（2）不同操作系统及补丁的影响。

（3）公用的客户端文件。

（4）不同网段的通信设置。

（5）同一企业不同软件占用目录结构是否一致。

11.4.3 系统升级测试

系统升级测试是指测试系统是否能被正确地升级，它包含两个方面的内容，一是升级后系统的功能是否被正确地升级；二是升级的方式。有一些读者朋友可能不明白为什么要测试升级的方式，在使用软件时一定是直接卸载现有的软件再更新新的版本，或者直接在旧版本的基础上升级，但是供应商就不得不考虑如何帮助客户升级软件，而不同的升级方式显然带来的成本是不一样的，而软件升级方式无非包括以下三种：

（1）提供网络安装包的下载，由客户自己下载安装。

（2）网络在线升级。

（3）技术支持工程师现场升级。

显然作为企业来说，不希望派技术支持工程师进行现场升级安装，这种升级方式花费的成本最高，而网络在线升级是最好的方式。

对于升级测试的场景，客户端可能出现以下两种情况：

（1）并未将旧版本的软件卸载，而直接安装新版本的软件，这也是我们通常说的修复或修改升级。

（2）先将旧版本的软件卸载，再安装新版本的软件。

一般从以下几个方面进行软件升级测试：

（1）是否提供网络安装包的下载。

（2）是否支持网络在线升级。

（3）是否通过补丁升级。

（4）升级安装的目录选择。

（5）升级后的功能是否与需求说明书一致。

（6）升级模块的功能是否与需求说明书一致。

（7）升级安装意外情况的测试（如死机、断电等）。

（8）不同系统间的升级测试。

11.4.4 安装的文件存放

安装时文件存放的测试，是指安装过程中对生成文件的位置和文件的内容是否正确对待。为什么要对安装时产生的文件进行测试呢？其实，安装成功是可以直观看到的，但是，不能保证系统在客户端的环境就能被正确地安装，因此，必须挖掘出其中一些隐藏的信息，这样才可以更好地保证系统在客户端能被正确地安装好，而这些隐藏信息便是安装过程中产生的文件及其内容。

在测试过程中，必须让开发工程师写清楚软件整个安装过程中会生成哪些文件、修改了哪些文件，测试时必须注意在不同操作系统下生成这些文件的情况，不同的操作系统可能因为权限问题导致生成的文件有所不同。

同时还需要注意的是，对系统的一些文件、注册表修改的情况，以及安装时生成的文件内容是否正确。

关于软件安装时生成文件，一般从以下几个方面进行测试：

（1）生成的文件是否完整（不能多也不能少，并且不能产生临时文件或临时源代码）。

（2）生成文件的路径是否正确。

（3）显示的版本是否正确。

（4）对于 C/S 模型的系统配置文件是否安全。

11.4.5 卸载测试

卸载测试是指对已安装好的软件进行卸载操作，测试卸载是否正确。判断软件被正确卸载需要从以下四个方面进行：

（1）桌面快捷方式被删除。

（2）开始菜单的所有程序中，该程序被正确地删除。

（3）控制面板中的添加与删除程序中该程序不存在。

（4）安装时生成的文件被正确地删除。

一般从以下几个方面进行卸载测试：

（1）通过安装是否可以正确卸载。

（2）通过自带的卸载程序是否可以正确卸载。

（3）通过系统控制面板中的添加与删除程序是否可以正确卸载。

（4）升级后是否可以正确卸载。

（5）安装插件后是否可以正确卸载。

（6）卸载过程中是否可以取消卸载。

（7）如果软件调用系统文件，卸载软件时是否有相应的提示。

11.5 异常测试

异常测试是指测试系统对异常情况的处理，异常测试覆盖软件和硬件异常时的处理。在测试过程中，可以人为地制造一些错误条件（如错误的操作、错误的报文等），检查屏幕或布局是否给出清晰且充分的提示或约束信息。测试在出现错误的情况下系统的反应（如系统是否正确报告、是否给出友好的提示信息）。异常测试可以帮助我们改善以后的设计方案，提高系统的性能。

衡量系统异常有两个指标：MTBF 和 MTTR。

MTBF（Mean Time Between Failure，平均无故障时间）：是指相邻两次故障之间的平均工作时间，也称为平均故障间隔。

MTTR（Mean Time To Restoration，平均恢复时间）：是指可修复产品的平均修复时间，就是从出现故障到修复中间的这段时间，MTTR 越小表示易恢复性越好。

引起系统异常不仅仅是软件，硬件也可以。硬件的电路和 IC 元器件可以导致系统失效，不管是软件还是硬件的容错和恢复，都是依据可靠性理论来支持，并且主要是靠设计来保证，测试仅仅是起到验证的作用。系统容错的处理方式一般包括两种：自动处理和人工干预。自动处理是指系统的自我恢复能力，人工干预是指通过人工方法强制进行恢复。

异常测试最相关的质量特性是可靠性，它包含四个子特性：成熟性、容错性、易恢复性和有效性。

（1）成熟性是指软件产品为避免由软件错误而导致失效的能力。

（2）容错性是指在软件失效或者违反规定的接口的情况下，软件产品维持规定的性能级别的能力。

（3）易恢复性是指在发生故障的情况下，软件重建规定的性能级别并恢复受直接影响的数据的能力。

（4）有效性是指在给定的时间内完成所需功能状态的能力，用在全部时间中处于正常工作状态的百分比进行评估。

从业务需求的角度来看，在进行异常测试时必须要熟悉所测软件的业务流程、相关业务领域知识等信息，只有这样才能知道系统在什么情况下可能发生异常，什么情况下容易发生人为错误。在设计测试方案时，测试工程师需要与开发工程师或系统分析工程师一起讨论，这样才能尽可能地模拟系统异常的情况。

从业务需求的角度来看，异常测试一般包括以下几个方面：

（1）压力测试。压力测试又称为强度测试，主要是检查系统的关键业务在极限情况下运行的能力，测试这种情况下系统的运行、资源使用状态。

（2）业务模块添加、删除测试。根据实际情况，测试系统在增加或删除一些模块的情况下运行的状态。

（3）修改配置文件测试。对一个配置文件（如初始设置文件）的信息进行修改或者删除操作，观察系统的响应情况，系统应该给出友好的提示或重新生成配置文件。

（4）数据库损坏测试。模拟测试数据库被损坏时系统的处理情况，系统应该提供用户自动修复的功能。

从操作的角度来看，在异常测试过程中，正常的操作一般不会引起系统异常，只有在异常输入的情况下才可能导致系统异常，故应该尽可能地设计一些异常的数据进行测试。

从操作的角度来看，异常测试一般包括以下四个方面：

（1）特殊字符测试。大多数基于 SQL 的数据库存储信息时容易出现问题，所以在测试过程中可以对文本框输入一些特殊字符，测试系统的反应。

（2）必填输入项测试。在保存一些信息时（如注册），一般会要求填写一些必填项，测试过程中可以测试不填写必填项时系统的反应。

（3）字段长度测试。对每个字段允许的最大长度进行测试，假如界面上提示允许输入最长字符长度为 30 个字符，但数据库在设置该字段时只允许最长输入 20 个字符，如果程序并未对错误输入进行处理，此时系统就会报错。

（4）字符类型测试。输入不同的字符类型（如数字、字符等）进行测试，观察系统的反应。

系统容错技术分为两类：一类是避开错误（fault-avoidance）技术，即在开发过程中不让差错潜入软件的技术；另一类是容错（fault-tolerance）技术，即对某些无法避开的差错，使其影响减少至最小的技术。

容错的一般方法如下。

（1）结构冗余。

1）静态冗余：常用的有三模冗余（Triple Moduler Redundancy，TMR）和多模冗余。

2）动态冗余：主要方式是多重模块待机储备，当系统检测到某工作模块出现错误时，就用一个备用的模块来代替它并重新运行。

3）混合冗余：兼有静态冗余和动态冗余的长处。

（2）信息冗余。为检测或纠正信息，运算或传输中的错误需另加一部分信息，这种现象称为信息冗余。如数据库备份、磁盘阵列 RAID 技术。

（3）时间冗余。时间冗余是指以重复执行指令（指令复执）或程序（程序复算）来消除瞬时错误带来的影响。例如当对方处于关机状态时发送短信给对方，这种情况信息不能被丢失。

（4）硬件冗余。硬件容错方法之一是硬件堆积冗余，在物理级可通过元件的重复而获得（如相同元件的串、并联等）。另一硬件容错的方法叫待命储备冗余。该系统中共有 M+1 个模块，其中只有一块处于工作状态，其余 M 块都处于待命接替状态。一旦工作模块出了故障，立刻切换到一个待命模块，当换上的储备模块发生故障时，又切换到另一储备模块，直到资源枯竭。

混合冗余系统是堆积冗余和待命储备冗余的结合应用。当堆积冗余中有一个模块发生故障时，立刻将其切除，并代之以无故障待命模块，这种方法可达到较高的可靠性。

（5）附加冗余。冗余附加技术是指实现上述冗余技术所需的资源和技术。

11.6　压力测试

压力测试（Stress Testing）是指当系统已经达到一定的饱和程度（如 CPU、磁盘等已经处于饱和状态）时，系统处理业务的能力，系统是否会出现错误。

疲劳测试是压力测试的一种表现形式。例如，一个人很累了，但还在持续不停地工作。

该测试方法有以下三个特点：

（1）目的：测试在系统已经达到一定的饱和程度时，系统处理业务的能力。

（2）手段：使用模拟负载等方法，使系统资源达到一个较高的水平。

（3）一般用于系统稳定性测试。

11.7 GUI 测试

GUI（Graphical User Interface，图形用户界面）是计算机软件与用户进行交互的主要方式。GUI 测试是对软件的 GUI 界面进行测试。GUI 的测试对象是图形对象（包括控件）和对象的属性集合。

GUI 测试有以下几个特点：

（1）从元素外观的角度测试。

元素外观主要包括：字体、控件或图形大小、形状、色彩。而字体测试是我们需要注意的，特别是对于本土化国际化的界面测试，需要充分考虑字体的测试，否则很可能出现乱码的现象。

字符（Character）是各种文字和符号的总称，包括各国家文字、标点符号、图形符号、数字等。字符集（Character Set）是多个字符的集合，种类较多，每个字符集包含的字符个数不同。常见字符集有：ASCII 字符集、GB2312 字符集、BIG5 字符集、GB18030 字符集、Unicode 字符集等。

ASCII（American Standard Code for Information Interchange，美国信息互换标准代码）是基于罗马字母表的一套计算机编码系统。最初的 ASCII 是 7 位编码的字符集，只能支持 128 个字符，为了表示更多的欧洲常用字符，对 ASCII 进行了扩展。ASCII 扩展字符集使用 8 位（bits）表示一个字符，共 256 个字符。

GB2312 又称为GB2312－80字符集，全称为《信息交换用汉字编码字符集－基本集》，由原中国国家标准总局发布，1981 年 5 月 1 日开始实施。

GB2312 是中国国家标准的简体中文字符集，它所收录的汉字已经覆盖99.75%的使用频率，基本满足了汉字的计算机处理需要，在中国大陆和新加坡获广泛使用。

BIG5 又称大五码或五大码，1984 年由中国台湾地区财团法人信息工业策进会和五家软件公司（即宏碁（Acer）、神通（MiTAC）、佳佳、零壹（Zero One）、大众（FIC））创立，故称大五码。

GB18030 又称为 GB18030－2000，全称为《信息交换用汉字编码字符集基本集的扩充》，是我国政府于 2000 年 3 月 17 日发布的新的汉字编码国家标准，2001 年 8 月 31 日后在中国市场上发布的软件必须符合本标准。

Unicode 字符集编码（Universal Multiple-Octet Coded Character Set）（通用多八位编码字符集）是由一个名为 Unicode 学术学会（Unicode Consortium）的机构制订的字符编码系统，支持现今世界各种不同语言的书面文本的交换、处理及显示。该编码于 1990 年开始研发，1994 年正式公布，最新版本是 2005 年 3 月 31 日发布的 Unicode 4.1.0。

（2）从元素页面布局的角度测试。

元素页面布局主要包括元素的布局、元素的位置、元素对齐方法、表格排版、页边距、行间隔、字体、颜色等。

（3）从元素行为的角度测试。

元素行为主要包括焦点获取、提示、提醒、默认值、活动状态、快捷键和帮助等。

焦点获取是指通过什么方法可以获取界面上的元素，一般要关注的测试为通过 Tab 键切换焦点，焦点切换的顺序是从左到右、从上到下。

提示、提醒是指对界面上的一些选项或操作应该给出相关的提示或提醒。如图 11-2 所示是邮箱的注册界面，每一项都有相关的提示信息。

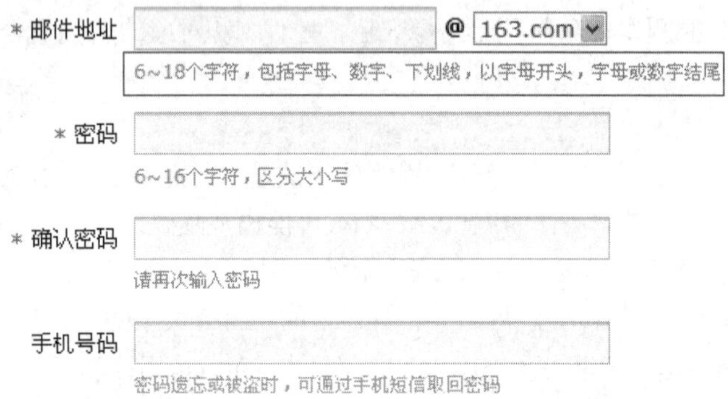

图 11-2　邮箱注册

默认值也称为缺省值，是指默认情况下各选项的值或状态，如一些下拉列表，系统会有一个默认值。

活动状态是指图形对象（如按钮、复选框）元素当前的状态，以及在使用过程中状态的变换（如是否可用、是否选中）。

快捷键又叫快速键或热键，指通过某些特定的按键、按键顺序或按键组合来完成一个操作。测试快捷键时应该考虑两个方面的测试，一是快捷键预期的功能是否实现；二是当被测试系统的快捷键与其他软件的快捷键出现冲突时的情况，一般当出现相同的快捷键，光标焦点在某个软件上时，快捷键即对当前这个软件生效。

帮助是指对某个功能的作用是否给予提示，这是功能易用性的一个表现，现在的软件系统一般都应该具备该功能，打开"文件"对话框中的帮助功能，如图 11-3 所示。

当前的 GUI 测试存在以下难点：

（1）测试用例的预期结果定义复杂。

预期结果是测试用例中最重要的组成部分之一，但 GUI 软件的状态与测试历史有关，软件运行的结果与软件初始状态、测试历史和当前测试输入都有关系，很难用简单的数据结构来表示，这样预期结果的描述就变复杂了。

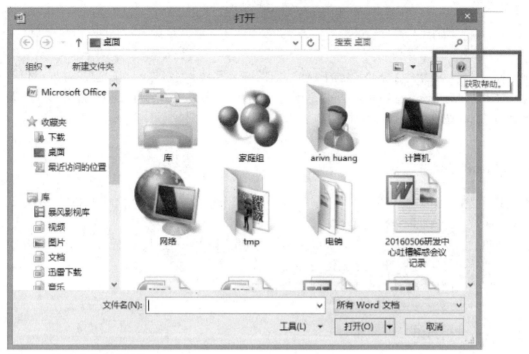

图 11-3　打开文件帮助功能

（2）测试用例的数据输入定义复杂。

与预期结果一样，测试用例的数据输入也变复杂了，因为 GUI 软件测试的输入是事件序列，但这些事件没有固定的顺序，因此 GUI 软件的输入域变得很大。另一方面，GUI 软件的输入受到 GUI 的结构和状态的影响，在其输入域上很多事件的序列是无效的，无法正确地执行或软件无法响应，如何有效地获得输入条件成为生成 GUI 测试用例的关键。

（3）自动执行测试用例变得更困难。

自动化测试是基于控件识别的，但我们知道 GUI 测试在设计测试用例时，预期输入和预期结果都变得复杂，导致转换为自动化测试用例变得复杂，并且结果不容易判断，这样就不便于进行自动化测试。

（4）测试覆盖率。

GUI 软件是事件驱动的，软件接收到事件后，立即调用相应的代码来响应该事件。由于事件的发生没有固定的顺序，而软件的运行又与测试历史相关，使 GUI 软件的控制流和数据流变得极其复杂，现有的功能覆盖率准则比较难判断测试的充分性。

（5）用户操作习惯受 GUI 影响。

GUI 软件一般为用户提供了若干快捷键、快捷方式等，而这些界面元素对用户操作习惯产生重大影响，在软件可靠性分析时就需要重点考虑 GUI 元素对用户操作习惯的影响。

11.8 兼容性测试

兼容性测试是检查软件在一个特定的硬件、软件、操作系统、网络等环境下是否能够正常地运行，检查软件之间是否能够正确地交互和共享信息，以及检查软件版本之间的兼容性问题。关于兼容性测试的具体方法将在第 14 章中详细描述。

11.9 性能测试

性能测试是黑盒测试方法的一种，它是通过自动化的测试工具模拟多种正常、峰值以及异常负载条件来对系统的各项性能指标进行测试。

性能测试的主要目的是验证软件系统是否能够达到用户提出的性能指标，同时发现软件系统中存在的性能瓶颈，优化软件，最后起到优化系统的目的。

关于性能测试的具体方法将在第 16 章中详细描述。

11.10 安全性测试

安全性测试（Security Testing）是指有关验证应用程序的安全等级和识别潜在安全性缺陷的过程，其主要目的是查找软件自身程序设计中存在的安全隐患，并检查应用程序对非法侵入的防范能力，安全指标不同，测试策略也不同。

但安全是相对的，安全性测试并不能最终证明应用程序是安全的，而只能验证所设立策略的有效性，这些对策是基于威胁分析阶段所做的假设而选择的。例如，测试应用软件在防止非授权的内部或外部用户的访问或故意破坏等情况时的运作。

软件安全是软件领域中一个重要的子领域，系统安全性测试包括应用程序和操作系统两个方面的安全性。而系统安全性又包括两个方面的测试：一是软件漏洞，设计上的缺陷或程序问题；二是数据库的安全性，这也是系统安全性的核心。

安全测试的常用方法有以下几种：

（1）静态代码检查。

静态代码检查主要是通过代码走读的方式对源代码的安全性进行测试，常用的代码检查方法有数据流、控制流、信息流等，通过这些测试方法与安全规则库进行匹配，进而发现潜在的安全漏洞。静态代码检查方法主要是在编码阶段进行测试，尽可能早地发现安全性问题。

（2）动态渗透测试。

动态渗透测试法主要是借助工具或手工来模拟黑客的输入，对应用程序进行安全性测试，进而发现系统中的安全性问题。动态渗透测试一般在系统测试阶段进行，但覆盖率较低，因为在测试过程中很难覆盖到所有的可能性，只能是尽量提供更多的测试数据来达到较高的覆盖率。

（3）扫描程序中的数据。

系统的安全性强调，在程序运行过程中数据必须是安全的，不能遭到破坏，否则会导致缓冲区溢出的攻击。数据扫描主要是对内存进行测试，尽量发现诸如缓冲区溢出之类的漏洞，这也是静态代码检查和动态渗透测试很难测试到的。

从用户认证、网络、数据库和 Web 四个角度进行安全性测试，需要注意以下几个方面。

（1）用户认证安全性测试。

1）系统中不同用户权限设置；

2）系统中用户是否出现冲突；

3）系统不应该因用户权限改变而造成混乱；

4）系统用户密码是否加密、是否可复制；

5）是否可以通过绝对途径登录系统；

6）用户退出后是否删除其登录时的相关信息；

7）是否可以使用退出键而不通过输入口令进入系统。

（2）网络安全性测试。

1）防护措施是否正确装配完成，系统补丁是否正确；

2）非授权攻击，检查防护策略的正确性；

3）采用网络漏洞工具检查系统相关漏洞（常用的两款工具为 NBSI 和 IPhackerIP）；

4）采集木马工具，检查木马情况；

5）采用各种防外挂工具检查程序外挂漏洞。

（3）数据库安全性测试。

1）数据库是否具备备份和恢复的功能；

2）是否对数据进行加密；

3）是否有安全日志文件；

4）无关 IP 禁止访问；

5）用户密码使用强口令；

6）不同用户赋予不同权限；

7）是否使用视图和存储过程。

（4）Web 安全性测试。

1）部署与基础结构；

2）输入验证；

3）身份验证；

4）授权；

5）配置管理；

6）敏感数据；

7）会话管理；

8）加密；

9）参数操作；

10）异常管理；

11）审核和日志记录。

11.11　配置测试

配置测试（Configuration Testing）是指当前的配置环境下系统运行的情况。而系统配置包括两个方面的内容，一是软件配置；二是硬件配置。通常所说的配置测试，更多的是指硬件的配置测试。

软件配置是指被测试系统所在的操作系统中其他软件的情况，从软件配置测试角度来说，软件配置测试就是软件的兼容性测试。

硬件配置是指被测试系统的硬件环境。硬件配置测试包括两方面的含义，一是功能方面的测试；二是性能方面的测试。

就功能方面来说（指的是客户端的硬件配置），一般出厂时供应商会给出一个推荐配置，测试过程中的难点是如何确定硬件配置。由于硬件的配置方案有很多种，从理论上说，无法一一列举，故在测试过程中一般测试最大配置与最小配置两种情况。

就性能方面来说（指的是服务器的硬件配置），主要测试的是当前的配置是否能支持期望的目标并发用户数，即当前配置的能力验证，但还有一种情况是指当前的配置是否能满足未来业务增长的需求，即当前配置的规划能力测试。性能方面的配置测试硬件主要考虑 CPU、内存、磁盘的使用情况。

11.12　可靠性测试

通常所说的可靠性测试更多的是指软件系统的可靠性测试，也称软件的可靠性评估，指根据软件系统可靠性结构（单元与系统间可靠性关系）、寿命类型和各单元的可靠性试验信息，利用概率统计方法，评估出系统的可靠性特征量。软件可靠性是软件系统在规定的时间内以及规定的环境条件下，完成规定功能的能力。一般情况下，只能通过对软件系统进行测试来度量其可靠性。

如果是对产品的可靠性进行评估，就不单指软件的可靠性，还应包括硬件的可靠性，因为元器件也可能出现失效的情况，进而导致产品失效或产生故障。

11.13　健壮性测试

健壮性测试（Robustness Testing）又称为容错性测试（Fault Tolerance Testing），是指当测试系统出现故障时，是否能够自动恢复或者忽略故障继续运行。在设计过程中应该考虑错误输入和故障注入等情况，这样才能保证系统的健壮性。系统的健壮性一般从以下几个方面来考虑：

（1）通过：系统输入参数后应该产生预期的正常结果。

（2）灾难性失效：这是系统健壮性中最严重的失效，当这种失效发生后只有通过重新引导才能恢复，如重启系统或计算机。

（3）重启失效：系统函数调用没有返回，使得调用它的程序挂起或停止。

（4）夭折失效：在程序运行过程中出现异常输入，导致系统发生错误使程序中止。

（5）沉寂失效：异常输入时，系统应该返回错误提示信息，但是在测试过程中并未返回任何异常信息。

（6）干扰失效：当系统出现异常时，错误信息也返回了，但并不是期望的错误信息，即输入与结果不匹配。

良好的健壮性设计需要考虑以下几个方面的内容，同时这也是测试需要注意的几个方面：

（1）可移植性：健壮性测试基准程序用来比较不同系统的健壮性，因此必须支持在多系统之间可移植。

（2）覆盖率：理想的基准程序应该能够覆盖所有的系统模块，但这样开销巨大，因此在测试过程中一般选取优先级高的模块进行测试，并且有针对性地对模块异常使用进行测试。

（3）可扩展性：指当前的基准程序是否能提供一种途径，来保证系统升级或模块扩展能力。

11.14　系统测试过程

系统测试过程分为四个阶段：测试计划阶段、测试设计阶段、测试实现阶段、测试执行阶段。

（1）测试计划阶段主要是定义测试目标、测试过程中人力资源的安排、测试准入准出条件、每个 Build 版本的测试时间、里程碑点、风险分析等信息。测试计划最核心的目的就是控制风险。

（2）测试设计阶段主要是完成测试方案，当测试计划和需求规格说明书完成评审后即开始设计测试方案。测试方案主要包括测试策略（功能、性能或自动化测试的策略）、测试环境搭建、测试数据准备、测试工具使用、优先级等信息；测试方案的核心是测试策略的设计，为测试用例设计做准备。

（3）测试实现阶段主要是完成测试用例、测试规程、测试的预测试项。测试实现阶段最主要的是完成测试用例的设计与测试用例的评审。

（4）测试执行阶段主要是执行系统测试预测试项、系统测试用例，修改发现的问题并进行回归测试，提交系统预测试报告、系统测试报告、缺陷报告。

系统测试的流程图如图 11-4 所示。系统测试过程中，输入、输出和准入、准出是很重要的，这将直接影响测试质量，而系统测试的四个阶段中，每个阶段要求的输入、输出和准入、准出条件都是有所不同的。

系统测试计划阶段的输入、输出和准入、准出条件如图 11-5 所示。

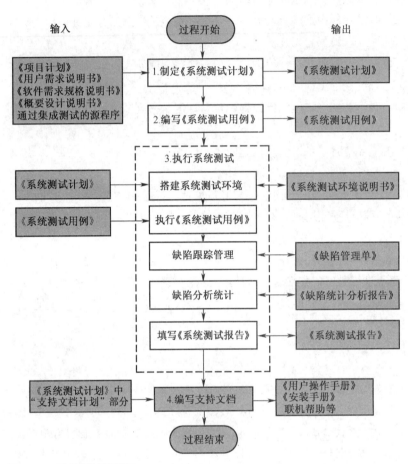

图 11-4　系统测试流程图

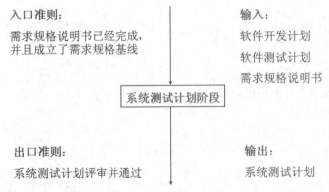

图 11-5　计划阶段的输入、输出和准入、准出图

系统测试设计阶段的输入、输出和准入、准出条件如图 11-6 所示。

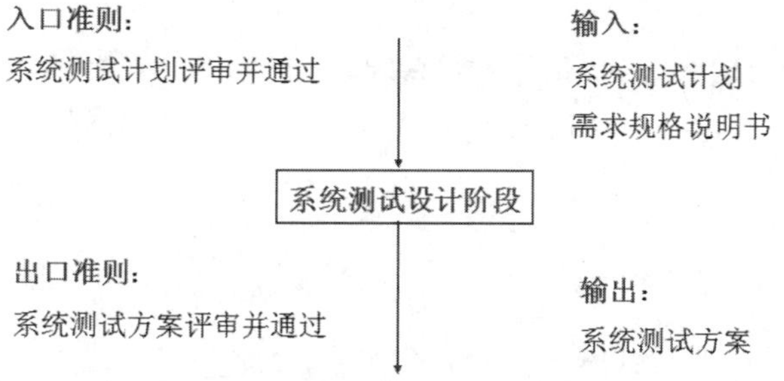

入口准则：
系统测试计划评审并通过

输入：
系统测试计划
需求规格说明书

系统测试设计阶段

出口准则：
系统测试方案评审并通过

输出：
系统测试方案

图 11-6　设计阶段的输入、输出和准入、准出图

系统测试实现阶段的输入、输出和准入、准出条件如图 11-7 所示。

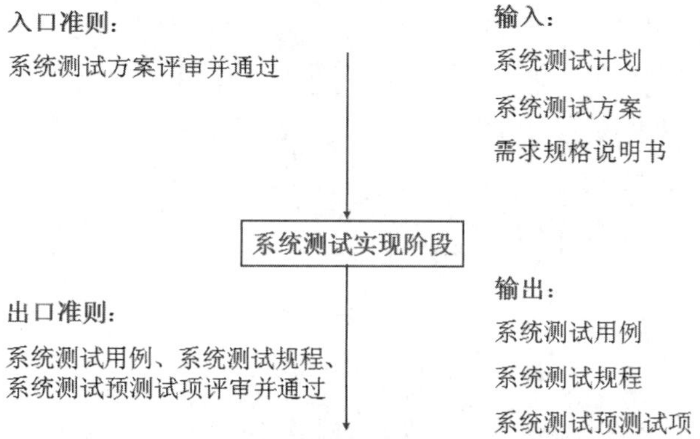

入口准则：
系统测试方案评审并通过

输入：
系统测试计划
系统测试方案
需求规格说明书

系统测试实现阶段

出口准则：
系统测试用例、系统测试规程、
系统测试预测试项评审并通过

输出：
系统测试用例
系统测试规程
系统测试预测试项

图 11-7　实现阶段的输入、输出和准入、准出图

系统测试执行阶段的输入、输出和准入、准出条件如图 11-8 所示。

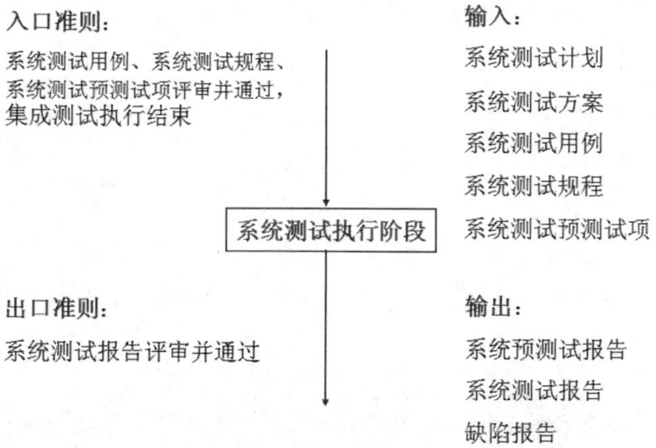

入口准则：
系统测试用例、系统测试规程、
系统测试预测试项评审并通过，
集成测试执行结束

输入：
系统测试计划
系统测试方案
系统测试用例
系统测试规程
系统测试预测试项

系统测试执行阶段

出口准则：
系统测试报告评审并通过

输出：
系统预测试报告
系统测试报告
缺陷报告

图 11-8　计划阶段的输入、输出和准入、准出图

11.15　小结

　　本章主要介绍了系统测试、系统测试的分类和系统测试的过程，详细介绍了系统测试的分类。本章将系统测试分为 13 类，这也是常见的分类方式，其中主要介绍了功能测试、可安装性测试、异常测试、GUI 测试和安全测试。

12

Web 系统测试

随着互联网的迅速发展，Web 技术也得到迅速发展，现在测试中经常遇到测试 Web 系统的情况。与传统的软件测试不同的是，Web 系统的测试不但需要检查和验证是否按照设计的要求运行，而且还要测试系统在不同用户的浏览器端的显示是否合适。此外，还要从最终用户的角度进行安全性和可用性测试，然而，Internet 和 Web 媒体的不可预见性使测试基于 Web 的系统变得困难。

本章主要包括以下内容：

- 功能测试
- 性能测试
- 可用性测试
- GUI 测试
- 兼容性测试
- 安全性测试

12.1 功能测试

功能测试主要是测试系统的业务逻辑是否正确，测试每个功能是否正确，但测试过程中不能仅仅对客户端的功能进行测试，而且需要考虑 Web 系统的整个体系架构。功能测试主要从链接、表单、Cookies、设计语言和数据库五个方面进行。

12.1.1 链接测试

链接是指在系统中的各模块之间传递参数和控制命令，并将其组成一个可执行的整体的过程。链接也称超链接，是指从一个网页指向另一个目标的连接关系，所指向的目标可能是另一个网页、相同网页上的不同位置、图片、电子邮件地址、文件、应用程序等。

常见的链接包括以下几种：

（1）推荐链接。推荐链接是指链接与被链接网页之间并不存在一定的相关性，如某些网站会对网络上经常使用的一些网站给予一个推荐链接。例如，教育类网站会自动增加一个单向的推荐链接。

（2）友情链接。友情链接是指链接与被链接网页之间，在内容和网站主题上存在相关性，通常链接网页与被链接的网页所涉及的主题是同一行业。例如：一个做测试的论坛，会将其他一些测试的相关论坛或网站链接进来，如图 12-1 所示。

图 12-1　友情链接

（3）引用链接。引用链接是指网页中需要引用一些其他文件时，提供的一个链接，被链接的资源可能是学术文献、声音文件、视频文件等其他多媒体文件，也可以是邮箱地址、个人主页等。

（4）扩展链接。在设计过程中为了给用户提供更广泛的资料，通常会设置一些相关的参考资料链接，这类链接为扩展链接。扩展链接与当前网页的主题并不一定存在相关性。

（5）关系链接。关系链接主要是体现链接与被链接网页之间的关系，两者之间并不一定存在相关性。

（6）广告链接。广告链接，顾名思义是指该链接指向的是一则广告，广告链接包括文字广告链接和图片广告链接两种。

（7）服务链接。服务链接是指该链接以服务为主，并不涉及业务交易，如一些门户网站的相关服务专区，在服务专区中设置一些常用的服务，如火车查询、天气预报、地图搜索等。

链接测试过程中应该保证所有链接的正确性，一般情况下链接最容易出现以下几种错误：

（1）错误链接。错误链接是指链接产生的内容与预期的内容不一致，测试过程中需要每个链接所链接到的内容是正确的。有时候由于客户的疏忽，也可能导致链接的内容出错，如URL地址拼写错误、URL 后缀多余或缺少斜杠、URL 地址中出现的字母大小写不完全匹配、用户输入的域名拼写错误。

（2）空链接。空链接是指未指派的链接，用户单击该链接时不会指向任何内容。测试过程中需要保证每个链接都已被指派。

（3）死链接。死链接指原来正常，后来失效的链接。向死链接发送请求时，服务器返回 404 错误。

以下情况会出现死链接：

● 　动态链接在数据库不再支持的条件下，变成死链接。

- 某个文件或网页移动了位置，导致指向它的链接变成死链接。
- 网页内容更新并换成其他的链接，原来的链接变成死链接。
- 网站服务器设置错误。

（4）孤立页面。孤立页面是指没有链接指向该页面，只有知道正确的 URL 地址才能访问。测试过程中需要保证 Web 应用系统上没有孤立的页面。

链接测试是从待测网站的根目录开始搜索所有的网页文件，对所有网页文件中的超链接、图片文件、包含文件、CSS 文件、页面内部链接等所有链接进行读取，如果是网站内文件不存在、指定文件链接不存在或者指定页面不存在，则将该链接和在文件中的具体位置记录下来，直到该网站所有页面中的链接都测试完后才结束测试。

由于页面中的链接很多，所以使用手工测试链接的情况比较困难，在链接测试过程中也可以使用工具自动进行，常用的链接测试工具有：Xenu Link Sleuth、HTML Link Validator 和 Web Link Validator。链接测试需要在整个 Web 应用系统的所有页面开发完成后再进行。

Xenu Link Sleuth 是主要用于检测页面中是否存在死链接的测试工具，可检测出指定网站的所有死链接包括图片链接等，并用红色显示。可以打开一个本地网页文件来检查它的链接，也可以输入任何网址来检查。它可以分别列出网站的活链接以及死链接，每个转向链接都能被分析得很清楚，支持多线程，可以把检查结果存储成文本文件或网页文件。

HTML Link Validator 工具可以检查 Web 中的链接情况，检查是否存在孤立页面。该项工具可以在很短时间内检查数千个文件，其不仅可以对本地网站进行测试，还可以对远程网站进行测试。HTML Link Validator 运行主界面如图 12-2 所示。

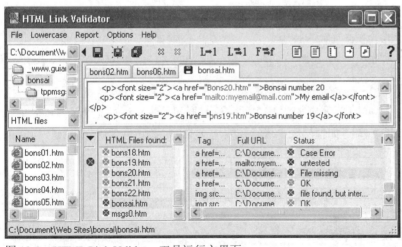

图 12-2   HTML Link Validator 工具运行主界面

Web Link Validator 用输入网址的方式来测试网络连接是否正常，可以给出任意存在的网络连接，如软件文件、HTML 文件、图形文件等都可以测试。Web Link Validator 通过代理的方式获取 HTTPS 资源并对页面实行密码保护；生成的结果清楚明了，可以导出 HTML、TXT、RTF、CSV

和 MS Excel 格式的报告，并提供过滤的功能，可以对发生的问题进行深入的分析和研究。Web Link Validator 运行主界面如图 12-3 所示。

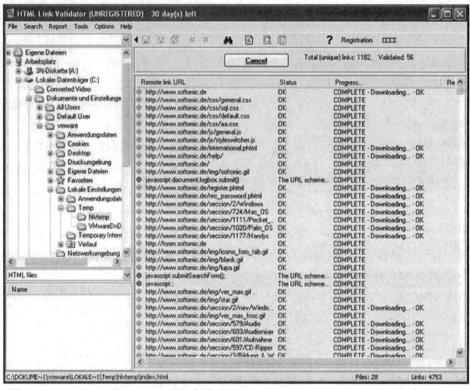

图 12-3　Web Link Validator 工具运行主界面

12.1.2　表单测试

表单是系统与用户交互最主要的介质，测试过程主要关注数据库是否能正确地处理客户提交的信息，并将信息正确地反馈到客户端。如使用表单进行在线注册业务，测试需要确保提交按钮能正常工作，当客户注册完成后，应返回注册成功的信息。

用户提交表单数据，经过数据库处理后返回到客户端，表单处理过程如图 12-4 所示。

测试过程最困难的是无法确定用户输入的内容，用户可能随意输入任意字符，测试过程中应该注意以下几方面的测试：

（1）文本输入框对长度是否有限制。

（2）文本输入框对字符类型是否有限制。

（3）文本输入框模型匹配是否正确，如该文本框只能输入日期格式的数据，那么只能匹配不同的日期格式，而不能匹配其他格式的数据。

（4）各按钮实现的功能是否正确。

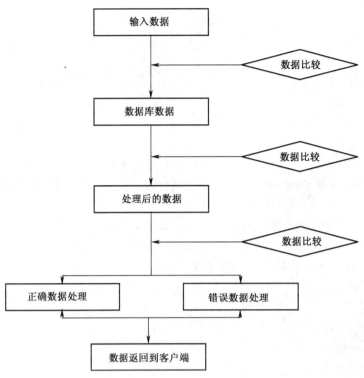

图 12-4　表单处理过程

12.1.3　Cookies 测试

　　Cookies 是一种提供 Web 应用程序中存储用户特定信息的方法，能够让网站服务器把少量数据存储到客户端的硬盘或内存，或是从客户端的硬盘读取数据的技术。

　　Cookies 是一小段文本信息，伴随着用户请求和页面在 Web 服务器和浏览器之间传递，Cookies 包含每次用户访问站点时 Web 应用程序都可以读取的信息。例如，如果在用户请求站点中的页面时，应用程序发送给该用户的不仅仅是一个页面，还有一个包含日期和时间的 Cookie，用户的浏览器在获得页面的同时还获得了该 Cookie，并将它存储在用户硬盘上的某个文件夹中。之后，如果用户再次请求该站点中的页面，当该用户输入 URL 时，浏览器便会在本地硬盘上查找与该 URL 关联的 Cookie。如果该 Cookie 存在，浏览器便将该 Cookie 与页面请求一起发送到浏览的站点。应用程序便可以确定该用户上次访问站点的日期和时间，可以使用这些信息向用户显示一条消息，也可以检查到期日期。

　　从本质上讲，Cookies 可以看作是访问者的身份证。但 Cookies 不能作为代码执行，也不会传送病毒，且为访问者所专有，并只能由提供它的服务器来读取。保存的信息片断以“名/值对”（name-value pairs）的形式存储，一个“名/值对”仅仅是一条命名的数据。一个网站只能取得其放在访问者的计算机中的信息，无法从其他的 Cookies 文件中取得信息，也无法得到访问者的计算机上的其他任何东西。

Cookies 的测试包含以下几个方面：

- Cookies 的作用域是否正确合理；
- Cookies 的安全性；
- Cookies 的过期时间是否正确；
- Cookies 的变量名与值是否正确；
- Cookies 是否必要，是否缺少。

默认情况下，一个站点的全部 Cookies 都存储在客户端上，当客户端向服务器发送请求时，Cookies 会随请求一起被发送到服务器端。Cookies 一般通过以下两种方式来设置作用域，测试时需要注意：

- 将 Cookies 的范围限制在服务器上的某个文件夹，允许将 Cookies 限制到网站上的某个应用程序。
- 将范围设置为某个域，允许指定域中的一些子域访问 Cookies。

将 Cookies 限制到服务器上的某个文件夹的代码如下（与 Visual Basic 和 C#为例）：

（1）Visual Basic 语言：

```
Dim appCookie As New HttpCookie("AppCookie")
appCookie.Value = "written " & DateTime.Now.ToString()
appCookie.Expires = DateTime.Now.AddDays(1)
appCookie.Path = "/Application1"
Response.Cookies.Add(appCookie)
```

（2）C#语言：

```
HttpCookie appCookie = new HttpCookie("AppCookie");
appCookie.Value = "written " + DateTime.Now.ToString();
appCookie.Expires = DateTime.Now.AddDays(1);
appCookie.Path = "/Application1";
Response.Cookies.Add(appCookie);
```

默认情况下，Cookie 与特定域关联，例如，当用户向亚马逊网站www.amazon.cn请求任何页面时，Cookie 就会被发送到服务器，那么该 Cookie 的作用域则为特定域（这可能不包括带有特定路径值的 Cookie）。如果站点具有子域（例如 sales.contoso.com），则可以将 Cookie 与特定的子域关联。

（1）Visual Basic 语言：

```
Response.Cookies("domain").Value = DateTime.Now.ToString()
Response.Cookies("domain").Expires = DateTime.Now.AddDays(1)
Response.Cookies("domain").Domain = "sales.contoso.com"
```

（2）C#语言：

```
Response.Cookies["domain"].Value = DateTime.Now.ToString();
Response.Cookies["domain"].Expires = DateTime.Now.AddDays(1);
Response.Cookies["domain"].Domain = "sales.contoso.com";
```

需要设计不同的 Cookie 来测试其他作用域是否正确。

（1）Cookies 的安全性。

Cookie 其实是一种存储用户信息的方式，因此很容易被人非法获取和利用，因此 Cookie 同样也存在安全性问题。因此 Cookie 中最好不要存储一些敏感的信息，如用户名、密码、信用卡号等。需要时应该对 Cookie 中的一些字段进行加密处理，避免 Cookie 以明文形式在浏览器与服务器之间发送，测试时需要确定 Cookie 中一些重要的信息是否被加密处理。

（2）Cookies 过期时间是否正确。

在开发过程中会对 Cookie 的过期日期和时间进行设置，测试需要注意 Cookie 的过期时间是否正确。当用户访问编写 Cookie 的网站时，浏览器会将过期的 Cookie 删除，如果是设置为永不过期的 Cookie，可以将日期设置为从现在起 50 年。如果未设置 Cookie 的有效期，仍然会创建 Cookie 文件，但不会将该文件存储在用户硬盘上，只是将 Cookie 作为用户会话信息的一部分进行维护。当用户关闭浏览器时，Cookie 会被丢弃。

（3）Cookies 的变量名和值是否正确。

以 JavaScript 为例，Cookie 的定义格式为"变量 1=值 1;变量 2=值 2;变量 3=值 3;"。下面是一个 Cookie 的实例代码：

```
email="bush@usa.com";
firstname="arivn";
lastname="test";
expireDate="Thursday,01-Jan-2050 12:00:00 GMT";
document.cookie="email="+email+";expires="+expireDate;
document.cookie="firstname="+firstname+";expires="+expireDate;
document.cookie="lastname="+lastname+";expires="+expireDate;
```

测试时需要测试 Cookie 文件中每个变量名和值是否对应，并且需要保证其正确性。

（4）Cookies 是否必要，是否缺少。

测试 Cookie 是否必要和是否缺少有两个方面的测试内容：一是生成的 Cookie 文件是否与创建的一致，不能多也不能少；二是对于不必要的 Cookie 可以删除。

12.1.4 设计语言测试

Web 设计语言版本的差异可以引起客户端或服务器端严重的问题，例如使用哪种版本的 HTML 等。当在分布式环境中开发时，开发人员都不在一起，这个问题就显得尤为重要。除了 HTML 的版本问题外，不同的脚本语言，例如 Java、JavaScript、ActiveX、VBScript 或 Perl 等，也要进行验证。

在设计 Web 系统时，使用不同的脚本语言给系统带来的影响也不同，如 HTML 的不同版本对 Web 系统的影响就不同。关于设计语言的测试，应该注意以下几个方面：

（1）与浏览器的兼容性。由于不同的浏览器内核引擎不同，导致不同的开发语言与浏览器的兼容情况不同，当前主流浏览器的引擎有 Trident、Tasman、Pesto、Gecko、KHTML、WebCore 和 WebKit。

（2）与平台的兼容性。不同脚本语言与操作系统平台的兼容性也有所不同，测试过程中必须考虑对不同操作系统平台的兼容，即脚本的可移植性。

（3）执行时间。由于不同脚本语言执行的方式不同，所以其执行的时间也不同。

（4）嵌入其他语言的能力。有一些操作脚本语言无法实现，如读取客户端的信息，此时即需要使用其他语言来实现，即测试过程中应该考虑当前脚本语言对其他语言的支持程度。

（5）数据库支持的程度。考虑系统数据库可能升级的问题，测试时需要考虑脚本语言支持数据库的完善程度。

12.1.5　数据库测试

在 Web 应用技术中，数据库起着重要的作用，为 Web 应用系统的管理、运行、查询和实现用户对数据存储的请求等提供空间。数据库测试是为了发现错误和缺陷而运行数据库的过程。数据库测试是根据数据库的需求规格说明书和源代码的内部结构而精心设计一批测试用例（即输入数据及其预期的输出结果），并利用这些测试用例去运行数据库，以发现数据库错误和缺陷的过程。

数据库测试方法也分为白盒测试和黑盒测试两种。白盒测试是已知数据库的内部结构和工作过程，通过测试来检验数据库是否按照需求规格说明书的要求正常运行。数据库白盒测试需要注意以下几个问题：

（1）遍历对模块中所有独立路径至少测试一次。

（2）遍历所有的逻辑判断"真"与"假"取值至少测试一次。

（3）在循环的边界和运行的边界内执行循环体。

（4）测试内部数据结构的有效性。

数据库黑盒测试是在已知数据库所具有的功能的基础上，通过测试来检验每个功能是否都能正常运行并达到预期结果。数据库黑盒测试不仅仅关注功能是否能正确地实现，还关注性能是否能达到客户要求。数据库黑盒测试需要注意以下几个方面：

（1）数据库表结构是否合理。

（2）数据结构（如数据类型、长度）是否正确定义，并且需要注意数据结构与输入界面中数据的类型和长度是否一致，如果不一致，数据库则会报错。

（3）表与表之间的关系是否正确，主外键是否合理。

（4）索引的创建是否合理。

（5）存储过程功能是否完整。

（6）输入能否正确地接受，能否输出正确的结果。

（7）能否正确插入（增加）、更新、删除数据。

（8）数据库操作权限定义是否正确。

（9）能否正确处理并发操作。

（10）表级、列级完整性约束条件是否满足。

（11）数据库的处理能力是否满足要求。

（12）数据库的可靠性、可维护性是否满足要求。

（13）数据库性能是否满足要求（如插入、更新、删除数据操作）。

12.1.6 文件上传测试

文件上传是网站常用功能，文件上传测试需要注意以下几个方面：

（1）只能上传允许的附件类型。

（2）不能上传脚本或可执行文件。

（3）不能单纯以后缀名来判断文件类型。

（4）浏览好文件后，将目标文件删除这种异常情况可以正常处理。

（5）上传超大文件时可以正常处理，比如给出提示信息等。

（6）上传的文件应该提供接口查看。

（7）上传的文件不应该直接保存于数据库中，而是将文件保存在服务器端硬盘，而在数据库中保存该文件的基本信息。

（8）文件上传到服务器端后应该被重命名，防止文件名冲突。

12.2 性能测试

性能测试主要是指每个链接页面的响应时间和客户提交业务时系统处理的响应时间，当然性能测试过程中不仅包括响应时间，还包括资源的使用，但客户只关注响应时间的长短。

12.2.1 链接速度测试

链接速度是指用户单击任何一个链接，从单击链接到被链接页面内容全部显示所消耗的时间。链接的响应时间不能太长，一般不超过 5 秒，如果链接的时间超过 5 秒，那么用户可能很难接受，当然链接时间的长短与上网的方式（如拨号、宽带）也有关系。

由于页面上链接太多，使用手工测试很难彻底地测试完成，可以借助一些工具对链接的响应时间进行测试，如 HttpWatch 工具。

12.2.2 负载测试

负载测试（Load Testing）是通过对被测试系统不断地加压，直到超过预定的指标或者部分资源已经达到了一种饱和状态不能再加压为止。就像举重运动员，在举重的过程中不断地增加杠铃重量，直到运动员无法举起。

负载测试主要是测试 Web 所能承受的最大的负载能力，该方法有以下几个特点：

（1）目的：找到系统最大的负载能力。

（2）环境：该方法需要在特定的环境下进行测试。

（3）手段：不断地对系统进行加压，直到系统中部分资源达到极限。

12.2.3 压力测试

压力测试（Stress Testing）是指当系统已经达到一定的饱和程度（如 CPU、磁盘等已经处于饱和状态），此时系统的业务处理能力，系统是否会出现错误。

对于 Web 系统的压力测试，最主要关注当一些系统资源处于饱和状态时，系统处理业务的能力。要求在压力测试的情况下，Web 系统处理业务的响应时间应该正常，处理业务时，业务的错误率不能超过 5%。同时关注多业务并发时是否会出现资源死锁，或由于资源竞争导致业务的响应时间过长的情况。

12.3 GUI 测试

GUI（Graphical User Interface）即图形用户界面。关于 GUI 的测试将在第 13 章进行详细的介绍。对于 Web 系统的 GUI 测试，主要包括格式验证、导航条测试、页面排版测试、拼写和语法测试、标签属性测试、页面源文件测试和 Tab 键测试七个方面。

12.3.1 格式验证

格式验证主要是验证 Web 页面中一些控件默认的标准定义，如下拉列表框验证、单选按钮验证和密码输入框验证等。

【实例】关于下拉列表框默认的标准定义测试，见表 12-1。

表 12-1 下拉列表框默认的标准定义测试

步骤名称	描述	预期结果
列表默认值	验证页面上各列表的默认值	下拉列表框未设置默认值，只能为空值。如默认值可以是空的、NULL 或者没有优先选中任何选项值
列表长度	验证各列表的长度	下拉列表框应该包含的元素不超过 20 项
列表元素	验证下拉列表框中的各元素内容	下拉列表框中的各项应该按照字母排序,各元素应该以大写字母开头
列表选择	1. 光标点中下拉列表框 2. 使用键盘上的上下方向键选择 3. 使用键盘上的字母键选择	1. 下拉列表框里的元素应该能通过键盘上的上下方向键或者元素首字母键来切换 2. 如果按下向上键，则选中的应该变成目前所选项的前一项 3. 如果按下向下键，则选中的应该变成目前所选项的下一项 4. 如果按下字母键，则选中的应该变成以该字母开头的项 5. 如果没有以该字母开头的项，则所选项没有变化

12.3.2 导航条测试

导航条测试主要是测试各页面导航条的显示情况，主要测试的内容包括以下几个方面：

（1）各页面下导航条是否能正确地显示。

（2）各页面下导航条显示的内容是否正确。

（3）不同状态下（如登录与未登录），导航条显示的内容是否正确。

（4）导航条的每项内容链接是否正确。

【实例】关于导航条测试，见表 12-2。

表 12-2　导航条测试

步骤名称	描述	预期结果
左侧导航条	测试左侧导航条内容	左侧导航条包括以下链接：始发地、航班、旅馆、汽车租金、目的地等
顶端导航条	测试顶端导航条内容	1. 如果用户没有登录，则顶端导航条包括以下链接：登录、注册、支持、客服 2. 如果用户已经登录，则顶端导航条包括以下链接：退出、航程、概况、支持、客服

12.3.3　页面排版测试

页面排版测试主要是验证 Web 系统每个页面中各元素排列是否正确。主要包括以下几个方面内容：

（1）页面标题验证。

（2）页面元素（文字、窗体、菜单、链接、公司商标等）排版验证。

（3）页面图形验证。

（4）页面版本信息验证。

（5）不同分辨率下的页面显示情况。

（6）页面长度验证。

【实例】关于页面排版测试，见表 12-3。

表 12-3　页面排版测试

步骤名称	描述	预期结果
页面标题	验证浏览器窗口标题栏处显示的标题名称	1. 页面应该有标题 2. 标题应该是起描述作用的 3. 每个页面的标题应该不同
页面文字	检查页面上的文本段落	1. 段落应该左对齐 2. 常用词应该出现在所有页面的固定位置 3. 字号应该大于 10
窗体	检查页面上的窗体：文本输入框、下拉列表框、单选按钮、复选框等	1. 输入项的放置应该是合法的 2. 输入项应该左对齐 3. 所有含义相同的输入项，在所有的页面应该保持长度一致 4. 字号应该大于 10 号

续表

步骤名称	描述	预期结果
导航条	检验页面上的导航条	1. 所有在左侧导航条内的项目都要左对齐 2. 所有在上方导航条内的项目都要居中对齐 3. 所有页面上的菜单都要保持在固定的位置 4. 所有的菜单项都要有下划线，因为它们是超链接
链接	检查页面上的链接：文本链接、图形链接	1. 所有的链接都要有下划线 2. 链接的标签要起描述性作用 3. 相同链接的标签都要链接到同一个地址 4. 相对于周围的文字，链接要使用不同的颜色来标注 5. 已访问过的链接要显示为不同的颜色，以区别于其他链接
公司商标	检查公司商标	1. 公司商标应该在每个页面显示 2. 公司商标在所有页面的固定位置
图表	检查图表：图表的按钮、标语、广告、其他图像	1. 所有的图表对象都要呈水平或竖向排列成直线 2. 常用图表应该放在页面上的固定位置 3. 字号应该大于 10 号
版本	验证页面的版本信息	1. 每个页面都应该包含如下版本信息：公司名称、最后更新时间、站点版本、编译版本 2. 公司名称、站点版本、编译版本在所有页面都显示一致
屏幕设置兼容性	验证页面在不同的屏幕分辨率下的显示：1024×768 pixels、1440×900 pixels、1366×768 pixels	页面在这些不同的屏幕设置下能正常显示
页长	测试页面长度和重要性页面内容	1. 最重要的信息应该在页面最顶端，不需要滚动条就可以查询 2. 导航条和按钮应该在页面顶端可以找到，用户不需要滚动条来查询

12.3.4 拼写和语法测试

拼写和语法测试主要是验证 Web 页面内容的拼写和语法是否正确，主要测试的内容包括以下几个方面：

（1）验证页面内容拼写和语法。

（2）验证页面中菜单和链接的拼写和语法。

（3）验证页面中图片的拼写和语法。

（4）验证页面中表格内容的拼写和语法。

【实例】关于页面内容拼写和语法测试，见表 12-4。

表 12-4 拼写和语法测试

步骤名称	描述	预期结果
页面标题	1．测试页面标题的拼写和语法 2．标题的长度	1．所有的拼写和语法都遵循英文书写规则 2．标题长度不能超过 10 个单词
页面内容	1．测试页面内容的拼写和语法 2．测试页面句子和段落长度	1．所有的拼写和语法都遵循英文书写规则 2．语句最多包含 20 个单词，段落最多 5 个句子
菜单	1．测试菜单选项的拼写和语法 2．测试菜单选项的长度	1．所有的拼写和语法都遵循英文书写规则 2．菜单选项最多包含 5 个单词
链接	1．测试链接的拼写和语法 2．测试链接的长度	1．所有的拼写和语法都遵循英文书写规则 2．链接最多包含 20 个单词
图片	1．测试图片对象内容的拼写和语法 2．图片里内容的长度	1．所有的拼写和语法都遵循英文书写规则 2．语句最多包含 20 个单词，段落最多包含 5 个语句 3．图片按钮和链接最多包含 5 个单词
表格标签	1．测试表格标签的拼写和语法 2．测试表格标签的长度	1．所有的拼写和语法都遵循英文书写规则 2．最多不超过 3 个单词
列表元素	1．测试列表元素内容的拼写和语法 2．测试列表元素内容的长度	1．所有列表元素内容的拼写和语法都遵循英文书写规则 2．列表元素内容最长不超过 5 个单词

12.3.5 标签属性测试

标签属性测试主要是验证指定的标签是否存在以及标签的相关属性是否正确，主要测试的内容包括以下两个方面：

（1）验证所有的标签在源文件中都能查找到。

（2）验证标签的属性。

【实例】关于标签属性测试，见表 12-5。

表 12-5 标签属性测试

步骤名称	描述	预期结果
标签查找	1．将页面源文件在记事本中打开，选择"编辑"→"查找"命令，进入"查找"对话框 2．输入要查找的标签内容	所有的标签都能被正确地查找到
标签属性	在源文件中查找标签的属性	标签的相关属性都应该正确

12.3.6 页面源文件测试

页面源文件测试主要是测试页面源代码中各种标签以及标签属性是否正确，主要测试的标签对象包括 FORM 标签、IGM 标签和 INPUT 标签等。

【实例】关于页面源文件测试，见表 12-6。

表 12-6　页面源文件测试

步骤名称	描述	预期结果
初始化	在浏览器中选择"视图"→"源代码"命令	HTML 源代码可以在记事本中打开
Text 和 Password 对象	如果是 Image 对象，需要验证 Maxlength 属性	Maxlength 属性用于定义，Text 和 Password 文本框允许的最大输入字符长度
Image 对象	如果是 Image 对象，需要验证 Alt、Width 和 Height 属性	Width 和 Height 是图片尺寸的属性，Alt 描述图片属性

12.3.7　Tab 键测试

Tab 键测试主要是测试页面中各元素对 Tab 键的响应情况，主要测试内容包括以下两个方面：

（1）页面中各元素都可以通过 Tab 键来进行选择，即可以使用 Tab 键将焦点切换到页面上的任一元素。

（2）Tab 键切换时，按从左到右、从上到下的顺序对页面中的元素进行选择。

12.4　兼容性测试

关于兼容性测试，将在第 14 章中进行详细的介绍，在此不再赘述。

12.5　安全性测试

随着因特网的不断发展，人们对网络的使用越来越频繁，通过网络进行购物、支付等其他业务操作。而一个潜在的问题是网络的安全性如何保证，一些黑客利用站点安全性的漏洞来窃取用户的信息，使用户的个人信息泄漏，所以站点的安全性变得很重要。

Web 系统的安全性测试包括以下内容：

（1）Web 漏洞扫描。

（2）服务器端信息测试。

（3）文件和目录测试。

（4）认证测试。

（5）会话管理测试。

（6）权限管理测试。

（7）文件上传下载测试。

（8）信息泄漏测试。

（9）输入数据测试。

（10）跨站脚本攻击测试。

（11）逻辑测试。

（12）搜索引擎信息测试。

（13）Web Service 测试。

（14）其他测试。

12.5.1　Web 漏洞扫描

由于开发和设计的原因，可能导致 Web 系统存在漏洞，在测试过程中可以使用一些自动化扫描工具对 Web 系统的漏洞进行扫描。但自动化扫描工具只能检测到部分常见的漏洞（如跨站脚本、SQL 注入等），不是针对用户代码的，也不能扫描业务逻辑，无法对这些漏洞做进一步业务上的判断。而往往最严重的安全问题并不是常见的漏洞，而是通过这些漏洞针对业务逻辑和应用的攻击。

Web 目前分为 Application 和 Web Service 两部分。Application 指通常意义上的 Web 应用；而 Web Service 是一种面向服务的架构技术，通过标准的 Web 协议（如 HTTP、XML、SOAP、WSDL）提供服务。

现在市场上 Web 漏洞扫描的工具比较多，如 WebInspect、N-Stalker、Acunetix Web Vulnerability Scanner、Rational AppScan 等。下面简单介绍 Rational AppScan 工具的使用。

Rational AppScan 是专门面向 Web 应用安全检测的自动化工具，是对 Web 应用和 Web Service 进行自动化安全扫描的黑盒工具。它不但可以简化企业发现和修复 Web 应用安全隐患的过程（这些工作以往都是由人工进行，成本相对较高，效率低下），还可以根据发现的安全隐患，提出针对性的修复建议，并能形成多种符合法规、行业标准的报告，方便相关人员全面了解企业应用的安全状况。

应用程序开发团队在项目交付前，可以利用 Rational AppScan 对所开发的应用程序与服务进行安全缺陷的扫描，自动化检测 Web 应用的安全漏洞，从网站开发的起始阶段就扫除 Web 应用安全漏洞。

Rational AppScan 的工作流程如图 12-5 所示。

12.5.2　服务器端信息测试

服务器端信息测试主要是从服务器对客户端开发的信息角度来测试服务器被攻击的可能性，以及被攻击的难易程度。主要需要测试以下几方面的信息：

- 服务器允许运行账号权限测试。
- Web 服务器端口测试。
- Web 服务器版本信息测试。
- HTTP 方法测试。
- HTTP DELETE 方法测试。
- HTTP PUT 方法测试。
- HTTP TRACE 方法测试。

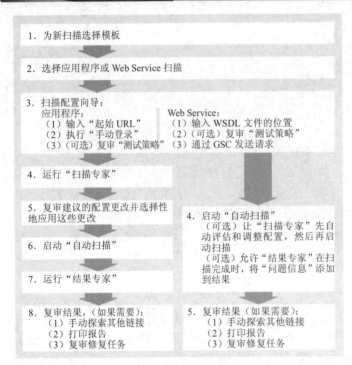

1. 为新扫描选择模板

2. 选择应用程序或 Web Service 扫描

3. 扫描配置向导：
应用程序：
(1) 输入 "起始 URL"
(2) 执行 "手动登录"
(3) (可选) 复审 "测试策略"
Web Service：
(1) 输入 WSDL 文件的位置
(2) (可选) 复审 "测试策略"
(3) 通过 GSC 发送请求

4. 运行 "扫描专家"

5. 复审建议的配置更改并选择性地应用这些更改

6. 启动 "自动扫描"

7. 运行 "结果专家"

8. 复审结果，(如果需要)：
(1) 手动探索其他链接
(2) 打印报告
(3) 复审修复任务

4. 启动 "自动扫描"
(可选) 让 "扫描专家" 先自动评估和调整配置，然后再启动扫描
(可选) 允许 "结果专家" 在扫描完成时，将 "问题信息" 添加到结果

5. 复审结果 (如果需要)：
(1) 手动探索其他链接
(2) 打印报告
(3) 复审修复任务

图 12-5　Rational AppScan 工作流程

- HTTP MOVE 方法测试。
- HTTP COPY 方法测试。

（1）服务器允许运行账号权限测试。

一般地，运行 Web 服务器所在的操作系统所开放的账号权限越高，那么 Web 服务器遭到攻击的可能性越大，并且产生的危害也越大。因此，不应使用 Root、Administrator 等特权账号或高级别权限的操作系统账号来运行 Web 系统，应该尽可能地使用低级别权限的操作系统账号，以此降低 Web 服务器被攻击的风险。

测试时登录 Web 服务器操作系统，查看运行 Web 服务器的操作系统账号，确定操作系统的账号是否为 Root、Administrator 等特权账号或高级别权限账号，如果是，则存在漏洞。

对于 Windows 操作系统：打开 Windows 任务管理器，选择 "进程" 选项卡，选中 "显示所有用户的进程" 复选框，检查运行 Web 服务器的账号。

对 UNIX 或 Linux 系统：运行 "ps‑ef|grep java" 命令，返回结果第一列的操作系统用户就是运行 Web 服务器的账号。例如以下运行信息：

```
root      4035   4010   0 17:13 pts/2     00:00:00 grep java
```

（2）Web 服务器端口测试。

有时 Web 服务器除业务端口外还会开放一些默认端口（如 JBoss 开放的 8083），这些默认端口对最终用户是不需要开放的，而且也不会维护，容易被攻击，本测试的目的在于发现服务器上未使用的 Web 端口。

可以使用端口扫描工具对 Web 服务器域名或 IP 地址（如 IP 地址为 192.168.1.103）进行扫描，检查未开放业务不需要使用的 Web 服务端口。常用的端口扫描工具有 NetScanTools、WinScan、SuperScan、NTOScanner、WUPS、NmapNT 和 Winfingerprint。

以扫描工具 SuperScan 3.00 为例，SuperScan 是一款基于 TCP 协议的端口扫描器、Pinger 和主机名解析器。可以针对任意的 IP 地址范围的 Ping 和端口扫描，并且能同时扫描多个任意端口；解析和反向解析任意 IP 地址或范围；使用内建编辑器修改端口列表及端口定义；使用用户自定义的应用程序与任何被发现打开的端口进行连接；查看被连接主机的回应；保存扫描列表到文本文件中。

在主界面中的 IP 组的 Start 文本框中输入开始的 IP，在 Stop 文本框中输入结束的 IP，在 Scan type 组中选择 All list ports from 单选项，并指定扫描端口范围（1～65535），如图 12-6 所示。

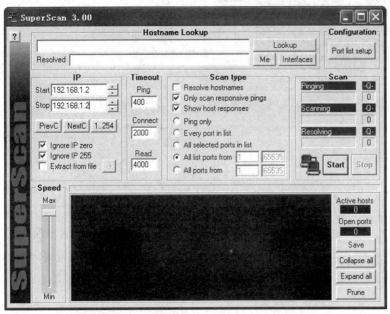

图 12-6　设置扫描参数

单击 Scan 组中的 Start 按钮，就可以在选择的 IP 地址段内扫描不同主机开放的端口。扫描完成后，选中扫描到的主机 IP，单击 Expand all 按钮会展开每台主机的详细扫描结果，如图 12-7 所示。

（3）Web 服务器版本信息测试。

为了防止黑客攻击，在很多情况下，通过获取 Banner 的信息可以获取 HTTP 指纹识别方法。通常会将 Web 服务器的信息进行隐藏或者通过配置、增加插件来更改或模糊服务器的 Banner 信息。

HTTP 指纹识别现在已经成为应用程序安全中一个新兴的话题，指纹识别可以分为两步：一是对指纹进行收集和分类；二是将未知的指纹同被存储在数据库中的指纹进行比较，从而找出最符合的指纹。

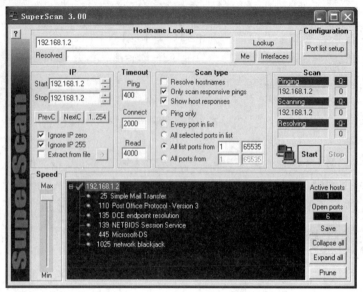

图 12-7　显示扫描结果

操作系统指纹识别在网络评估中是一件常见的工作，现在已有很多操作系统指纹识别技术，操作系统指纹识别为什么能成功呢？因为每个操作系统实现 TCP/IP 协议时有微小的差别，当前比较流行的是利用 TCP/IP 堆栈进行操作系统识别。

HTTP 指纹识别的原理大致也是如此，记录不同服务器对 HTTP 协议执行中的微小差别进行识别，HTTP 指纹识别比 TCP/IP 堆栈指纹识别复杂许多，因为定制 HTTP 服务器的配置文件、增加插件或组件使得更改 HTTP 的响应信息变得更复杂。

在测试过程中可以使用一些工具进行渗透测试，来获取 Web 服务器的相关版本信息。Httprint 就是一个 Web 服务器指纹工具，通过该工具可以对 Web 服务器进行渗透测试。尽管可以通过改变服务器的旗帜字符串（server bannerstrings），或通过类似mod_security或servermask的插件混淆事实，但 Httprint 工具依然可以依赖Web 服务器的特点去准确地识别 Web 服务器。Httprint 也可用于检测没有服务器旗帜字符串的网络功能设备，如无线接入点、路由器、交换机、电缆调制解调器等。

运行 Httprint_gui.exe，在 Host 列中输入主机域名（如果没有域名则输入 IP 地址），在端口列中输入端口号。如果为 HTTPS，则要选择锁图标列的复选框，如图 12-8 所示。

单击程序下方的运行按钮，查看相关报告，确定报告中是否存在 Web 服务器准确的版本信息，如图 12-9 所示。

（4）HTTP 方法测试。

HTTP 方法测试主要是测试 HTTP 开发的方法，有些 Web 服务器默认情况下开放了一些不必要的 HTTP 方法（如 DELETE、PUT、TRACE、MOVE、COPY），这样就增加了受攻击面。

HTTP 请求常见的方法有（所有的方法必须为大写）：GET、POST、HEAD、PUT、DELETE、TRACE、CONNECT 和 OPTIONS，详细见表 12-7。

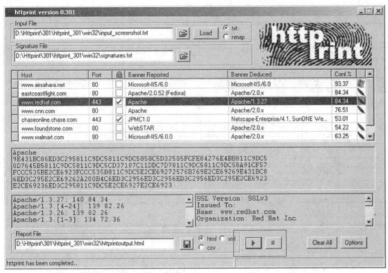

图 12-8 httprint 运行主界面

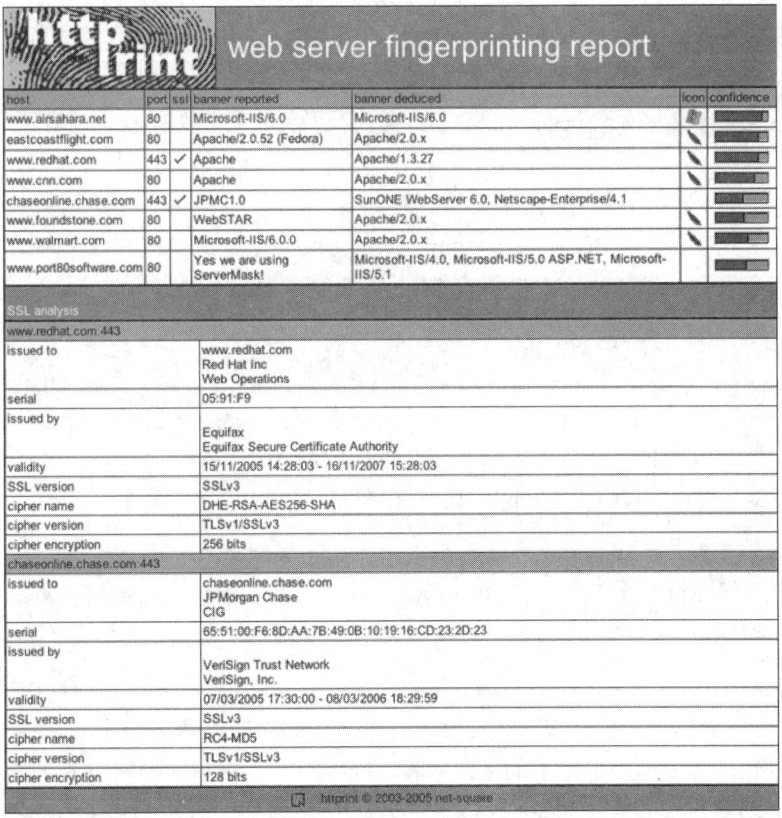

图 12-9 httprint 报告

表 12-7　HTTP 请求方法

方法	说明
GET	请求获取 Request-URI 所标识的资源
POST	在 Request-URI 所标识的资源后附加新的数据
HEAD	请求获取由 Request-URI 所标识的资源的响应消息报头
PUT	请求服务器存储一个资源，并用 Request-URI 作为其标识
DELETE	请求服务器删除 Request-URI 所标识的资源
TRACE	请求服务器回送收到的请求信息，主要用于测试或诊断
CONNECT	保留以便将来使用
OPTIONS	请求查询服务器的性能或查询与资源相关的选项和需求

HTTP 方法测试的步骤如下：

第一步：单击"开始"→"运行"命令，输入 cmd 命令后按 Enter 键，运行 cmd.exe。

第二步：输入命令"telnet IP 端口"（其中 IP 和端口按实际情况填写，用空格隔开，如 telnet 192.168.1.3 80）。

第三步：按 Enter 键。

第四步：在新行中输入命令 OPTIONS /HTTP/1.1，然后按 Enter 键。

第五步：观察返回结果中 Allow 的方法列表。

返回结果样例：

```
http/1.1 200 OK
server: Apache-Coyote/1.1
X-Powered-By: Servlet 2.4; JBoss-4.0.5.GA (build: CVSTag=Branch_4_0 date=200610162339)/Tomcat-5.5
Allow: GET, HEAD, POST, PUT, DELETE, TRACE, OPTIONS
Content-Length: 0
Date: Mon, 29 Jun 2009 08:02:47 GMT
Connection: close
```

如果返回结果中包含不安全的 HTTP 方法（如 DELETE、PUT、TRACE、MOVE、COPY），则验证对这些方法的防范措施是否可用，如果方法可用则说明存在漏洞，测试无法通过。

 由于不同的 Web 服务器支持的 HTTP 协议版本不同，如果系统不支持 HTTP/1.0，那么第四步返回"HTTP/1.0 400 Bad Request"，这种情况下，应该更改第四步的输入行为 OPTIONS / HTTP/1.0。

（5）HTTP DELETE 方法测试。

如果 Web 服务器开放了 DELETE 方法，那么攻击者能够通过该方法删除 Web 服务器上的文件，所以需要测试通过 DELETE 方法是否能将服务器上的文件删除。DELETE 方法测试步骤如下：

在测试前先在 Web 网站上创建一个文件（如 test.txt）。

第一步：单击"开始"→"运行"命令，输入 cmd 命令后按 Enter 键，运行 cmd.exe。

第二步：输入命令"telnet IP 端口"（其中 IP 和端口按实际情况填写，用空格隔开，如 telnet 192.168.1.3 80），并按 Enter 键。

第三步：在新行中输入命令 DELETE /test.txt HTTP/1.0，然后按 Enter 键。

第四步：查看服务器上的 test.txt 文件是否被删除。

该文件不能被删除，如果被删除，说明 Web 服务存在风险。

> **注意**　由于不同的 Web 服务器支持的 HTTP 协议版本不同，如果系统不支持 HTTP/1.0，那么第三步返回"HTTP/1.0 400 Bad Request"，这种情况下，应该更改第三步的输入行为 DELETE /index.jsp HTTP/1.1。

（6）HTTP PUT 方法测试。

如果 Web 服务器开放了 PUT 方法，那么攻击者能够通过该方法上传任意文件到 Web 服务器的一些目录中，包括一些 Web 木马程序。测试时可以使用测试工具来模拟上传文件，对服务器可写权限进行测试。IIS PUT Scaner 为一款检测服务器可写漏洞的工具，通过 IIS PUT Scaner 工具检测的步骤如下：

第一步：运行 IIS PUT Scaner 程序（假设已经安装该工具）。

第二步：在 Start IP 和 End IP 输入框中输入 Web 服务器的 IP 地址，在 Port 输入框中输入对应的端口，选中复选框 Try to upload file 和 Try on other systems，如图 12-10 所示。

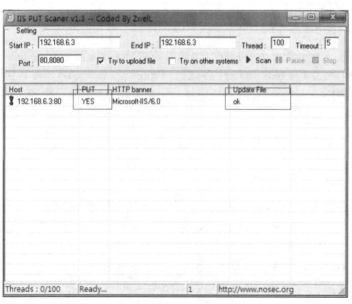

图 12-10　IIS PUT Scaner 主界面

第三步：查看结果，PUT 栏中的值不能为 YES，如果是且 Update File 栏中的值为 ok，说明文件可以被上传到服务器。同时查看 Web 服务器中没有新创建的文件（如上传 test.txt 文件），并且通过http://IP/test.txt请求不到该文件。

 注意 本测试适用于所有的 Web 服务器，不仅仅是 IIS。

（7）HTTP TRACE 方法测试。

如果 Web 服务器开放了 TRACE 方法（主要用于客户端通过向 Web 服务器提交 TRACE 请求来进行测试或获得诊断信息），攻击者能够通过该方法进行跨站攻击。

跨站脚本攻击（Cross Site Script Execution，XSS）是指入侵者在远程 Web 页面的 HTML 代码中插入具有恶意目的的数据，用户认为该页面是可信赖的，但是当浏览器下载该页面时，嵌入其中的脚本将被解释执行。由于 HTML 语言允许使用脚本进行简单交互，入侵者便通过技术手段在某个页面里插入一个恶意 HTML 代码，例如记录论坛保存的用户信息（Cookie），由于 Cookie 保存了完整的用户名和密码资料，用户就会遭受安全损失。如 JavaScript 脚本语句 alert（document.cookie）就能轻易获取用户信息，它会弹出一个包含用户信息的消息框，入侵者运用脚本就能把用户信息发送到他们自己的记录页面中，稍作分析便可以获取用户的敏感信息。

HTTP TRACE 方法测试的步骤如下：

第一步：单击"开始"→"运行"命令，输入 cmd 命令后 Enter 车键，运行 cmd.exe。

第二步：输入命令"telnet IP 端口"（其中 IP 和端口按实际情况填写，用空格隔开，如 telnet 192.168.1.3 80），然后按 Enter 键。

第三步：在新行中输入 TRACE/HTTP/1.0 命令，然后按 Enter 键。

第四步：观察返回的结果信息，Web 服务器返回的信息提示 TRACE 方法"not allowed"。

 注意 由于不同的 Web 服务器支持的 HTTP 协议版本不同，如果系统不支持 HTTP/1.0，那么第三步返回"HTTP/1.0 400 Bad Request"；这种情况下，应该更改第三步的输入行为 TRACE / HTTP/1.1。

（8）HTTP MOVE 方法测试。

如果 Web 服务器开放了 MOVE 方法，用于请求服务器将指定的页面移到另一个网络地址，该方法不安全，容易被利用。

HTTP MOVE 方法测试的步骤如下：

第一步：单击"开始"→"运行"命令，输入 cmd 命令然后按 Enter 键，运行 cmd.exe。

第二步：输入命令"telnet IP 端口"（其中 IP 和端口按实际情况填写，用空格隔开，如 telnet 192.168.1.3 80），然后按 Enter 键。

第三步：在新行中输入 MOVE /info/b.html /b.html HTTP/1.0 命令，并按 Enter 键。

第四步：观察返回的结果信息，Web 服务器返回的信息提示 MOVE 方法"not supported"。

 注意 由于不同的 Web 服务器支持的 HTTP 协议版本不同，如果系统不支持 HTTP/1.0，那么第三步返回"HTTP/1.0 400 Bad Request"，这种情况下，应该更改第三步的输入行为 MOVE /info/b.html /b.html HTTP/1.1。

（9）HTTP COPY 方法测试。

如果 Web 服务器开放了 COPY 方法，用于请求服务器将指定的页面拷贝到另一个网络地址，该方法不安全，容易被利用。

HTTP COPY 方法测试的步骤如下：

第一步：单击"开始"→"运行"命令，输入 cmd 命令后按 Enter 键，运行 cmd.exe。

第二步：输入命令"telnet IP 端口"（其中 IP 和端口按实际情况填写，用空格隔开，如 telnet 192.168.1.3 80），然后按 Enter 键。

第三步：在新行中输入 COPY /info/b.html /b.html HTTP/1.0 命令，然后按 Enter 键。

第四步：观察返回的结果信息，Web 服务器返回的信息提示 COPY 方法"not supported"。

 注意

由于不同的 Web 服务器支持的 HTTP 协议版本不同，如果系统不支持 HTTP/1.0，那么第三步返回"HTTP/1.0 400 Bad Request"；这种情况下，应该更改第三步的输入行为 COPY /info/b.html /b.html HTTP/1.1。

12.5.3　文件和目录测试

文件和目录测试主要是从服务器中的文件内容和目录方面测试服务器是否存在漏洞。主要需要测试以下几方面的信息：

● 目录列表测试。

● 文件归档测试。

● Web 服务器控制台测试。

● Robots 文件接口查找。

● 使用工具对敏感接口进行遍历查找。

（1）目录列表测试。

目录列表可能造成信息泄漏，并且很容易被攻击，所以在测试过程中应该注意查找所有目录列表可能存在的漏洞。

在测试过程中可以使用一些工具对 Web 服务器的目录列表进行测试。下面以 DirBuster 工具为例，对目录进行测试。

DirBuster 是一个多线程 Java 应用程序，用于暴力破解 Web 服务器上的目录和文件。根据一个用户提供的字典文件，DirBuster 会试图在应用中爬行，并且猜测非链接的目录和有特定扩展名的文件。例如，如果应用使用 PHP，用户可以指定"php"为特定文件扩展名，DirBuster 将在每个爬虫程序遇到的目录中猜测名为"字典中的词.php"的文件。DirBuster 能够递归扫描查找的新目录，包括隐藏的文件和目录。

测试的条件是需要先在测试机上安装 JRE 和 DirBuster 软件，测试步骤如下：

第一步：运行 DirBuster.jar 程序。

第二步：在 Host 输入框中输入目标服务器的 IP 地址或域名，在 Port 输入框中输入服务器的端口，如果服务器只接受 HTTPS 请求，则需要在 Protocol 下拉列表中选择 HTTPS 协议，如图 12-11 所示。

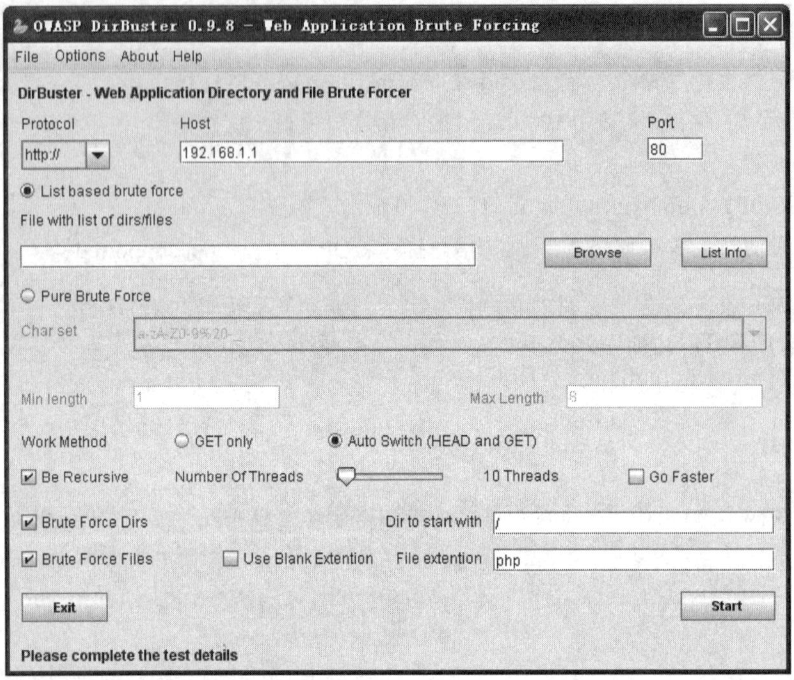

图 12-11　DirBuster 主界面

第三步：单击 Browse 按钮，设置破解的字典库为 directory-list-2.3-small.txt。

第四步：取消选中 Brute Force Files 复选框。

第五步：单击右下角的 Start 按钮，开始目录查找。查找结束后会生成查找结果，如图 12-12 所示。

第六步：依次右击 Response 值为 200 的行（只有 Response 值为 200 才表示请求成功，其他的都表示请求不成功），在弹出菜单中选择 Open In Browser 选项。

第七步：分析结果，所有 Response 值为 200 的目录均不能打印出文件列表。

（2）文件归档测试。

在网站管理员的维护过程中，经常会出现对程序或者页面进行备份的情况（有时备份并不一定是有意的，也可能是无意的，如 UltraEdit 软件在修改后会自动生成一个后缀名为 bak 的文件）。攻击者通过直接访问这些备份的路径可以下载文件。通常需要检查是否包含后缀名为.bak、.BAK、.old、.OLD、.zip、.ZIP、.gz、.rar、.tar、.temp、.save、.backup、.orig、.000、.dwt 和.tpl 等格式的文件。

文件归档测试的步骤如下：

第一步：进入 Web 服务器的后台操作系统。

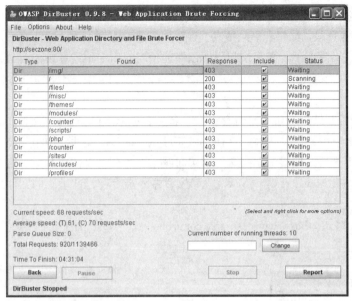

图 12-12　查找结果

第二步：通过命令进入可以通过 Web 方式访问到的目录，即客户端可以通过浏览器访问到的目录（Tomcat 服务器的目录为$home/webapps）。

第三步：使用 find 命令查找当前目录下是否存在.bak、.BAK、.old、.OLD、.zip、.ZIP、.gz、.rar、.tar、.temp、.save、.backup、.orig、.000、.dwt 和.tpl 后缀名的文件，命令格式为 Find ./ -name "*.后缀名"。例如查找包含后缀名为 ".bak" 的文件，命令如下：

Find ./ -name "*.bak"

第四步：确定通过 Web 方式访问的目录，在开发过程中产生的临时文件、备份文件等。

（3）Web 服务器控制台测试。

不同的 Web 服务器，其控制台 URL 地址、默认账号、口令都不同，常见的 Web 服务器控制台 URL 地址、默认账号和口令见表 12-8。

表 12-8　常用 Web 服务器控制台信息

控制台	URL	默认账号	口令
Tomcat	http://www.exmaple.com/manager/html	admin	admin
JBoss	http://www.exmaple.com/jmx-console/	无或 admin	无或 admin
WebSphere	http://www.exmaple.com/ibm/console/logon.jsp	admin	admin
Apache	http://www.exmaple.com/server-status	admin	admin
Axis2	http://www.exmaple.com/axis2-admin/	admin	axis2
iSAP	http://www.exmaple.com/admin/login.jsp	admin	admin
"普元"	http://www.exmaple.com/eosmgr/	sysadmin	000000

在浏览器中输入 Web 服务器控制台的 URL，查看 Web 服务器是否部署了控制台，如果部署了，应该验证使用默认的账号、口令是否能登录，如果能登录成功，说明服务器存在漏洞。一般情况下不需要部署 Web 服务器的控制台，如果部署了，那么最起码应该保证使用弱口令不能登录，而必须是强口令。

（4）Robots 文件接口查找。

搜索引擎蜘蛛访问网站时，会先看网站根目录下是否存在一个名为 Robots.txt 的纯文本文件，Robots.txt 是用于指令搜索引擎禁止抓取网站某些内容，这样可以通过 Robots.txt 文件保护相关文件或目录名称。如果 Robots.txt 文件不存在，搜索引擎蜘蛛可以访问网站上所有没有被口令保护的页面或文件。那么当网站根目录下存在 Robots.txt 时，应该注意该文件中不能存在一些敏感的文件接口。

通过浏览器访问 Robots.txt 文件的格式为http://www.exmaple.com/robots.txt，如 http://192.168.1.1/robots.txt，返回如图 12-13 所示的内容。

图 12-13　Robots.txt 文件内容

检查 Robots.txt 文件中是否包含一些敏感的目录或文件（如敏感目录/employee/salary_files、敏感文件/sys_manager/setup.jsp）。如果存在，系统则存在风险。

（5）使用工具对敏感接口进行遍历查找。

使用工具对敏感接口进行遍历查找主要是通过工具对 Web 服务器中的目录或文件接口进行遍历，检查是否有对外的明显的链接，使用工具可以对一系列目录或文件接口进行枚举访问，可以指定检查文件的类型，以确定 Web 系统是否存在漏洞。同样可以使用 DirBuster 对目录或文件接口进行遍历查找，步骤如下：

第一步：首先安装 JRE 和 DirBuster 软件。

第二步：运行 DirBuster.jar 程序。

第三步：在 Host 输入框中输入目标服务器的 IP 地址或域名，在 Port 输入框中输入服务器的端口，如果服务器只接受 HTTPS 请求，则需要在 Protocol 下拉列表中选择 HTTPS 协议。

第四步：单击 Browse 按钮，设置破解的字典库为 directory-list-2.3-small.txt。

第五步：在 File extension 输入框中输入用于设置等查找文件的后缀名，默认值为 php，如果需要查找 html 文件，可以将该选项值设置为 html。

第六步：单击右下角的 Start 按钮，运行结束后，生成的结果如图 12-14 所示。

单击图 12-14 中的 Report 按钮，可以生成相应的报告，查找报告中是否有对外开发的敏感接口文件。

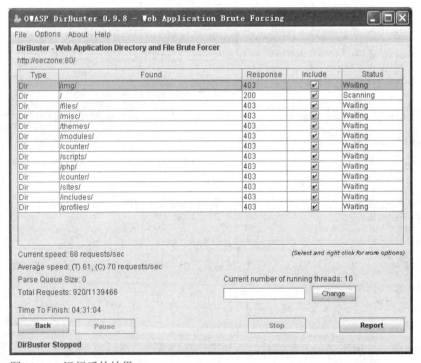

图 12-14 运行后的结果

12.5.4 认证测试

认证测试主要是验证系统对暴力破解的一种防护能力。对于口令的破解，最常用的方式是暴力测试，特别是对于由六位纯数字组成的密码，如电信和金融行业。暴力破解主要是通过穷举法，对密码每一种可能的情况进行一一试验，直到找到正确的密码为止。

测试时主要是测试系统防护暴力破解的能力，并不对系统进行暴力测试，如果需要进行暴力破解，可以使用一些相关的工具进行测试。认证方面的测试主要包括以下几方面内容：

- 强口令策略测试。
- 认证信息出错的提示信息测试。
- 避开认证登录测试。
- 验证码测试。
- 账号锁定阈值测试。
- 找回密码测试。
- 修改密码测试。
- 敏感数据传输测试。

（1）强口令策略测试。

强口令策略测试主要是测试在注册或修改用户口令时，Web 系统是否要求用户口令必须为强口令。

测试时进入密码修改页面，或者注册一个新的用户，在密码输入框中输入弱密码（如密码的长度少于 6 位字符、设置纯数字为密码）。当输入的密码少于 6 位字符时，系统应该弹出相应的提示信息（如密码长度不能少于 6 位字符）；当输入纯数字时，系统也应该弹出相应的提示信息（如当前设置的密码为弱密码，是否修改）。

一个强口令策略必须满足以下条件：

- 口令长度的取值范围为 0～32 个字符，口令的最短长度和最长长度均可设置，口令的最短长度建议默认为 6 个字符。
- 口令中至少需要包括一个大写字母（A～Z）、一个小写字母（a～z）、一个数字字符（0～9），是否必须包含特殊字符可以设置。
- 口令中允许同一字符连续出现的最大次数可设置，取值范围为 0～9。当设置为 0 时，表示无限制，建议默认为 3。
- 口令必须设置有效期，最短有效期的取值范围为 0～9999 分钟，当取值为 0 时，表示无限制，建议默认值为 5 分钟；最长有效期的取值范围为 0～999 天，当取值为 0 时，表示口令永久有效，建议默认值为 90 天。
- 在口令到期前，当用户登录时系统必须进行提示，提前提示的天数可设置，取值范围为 1～99 天，建议默认设置为 7 天。
- 口令到达最长有效期后，用户在进入系统前，系统需要强制更改口令，直至更改成功。

- 口令历史记录数可设置，取值范围为 0～30，建议默认设置为 3 个。
- 管理员、操作员、最终用户修改自己的口令时，必须提供旧口令。
- 初始口令为系统提供的默认口令或者是由管理员设定时，则在用户/操作员使用初始口令成功登录后，要强制用户、操作员更改初始口令，直至更改成功。
- 口令不能以明文的形式在界面上显示。
- 口令不能以明文的形式保存，必须加密保存；口令与用户名关联加密，即加密前的数据不仅包括口令，还包括用户名。
- 只有当用户通过认证之后，才可以修改口令。
- 修改口令的账号只能从服务器端的会话信息中获取，而不能由客户端指定。
- 实现弱口令词典功能。

（2）认证信息出错的提示信息测试。

攻击者在进行暴力破解时，最终通过穷举法，对用户名和密码进行逐个实验，当登录错误时，目标服务器会产生相应的提示，而这个提示信息很可能存在漏洞，如提示"该用户名不存在"，像这类提示信息就存在漏洞。

测试时可以测试两种情况，一是使用错误的用户名和任意密码进行登录，查看服务器弹出的提示信息；二是输入正确的用户名，输入错误的密码，查看服务器弹出的提示信息。对于这类涉及到安全的错误提示信息，系统在处理时不能给出准确的、具体的提示信息。

（3）避开认证登录测试。

避开认证登录测试主要是测试服务器是否可能存在被绕过登录的可能性。避开认证登录其实是 SQL 注入的一种使用方式，一般情况下服务验证登录的一般方式是将输入的用户名和口令与数据库中的记录进行对比，如果输入的用户名和口令与数据库中的某条记录相同，那么登录成功；反之提示登录失败，代码如下：

```
Set rs = Server.CreateObject("ADODB.Connection")
sql = "select * from Manage_User where UserName='" & name & "' And PassWord='"&encrypt(pwd)&"'"
Set rs = conn.Execute(sql)
```

这条 SQL 语句看似没有问题，当用户输入合法的用户名和密码时，如 admin/123456，程序可以正确地判断登录是否成功。但如果在用户名或密码输入框中输入 admin' or '1'='1，那么执行的 SQL 语句为：

```
sql = "select * from Manage_User where UserName='admin' or '1'='1' And PassWord=' admin' or '1'='1'"
```

这样不管用户名和密码输入的内容是否正确，都能绕过服务器的验证顺利登录成功，因为"'1'='1'"这个条件一定为真。

测试时在用户名和密码输入框中都输入 admin' or '1'='1，验证是否能正确地登录 Web 系统，系统应该能正确地处理这种情况。

（4）验证码测试。

验证码测试主要是测试在登录时系统是否提供验证码机制，以及验证码机制是否完善，是否存在漏洞。

验证码的测试需要注意以下几个问题：

第一：登录页面是否存在验证码机制，如果不存在，说明系统存在漏洞。

第二：确保验证码与用户名、密码是一次性同时提交给服务器进行验证的，如果分开提交、分开验证，那么系统存在漏洞。

第三：测试后台服务器是否为检查验证码正确后才进行用户名和密码的检验，如果不是，说明系统存在漏洞。从性能的角度来说，先检查验证码，如果验证码失败也可以节约服务器的时间，因为可以省去数据库判断的时间。测试时可以故意输入错误的用户名、密码或验证码，系统返回提示信息，如果提示"验证码错误"，说明服务器是先判断验证码，再判断用户名和密码。

第四：验证码是否为图片且在一张图片中，如果不是图片或不在一张图片中，说明系统存在漏洞。

第五：在登录界面单击右键查看 HTML 源代码，如果在 HTML 源代码中可以查看到验证码的值，说明系统存在漏洞。

第六：生成的验证码是否根据提供的参数生成，如果是，则说明系统存在漏洞。

第七：测试验证码是否为随机生成，并且不能出现前几次可以随机产生，之后不再随机生成的情况（如前 8 次可以随机产生验证码，但此后再也不随机产生验证码）。

第八：测试产生验证码的图片中背景色是否为无规律的点或线条。如果背景为纯色（如纯红色），说明系统存在漏洞，一般验证码的背景色是由一种颜色向另一种颜色渐变，如图 12-15 所示。

图 12-15　验证码

第九：测试生成的验证码的有效次数只为一次，即只要使用该验证码登录过一次后，该验证码就失效。测试时可以按如下步骤进行：

步骤 1：进入登录页面，页面中显示当前生成的验证码。

步骤 2：使用工具对 GET 和 POST 请求进行拦截。

步骤 3：输入错误的用户名或密码，输入正确的验证码，提交请求。

步骤 4：将拦截到的 GET 或 POST 请求拷贝到文件中，并修改用户名或密码。

步骤 5：在"开始"菜单中运行 cmd.exe 程序，在命令行中输入命令 telnet <服务器域名或 IP 地址><端口号>，并按 Enter 键。

步骤 6：将修改的 GET 或 POST 请求粘贴到命令行窗口中，并按 Enter 键。

步骤 7：查看页面中是否提示"验证码错误"一类的信息，如果没有相关提示，则说明服务器存在漏洞。

（5）账户锁定阈值测试。

如果缺少锁定策略，那么攻击者很可能通过穷举法对系统进行暴力破解。如网站对同一个 IP 地址注册账户的限制，一般网站不允许同一个 IP 地址在 24 小时之内注册超过 3 次。可以通过账户锁定阈值来设置登录失败多少次后锁定用户账号，设置次数的范围为 1～999，如果设置为 0，表示该账号永不锁定；如果定义了账户锁定阈值，那么账户锁定时间必须大于或等于复位时间。

测试时可以故意输入错误的用户名或密码，重复多次登录，观察目标系统返回的信息，系统应该提示"账号已锁定"或"IP 地址已锁定"等类似的信息。

（6）找回密码测试。

找回密码测试主要是测试当用户忘记密码并通过网站找回密码时，系统是否存在漏洞。如果系统存在漏洞，攻击者则可能通过找回密码功能来重置用户的密码，导致用户不能正常登录，造成业务数据被修改。

具体的测试步骤如下：

步骤 1：进入找回密码界面。

步骤 2：在找回密码时，需要对用户的身份进行验证，未对身份验证就发送密码，说明系统存在漏洞。常用的身份验证的信息如一些原来注册时填写的找回密码的问题（如小学所在地），对于这类回答式的问题，应该避开类似判断的问题，如喜欢的宠物是否为小狗这类问题，这样会缩小问题的范围，说明系统存在漏洞。

步骤 3：如果为输入密码的方式，应该查看 HTML 源代码，检查是否存在关于密码的一些数据。

步骤 4：重置后的密码一般通过用户的备用邮箱或手机短信来通知用户，不能以明文的方式直接显示在页面上。

（7）修改密码测试。

修改密码测试主要是测试修改密码的功能是否存在缺陷。具体的测试步骤如下：

步骤 1：进入修改密码界面。

步骤 2：查看修改密码时是否要求输入旧密码，如果不需要用户填写旧密码，说明系统存在缺陷。

步骤 3：修改密码时，需要将旧密码通过一个 HTTP 请求提交到服务器，可以通过一些工具（如 WebScarab 工具）进行拦截来测试，如果不是，则说明系统存在漏洞。

步骤 4：测试是否可以修改其他用户的密码，一般只有管理员或有相关权限的用户可以修改其他用户的密码。

注意 如果初始口令为系统提供的默认口令或者是由管理员设定，则在用户使用初始口令成功登录后，系统必须强制用户更改初始口令，直至更改成功，否则存在漏洞。

（8）敏感数据传输测试。

敏感数据传输测试主要是测试系统处理用户名和密码传输时，是否对用户名和密码进行加密处理。

测试时可以使用工具（如 WebScarab 工具）对客户提交的 GET 和 POST 请求进行拦截，查看用户登录过程中用户名和密码是否是使用 HTTPS 协议进行传输。

同理，对于找回密码和修改密码功能，用户名和密码也必须使用 HTTPS 协议传输。

HTTPS（Secure HyperText Transfer Protocol，安全超文本传输协议）是一个安全通信通道，基于 HTTP 开发，是在 HTTP 的基础上加入 SSL 层，其加密的过程主要是通过 SSL 来完成。HTTPS通信过程如图 12-16 所示。

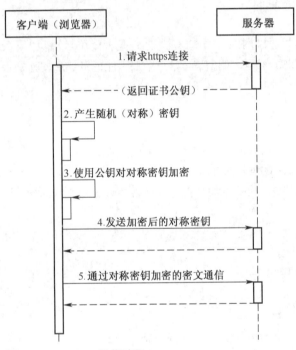

图 12-16　HTTPS 通信过程

12.5.5　会话管理测试

会话管理是开发工程师对 HTTP 协议无状态会话的一种管理过程。当用户在一个应用程序的页与页之间进行跳转时，还需要维护用户信息，因为 HTTP 是一种无状态协议，即 Web 服务器将某页的每次访问都当作相互无关的访问来处理，服务不会保留前一次访问的任何信息，即使访问就发生在当前访问的几秒钟之前。会话管理测试的主要内容如下：

- 身份信息识别方式测试。
- Cookie 存储方式测试。
- 用户注销、退出测试。
- 注销后会话信息是否清除测试。
- 会话超时测试。

（1）身份信息识别方式测试。

身份信息识别方式测试主要是测试系统通过什么方式来识别用户身份信息。在 Web 系统中一般有多种不同角色的用户，不同的用户拥有的权限也不同，用户的身份识别变得非常重要。

测试时需要注意在提交 GET 或 POST 请求时，不能有身份信息相关的数据或信息存在，否则系统存在漏洞。测试步骤如下：

步骤 1：登录 Web 系统。

步骤 2：使用工具（WebScarab）对 HTTP 的 GET 和 POST 请求进行拦截。

步骤 3：进入登录请求，并分析拦截工具截获的请求报文件。

步骤 4：截获的请求中不应该包括与用户身份信息相关的数据，如果发现存在用户身份信息相关的数据，可以将用户身份信息进行修改，再次提交时，如果服务器端是以修改后的身份进行操作，则说明系统存在漏洞。

用户的身份信息不能通过客户端来提交，而是通过服务器的会话管理来保存。

（2）Cookie 存储方式测试。

某些 Web 应用将 SessionID 放到了 URL 中进行传输，这样攻击者能够诱使被攻击者访问特定的资源（如图片）。在被攻击者查看资源时获取该 SessionID（在 HTTP 协议的 Referer 标题头中携带了来源地址），从而导致身份盗用。

测试时应该测试不同的业务应用，观察 URL 的内容，确保 URL 中不出现 SessionID 信息（可能是 SID、JSessionID 等形式）。

（3）用户注销、退出测试。

用户注销、退出测试主要测试用户登录后，系统的所有页面中是否存在正确的"退出"或"注销"按钮或链接。

（4）注销后会话信息是否清除测试。

确保注销后会话信息是否被清除，是否能继续访问注销之前（也即登录之后）才能访问的页面。测试步骤如下：

步骤 1：使用工具（WebScarab）对 HTTP 的 GET 和 POST 请求进行拦截。启动 WebScarab 工具前，打开浏览器中的"Internet 选项"对话框，在"连接"选项卡中单击"局域网设置"按钮，弹出如图 12-17 所示对话框。将其中地址设置为 localhost，端口设置为 8008。

步骤 2：登录 Web 系统。

步骤 3：在 Web 系统中进行一些操作（如添加用户信息），这样 WebScarab 工具就会将 GET 和 POST 请求拦截并记录下来。

步骤 4：注销或退出 Web 系统。

步骤 5：在 WebScarab 工具中选中步骤 3 的 URL，重新发送请求。

步骤 6：查看返回的结果。

返回的结果应该为 HTTP/1.1 302 Moved Temporarily，即不能够访问只有登录才能访问的页面。

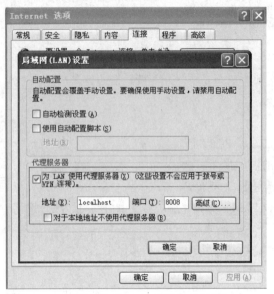

图 12-17 "局域网（LAN）设置"对话框

（5）会话超时测试。

会话超时是指当浏览器窗口闲置超时时，是否需要重新登录的机制。测试时使用一个正确的账号进行登录，成功登录之后，将浏览器闲置一段时间（可以查看 xml 文件中的 session-timeout 参数值，该值表示会话的超时时间）。当闲置超过这个时间值时，系统提示需要重新登录。

12.5.6 权限管理测试

目前存在着两种越权操作类型：横向越权操作和纵向越权操作。前者指的是攻击者尝试访问与其拥有相同权限的用户的资源；而后者指的是一个低级别攻击者尝试访问高级别用户的资源。如图 12-18 所示。

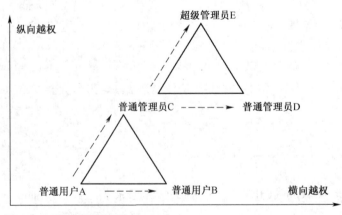

图 12-18 越权操作类型

权限管理测试更多的是进行人工分析,自动化工具无法了解页面的具体应用场景及逻辑判断过程。因此这里的测试需要首先测试人员理解测试业务系统的逻辑处理流程,并在此基础上进行如下测试:

- 页面是否进行权限判断;
- 页面提交的资源标志是否与已登录的用户身份进行匹配比对;
- 用户登录后,服务器端不应再以客户端提交的用户身份信息为依据,而应以会话中保存的已登录的用户身份信息为准;
- 必须在服务器端对每个请求 URL 进行鉴权,而不能仅仅通过客户端的菜单屏蔽或者 Disable 按钮来限制。

（1）横向越权测试。

横向越权测试包括两个方面:一是基于用户身份处理的横向越权操作测试;二是基于资源 ID 处理的横向越权操作测试。

Web 系统正常运行时,系统存在一个身份级别的控制,如某个页面（www.testingba.com/abc.html）提交的参数中是否有一个代表用户身份的标志（如 operator）或有一个代表资源的标志（如 resource_id）。具体的测试步骤如下:

步骤 1:运行 WebScarab,选中 Intercept requests。

步骤 2:打开浏览器,在代理服务器地址中配置地址为 127.0.0.1,端口为 8008。

步骤 3:使用用户 A 的身份进行登录。

步骤 4:进入 www.testingba.com/abc.html 页面,提交数据。

步骤 5:在弹出的对话框中的 URLEncoded 页面中,更改用户身份标志（如 operator）或更改资源标志（resource_id）参数,更改值为用户 B 所属的用户身份标志或资源标志,再单击 Accept Changes 按钮提交。

步骤 6:观察服务器处理,服务器返回登录失败。

注意　如果参数是基于 GET 方式的 URL 传递,则不需要通过 WebScarab 工具,直接在 URL 中修改相关信息提交即可。

（2）纵向越权测试。

使用横向越权的测试方法同样可以对纵向越权进行测试,如果从代码的角度来测试,也可以对该功能进行全面的覆盖测试。主要包括三个方面:基于菜单 URL 测试、基于源代码测试和漏洞扫描。

1）基于菜单 URL 测试主要是发现应用中是否存在 URL 纵向越权操作,测试步骤如下:

步骤 1:以超级管理员身份登录 Web 系统。

步骤 2:单击右键,在弹出菜单中选择"查看源文件"。

步骤 3:在源文件中查找管理菜单（如用户管理）的 URL 链接,并拷贝该 URL 链接地址。

步骤 4:退出登录,再使用普通用户身份登录该 Web 系统。

步骤 5:在浏览器地址栏中输入步骤 3 中拷贝的 URL 链接地址,并访问该 URL。

步骤 6：观察普通用户是否能登录"用户管理"页面，并进行用户管理操作。正常的是普通用户不能访问"用户管理"的 URL 地址。

2）基于源代码测试主要是发现页面中是否存在纵向越权操作。假设源代码存放的目录为 c:\webtest，页面为 JSP，测试步骤如下：

步骤 1：在"开始"→"运行"中输入 cmd 命令，运行 cmd 应用程序。

步骤 2：切换到源代码所在的目录。

步骤 3：输入命令 dir /B *.jsp>test.html。

步骤 4：使用 UltraEdit 编辑器打开 test.html 文件。

步骤 5：将^p 的内容替换为">test</a>^p<a href="http://192.168.1.1/webapp/，并保存修改。

步骤 6：使用浏览器打开 test.html 文件。

步骤 7：依次单击页面中的 test 链接，观察访问结果，并进行记录。

步骤 8：使用低级别的用户身份登录 Web 系统，保持浏览器窗口，重复步骤 7 的操作。

步骤 9：观察结果，结果应该是不能访问页面，系统提示相关信息。

3）漏洞扫描主要是使用扫描工具来测试页面中是否存在纵向越权操作，测试步骤如下：

步骤 1：安装 AppScan 扫描工具。

步骤 2：选择 File→New 选项，新建扫描，扫描的模板设置为 Default，并单击 Next 按钮。

步骤 3：在 Starting URL 中输入待扫描的目标服务器域名或 IP 地址，不修改其他项配置，单击 Next 按钮。

步骤 4：设置 Recorded Login 的值为默认值（recommended method），单击 Next 按钮。

步骤 5：在弹出的页面中，用权限较高的用户身份登录（如管理员 admin 等）。

步骤 6：关闭页面，弹出如图 12-19 所示的对话框，单击 OK 按钮。

步骤 7：不修改任何参数，单击 Next 按钮。

步骤 8：不修改参数，选择 Start a full automatic scan，单击 Finish 按钮完成设置，并开始扫描。

步骤 9：扫描完成后，保存扫描结果，如 user.scan。

步骤 10：重新开始再扫描一次，重复步骤 1～3。

步骤 11：在步骤 4 中选择用户身份时，选择 NoLogin 单选项，如图 12-20 所示，单击 Next 按钮。

步骤 12：在弹出的配置对话框中（即步骤 7 的对话框）中单击 Advanced Test Settings 按钮，弹出如图 12-21 所示的对话框，单击 Configure 按钮。

步骤 13：弹出如图 12-22 所示的窗口，单击 Add 按钮，添加已扫描的结果文件，在此步骤中添加步骤 9 保存的结果文件。

图 12-19   Session Information 对话框

图 12-20   选择用户身份

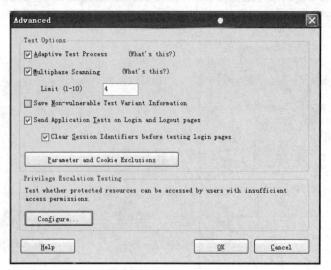

图 12-21　Advanced 对话框

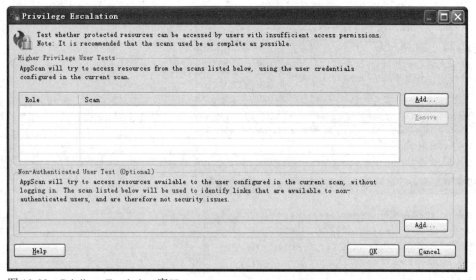

图 12-22　Privilege Escalation 窗口

步骤 14：单击 OK 按钮返回扫描配置对话框（即步骤 7 的对话框），单击 Next 按钮。

步骤 15：在步骤 8 所示对话框中，不需修改参数，单击 Finish 按钮开始进行越权扫描。

步骤 16：扫描完成后保存结果，并对结果进行分析，扫描的结果文件中不应提示存在漏洞。

12.5.7　文件上传下载测试

文件上传下载测试包括两方面内容：一是文件上传；二是文件下载。文件上传主要是测试系统是否对从客户端提交的上传文件进行约束，不能让用户在客户端随意提交任何文件。文件下载主要是测试在下载时是否存在跨越目录、越权的情况。

（1）文件上传测试。

现在很多网站都提供文件上传功能，如果在服务器端没有对上传文件的类型、大小、保存的路径及文件名进行严格限制，攻击者就很容易上传后门程序取得 WebShell，从而控制服务器。测试步骤如下：

步骤 1：登录网站，并打开文件上传页面。

步骤 2：单击"浏览"按钮，并选择本地的一个 JSP 文件（如 test.jsp），确认上传。

步骤 3：如果客户端脚本限制了上传文件的类型（如允许 gif 文件），则把 test.jsp 更名为 test.gif；配置 HTTP Proxy 使用 WebScarab 工具对 HTTP 进行请求拦截；重新单击"浏览"按钮，并选择 test.gif，确认上传。

步骤 4：在 WebScarab 拦截的 HTTP 请求数据中，将 test.gif 修改为 test.jsp，再发送请求数据。

步骤 5：登录后台服务器，用命令 find /-name test.jsp 查看 test.jsp 文件存放的路径。如果可以直接以 Web 方式访问，则构造访问的 URL，并通过浏览器访问 test.jsp，如果可以正常访问，则已经取得 WebShell，测试结束。如果无法访问，例如 test.jsp 存放在 /home/tomcat/ 目录下，而 /home/tomcat/webapps 目录对应 http://www.example.com/，则进行下一步操作。

步骤 6：重复步骤 1～3，在 WebScarab 拦截的 HTTP 请求数据中，将 test.gif 修改为 test.jsp，再发送请求数据。

步骤 7：在浏览器地址栏中输入 http://www.example.com/test.jsp，访问该后门程序，取得 WebShell，结束测试。

预期结果：服务器端对上传文件的类型、大小、保存的路径及文件名进行严格限制，确保无法上传后门程序。

（2）文件下载测试。

现在很多网站提供文件下载功能，如果网站对用户下载文件的权限控制不严，攻击者就很容易利用目录跨越、越权下载，下载一些权限外的资料（比如其他用户的私有、敏感文件）。

如某下载页面 URL（假设该页面是某用户的个人信息，对应的 URL 为 http://192.168.1.9/download/userid001/info.xls），测试时可以猜测并更改 URL 路径，对 URL 进行访问：

http://192.168.1.9/download/userid001/info.xls

http://192.168.1.9/download/userid002/info.xls

http://192.168.1.9/admin/report.xls

……

观察页面返回信息，如果可以越权获取到其他用户的私有、敏感文件，则说明存在漏洞。

而一些网站接受类似于文件名的参数用于下载或显示文件内容，如果服务器未对这种情况进行严格判断，攻击者同样可以通过修改这个参数值来下载、读取任意文件，比如 /etc/password 文件。测试时可以更改 URL 对其进行测试。

http://www.exmaple.com/viewfile.do?filename=../etc/passwd

http://www.exmaple.com/viewfile.do?filename=../../etc/passwd

……

对于 UNIX/Linux 服务器可以尝试下载/etc/passwd 文件，对于 Windows 服务器可以尝试下载 c:\boot.ini 文件。

观察页面返回信息，如果可以下载/etc/passwd 或 c:\boot.ini 文件的信息，说明下载文件有漏洞。

12.5.8 消息泄漏测试

消息泄漏测试主要是测试系统泄露敏感信息的风险。敏感信息包括数据库连接地址、账号和口令等信息，服务器系统信息，Web 服务器软件名称、版本，Web 网站路径，除 html 之外的源代码，业务敏感数据等。

主要包括以下几方面内容：

- 数据库账号密码测试。
- 客户端源代码敏感信息测试。
- 客户端源代码注释内容测试。
- 异常测试。
- 不安全的存储测试。
- Web 服务器状态信息测试。
- HappyAxis.jsp 页面测试。

（1）数据库账号密码测试。

测试连接数据库的账号密码在配置文件中是否以明文方式存储，如果是，就很容易被恶意维护人员获取，从而直接登录后台数据库进行数据篡改。

测试时找到连接数据库的账号密码所在的配置文件，查看配置文件中的账号密码是否被加密。

（2）客户端源代码敏感信息测试。

客户端源代码敏感信息测试主要是测试 Web 页面的 HTML 源代码中是否包含口令等敏感信息，特别关注修改口令、带有星号口令的 Web 页面。

测试进入一个有敏感信息的页面（如带有修改口令的页面），单击右键查看源文件，源文件中不应包含明文的口令等敏感信息。

（3）客户端源代码注释内容测试。

如果开发版本的 Web 程序所带有的注释在发布版本中没有被去掉，也可能会导致一些敏感信息泄漏，测试时应该注意页面源代码中是否存在此类安全隐患。

测试进入一个有敏感信息的页面（如带有修改口令的页面），单击右键，查看源文件中有关注释信息是否包含明文的口令等敏感信息。

（4）异常测试。

异常测试主要是通过构造一些异常的条件来访问 Web 系统，观察其返回的信息来判断系统是否存在信息泄漏的问题。通常异常处理包括三种情况：不存在的 URL、非法字符和逻辑错误。

1）不存在的 URL 主要是测试当客户提交不存在的 URL 时，Web 系统返回的信息，观察返回信息中是否包含敏感信息。例如输入一个不存在的 URL（http://192.168.3.9/unexist.jsp），观察返回的错误信息中是否包含敏感信息。

2）非法字符导致信息泄漏是指，当用户提交包含特殊字符的 URL 时，Web 系统可能会返回错误的信息，通过错误信息来判断是否存在敏感信息的泄漏问题。测试时在正常的 URL 的参数中添加特殊字符%、*、;、'、?，如以下 URL：

http://www.exmaple.com/page.xxx?name= value%

http://www.exmaple.com/page.xxx?name= value*

观察返回的信息，返回信息中不应包含敏感信息。

3）逻辑错误是指 Web 应用在处理一些具有逻辑错误的请求时，可能会返回错误的信息，通过返回的错误信息来确认是否有敏感信息的泄漏问题。测试时根据详细说明书，尽可能地尝试使用违背业务逻辑处理的参数来访问 Web 系统并观察 Web 系统返回的异常信息。

（5）不安全的存储测试。

不安全的存储测试主要是测试存储在服务器上的配置文件、日志、源代码等是否存在漏洞，该项测试没有具体的指导方法，测试时主要关注以下几个问题：

- 上传文件所在的目录（包括临时目录）能否被直接远程访问。
- 服务器配置文件目录或日志所存放的目录能否被直接访问。
- 公用文件头（如数据库链接信息、源代码头文件等）是否采用不被服务器处理的后缀（如 inc 作为文本格式直接输出）进行存储。
- 在日志或数据库中是否能查找到明文的敏感信息。

（6）Web 服务器状态信息测试。

Web 服务器状态信息测试主要是测试 Web 服务器默认提供的服务器状态信息查询功能，是否会泄漏系统信息，进而存在被攻击的可能性。测试时进入 Web 服务器状态信息页面http://192.168.1.9/status?full=true，观察页面返回的信息，检查页面中是否包含服务器的敏感信息。

> **注意** 该方法适用于 Tomcat 和 JBoss 服务器。

（7）HappyAxis.jsp 页面测试。

HappyAxis.jsp 页面测试主要是测试 HappyAxis.jsp 页面中是否存在一些服务器的敏感信息。对于使用 Axis 来发布的 Web Service，默认是保存 HappyAxis.jsp 页面。测试步骤如下：

步骤 1：登录 Web 服务器的操作系统。

步骤 2：在系统中查找 HappyAxis.jsp 文件。

步骤 3：使用查找到的目录信息来构造访问 HappyAxis.jsp 页面的 URL，并进行访问，如 http://192.168.1.9/axis3/happyaxis.jsp。

如果能正常访问 HappyAxis.jsp 文件，说明系统存在漏洞。

12.5.9 输入数据测试

对于客户端输入的数据，不能仅仅通过客户端的脚本进行合法性检验，还必须在服务器中对输入的数据进行检验，这样才能真正确保输入数据的合法性。如果仅仅通过客户端的脚本进行检验，是无法起到安全作用的，很容易使用 HTTP 代码绕过检验。

测试主要包括以下内容：

- SQL 注入测试。
- MML 语法注入测试。
- 命令执行测试。

（1）SQL 注入测试。

SQL 注入测试主要是针对数据库安全性检验的测试，并不是针对网页代码安全性检验进行测试。这种情况在任何数据库查询环境下都可能存在，常见的数据库包括 Oracle、MSSQL、Infomix、DB2、Sybase 等，针对不同的数据库系统，使用的函数有所不同，但从测试的角度来说，一般只需要判断几个最基本的语句即可。SQL 注入测试分为手工注入和自动化注入两种。

1）手工 SQL 注入测试步骤如下（http://192.168.1.9/page.xxx?name=value）：

步骤 1：确定 value 值的类型，如果该值为数字型，即进行步骤 2 操作，否则进行步骤 4 操作。

步骤 2：在被测参数后加上测试语句"and 1=1"，在地址栏中输入 http://192.168.1.9/page.xxx?name=value and 1=1，观察返回的结果。如果能正确地访问该页面，那么进行下一步操作，否则直接进行步骤 4 操作。

步骤 3：在被测参数后加上测试语句"and 2=3"，在地址栏中输入 http://192.168.1.9/page.xxx?name=value and 2=3，观察返回的结果。如果能正确地访问该页面，那么进行下一步操作，否则该参数存在注入漏洞，测试完成。

步骤 4：在被测参数后加上测试语句"'and '1'='1'"，在地址栏中输入 http://192.168.1.9/page.xxx?name=value 'and '1'='1'，观察返回的结果。如果能正确地访问该页面，那么进行下一步操作，否则该参数存在注入漏洞，测试完成。

步骤 5：在被测参数后加上测试语句"'and '2'='3'"，在地址栏中输入 http://192.168.1.9/page.xxx?name=value 'and '2'='3'，观察返回的结果。如果能正确地访问该页面，说明该参数不存在漏洞，否则该参数存在注入漏洞，测试完成。

> **注意** 如果存在多个参数，那么需要对每个参数都进行测试。

2）使用自动化工具也可对 SQL 注入进行测试，常用工具为 pangolin，测试步骤如下：

步骤 1：运行 pangolin 工具。

步骤 2：在 URL 中输入待测试的 URL（如http://192.168.1.9/page.xxx?name=value）。

步骤 3：单击 Check 按钮，执行扫描操作。

预期结果为 pangolin 工具不能获得目标服务器的注入类型和数据库类型。

（2）MML 语法注入测试。

MML（Man-Machine Language，人机语言）实现了人机对话，人机对话是计算机的一种工作方式，多用于电信行业，计算机用户与计算机之间通过控制台或终端显示屏幕，以对话方式进行工作。

MML 语法也可能存在注入漏洞，MML 语句通过分号（;）可以执行多语句，如命令"DSP CELL: DSPT=BYCELL，CELLID=1111;"，在缺少对输入参数进行严格控制的情况下，攻击者能够执行任意的 MML 语句。但是由于在预期结果方面无法给出准确的判断规则，所以测试时无法给出详细的、具体的测试步骤，一般分为以下几步进行测试：

步骤 1：找出提交给 MML 处理的参数。

步骤 2：在参数后面加入分号（;），提交请求。

步骤 3：观察返回结果。

如果结果返回正常，可能就存在该漏洞。但是有一种特殊情况需要注意，如果参数并不是 MML 执行语句的参数值，结果也可能是正确的，此时就需要测试工程师再进行判断。

（3）命令执行测试。

有些页面可以接受类似于文件名的参数用于下载或者显示内容，测试时可以将参数替换成命令进行测试，观察返回的测试结果。

假设测试的 URL 为 http://192.168.1.9/test.jsp，可接受参数，并且接受的参数可以是类似于系统命令的字符（如 cmd、ls 等）。

如 net user 命令输出如下内容：

```
\\LDB 的用户账户

------------------------------------------------------------------------------
_vmware_user_          Administrator          ASPNET
Guest                  HelpAssistant          IUSR_LDB
IWAM_LDB               SUPPORT_388945a0       VUSR_LDB
VUSR_LDB1              VUSR_LDB2              VUSR_LDB3
VUSR_LDB4              VUSR_LDB5              VUSR_LDB6
```

假设测试 URL 为 http://192.168.1.9/net user，观察返回的信息，返回的信息中不包括类似于系统命令返回的信息。

12.5.10　跨站脚本攻击测试

XSS 又叫 CSS（Cross Site Script，跨站脚本攻击），是指恶意攻击者在 Web 页面里插入恶意 HTML 代码。当用户浏览该页时，嵌入其中的 HTML 代码会被执行，从而达到恶意攻击的目的。XSS 属于被动式攻击，因为其被动且不好利用，所以容易被忽略其危害性。

XSS 攻击分成两类：一类是来自内部的攻击，另一类是来自外部的攻击。内部攻击是指利用程序自身的漏洞，构造跨站语句；外部攻击是指自己构造 XSS 跨站漏洞网页或者寻找非目标机以外的有跨站漏洞的网页。

测试包括两方面的内容：GET 方式跨站脚本测试和 POST 方式跨站脚本测试。

（1）GET 方式跨站脚本测试。

GET 方式跨站脚本测试主要是测试以 GET 方式提交的请求页面是否存在漏洞。如下面的页面，假设访问的 UTL 为 http://127.0.0.1:81/testget.php。

```
<?PHP
    echo "欢迎您，".$_GET['name'];
?>
```

该页面输出的内容为"欢迎您，[name]"，name 为输入的参数，如输入 URL 为http://127.0.0.1:81/testget.php?name=test，页面显示的内容为"欢迎您，test"。

浏览器对网页的展现通过解析 HTML 代码来实现，那么如果 name 的参数为 HTML 代码，结果会怎么样呢？具体的测试步骤如下：

步骤 1：将 URL 修改为http://127.0.0.1:81/testget.php?name=<script>alert(hello)</script>，如果 alert 函数弹出一个 hello 对话框，则说明系统存在漏洞。

步骤 2：如果没有弹出 hello 对话框，则需要在页面上单击右键，在弹出菜单中选择"查看源文件"命令，如果源文件的内容为"欢迎您，<script>alert(hello)</script>"，不管会不会弹出 hello 对话框，都说明系统存在跨站脚本漏洞。

步骤 3：由于 HTML 元素（比如<textarea>或"）会影响脚本的执行，所以不一定能够正确地弹出 hello 对话框，在测试过程中可以根据实际需要来构造 name 的 value 值，如多行文本输入框：

```
</textarea><script>alert(123456)</script>
```

文本输入框：

```
</td><script>alert(123456)</script>
'><script>alert(123456)</script>
"><script>alert(123456)</script>
</title><script>alert(123456)</script>
--><script>alert(123456)</script>
 [img]javascript:alert(123456)[/img]
  <scrip<script>t>alert(123456)</scrip</script>t>
</div><Script>alert(123456)</script>
```

（2）POST 方式跨站脚本测试。

POST 方式跨站脚本测试主要是测试以 POST 方式提交的请求页面是否存在漏洞。如下面的页面，假设访问的 UTL 为 http://127.0.0.1:81/testpost.php。

```
<?PHP
    echo "欢迎您，".$_POST['name'];
?>
```

POST 方式跨站脚本攻击测试相对复杂一点，测试步骤如下：

步骤 1：新建一个 HTML 文件，假设为 test.html，文件中的源代码如下：

```
<form action=" http://127.0.0.1:81/testpost.php " method="post">
<input name="name" value="<script>alert(hello)</script>" type="hidden" />
```

```
<input name="ss" type="submit" value="XSS 测试" />
</form>
```

步骤 2：运行 test.html 文件，如果 alert 函数会弹出一个 hello 对话框，则说明系统存在漏洞。

步骤 3：如果没有弹出 hello 对话框，则需要在页面上单击右键，在弹出菜单中选择"查看源文件"命令。如果源文件的内容为"欢迎您，<script>alert(hello)</script>"，那么不管会不会弹出 hello 对话框，都说明系统存在跨站脚本漏洞。

步骤 4：由于 HTML 元素（比如<textarea>或"）会影响脚本的执行，所以不一定能够正确地弹出 hello 对话框，在测试过程中可以根据实际需要来构造 name 的 value 值，如多行文本输入框：

```
</textarea><script>alert(123456)</script>
```

文本输入框：

```
</td><script>alert(123456)</script>
'><script>alert(123456)</script>
"><script>alert(123456)</script>
</title><script>alert(123456)</script>
--><script>alert(123456)</script>
 [img]javascript:alert(123456)[/img]
 <scrip<script>t>alert(123456)</scrip</script>t>
</div><script>alert(123456)</script>
```

 注意　以上两种方式都是手工方式，在测试过程中由于网页太多，使用手工测试很难测试全面，可以借助测试工具（如 AppScan 工具）进行扫描测试。但是扫描工具只能提高效率，并不能完全代替手工测试，因为扫描工具受到规则和技术的限制，可能误报甚至漏报，所以手工测试还是必不可少的。

12.5.11　Web Service 测试

Web Service 测试主要是通过工具检查 Web Service 接口是否存在 SQL 注入、XSS 注入和 XPATH 注入漏洞，检查接口论证、鉴权、机密性、完整性、审计日志措施是否恰当。

（1）接口 SQL 注入、XSS 注入和 XPATH 注入测试。

通过工具自动检查 Web Service 接口是否存在 SQL 注入、XPATH 注入、跨站脚本漏洞，具体的测试步骤如下：

步骤 1：运行 WSDigger 工具（WSDigger 工具进行自动检查），并单击右下角的 Next 按钮，进入 WSDL 页面。

步骤 2：在 WSDL 输入框中输入接口的 WSDL 地址，格式为http://PortalIP:Port/Path/Interface?wsdl，如地址http://10.164.23.191:8080/jboss-net/services/Register?wsdl，如图 12-23 所示。

步骤 3：单击 Get Methods 按钮，获取接口方法，如图 12-24 所示。

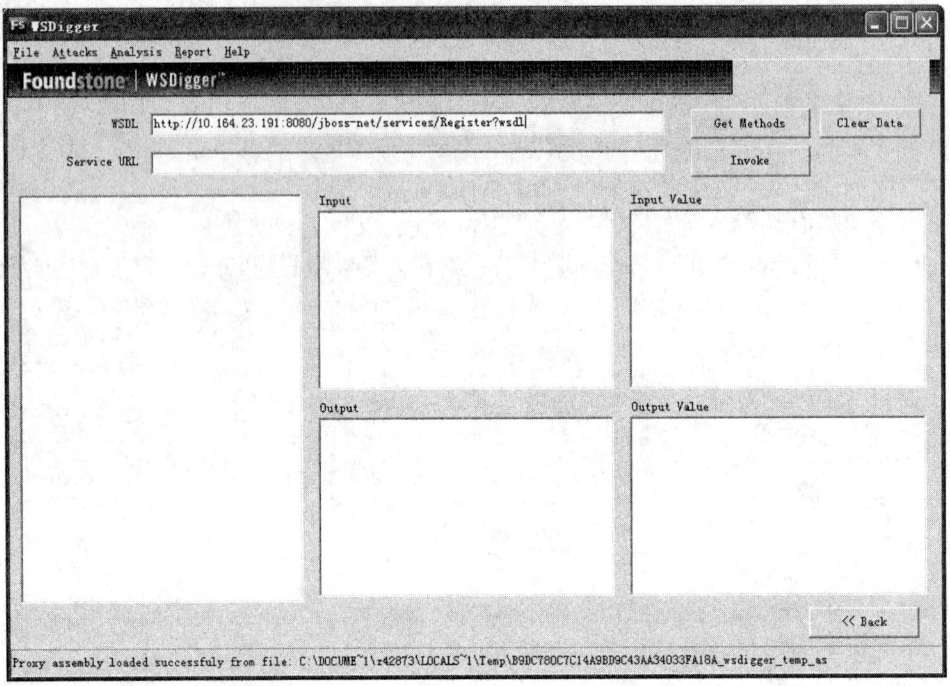

图 12-23　设置 WSDL 地址

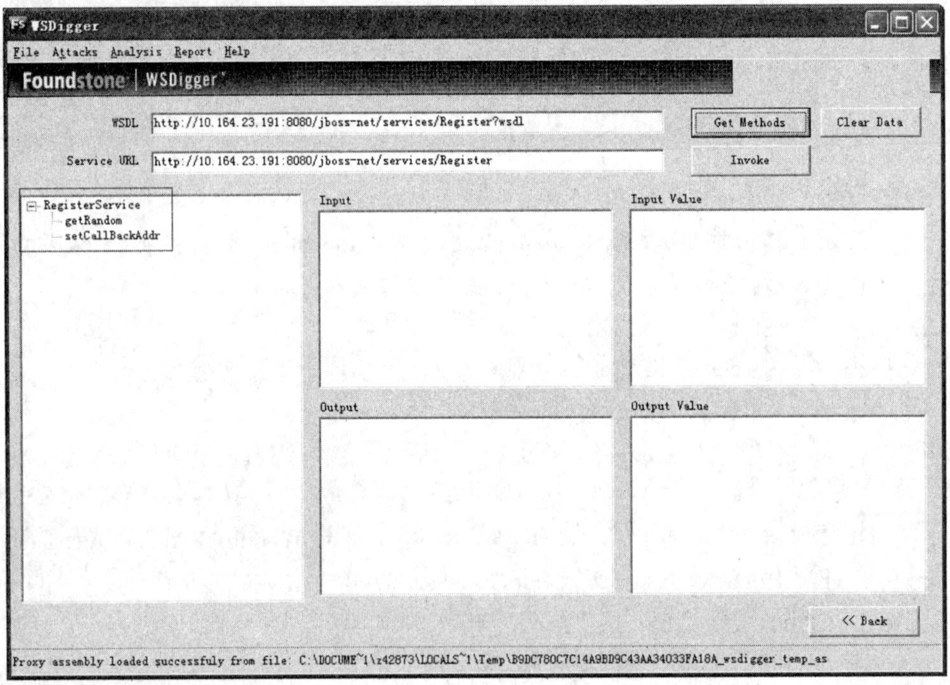

图 12-24　获取接口方法

步骤 4：在左侧的接口方法树形框中选择要测试的方法，如图 12-25 所示。

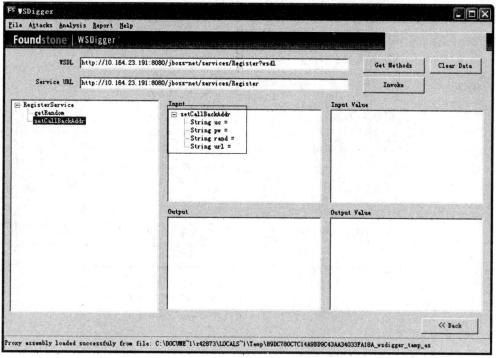

图 12-25　选择测试方法

步骤 5：单击菜单项 Attacks→Select Attack Type，弹出 Attack 对话框，在对话框左侧的选择列表框中选择所有的测试项，如图 12-26 所示。

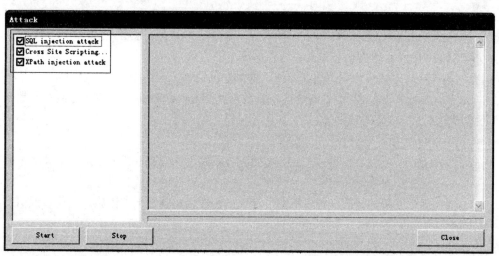

图 12-26　选择测试项

步骤6：单击 Start 按钮，生成测试结果，如图 12-27 所示。

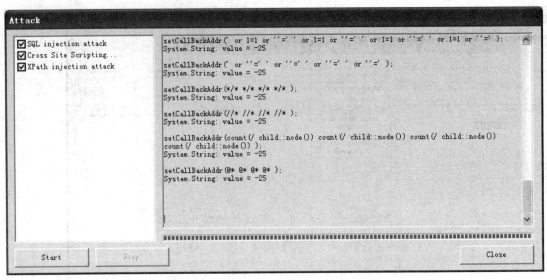

图 12-27　显示测试结果

　　观察返回结果，根据 WSDL 接口定义，判断返回事件是否成功，预期结果为不能返回正确的结果。

　　（2）接口认证、鉴权、机密性、完整性、审计日志测试。

　　检查接口认证、鉴权、机密性、完整性、审计日志措施是否恰当。具体测试步骤如下：

　　步骤1：运行 WSDigger 工具（WSDigger 工具进行自动检查），并单击右下角的 Next 按钮，进入 WSDL 页面。

　　步骤2：在 WSDL 输入框中输入接口的 WSDL 地址，格式为 http://PortalIP:Port/Path/Interface?wsdl，如地址 http://10.164.23.191:8080/jboss-net/services/Register?wsdl。

　　步骤3：单击 Get Methods 按钮，获取接口方法。

　　步骤4：在左侧的接口方法树形框中选择要测试的方法。

　　步骤5：单击图 12-25 中 Input 列表框中的各个参数，并在 Input Value 框中输入相应的参数值（参数值为每个接口方法所定义的结果值）。

　　步骤6：单击 Invoke 按钮，观察返回信息。

　　步骤7：分析接口是否存在认证、鉴权机制，是否存在机密性、完整性措施，是否记录接口调用日志。

　　Web Service 接口存在完善的认证、鉴权机制，存在机密性、完整性保护措施，对接口调用有详细的调用日志记录。

12.6　小结

本章主要从功能测试、性能测试、GUI 测试、兼容性测试和安全性测试五个方面介绍 Web 系统的测试方法。详细介绍了功能 测试、GUI 测试和安全测试，性能测试和兼容性测试在后面的章节中有详细的介绍。相比于其他几个方面，性能测试和安全性测试是重中之重，也是测试的难点所在，这两个方面在实际工作中逐渐发展成两个独立的分支。

13

本地化与国际化测试

随着全球市场经济的发展，企业在全球各地都可能有子公司、合作伙伴或客户，其产品可能销往全球。如果企业的产品还只是提供一种区域性的语言，那么产品将很难生存，用户界面（UI）、各国多语言、货币、日期格式、计量单位，这些因素影响了产品在全球的竞争力。为了保证产品能更好地适应全球市场的需求，就必须开展本地化与国际化测试，这样才能保证产品具有很好的可用性、可接受性、可靠性。换个角度来说，本地化与国际化测试就是解决全球用户可用性和可接受性问题。本章主要介绍本地化与国际化测试的执行过程。

本章主要包括以下内容：
- 本地化与国际化测试概述
- 国际化测试
- 本地化测试

13.1　本地化与国际化测试概述

软件全球化（SW Globalization）包括软件本地化与软件国际化两个方面，如图 13-1 所示。目的是检测应用程序设计中可能阻碍全球化的潜在问题，它确保代码可以处理所有国际支持而不会破坏功能，导致数据丢失或显示问题。

L10N 是英文 Localization 的简写，由于首字母"L"和末尾字母"n"间有 10 个字母，所以简称 L10N。软件本地化（SW L10N）是将一个软件产品按特定国家/地区或语言市场的需要进行加工，使之满足特定市场上的用户对语言和文化的特殊要求的软件生产活动。

I18N 是英文 Internationalization 的简写，由于首字母"I"和末尾字母"n"间有 18 个字母，所以简称 I18N。软件国际化（SW I18N）是在软件设计和文档开发过程中，使得功能和代码设计能处理多种语言和文化传统，创建不同语言版本时，不需要重新设计源程序代码的软件工程方法。

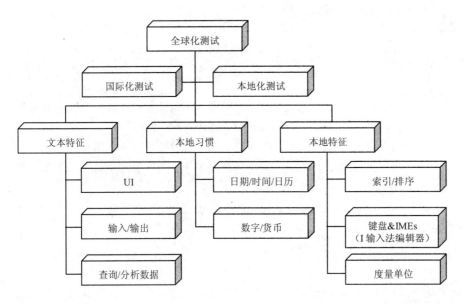

图 13-1　全球化测试

　　然而人们通常认为应该先满足本地化需求再满足国际化需求，在实际工程中，其实在概要设计和详细设计时需要先考虑国际化需求。也可以这样理解，国际化需求是一个大众需求，本地化是个性需求；如果先实现本地化需求，例如先实现中国区域的需求，那么如果产品要卖到英国，这就变成了国际化需求，同时英国又具有其本地化。如果在概要设计和详细设计时没有先考虑国际化需求，可能还是需要修改大量的程序，花费大量的时间来完成；如果先实现国际化，其实只要实现国外的本地化即可。本地化与国际化的关系如图 13-2 所示。

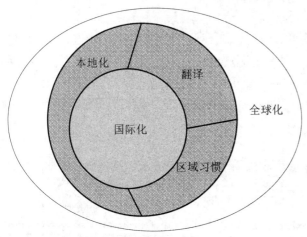

图 13-2　本地化与国际化的关系

13.2　国际化测试

软件国际化版本是本地化版本的基础,国际化版本的优劣直接影响本地化版本的质量和开发的成本。

首先,任何不良的国际化设计错误,将影响后期所有本地化的语言版本,导致后期的本地化版本都需要修改源语言程序的代码才能修复该类错误,这将增加软件的本地化成本。

其次,拥有良好国际化设计的软件将本地化测试任务最小化。因为良好的区域语言支持已经集成在软件的国际化设计中,待翻译的资源已经从程序代码中分离出来,可以很容易地进行本地化翻译,而且不需要修改源程序的功能。

13.2.1　国际化测试常用术语

在国际化测试过程中一般会使用到以下一些术语:

(1) GILT。

"GILT"是四个英文单词首字母缩写词,它们分别是:Globalization(全球化)、Internalization(国际化)、Localization(本地化)和 Translation(翻译)。"GILT"为提供国际化、本地化和翻译服务的新兴行业。

关于 Globalization(全球化)、Internalization(国际化)、Localization(本地化)概念在 11.1 节中进行了介绍。Translation 是"翻译"的意思,是将书面文字从一种语言转换为另一种语言的过程,在本地化开发过程中,用户界面相关字符、帮助文档、使用手册等内容需要翻译。

(2) 全球可用(World Ready)

国际化软件的设计目标就是设计成全球可用软件程序,而一个优秀的国际化设计架构,可以很方便地实现本地化的程序,进而达到全球可用的目的。

(3) 区域(Locale)。

区域指的是与某个地方或者某种文化关联的一组信息。区域是由语言、国家/地区以及文化传统确定的用户环境特征的集合。在软件本地化过程中就必须支持该区域的所有使用习惯以及文化相关信息。如图 13-3 所示是 Microsoft Windows XP 操作系统的"区域和语言选项"对话框。其支持世界所有国家和地区的语言,并且当切换不同区域时,可以发现相关的本地使用习惯(如数字、货币、时间、短日期、长日期)也发现相应的变化。

(4) 本地化能力(Localizability)。

本地化能力是衡量国际化软件实现本地化的难易程度的重要指标。良好的软件国际化设计是增强本地化能力的基础,可以降低软件本地化过程的成本。

本地化能力强弱是在软件国际化设计过程上实现的,如何提高软件的本地化能力是国际化设计的一个重要目标,也是衡量国际化设计优劣的重要属性。在实际工作中显然希望不需要修改任何代码或重新设计,就可以把对软件进行本地化开发,这样可以最大限度地降低本地化成本。

图 13-3 "区域和语言选项"对话框

（5）伪本地化（Pseudo Localization）。

伪本地化是自动模拟本地化过程，构建一个模拟的本地化版本，并对其进行测试，把软件中需要本地化的字符串转变为"伪字符串"，国际化软件的本地化能力包括本地化功能和外观。

（6）国际化功能测试（Internationalized Functionality Testing）。

国际化功能是指在国际化软件基础上开发本地化和全球化版本的难易程度，开发本地化和全球化版本所花费的成本越低，表明软件的国际化能力越强。国际化功能测试即是对软件国际支持程度的测试。

13.2.2 软件国际化要求

在软件国际化开发过程中应该满足以下要求：

（1）支持 Unicode 字符集、双字节字符。

在编码过程中应该支持 Unicode 字符集、双字节字符，这样可以很容易地在不同语言之间进行数据交换，能够支持所有语言的单个二进制.exe 文件或 DLL 文件，并提高应用程序的运行效率。

Unicode 事实上包含了现代计算机广为使用的所有字符，至少可以处理 110 万个编码点，提供了 8 位、16 位、32 位编码形式，其中 16 位是默认编码形式。Unicode 的编码点位置是无序的，而且 Unicode 也没有提供编码的字体信息。

由于 Internet 的全球性要求能够适用于所有语言的解决方案，所以 Unicode 特别适合于 Internet 时代。Unicode 是被所有计算机公司接受的字符编码标准。把软件构建在 Unicode 标准的基础上是国际化过程的一个步骤，还需要编写与文化参数设置或语言规则相适应的代码。对于目前已成熟的商用版本，管理人员可根据实际情况决定是否进行国际化的移植。对于涉及到数据库等后台程序，可根据数据库国际化编程规范进行操作，在有大量界面的程序中使用 Unicode 编码。

（2）将程序代码与显示内容分离。

为了有效地解决本地化页面显示问题，在程序设计过程中需要将程序与显示内容分离，即页面内容放在一个文件中，控件与控件事件存放在另一个文件中，这样在尽量不修改代码的情况下，实现本地化版本。

（3）消除硬编码。

硬编码是指将可变变量用一个固定值来代替的方法。用这种方法编译后，如果以后需要更改此变量就非常困难了。

国际化软件涉及到日历自动翻译、时间自动翻译、货币自动翻译，实现大小写自动转换、数字格式显示、处理地址格式和处理电话格式等情况下应该避免硬编码，调用系统 API 函数来实现。

【实例】如实现大小写的自动转换。

在某些国家没有大小写的概念（例如东亚和中东文字），有些语言有大小写的概念，但采用传统的做法（通过 ASCII 值加减来实现大小写的转换），在诸如俄语等语种中会出现错乱。因此，在国际化版本中需要调用系统 API（LCMapString）来实现具有区域意识的大小写转换，避免采用硬编码方式。

下面的代码范例演示了这个 API 的工作方式：

```
TCHAR g_szBuf[MAX_STR];
LCMapString (LCID Local,          //将使用其规则来进行大小写转换操作的区域标识符
DWORD dwMapFlags,                 //映射转换
//LCMAP_LOWERCASE 或者 LCMAP_UPPERCASE）
LPCTSTR lpSrcStr,                 //源串
Int cchsrc,                       //源串长度
LPCTSTR lpDestStr,                //目标缓冲区
Int cchDst);                      //缓冲区长度
```

（4）改善翻译文本尺寸，使其具有调整的灵活性。

对于不同语言的主窗口及对话框，尽量保持近似的大小。建议对话框的英文字体为 MS Sans Serif，字号 8，中文字体为宋体，字号 9。

对于控件，应根据实际需要对显示的文本进行大小调节，也就是说，各语言版本控件不必保持大小一致，以适应各自语言文本长度需要为主，兼顾整体设计。

（5）支持各国的键盘设置。

系统需要支持各国的键盘设置，但所有的热键应该统一。Microsoft Windows XP 操作系统键盘布局设置如图 13-4 所示，其支持世界所有国家的键盘布局和键盘输入设置。

（6）支持文字排序和大小切换。

如图 13-5 所示为 Microsoft Word 的按字母排序。

图 13-4　键盘布局设置

图 13-5　按字母排序

（7）支持各国度量衡、时区、货币单位格式设置。

系统应该能支持各国度量衡、时区、货币单位格式设置，如图 13-6 所示为 Microsoft Excel 中各国货币单位设置。

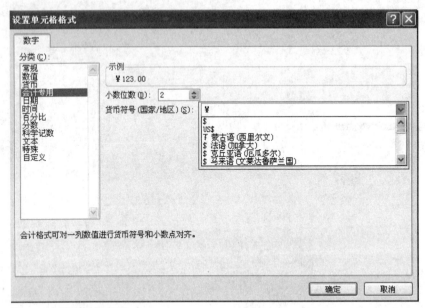

图 13-6　货币单位设置

13.2.3　软件国际化测试方法

软件国际化测试主要测试软件的国际化功能特征，需要测试的内容包括通用功能、文本处理功能和区域支持功能。通常采用以下方法进行测试：通用功能、文本处理功能、区域支持功能、伪本地化和文字镜像。

（1）通用功能。

通用功能主要测试在各种语言环境下，应用程序是否能被正确地安装；各种操作系统和用户区域设置下，通用功能是否能正确地使用；在不同操作系统和各区域设置下，应用程序是否能被正确地卸载。

（2）文本处理功能。

应用程序对文本处理的能力主要包括五个方面：一是使用不同区域的输入法编辑器交互式输入文本时，系统的反应；二是多语言文本剪贴板操作；三是用户界面对文本的处理；四是应用程序对双字节字符集的输入和输出处理；五是应用程序对多字节字符集文本缓冲区大小的处理。

（3）区域支持功能。

区域支持功能主要是测试应用程序对不同区域中一些使用习惯的处理，主要包括四个方面：一是应用程序是否遵循区域标准，正确处理输入、存储、检索区域特定数据；二是应用程序验证带有数据分隔符的输入时间、日期和数值的处理情况；三是应用程序在不同纸张、信封大小上打印的正确性；四是应用程序对各种区域有关度量的处理是否正确。

（4）伪本地化。

国际化一般包括四个级别：

第一级：保证英文版本的产品可以在本地化系统上正常运行。

第二级：保证软件在任何区域性或区域设置中都能正常运行，并且能够支持本地化的字符输入、输出和显示。

第三级：保证软件可以被方便地本地化，而不需要重新设计或修改代码。

第四级：支持双向识别能力。

一般情况下先测试英文版本，然后在英文版本的基础上再开发其他语言版本。在进行国际化测试过程中，需要保证软件有足够的可本地化能力，也就是国际化软件能支持第三级测试；但如果通过英文版本去测试则很难发现第三级的问题，但如果第三级的问题在本地化阶段才被发现，则将带来高额的维护成本，所以在国际化测试过程中可能采用伪本地化的方式进行测试。

伪本地化是指在源语言的基础上，按照一定规则，将需要本地化的文本使用本地化字符代替，用于模拟本地化过程，进而发现国际化软件第三级的问题。

（5）文字镜像。

世界上大多数国家的文字是从左至右书写，但也有例外，如阿拉伯语和希伯来语则是从右至左书写，但阿拉伯语和希伯来语中的数字又是从左至右书写的。当同一段落混合使用了这两种书写方向时，将之称为双向文稿。

当需要对这种双向文稿进行本地化时，测试时就需要注意软件国际化开发过程中是否采用了文字镜像处理，并且镜像处理不仅仅是对本地化的文字顺序，还需要对界面元素（按钮、菜单等）进行镜像处理。

13.3 本地化测试

当国际化软件完成后，开始本地化版本的开发，本地化版本开发的主要工作为软件的翻译、本地化工程、桌面排版和测试。翻译就是本地化多语言实现的过程，而桌面排版和显示则需要注意本地化使用习惯、文化和宗教信仰等情况。

13.3.1 同步本地化工程模型

使用传统软件本地化工程模型方法创建本地化软件的过程，一般是软件开发人员先设计出一种源语言（一般为英文）软件，在源语言软件的设计过程中并没有考虑软件的国际化设计要求。源语言软件发布后，再由当地软件经销商或分公司重新开发适应当地市场的本地化版本，这样导致根据各语言再工程化的难度加大，并且无法保证本地化版的开发周期。现阶段一般采用同步本地化工程模型，如图 13-7 所示。

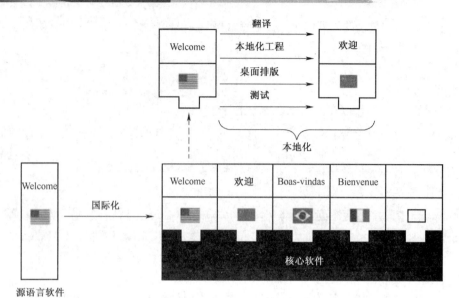

图 13-7　同步本地化工程模型

　　软件开发工程师使用同步软件本地化工程模型方法，基于国际化设计的要求开发一个多核心模块，即一个底层块，该核心模块是国际化多语言同步开发的核心平台；接着开发一个与核心软件模块进行数据传递的本地化接口模块，该核心软件模块与区域相关的软件内容，如字符串、对话框、菜单以及特定区域要求的软件功能。核心模块与本地化接口模块可以很好地通信以及相互调用，而完成核心模块与接口模块的工作即为软件国际化设计过程。

　　核心软件模块开发完成后，各区域特定的功能可以很容易地被下层操作系统处理，或者封装与核心软件模块隔离的区域特定功能，这样可以在不修改核心软件代码的情况下，只要修改区域特定的功能代码即可。本地化的接口模块和区域特定的功能模块可以传递给专业的本地化服务公司，而不用给它们全部软件代码，这样具有较高的信息安全性，也可以保持较高的本地化处理效率。

　　本地化服务公司对本地化接口模块进行资源字符串的翻译、本地化工程处理、桌面排版和软件测试，编译出最后的本地化版本。本地化工程处理的内容包括调整对话框、用户界面元素大小和控件位置，重新设计一些软件的图像。桌面排版是对翻译后的软件手册、联机帮助和其他文档根据本地要求进行重新排版。所有的本地化内容（软件、文档、手册等）都要经过系统的软件测试，修正缺陷后，才能发布本地化版本。

　　软件的翻译、本地化工程、桌面排版和测试，合称软件本地化过程。核心软件模块如果进行了正确的国际化设计，多种语言的软件本地化过程可以快速有效地并行处理，不需要对核心软件代码进行修改，这样就可以做到多个本地化语言的版本和源语言版本同步发布。

13.3.2　多语言测试

　　本地化多语言测试主要是测试翻译后界面显示的情况，需要测试以下内容：

（1）由于本地化翻译导致出现热键冲突的情况。

（2）由于本地化翻译导致出现热键丢失的情况。

（3）由于本地化翻译导致出现热键错误的情况。

（4）本应该翻译的字符而未翻译。

（5）不需要翻译的专业词语而翻译了。

（6）界面中控件字符显示不完整。

（7）界面中文字越界。

（8）界面出现垃圾字符。

（9）界面出现衔接错误、无效衔接、死衔接的现象。

（10）界面出现丢失行的现象

（11）界面出现菜单项丢失现象。

13.3.3　区域文化

在软件本地化过程中应该考虑各区域文化的影响，由于不同国家的文化差距，即使一个很小的细节，产生的理解也会不一致。主要关注包装、图标、宣传、广告、政治术语、颜色等内容。

（1）包装：在包装产品时，由于各国家民族风俗习惯的不同，对颜色、数字的使用需要注意，一些国家对某种颜色或数字有忌讳，如日本忌讳数字"4"，送礼时忌讳送 2 万日元和 2 的倍数。

（2）图标：在使用图标时，需要注意慎用动物图案，不同的国家对动物的喜欢和反感的程度不同，如英国人不喜欢大象、孔雀。

（3）广告宣传：在跨地区进行广告宣传时，一个品牌进入另一个市场必须考虑目标市场的社会形态、风俗习惯、消费者的背景、心理因素、宗教信仰、价值观等。如美国的百威啤酒初进中国市场，在全国各大城市的电视荧屏上播放影视广告，现代化的摩天大楼，朝气蓬勃的中国青年，还有满天喜气洋洋的百威春联，充分展现了百威啤酒与中国人民共同欢庆新春的场景。

（4）政治术语：在系统中应该注意地方规章、宗教信仰和政治术语等的使用。

（5）颜色：在本地化过程中，界面颜色的选择也要注意，不同国家对待颜色也有所不同，如英国人忌讳白色。一些国家喜欢与忌讳的颜色见表 13-1。

表 13-1　一些国家喜欢、忌讳的颜色

国家	喜欢的颜色	忌讳的颜色
英国	—	红、白、蓝色
法国	灰色、白色、粉红	黑绿色、黄色
德国	南方鲜明色彩	茶色、黑色、深蓝色
比利时	—	黑绿色、蓝色
瑞士、西班牙	各色相间的色组、浓淡相间的色组	黑色
挪威	红色、蓝色、绿色	—

国家	喜欢的颜色	忌讳的颜色
瑞典、意大利	绿色	（瑞典）蓝黄相间的色组
爱尔兰、欧地利	绿色	—
荷兰	橙色、蓝色	—
日本	黑色、紫色、红色	绿色
新加坡	绿色、红色	黄色
马来西亚	绿色、红色	黄色
巴基斯坦	翠绿色	黄色
土耳其、突尼斯	绯红色、白色、绿色	花色
北非伊斯兰国家	绿色	蓝色
埃及	绿色	蓝色
巴拉圭	—	绿色
埃塞俄比亚	—	淡黄色
巴西、秘鲁	—	紫黄色、暗茶色
伊朗	—	蓝色
印度	红色、橘黄色	黑色、白色、灰色
希腊	蓝白相配	—

（6）数字：对数字的使用也需要注意，如日本人忌讳数字"4"，若产品一包中有四小包，在日本不容易销售；西方人忌讳数字"13"，大酒店没有第 13 层，从第 12 层直接到第 14 层。

（7）地区宗教：几乎每个国家都有自己信仰的宗教，如佛教、道教、伊斯兰教、基督教、天主教、犹太教、东正教、印度教、锡克教、拜火教、波斯明教等，在本地化过程中使用的术语、颜色需要注意是否与当地的宗教信仰相冲突。

13.3.4　数据格式

不同区域的数据格式表达有所不同，关于数据格式的本地化主要考虑以下几方面的问题。

（1）数字。

对于数字中的千位，不同国家使用的表达方式有所不同，有的国家使用点，有的使用句号，有的使用逗号，有的使用空格。针对各国数字的表示，在设计本地化软件时应该注意。

（2）货币。

除了数字转换外，对于货币单位不同的国家使用的符号也不相同，并且这些符号所在的位置也有所不同，有的在金额前面，有的在金额后面。

（3）时间。

对于时间的表示各国也有所不同,有的国家采用 24 小时来表示,有的国家采用 12 小时分上午、下午的方式来表示。

（4）时期格式。

对于日期格式的表示各国也有所不同，有的国家采用 MM/DD/YY 来显示月、日、年，有的国家则采用分隔符号（如"/"和"-"）来表示，中国则使用 YYYY 年 M 月 D 日来表示。

（5）度量衡单位。

很多国家使用的度量单位都不一致。虽然很多国家都已开始使用国际公制度量单位，如米、公里、克、千克、升等，但一些国家（如美国和英国）仍然使用自己国家的度量单位，如英尺、英里、英磅等。因此，在本地化过程中必须对各国的度量单位进行处理，一般情况下，系统应该提供用户可以设置度量单位和在不同度量单位之间的转换。

（6）复数问题。

对于不同的语言其复数形式有所不同，即使在英语中，复数的规则也并不是一致的，如"apple"的复数为"apples"，而"city"的复数为"cities"。

如目录下有多少个文件的实例：

"directory %d file%s "

当目录下的文件数超过 1 个时，"%s"就变成了"s"，内容如下：

"directory 4 files "

但对于其他语言，其复数形式却不能这样描述，如德语中的"文件"字样为"Datei"，而复数为"Dateien"。

（7）姓名格式。

英文的姓名格式是名在前、姓在后，姓名之间需一个空格，但在东亚国家（如中国）则是姓在前、名在后，在本地化测试时则需要考虑不同国家或地区的使用习惯。通讯簿中的中国姓名格式如图 13-8 所示。

图 13-8　中国的姓名格式

（8）索引和排序。

英文排序和索引习惯上按照字母的顺序来编排，但是对于一些非字母文字的国家（如亚洲很多国家）来说，这种方法就不适用了，中国汉字就有按拼音、部首和笔画等不同的方法进行排序。即使是使用字母文字的国家，它们的排序方法和英文也有所不同，如德语有 30 个字母，在索引排序时应该对多出的 4 个字母进行考虑。所以，软件本地化应该根据不同国家和地区的语言习惯分别加以考虑。

常见日期、时间、数字和货币格式见表 13-2。

表 13-2　常见日期、时间、数字和货币格式

区域	日期		日期		时间		数据			货币
	短格式 mm=月 dd=日 yyyy=年	实例	长格式 www=工作日 mm=日 dd=日 yyyy=年	上午/下午 或 24 小时	实例	组	十进位 (.或,)	实例	单位	
美国	m/d/yy	2/5/03	www,mmm d,yyyy	am/pm	3:30pm	,	.	1,234.56	美元
加拿大	dd/mm/yy	05/02/03	www,mmm d,yyyy	am/pm	3:30pm	,	.	1,234.56	美元
中国	yy-m-d	03-2-5	yyyy 年 m 月 d 日	24 hr	15:30	,	.	1,234.56	元
法国	dd/mm/yy	05/02/03	wwww d mmm yyyy	24 hr	15:30	空格	,	1 234,56	法郎
德国	dd.mm.yy	05.02.03	www,d.mmm.yyyy	24 hr	15:30	.	,	1.234,56	马克
中国香港	dd/mm/yy	05/02/03	www,d mmm yyyy	am/pm	3:30pm	,	.	1,234.56	港元
日本	yyyy/mm/dd	2003/02/05	yyyy 年 m 月 d 日	24 hr	15:30	,	.	1,234.56	日元
韩国	yyyy/mm/dd	2003/02/05	yyyy 년 m 월 d 일 dddd	24 hr	15:30	,	.	1,234.56	韩元
西班牙	dd/mm/yy	05/02/03	www, d mmm yyyy	24 hr	15:30	.	,	1.234,56	比塞塔
瑞典	yyyy-mm-dd	2003-02-05	wwww d mmm yyyy	24 hr	15:30	空格	,	1 234,56	克朗
中国台湾	yyyy/m/d	2003/2/5	yyyy 年 m 月 d 日	am/pm	3:30pm	,	.	1,234.56	台币
英国	dd/mm/yy	05/02/03	www,d mmm yyyy	24 hr	15:30	,	.	1,234.56	英镑

13.3.5　热键

热键即快捷键，指使用键盘上某几个特殊键组合起来完成一项特定任务。如在 Microsoft Word 中可以通过 Ctrl+A 组合键对文本内容进行全选，其中字母"A"对应的单词为"All"。在本地化翻译过程中，当单词"All"被本地化后，很可能首字母不再为"A"，那么这个热键就会出错。假如

本地化翻译为德文，单词"All"翻译为"Todos"，此时，热键对应的应该修改为 Ctrl+T，否则在本地化操作过程中，该功能将失效。不过对于使用非字符文字的国家，依然沿用英文中的热键方式，如中国、日本、韩国等。

13.4　小结

　　本章主要介绍了软件国际化与本地化测试。分别介绍了本地化与国际化测试的概念，对本地化与国际化的测试有个初步的印象；国际化测试的常用术语、软件国际化的要求和如何对软件的国际化版本进行测试；本地化测试的内容，及本地化的工程模型、多语言测试、不同国家地区文化对本地化软件的影响、不同国家的数据格式对本地化软件的影响。需要重点了解本地化与国际化测试的方法和需要注意的几方面内容。

14

兼容性测试

对于基于计算机平台的软件，在测试过程中必须考虑软、硬件的兼容性，在设计测试用例的过程中必须考虑数据转换或转移的问题，应该尽力发现其可能带来的错误。不仅是基于计算机平台的软件，对于嵌入式软件也一样，在软件升级时，也需要考虑硬件平台的兼容性。一个软件具有良好的兼容性，不仅可以降低技术支持的成本，还可以减少系统的维护版本，但不至于仅仅因为兼容性的问题而升级系统。

本章主要包括以下内容：
- 兼容性测试概述
- 硬件兼容
- 软件兼容
- 数据库兼容
- 操作系统兼容
- 数据共享兼容

14.1 兼容性测试概述

兼容性测试是指检查软件在一个特定的硬件、软件、操作系统、网络等环境下是否能够正常地运行，检查软件之间是否能够正确地交互和共享信息，以及检查软件版本之间的兼容性问题。包括硬件之间、软件之间和软硬件之间的兼容性，如图 14-1 所示。

兼容性测试更多的是指发现软件在某个环境下不能正常使用。兼容性测试包括两个方面的含义，第一是指待发布的软件在特定的软、硬件平台上是否能正常运行；第二是指待发布的软件对指定平台上的其他软件是否有影响，是否影响其他软件的使用（对于嵌入式的软件则不存在这个问题）。

图 14-1　软件之间、硬件之间和软硬件之间的兼容性

常见的兼容性测试主要包括：硬件、软件和数据库三个方面。

常用的兼容性策略有向上兼容、向下兼容和交叉兼容三种。

14.1.1　向上兼容

向上兼容是指该软件不仅可以在当前平台上运行，还可以在未来更高的平台上运行。对于纯软件来说，就是在较低档计算机上编写的程序，可以在同一系列的较高档计算机上运行，或者在某一平台的较低版本环境中编写的程序可以在较高版本环境中运行。例如，在 Intel Pentium III 处理器上运行的应用程序，在 Intel Pentium 4 处理器上也可以正常运行。对于嵌入式产品来说，假设当前的软件版本为 V1.0 版，硬件版本为 V1.1 版，那么当硬件版本升级到 V1.2 版时，该软件还是可以正常运行。

向上兼容具有非常重要的意义，一些大型软件的开发工作量极大，如这些软件都能做到兼容，则无须在其他机器上重新开发，就可以节省大量的人力和物力。

14.1.2　向下兼容

向下兼容是指当前开发的软件版本可以在以前已发布的平台上运行，可以正确地处理以前版本的数据。对于纯计算机软件来说，向下兼容的意思是，较高版本的程序能顺利处理较低版本程序的数据。例如 Microsoft Office 2007 可以打开 Office 2003 的文件，反之却不可以，因此 Office 这个软件是向下兼容的。对于嵌入式产品来说，向下兼容则是指当前的版本能够在以前的硬件平台上运行。例如当前产品的软件版本为 V2.0，当前的硬件版本为 V2.0，待发布的软件 V2.0 可以在 V1.0 的硬件上运行，即为向下兼容。但并不是所有软件都必须向下兼容，根据市场的需求而定，主要考虑如果不向下兼容给市场带来的影响。

14.1.3　交叉兼容

交叉兼容是指可以处理其他厂商的同一类产品的数据。对于纯软件来说，交叉兼容是指验证两个同类但不同厂商的产品可以同时运行在同一台计算机上，也可以运行在通过 Internet 连接的不同计算机之间，例如从 Web 页面剪切文字，可以粘贴到其他文字处理程序中（如 Word）。对于嵌入式产品来说，交叉兼容性是指同一类不同类型的数据可以相互处理，例如厂家 A 的心电图机可以正确解释厂家 B 的心电图机生成的数据。

14.2 硬件兼容

硬件平台是软件运行的基础，不管是计算机还是嵌入式产品，都有一个硬件平台来支持。但即使是同一类硬件（如显卡），也有很多不同的生产厂商，所以在软件设计的时候就必须考虑如何兼容这些不同生产厂商的产品。

对于计算机来说，常见的硬件兼容包括：主板、处理器、内存、显卡、显示器。市场上的台式计算机以及笔记本电脑在测试时就必须对不同的硬件配置进行测试，测试不同硬件配置在不同的操作系统下运行的情况，并且必须考虑主要厂商的不同硬件型号。

对于应用软件考虑最多的则是显示器兼容性的测试，因为不同的显示器其支持的最佳分辨率不同，但分辨率会直接影响应用软件的显示情况，所以在测试时就不得不考虑显示器分辨率的影响。当然并不只有显示器才有影响，其他的硬件也有可能对应用软件产生影响，主板、处理器也可能对该软件有影响，特别是对于底层通信的程序，由于它使用硬件中断，所以即使同样的中断方式在不同的主板和处理器上也可能产生不同的影响。

对于嵌入式产品的硬件兼容性来说，大家可能会觉得很纳闷，因为嵌入式产品并不像计算机软件一样需要考虑其他计算机的硬件配置，嵌入式产品的软件与硬件是捆绑在一起销售的，只要兼容当前产品的硬件配置即可。但即便是这样，嵌入式产品也存在兼容性的问题。通常嵌入式产品需要考虑的兼容性主要为元器件和显示屏的兼容性，如平板电脑的 LED 触摸屏，供应商在开发产品的时候肯定不希望只能兼容某个厂家的 LED 屏，而是希望至少能兼容两家厂家的 LED 屏。之所以考虑这个方面的兼容性，通常有两个方面的原因：第一，多供应商可以降低由于供应商倒闭带来的风险；第二，在与供应商谈价格的时候不至于太过被动，当供应商随意提价时，可以及时启用备选方案。

14.3 软件兼容

软件兼容是指待发布软件与常用软件在同一环境下使用时，相互之间的影响。计算机中常用的软件有下载类软件、即时通信类软件、压缩解压类软件、文档编辑类软件、位图图像处理类软件、矢量图图像制作类软件、动画制作类软件、杀毒类软件、光盘刻录类软件、系统镜像类软件、多媒体播放软件和其他类软件。

软件兼容主要考虑三个方面：浏览器兼容、分辨率兼容和打印机兼容。但对于嵌入式产品几乎不存在软件方面的兼容性问题，因为不可能和其他软件同时运行于当前的产品中。

14.3.1 浏览器兼容

浏览器是 Web 客户端最核心的构件，来自不同厂商的浏览器对 Java、JavaScript、ActiveX、Plug-ins 或不同的 HTML 规格有不同的支持。例如 ActiveX 是 Microsoft 的产品，是为 Internet Explorer 而设计的，JavaScript 是 Netscape 的产品，Java 是 Sun 的产品等。另外，框架和层次结构风格在不同的浏览器中也有不同的显示，甚至根本不显示。不同的浏览器对安全性和 Java 的设置也不一样。

测试浏览器兼容性的方法是创建一个兼容性矩阵。在这个矩阵中，测试不同厂商、不同版本的浏览器对某些构件和设置的适应性。

兼容性矩阵见表 14-1。

表 14-1　兼容性矩阵

序号	浏览器	版本		
1	IE	6.0	7.0	8.0
2	Firefox	4.0	5.0	6.0
3	Netscape	7.2	8.0	8.1
4	Opera	10.60	11.0	11.10
5	Chrome	14.0	15.0	16.0

14.3.2　分辨率兼容

分辨率兼容测试是为了验证页面版式、界面显示以及相关字符在不同的分辨率模式下显示的情况。

通常情况下，在需求规格说明书中会明确地定义系统所支持的分辨率。但是客户计算机的分辨率多种多样，因此在测试过程中几乎不可能全部覆盖到所有的分辨率，并且在成本上也是一个很大的挑战，所以一定要完成需求规格说明书中定义的分辨率，并且一定要在说明书中注明系统所支持的最佳分辨率。常用的分辨率为 1024×768、1440×900、1280×800 和 1366×768，这是客户最可能使用的几种分辨率，系统一定要支持，其他的分辨率可以尽量兼容。有时为了降低风险，在启动系统时，系统会对当前的分辨率进行判断，如果当前的分辨率不是最佳分辨率，系统则会将分辨率强制转换为系统所支持的最佳分辨率。

14.3.3　打印机兼容

打印机兼容测试是指使用不同的打印机进行打印报告，观察打印出来的报告排版、内容是否正确。

现在很多系统都具备打印报告的功能，由于客户使用的打印机型号各不相同，所以系统需要兼容各厂家的打印机型号，保证打印报告的内容没有问题。一般情况下需求规格说明书中会明确定义系统支持哪些型号的打印机，但是客户如果已经有打印机了，肯定不希望因为购买了我们的系统而另外再买一台打印机。客户希望系统能支持他们现有的打印机。一般测试打印机兼容需要注意两个问题：一是不同厂家的打印机型号；二是打印纸的规格。

打印机型号兼容性方面，主要是兼容一些常用的打印机型号，由于不同型号的打印机对系统的字体兼容略有不同，所以有可能出现打印出乱码或打印内容丢失的现象。一般情况下需要规格说明书中详细定义兼容的打印机型号，但在系统设计过程中可以尽量考虑通过程序来做到更好的兼容，解决字体对打印结果的影响。

打印纸规格兼容性方面，主要是对常用的 B4 和 B5 纸进行兼容，由于纸张的大小不一样，对于纸张的兼容更重要的是注意排版内容是否正确、合理。需要注意的是，如果系统销售到国外，必须测试对 Letter 纸张类型的兼容，因为国外主要使用的是 Letter 类型的纸张。

14.4　数据库兼容

数据库兼容性主要包含两种情况：一是主动地升级数据库，包括数据库平台的升级；二是被动地升级，由于原数据库本身的缺陷或用户需求的更改，不得不升级数据库。

数据库兼容性测试要点如下：

（1）完整性测试。

检查原数据库中各种对象是否全部移入新数据库，比较数据表中数据内容是否与升级前数据库中的内容相同。

（2）应用系统测试。

模拟普通用户操作应用的过程，并结合其应用操作的运行结果进行检查，在数据库移植过程中，存储过程比较容易出错。

（3）性能测试。

数据库升级后，需要对升级后的数据库性能进行详细测试，并与升级前的数据库性能进行比较，检查数据库升级后性能变化的情况。

14.5　操作系统兼容

操作系统兼容性是指在一个操作系统上开发的应用程序，不做任何修改、不用重新编译即可直接在其他操作系统上运行。

由于软件开发技术的限制以及各种操作系统之间存在着巨大的差异性，因此目前大多商业软件并不能达到理想的平台无关性。如果该软件承诺可以在多种操作系统上运行，那么就需要测试它与操作系统的兼容性。

通常所说的操作系统测试，更多的是指在客户端的使用情况，即客户可能使用到的不同的操作系统平台。但对于一个多层次的系统，其兼容性不仅指客户端的使用，还包括服务器端兼容性，但服务器更换平台的情况相对较少，因此操作系统的兼容性更多是指客户使用的操作系统平台。操作系统兼容性的测试内容不仅包括安装，还需对关键流程进行检查。需要测试哪些操作系统上的兼容性，首先取决于软件用户文档上对用户的承诺。

客户端使用到的操作系统更多的是 Windows 操作系统，在测试过程中需要注意以下一些问题：

（1）操作系统类型。

常见的 Windows 操作系统主要包括 Windows XP、Windows Vista、Windows 7 和 Windows 8

操作系统，但欧洲地区使用更多的是 Windows 7 和 Windows 8 操作系统，Windows XP 相当来说使用得比较少。

（2）操作系统位数。

操作系统主要包括 32 位和 64 位两种，但需要注意在国内主要使用的是 32 位操作系统，欧洲地区主要使用的是 64 位操作系统。所以在测试中文的操作系统时就没有必要测试 64 位了，只要测试 32 位即可，同理对于英文操作系统一般只要测试 64 位操作即可。

（3）操作系统补丁。

由于操作系统补丁不同，可能对应用程序带来影响，最主要的是不同补丁带来的库函数的影响。

14.6 数据共享兼容

数据共享兼容是指系统与其他系统进行数据传输的能力。应用程序之间数据共享可以增强系统的可用性，并且用户可以轻松与其他系统进行数据共享、传输。数据共享兼容性测试需要注意以下几个方面：

（1）是否支持文件保存和文件读取操作；

（2）是否支持文件导入与导出操作；

（3）是否支持剪切、复制和粘贴操作，剪切、复制和粘贴操作是程序之间无需借助磁盘传输数据的最常见的数据共享方式；

（4）DDE（Dynamic Data Exchange，动态数据交换）和 OLE（Object Linking Embedding，对象链接与嵌入）是 Windows 操作系统中在两个程序之间传输数据的方式，DDE 和 OLE 数据可以实时地在两个程序之间流动；

（5）是否支持磁盘的读写。

14.7 小结

本章重点介绍了兼容性测试应该注意的问题，测试的对象不仅仅是纯软件，还包括嵌入式产品的兼容性；然后从软、硬件两方面介绍兼容性测试；在实际应用中不仅仅是软、硬件的兼容性，还包括数据库兼容性、操作系统兼容性和数据共享兼容性的测试，其中数据共享兼容性测试更多的是从系统的易用性角度来介绍。

15

易用性测试

一般软件系统由两部分组成：编码和界面。一款优秀的产品，不仅要有很好的编码和处理事务的能力，还要有很好的易用性，这样才能更好地服务客户，才能更好地与同类产品进行竞争。纵观国际相关产业在图形化用户界面设计方面的发展现状，许多国际知名企业意识到易用性在产品方面产生的强大增值功能，以及带动的巨大市场价值，所以易用性测试也成为软件测试的一部分。

本章节主要包括以下内容：

- 易用性测试概述
- 安装易用性测试
- GUI 易用性测试
- UI 易用性测试
- 易用性测试的自动化实现

15.1　易用性测试概述

通常所说的易用性测试是指软件界面的测试，而对于产品的易用性来说，不仅仅是软件界面，还包括硬件（即产品的外观），如按钮图标是否易懂、菜单是否易找到等。易用性主要研究 3 个方向：用户研究、交互设计、界面设计。

15.1.1　易用性的定义

在 2003 年颁布的 GB/T16260－2003（ISO 9126－2001）《软件工程产品质量》质量模型中，对软件产品的易用性进行了详细的定义。易用性包含易理解性、易学习性和易操作性，即易用性是指在指定条件下使用时，软件产品被理解、学习、使用以及吸引用户的能力。

易用性测试的对象不仅仅是界面，还有文档、帮助文件和硬件外观。

易用性测试方法有：静态测试、动态测试、动静态相结合测试。

易用性包括五个子特性：易理解性、易学习性、易操作性、吸引性和依从性。

对应的易用性测试包括五个方面：易理解性测试；易学习性测试；易操作性测试；吸引性测试；依从性测试。

（1）易理解性。

易理解性是指用户认识软件的结构、功能、向导、逻辑、概念、应用范围、接口等难易程度。该特性更多的是指文档内容易于理解，所有文档语言简练，内容应该与产品实际情况相一致，且所有文档中的语句无歧义。

有关产品的宣传资料应实事求是、言简意赅，不能修改产品参数而误导客户。功能名称、图标、提示信息等应该直接明了，没有歧义，容易理解，让用户一看就知道其含义，而无须猜测其作用。使用手册应该站在读者的角度，充分考虑普通用户的接受水平，语言直白、描述细致、逻辑清晰，尽量避免专业术语。

对于功能使用时界面显示的向导应该清楚明了，能很好地解释每一步骤的含义，用户一看便清楚。

（2）易学习性。

易学习性是指用户使用软件或产品的容易程度（运行控制、输入、输出）。对于易学习性有两个方面的约束：一是所有与用户有关的文档内容都应该详细、结构清晰、语言准确；二是软件或产品本身易学，菜单选项很容易找到，一般菜单不要超过三级，各图标含义明确、简单易懂，操作步骤向导解释清楚、易懂，产品本身具有很好的引导性，即一个软件客户不用看说明书都能正确地使用，就像手机一样，一般客户买了手机后，很少有人去看说明书，而是直接就能使用。

（3）易操作性。

易操作性是指用户操作和运行控制产品难易程度。易操作性要求人机界面友好、界面设计科学合理、操作简单等。易操作的软件让用户可以直接根据窗口提示进行使用，无须过多地参考使用说明书和参加培训。各项功能流程设计直接明了，尽量在一个窗口完成一套操作。在一个业务功能中可以关联了解其相关的业务数据，具有层次感。合理的默认值和可选项的预先设定，避免过多的手工操作。

如果某个操作将产生严重后果，该功能执行应是可逆的，或程序应给出该后果的明显警告，并且在执行该命令前要求确认。一旦出现操作失败，及时的信息反馈是非常重要的，没有处理结果或者是处理过程没有相关信息反馈的系统不是一个优秀的系统。流畅自然的操作感觉，来源于每一次操作都是最合理的设计。

在页面和流程上浪费用户的单击操作，也是在挥霍用户对于软件的好感。清晰、统一的导航要贯穿系统的始终。操作按扭、快捷键等遵循一致的规范、标准是必须的，不要给操作者额外记忆的负担。

在易用性和功能性方面，产品设计是个取舍的问题，易用性和功能两者存在一定冲突。对于核心业务的处理能力比易用性更重要，合理地规划和平衡易用性与功能性的取舍是值得关注的，这需要对应用软件的整体把握和经验的不断积累。当然一个优秀的产品会将两者完善地结合起来。

（4）易吸引性。

易吸引性是指用户第一次接触产品时，对产品的喜爱程度。而客户对产品的喜爱程度直接影响到客户购买产品的动机。易吸引性主要表现为产品的外观或软件的界面设计方面，一个拥有良好外观和界面设计的产品，显然可以更好地吸引客户的眼球；如果有两个产品，其中一个界面设计得很漂亮，但功能和性能一般，而另一个产品外观设计得很一般，但功能和性能很好，想想客户会先体验哪个产品。

（5）依从性。

依从性是指软件产品依附于同易用性相关的标准、约定、风格指南或规定的能力。在产品设计过程中，产品的易用性应该遵守国家系统与易用性的标准，这是最基本的要求。而很多企业对于产品外观、界面都有自己的一套标准，在产品设计过程中应该遵守企业的这些相关标准，如界面设计，企业往往会对界面的颜色搭配、按钮大小、按钮形状等有明确的规定。

15.1.2　UI 的七大特征

UI（User Interface）是用户界面的英文简称。UI 设计则是指对软件的人机交互、操作逻辑、界面美观的整体设计。好的 UI 设计不仅让软件变得有个性、有品味，还让软件的操作变得舒适、简单、自由，充分体现软件的定位和特点。

软件测试工程师不需要设计 UI，只需要从用户的角度测试 UI 即可。

优秀的 UI 具备以下七个要素。

（1）符合标准和规范。

最重要的用户界面要素是软件符合行业的标准和规范。如果测试的对象是运行在一个特定的平台上，那么软件需要遵守的标准和规范不仅仅是软件本身的标准和规范，还包括该平台的标准和规范，并建立相对应的测试用例。

企业的标准与规范一般是由 UI 开发工程师、工业设计工程师以及一些易用性专家制定，这些标准和规范必须经过大量测试和验证。

但在实际工作中并不是一成不变地按照标准与规范来设计，因为 UI 评审带有主观性，所以在开发时，可能对标准和规范进行适当的修改或提高。

（2）直观性。

直观性是指用户一看即明白按钮的功能、作用，如 Word 中的保存按钮，大家一看便明白该按钮具有保存文档的功能。衡量软件的直观程度应该考虑以下几个方面因素：

第一：用户界面要干净、不能唐突、排版需要有规则。界面上的按钮应该具有引导性，使客户知道哪个按钮可以单击，哪些按钮只是显示内容。

第二：界面组织和布局是否合理。界面的导航、标题栏等都应该排版合理，可以在任何时刻快捷地切换到任何界面，可以随时退出系统。

第三：是否有冗余的功能。页面信息不能太过复杂，功能需要简洁。

第四：如果一个功能多次试验都无法成功，通过帮助文件是否可以找到答案。

（3）一致性。

一致性是指被测试的系统在一些与其他软件类似或相同的功能上，其属性是否具有一致性。如分别通过记事本和写字板来打开一个程序，都可以按 Ctrl+F 组合键查找文本中的内容，如图 15-1 所示。

图 15-1　记事本与写字板中的查找特性一致

类似这种功能从一个程序转向另一个程序时应该具备一致性，否则用户会感觉很不习惯，甚至有糟糕的感觉。特别在 Windows 操作系统平台上开发的软件，功能特性应该遵守 Windows 平台的标准。

衡量软件的一致性应该考虑以下几个方面因素：

第一：快捷键和菜单选项的一致性。如一般保存使用 Ctrl+S 组合键，按 F1 键可以弹出帮助信息。

第二：术语的一致性。当一个术语有多种翻译方式时，需要保证每处的翻译一致，如查找的翻译，不能在某个页面翻译为"Find"而在另外一个页面翻译为"Search"，应该一致翻译为"Find"或"Search"。

第三：按钮位置和按钮等价的一致性。按钮位置是指页面上按钮位置排列情况，如一般情况下在对话框中，"确定"按钮放在"取消"按钮的左边。按钮等价是指某个按钮的功能使用另外一种方式也可以实现一样的功能，如在一个对话框中的"确定"按钮一般等价于 Enter 键，"取消"按钮等价于 Esc 键。

第四：操作步骤的一致性。相同或类似功能的操作步骤需要一致，如打印功能，一般单击"打印"按钮时会弹出如图 15-2 所示的对话框，确定后再进行打印。

（4）灵活性。

灵活性是指用户可以在界面上灵活地选择其需要的功能，而不致于需要多个步骤才能达到目的。如百度的主页可以很灵活地选择搜索的类型，如图 15-3 所示。

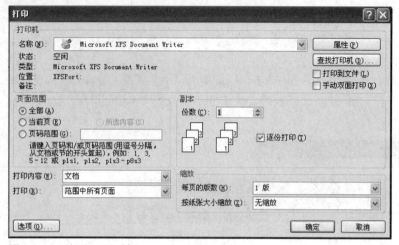

图 15-2 "打印"对话框

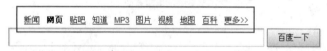

图 15-3 百度搜索类型

衡量软件的灵活性应该考虑以下几个方面因素：

第一：状态实现。一般情况下，同一任务或功能有多种选择方式可以实现，但这样会导致状态转换图变得更加复杂。

第二：状态跳过。当用户对系统的使用很熟悉时，在使用某个功能时会跳过其中众多的提示或对话框，而直接到达目的地。如复制一段文本内容，如果不知道快捷键，就需要先选中待复制的文本内容，再单击右键，在弹出菜单中选择"复制"命令，如果知道快捷键则可以直接使用 Ctrl+C 组合键进行复制，进而跳过单击右键的步骤。

第三：数据输入与输出。一般情况下系统允许多种输入方法，如需要在 Excel 表中插入文字，可以通过键盘输入、粘贴等方式；输出的结果也可以支持多种格式，如系统支持 Word、HTML、Excel 等格式的报告输出。

（5）舒适性。

一个优秀的软件应该让用户感觉到很舒适，而不是为用户的工作制造困难。但是对于软件的舒适性并没有一个公式来衡量，所以很难通过设计的维度来定义，只能通过测试来鉴别软件的舒适性。

衡量软件的舒适性应该考虑以下几个方面因素：

第一：风格恰当、合理。软件的外观应该与软件的性质和属性相一致，如酒店管理系统就不应该使用很多色彩与音效，但游戏网站则没有这方面的限制，否则会让最终用户感觉软件的风格与内容不符，影响用户使用的舒适度。

第二：错误提示信息。当用户在执行一些严重错误的操作时（当然有时是无意地单击了一个操作），应该给出相应的提示，并且允许用户恢复由于错误操作而导致丢失的数据，如删除数据操作，系统应该提示"是否确定删除"。

第三：帮助信息。对一些按钮或对话框的功能，应该给予相应的帮助信息提醒，如 Microsoft Word 中当光标停留在某个按钮（如图表按钮）时，会给出一个友好提示信息，如图 15-4 所示。

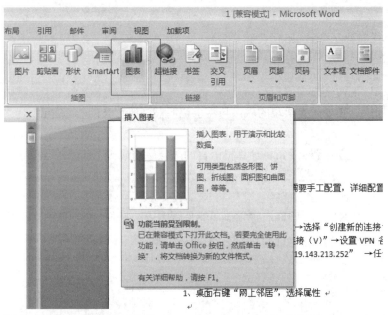

图 15-4　图表按钮的提示信息

第四：进度提示。很多系统的错误信息一闪而过，这样导致用户无法看清，还有一种情况是操作比较缓慢，但没有任何提示信息，这样让用户无法适从，还以为是系统出问题了，此时，至少应该向用户反馈操作的时间响应，才能很好地做到人机交互。如复制文件的过程，系统会有一个进度条来提示复制的当前进度以及剩余时间，如图 15-5 所示。

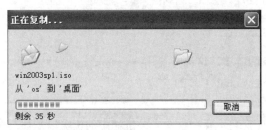

图 15-5　复制文件进度条

（6）正确性。

舒适性不好定义，但 UI 设置的正确性很好定义。UI 正确性是指 UI 是否正确实现了其功能。如图 15-6 所示，该对话框中的 OK 按钮没有任何作用，当进行数据导入时，不需要使用 OK 按钮，只有 Cancel 按钮有效，用于中止导入。

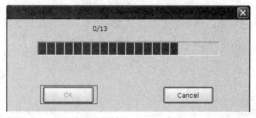

图 15-6　OK 按钮无效

衡量软件的正确性应该考虑以下两个方面因素：

第一：是否有错误或遗漏功能。需要确定实现的软件与需求说明书中所定义的功能是否一致，是否有遗漏或错误的功能。

第二：翻译与拼写。软件工程师在翻译时经常将计算机语言的关键字拼成一个句子，这样导致翻译不准确，也很难做到一致。

（7）实用性。

实用性是指软件的特征、属性是否实用，即客户感觉该功能是否实用。如果一个功能的实用性很差，就需要分析客户为什么不喜欢使用。

15.2　安装易用性测试

软件安装的易用性测试是指测试软件安装是否方便、简洁。软件安装易用性测试包括安装和升级两个方面的内容，很多情况下我们会忽略软件升级的测试。

关于软件安装测试在 11.4 节中有详细的介绍，本节主要介绍软件安装过程中的易用性测试。对于软件安装过程中的易用性测试，应该主要关注以下几个方面：

（1）是否支持一键安装。

如果系统需要使用第三方软件（如 PDFCreator），可以考虑一键安装，即只要进行一次安装即可，不需要分别对每个第三方软件进行安装，否则客户会很不耐烦。

（2）安装主页是否有安装指南和自述文件。

在系统安装的主页上应该有安装指南和自述文件的链接，这样方便用户查看安装的帮助文件，如图 15-7 所示为 HP 公司（惠普公司）QuickTest Professional 工具的安装主页。

（3）是否具有安装进度导航。

在安装过程中是否具有安装进度的提示，提示当前安装步骤在整个安装过程中的位置以及整个安装过程的几大步骤。如图 15-8 所示为 QuickTest Professional 工具的安装过程。

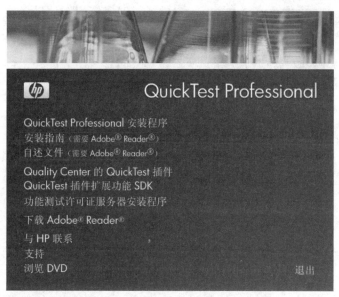

图 15-7 安装主页的安装指南和自述文件

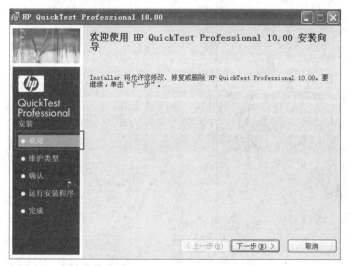

图 15-8 当前安装步骤

（4）安装步骤是否有说明。

在整个安装过程中，每个步骤和选项都应该有相应的说明，提示用户当前安装步骤的作用以及每个选项的意思。如图 15-9 所示为 QuickTest Professional 工具安装过程中的选项说明。

（5）是否可以返回到安装的上一步。

在安装过程中有可能会出现这种现象，配置时选择错误，希望返回上一步进行重新配置，这就要求安装过程中可以返回上一步。如图 15-10 所示为工具返回上一步安装。

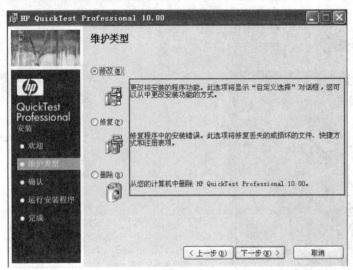

图 15-9　安装过程中的选项说明

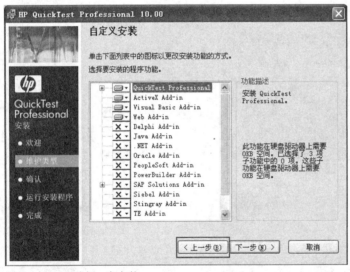

图 15-10　返回上一步安装

（6）是否可以取消安装。

有时安装会出现这种情况，系统中已经安装了某软件，但在安装过程中才发现这个问题，此时用户就会取消安装，应该给出相应的提示信息，提示用户是否确定取消安装。如图 15-11 所示为 QuickTest Professional 工具的取消安装。

（7）系统重启后是否可以重新引导安装。

有些软件在安装过程中需要重启操作系统，但重启系统后，软件一定要能重新引导安装，不能让用户再次去单击安装。

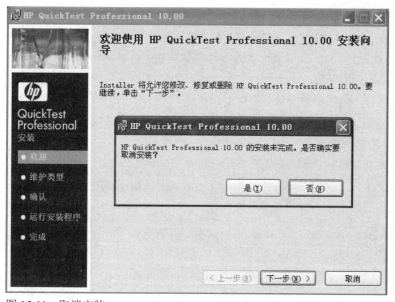

图 15-11　取消安装

（8）软件中是否具有检查更新功能。

一些软件提供检查更新的功能，用户通过该功能检查可以更新的组件或版本。如图 15-12 所示为 Foxit Reader 的检查更新功能。

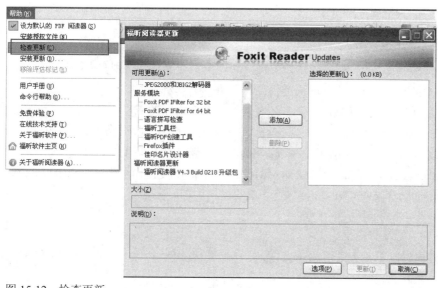

图 15-12　检查更新

以上是关于软件安装过程中易用性测试的问题，软件安装易用性测试则不仅仅是安装方面，还包括升级方面的内容，软件升级的易用性测试包括以下几个方面：

（1）升级前是否要求卸载以前版本。

在升级新的版本时，不能要求用户卸载以前的版本再安装，这样用户会很不满意，应该支持直接升级。升级时应该提示用户选择安装方式，一般包括修改、修复和删除三种。

（2）是否提供官方网站下载。

是否提供官方下载最新版本，是软件安装的一个很重要的特性，这样用户可以很方便地在官方网站上直接下载，但一定要保证新版本的链接没有问题，否则用户无法下载最新版本。

（3）是否提示有新的版本需要安装。

当用户使用的不是最新版本的软件时，系统是否具有提示用户安装新版本的功能。例如在使用移动飞信时，当移动飞信需要更新时，系统会自动弹出一个提示信息对话框，如图 15-13 所示，如果需要升级，则只要单击"立即安装"按钮即可完成升级操作。

图 15-13　移动飞信在线升级

15.3　GUI 易用性测试

GUI（Graphical User Interface）即图形用户界面，通常人机交互图形化用户界面设计发音为"goo-ee"，确切地说，GUI 就是屏幕产品的视觉体验和互动操作部分。

GUI 是一种结合计算机科学、美学、心理学、行为学以及各商业领域需求的人机系统工程，它强调将人、机、环境三者作为一个系统进行总体设计。最早的图形用户界面是由 Xerox Palo Alto 研究中心于 1970 年设计的，但直到 1980 年随着苹果 Macintosh 的出现，GUI 才算真正开始流行起来。现在主流的操作系统都提供图形用户界面，如 Microsoft 的 Windows 操作系统、Apple 的 Mac OS 操作系统和 Sun Microsystem 的 OpenWindows 操作系统等。

15.3.1　GUI 的组成部分

一般情况下，GUI 包括以下几大组成部分。

（1）光标。

显示在屏幕上，让用户移动以选择对象和命令的符号。通常情况下显示为一个小箭头。

（2）按钮。

将菜单中使用频率高的操作或命令通过图形的方式表现出来，设计在应用程序中形成按钮。通过使用按钮可以代替菜单中部分操作或命令，这样可以避免使用菜单一层一层地调出，进而大大提高工作效率。但在实际工作中，各用户使用的频率并不完全一致，所以可以让用户自己定义和配置，一般情况下，常用命令可以设计成按钮。

（3）菜单。

菜单分两种：一种是下拉菜单；另一种是弹出菜单。将系统可能执行的操作或命令以阶层的方式显示在界面上。一般情况下，菜单的位置在界面的最上方或最下方，用户可能使用到的命令都可以放入菜单中，按重要程度从左至右排列。命令的层次设计因应用程序不同而不同，通过鼠标左键可以对菜单进行操作，这是通常所说的下拉菜单。

弹出菜单与下拉菜单这种层次设计不同，使用鼠标右键可以调出弹出菜单，弹出菜单的选项根据鼠标当前所在的位置不同而发生变化。

（4）图标。

在进行特定数据管理的程序中，数据通过图标显示。通常情况下图标显示的是数据内容或者是与数据相关联的应用程序图案。通过单击数据的图标，可以完成启动相关应用程序和显示数据内容这两个步骤操作。对于应用程序的图标，则只能用于启动应用程序。

（5）标签。

在设计多文件界面的数据管理时，可以将多文件数据放在同一个界面中，将数据标题并排放在窗口中，通过切换标签标题来选择数据，这样可以快捷地选择数据。多文件界面是微软采用的一种视图方式。

（6）单一文件界面。

一个窗口只处理一个数据业务，采用这种方式时，当需要处理其他数据时就需要新增窗口，随着窗口的增多，管理窗口就变复杂了。

（7）多文件界面。

与单一文件界面不同的是，多文件界面是在一个窗口中管理多数据业务，这样可以减少窗口数量，管理窗口的工作量也不那么复杂。

（8）窗体。

窗体是指应用程序为使用数据而在图形用户界面中设计的基本单元。窗体将应用程序与数据一体化设计和管理，在窗体中可以操作应用程序，进行数据的管理、生成和编辑。通常在窗体中设计菜单、图标，数据放在中央。

窗体名一般为数据或应用程序的内容，也可以是该功能的目的，窗体名称一般显示在窗口的左上方，同时设置最大化、最小化（将窗体隐藏在左下方，并非关闭）、总在最前面、缩进（仅显示标题栏）等按钮操作，方便对窗体进行管理。

（9）桌面。

桌面是计算机术语，当计算机启动后可以看到主屏幕区域，与实际桌面一样，这是初始的桌面，有时也指包括窗口、文件浏览器在内的"桌面环境"。桌面是计算机的工作平台，可以同时打开多个任务，一般情况下安装了应用程序后，应用程序的图标会显示在桌面上。桌面上包括一些常用的操作按钮，分别放置开始菜单、快速启动、任务栏、语言栏等。

墙纸即桌面背景，可以将桌面背景设置为各种图片或各种附件，这成为视觉美观的重要因素之一。

（10）其他元素。

在窗体中还包括其他一些控件元素，常见的有菜单、工具栏、状态栏、进度栏、对话框、消息框、输入对话框、文本框、列表框、组合框、下拉列表框、复选框、单选按钮、选项框、滑动条、树视图等。

15.3.2 GUI 测试内容

GUI 测试的内容主要包括三个方面：Windows 图形标准符合性、屏幕显示验证和行为标准验证。

1. Windows 图形标准符合性

关于 Windows 图形标准符合性的测试内容主要包括：应用、每个应用程序窗口、文本框、选项、复选框、命令按钮、下拉列表框、组合框、列表框 9 个方面。

（1）应用。

双击桌面图标可以运行程序，并且应该加载一些信息（如应用程序名称、版本），之后进入主界面，但并不一定要求登录。

检查主界面的标题名应该与图标的名称一致，并且当退出应用程序时需要给出类似于"是否确定退出"的提示信息。

当多次加载程序时，如果有一个程序正在工作中，那么光标应该变成沙漏形式，如果允许同一程序多次加载，应该显示进程信息。

在所有的界面按 F1 键都应该是打开帮助文件的操作。

（2）每个应用程序窗口。

如果窗体中有"最小化"按钮，单击后，窗体应该返回到任务栏并显示为一个图标，这个图标应该与原始的图标一致，当双击这个图标时，窗体会还原为最小化之前的大小。

每个应用程序的窗口说明都应该包括应用程序名和窗口名，特别是错误信息对话框，并且需要检查拼写的正确性和清晰度，特别是屏幕顶部的标题，检查这些标题是否正确。

如果屏幕上有控制菜单，也应该检查菜单中所有项的拼写、时态和语法的正确性。

使用 Tab 键可以切换焦点至其他窗口，使用 Shift+Tab 组合键可以向后移动焦点。在窗口中 Tab 键切换的顺序是从左至右、从上往下依次切换焦点。当焦点切换到某对象时，应该使用虚线框表示或光标停留在当前对象上，如果切换到的对象为文本输入框，该文本框应该高亮显示。如果某个对象被禁用（灰白色），则无论是使用 Tab 键还是光标，都无法获得焦点，并且所有被禁用的对象都不能获得焦点。

对于永远不需要更新的对象，应该使用一个标签表示，标签的背景色为灰色，字样为黑色，所有文本内容都应该左对齐并以冒号结束。

对于一些可能需要更新也可能不需要更新的对象，可以根据标签字体颜色来表示当前状态，黑色字体表示可以更新，灰色表示不需要更新。

如果单击按钮时弹出第二个对话框，第一个对话框不应该被隐藏，当然标签控件类外。

（3）文本框。

当移动光标到文本框时，光标的形状应该由箭头形式变为"I"的形状，如图 15-14 所示。

图 15-14　光标形状

可以尝试输入多字符的情况，输入的字符数量超出允许的最多字符数。输入一些特殊字符（如 +、/、*等）。可以使用 Shift 键和光标选择文本框中的内容，也可以拖动鼠标来选择，双击文本框时可以全部选中文本框中的内容。

（4）选项（单选按钮）。

单选按钮如图 15-15 所示。单选按钮应该可以使用键盘中方向键（左右键和上下键）来选中某个设置项，也可以单击鼠标来选择，被选项用虚线框标识。

（5）复选框。

复选框如图 15-16 所示。复选框可以使用鼠标来选中该选项，也可以使用 Space（空格键）来选中该选项。

图 15-15　单选按钮

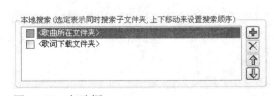

图 15-16　复选框

（6）命令按钮。

如果单击按钮会弹出另外一个对话框，并且能够修改该对话框中的信息，那么该按钮名称后应该有"..."，如图 15-17 所示。

所有的按钮（除"确定"和"取消"按钮外）都应该有一个字母来表示，并且按钮名称应该使用下划线标明（如图 15-17 所示"高级"按钮对应的字母为 V），通过 Alt 键加该字母可以激活该按钮。但需要注意的是，所有按钮表示的字母不能相同。

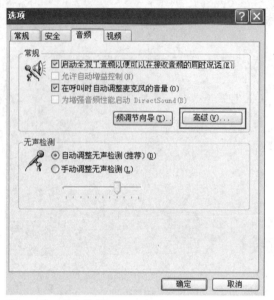

图 15-17　命令按钮

按钮能使用以下几种方法激活：

● 单击可以激活按钮；

● 使用 Tab 键切换到当前按钮，按 Space 键可以激活按钮；

● 使用 Tab 键切换到当前按钮，按 Enter 键可以激活按钮。

确保按钮能被正确地激活是很重要的，需要保证每个按钮都能正确地被激活。

一般在窗体中会默认将焦点定义在某个按钮上（默认选中的按钮由黑色加粗边框显示），按 Enter 键可以激活该默认按钮。对于窗体中的"取消"按钮，按 Esc 键可以激活。

如果在单击某个命令按钮时可能导致错误数据的结果，应该弹出提示信息对话框，用户通过选择"是"或"否"来确定操作，单击"是"按钮完成该操作。如 Microsoft Word 修改内容后单击右上角的"关闭"按钮，会弹出提示信息"是否保存更改的内容"，单击"是"按钮，表示确定保存修改信息。

（7）下拉列表框。

单击下拉列表框中的下三角按钮，会显示列表中的所有内容，并且当下拉列表框中的元素较多时会有滚动条出现。

列表中的元素内容第一个字母一般需要大写，按 Ctrl+F4 组合键可以展开或关闭下拉列表框，按 Ctrl 键加元素内容的首字母，可以选中该选项内容。下拉列表中元素内容不能出现空白项。

（8）组合框。

组合框如图 15-18 所示。组合框允许输入内容，单击箭头按钮可以选择列表中的内容。

（9）列表框。

列表框如图 15-19 所示。

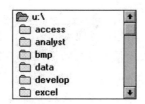

File: [None] ⯆

图 15-18　组合框　　　　　　　　　　　图 15-19　列表框

可以通过鼠标或方向键选择其中单个选项。列表中的内容按字母顺序排序，当我们按下某选项上的首字母时，列表应该切换到当前首字母的选项（如在图 15-19 所示的列表框中按下"d"字母，当前焦点切换到"data"选项上）。一定要有滚动条出现，以确保列表中所有的内容都能被显示出来。

2. 屏幕显示验证

关于屏幕显示验证的测试主要包括 8 个方面的内容，分别是审美感观、验证条件、导航、可用性、数据完整性、模式、一般情况和特定领域测试。

（1）审美感观。

关于审美感观的测试，应该注意以下几个方面：

- 屏幕背景色是否正确。
- 所有字段的颜色是否正确。
- 所有字段的背景色是否正确。
- 在只读模式下，所有字段的颜色是否正确。
- 在只读模式下，所有字段的背景色是否正确。
- 屏幕上所有字体是否都使用规定字体。
- 屏幕中所有文本字段字体是否都使用规定字体。
- 屏幕中所有的字段是否都排成一条直线。
- 所有的编辑框是否都排成一条直线。
- 所有的分组框是否都排成一条直线。
- 屏幕窗口大小是否可调。
- 屏幕窗口是否可最小化。
- 所有提示信息内容拼写是否正确。
- 默认所有的字符或数字字符都应该左对齐，除非有特殊规定。
- 默认所有的数据都应该右对齐，除非有特殊规定。
- 屏幕上所有文本框内容拼写是否正确。
- 所有错误提示信息内容拼写是否正确。
- 所有用户输入大写或小写是否一致。
- 所有的窗体看上去应该是一致的。
- 所有的对话框看上去应该是一致的。
- 所有的用户输入是否都是始终以大写字母或者小写字母保存。

（2）验证条件。

关于验证条件的测试，应该注意以下几个方面：

- 是否每个字段验证失败后都会产生明显的错误信息。
- 如果入口测试验证失败，用户是否被要求再次修复。
- 是否所有的字段都有多种验证规则，如果有，是否所有规则都会被应用到。
- 如果用户输入一个无效值并单击"确认"按钮，那么无效的登录是否被识别并且突出显示错误信息。
- 验证应用程序是否始终在同一屏幕。
- 对于数字输入框，验证是否可以输入负数。
- 对于数字输入框，验证最大值、最小值以及一些中间值是否允许输入。
- 对于所有的字符型和数值型输入框，需要确认是否所有的字段都有一个指定的字段界限值，这个值与数据库定义的大小是否一致。
- 是否所有的必填项都要求用户必须输入。
- 如果数据库字段不允许空值，那么对应页面上的字段必须是必填的（如果一个字段本来是必填的，但是后来变成选填，那么要检查这个字段是否可以为空值）。

（3）导航。

关于导航的测试，应该注意以下几个方面：

- 从菜单中是否可以正确到达界面。
- 从工具栏中是否可以正确到达界面。
- 在上一级界面中双击控制列表是否可以正确到达界面。
- 通过界面按钮是否可以正确到达界面。
- 双击控制列表是否可以正确到达界面。
- 是否在同一时刻可以正确打开多个实例。
- 窗口模式，即当前窗口处于激活状态时，用户是否允许进行其他操作，并验证其是否正确。

（4）可用性。

关于可用性的测试，应该注意以下几个方面：

- 界面中所有下拉列表框中的内容都应该按字母排序，这是默认设置，除非有特殊规定。
- 是否所有的时间都要求使用正确的格式。
- 界面上所有按钮都赋有合适的快捷键。
- 快捷键是否能正确地使用。
- 所以菜单项都可以使用快捷键来获取并激活菜单选项。
- 默认情况下使用 Tab 键可以将焦点切换到界面中的各元素对象，切换的方法为从左至右、从上往下，除非有特殊规定。
- Tab 键无法将焦点切换到只读对象。
- Tab 键无法将焦点切换到禁用对象。

- 当光标移动到文本框上时，鼠标的形状变为选定文本模式，通过鼠标可以激活该文本框。
- 当光标移动到只读对象上时，鼠标的形状变为选定文本模式，通过鼠标可以激活该文本框。
- 在界面中是否指定默认按钮。
- 默认按钮是否能正确使用。
- 当弹出错误信息对话框时，默认焦点应该在退出错误信息的按钮上。
- 使用 Alt+Tab 组合键可以切换到其他的应用程序，并且该程序可以使用。
- 每个文本框的内容字数是否有要求。

（5）数据完整性。

关于数据完整性的测试，应该注意以下几个方面：

- 退出应用程序时数据是否被保存。
- 检查最长的字符串内容，保证该内容能被正确显示。
- 数据库要求有一个值（除了空值）的字段必须要有默认值。用户可以输入任何一个有效值，也可以保持默认值。
- 检查数字文本框内容的最大值和最小值。
- 如果数字文本框可以输入负数，需要验证该文本框是否可以正确地输入负值并能正确地保存到数据库中。
- 如果一组单选按钮代表一组固定数值，比如 A,B,C，那么当数据库返回空值时会出现什么情况？
- 如果一组特殊的数据保存到数据库中，确认每个数据都已经被完整地保存下来。也就是说，要注意一些字符型数据被截取掉尾数、数值型数据被四舍五入或者取整等。

（6）模式。

关于模式的测试，应该注意以下几个方面：

- 对于只读模式的界面或文本框，颜色调整是否正确。
- 界面或窗口是否提供只读模型。
- 只读模型下的文本框是否为不控制状态。
- 在只读模式下通过界面、菜单、工具栏是否可以获得其他界面。
- 确定在只读模式下不能进行确认操作。
- 确定在只读模式下，所有通过该页面是否可以访问到其他页面。

（7）一般情况。

关于一般情况的测试，应该注意以下几个方面：

- 确定有"帮助"菜单。
- 确定每个菜单按钮和选项的正确性。
- 工具栏中所有按钮都应该对应一个快捷键。
- 菜单中每个选项都应该对应一个热键，并且能通过 Alt 加该热键正确地使用。
- 下拉列表框中的内容要显示正确、完整。

- 使用 Ctrl 加热键的组合键，可以获取下拉列表中的每个选项。
- 确定在界面中不存在相同的热键。
- 确保 Esc 退出键（也就是放弃所做的修改）的正确使用，并产生一个警告提示：所做的修改将丢失，继续按 Yes 或者 No。
- 确定退出功能是否与 Esc 退出键的功能一致。
- 当已操作变更且不能撤消时，"取消"按钮与"关闭"按钮实现的功能一样。
- 确保在特定的窗口或对话框中只能使用命令按钮，也就是说，确保它们不要运行在当前界面下面的界面中。
- 当一个按钮有些时候可以使用，有些时候不可以使用时，确定当不能使用时其应为灰色。
- 确定"确定"和"取消"按钮与其他按钮不在同一组，是分开的。
- 命令按钮的名称不能使用缩写字符。
- 所有标签的名称不应该是专业术语，而应使系统用户更易理解。
- 命令按钮的大小、形状以及按钮名的字体和字号都应一致。
- 确定每个按钮都可以使用热键来激活。
- 在同一个窗体、对话框中，每个按钮的热键都不相同。
- 在同一个窗体、对话框中都有一个默认选中的按钮，按 Enter 键可以激活该按钮。
- 重点保证窗口或对话框的功能使其能够实现。
- 所有选项和单选按钮的名称不能使用缩写。
- 所有单选按钮的名称不应该是专业术语，应使系统用户更易理解。
- 如果能使用热键获取选项，那么在同一个窗口或对话框不能出现相同的热键。
- 所有复选框的名称不能使用缩写。
- 复选框、单选按钮和命令按钮应划分在不同的组中。
- 使用 Tab 键可以有序地在窗体中不同的组之间切换。
- 确保页面窗口不会出现乱码。
- 使用 Ctrl + F6 组合键打开标签窗口里的下一个选项卡。
- 使用 Shift + Ctrl + F6 组合键打开标签窗口里的上一个选项卡。
- 如果在当前选项卡的最后一个字段按下 Tab 键，将打开标签窗口里的下一个选项卡。
- 如果在标签窗口里的最后一个选项卡的最后一个字段按下 Tab 键，将继续在该选项卡中切换焦点。
- 按下 Tab 键将到达窗口的下一个可编辑字段。
- 标题的类型、大小、显示要跟现有的窗口保持完全一致。
- 如果下拉列表框有 8 个或者小于 8 个选项，打开下拉列表框时要完全显示所有的选项，而不需要滚动。
- 当继续下一步产生了错误，用户则需要退回到之前的标签，焦点应该在错误的字段上面（也就是说标签打开，错误信息应该高亮显示）。

- 当在标签窗口里的第一个选项卡单击继续按钮（假设所有的字段都正确填写），将不会打开所有的选项卡，而是将焦点切换到下一个对象。
- 打开一个选项卡时鼠标应该聚焦在第一个可编辑字。
- 所有的字体都需要一致。
- 按 Alt+F4 组合键将关闭标签窗口并返回到主页面或者之前的页面，必要时会产生一个"所做的修改将丢失"的提示信息。
- 每个激活的字段和按钮都有一些"微型"帮助文档。
- 确保在只读模式下所有的字段都不可编辑。
- 当加载选项卡页面时要有进度条显示。
- 返回上一步操作。
- 如果恢复标签窗口时加载失败，那么窗口应该无法打开。

（8）特定领域测试。

关于特定领域的测试，应该注意以下几个方面：

- 确定最小值和最大值能被正确地处理。
- 无效值被记录或报告。
- 有效值能被正确地处理。
- 当一个数字字段前面出现空格时，它也能被正确地处理或作为一个错误记录。
- 当一个数字字段最后出现空格时，它也能被正确地处理或作为一个错误记录。
- 带有正号或负号的数字也能被正确地处理。
- 被除数不能设置为零。
- 所有的计算中都应该考虑零值。
- 测试时至少在数据域中的值中选一个。
- 测试的数据应该包括超过最大值和小于最小值的数据。
- 超出数据域上限和下限的值都应该能被正确地处理。
- 闰年正确有效，不引起错误/误差。
- 月代码输入 00 和 13 无效，不引起错误/误差。
- 确保 00 和 13 报告成错误。
- 确保输入日期为 00 和 32 无效，不引起错误/误差。
- 确保 2 月 30 日无效，不引起错误/误差。
- 确保 2 月 29、30 日报告成错误。
- 确保世纪改变正确有效，不引起错误/误差。
- 确保在周期日期之外正确有效，不引起错误/误差。
- 使用空值和非空值数据。
- 包括最小值和最大值。
- 包括无效字符和符号。

- 包括合法字符。
- 包括首位为空的数据项。
- 包括末位为空的数据项。

3. 行为标准验证

行为标准验证包括快捷键&热键和控制快捷键两个方面的内容。快捷键&热键见表 15-1。

表 15-1　快捷键&热键

键	不更改	Shift	Ctrl	Alt
F1	帮助	进入帮助模式	N\A	N\A
F2	N\A	N\A	N\A	N\A
F3	N\A	N\A	N\A	N\A
F4	N\A	N\A	关闭文档/窗体	关闭应用程序
F5	N\A	N\A	N\A	N\A
F6	N\A	N\A	N\A	N\A
F7	N\A	N\A	N\A	N\A
F8	切换扩展模式（如果支持）	切换添加模式（如果支持）	N\A	N\A
F9	N\A	N\A	N\A	N\A
F10	激活菜单栏切换	N\A	N\A	N\A
F11	N\A	N\A	N\A	N\A
F12	N\A	N\A	N\A	N\A
Tab	焦点切换到下一个活动/可用的字段	焦点切换到上一个活动/可用的字段	移动到下一个打开的文档或子窗口	切换到以前使用的应用程序（按住 Alt+Tab 组合键显示所有打开的应用程序）
Alt	焦点切换到第一个菜单（如"文件"菜单）	N\A	N\A	N\A

备注：Shift、Ctrl、Alt 三列表示当前键与这三个键组成组合键触发的事件，N\A 表示不存在这种组合，不更改表示只按下当前键时系统的反应

控制快捷键见表 15-2。

表 15-2　控制快捷键

键	功能
Ctrl + Z	撤消
Ctrl + X	剪切
Ctrl + C	复制

续表

键	功能
Ctrl + V	粘贴
Ctrl + N	新建
Ctrl + O	打开
Ctrl + P	打印
Ctrl + S	保存
Ctrl + B	加粗
Ctrl + I	斜体
Ctrl + U	下划线

15.4 UI 易用性测试

GUI 是指图形用户界面，UI 是指用户界面，对于纯软件系统，这两者没有本质的区别，GUI 易用性测试与 UI 易用性测试内容一致。但是如果测试的对象是一个产品，这两者则存在区别，对于产品 UI 则不仅仅包括 GUI，还包括产品硬件部分的测试。

UI 测试包括两类：软件界面测试和硬件界面测试。就软件界面测试来说，其与 GUI 测试一致。硬件界面测试则是指产品的外观，产品外观是用户体验产品最重要的用户界面（如按钮、标识等），优秀外观可以更好地吸引客户的眼球，可以为产品增值。

UI 硬件界面的测试是结构测试中的一部分，外观测试应该注意以下几个问题：

（1）点状与线状测试。

（2）间隙或断差测试。

（3）注塑、丝印、喷涂、电镀测试。

（4）按键、镜片、LCD、LED、显示屏、摄像头、配合类测试。

（5）包装、附件等。

15.5 易用性测试的自动化实现

易用性测试主要是针对对象的一些属性进行测试，但如果每个测试版本都去验证对象的属性，效率显然比较低，但是如果不验证，又担心开发工程师修改了对象的属性。而借助自动化测试工具帮助进行易用性测试，显然可以提高测试的效率，但不是所有的属性都可以通过自动化测试来实现，在测试过程中可以有选择地对对象的属性进行自动化测试。

易用性自动化测试实现的步骤如下：

（1）获取实际测试过程中对象的相关属性。

15

Chapter

（2）将实际的对象属性与预期对象属性进行比较。

（3）如果不同，测试结果标为 FAIL；如果相同，则结果标为 PASS。

易用性测试内容见表 15-3。

表 15-3　易用性测试表

对象名	属性	预期结果	实际结果	结果
OK	text	OK		
	nativeclass	Button		
	width	60		
	height	23		
	visible	True		
	enabled	True		

在易用性测试表中，列出需要测试的对象名、对象的属性以及各属性的预期结果，在测试过程中，获取实际运行时对象的属性值，并将它填写到表格中。之后再比较预期结果与实际结果的值是否相同，如果相同，则在结果列中标为 PASS（字体颜色为绿色），否则标为 FAIL（字体颜色为红色）。

【实例】使用自动化测试工具 QuickTest Professional 测试图 15-20 中 OK 按钮的属性。

图 15-20　易用性测试对象

实现的代码如下：

```
'
' 函数名：CompareText
'
' 目的：比较预期结果和实际结果单元格的值是否相同
'
' Parameters:
' sheetname：待比较的 sheet
' expectColumn：预期结果列
' actualColumn：实际结果列
' startRow：比较的开始行
```

```
'numberOfRows：共需要比较多少行
'trimed：单元格中的值是否包含空格符
'Date: 2011-11-27
'_____
Function CompareText(sheetname, expectColumn, actualColumn, startRow, numberOfRows, trimed)
Dim returnVal
Dim cell
returnVal = True
'判断 sheet 对象是否为 nothing
If sheetname Is nothing    Then
      CompareText = False
      Exit Function
End If
'循环读取单元格中的值
For r = startRow to (startRow + (numberOfRows - 1))
          Value1 = sheetname.Cells(r, expectColumn)
          Value2 = sheetname.Cells(r, actualColumn)
          '空格符去掉后再进行比较
          If trimed Then
              Value1 = Trim(Value1)
              Value2 = Trim(Value2)
          End If
          '比较两个数据是否相等，如果相等将结果标为 PASS 并将字体置为绿色，否则将
            结果标为 FAIL 并将字体置为红色
          Set cell = sheetname.Cells(r,actualColumn+1)
          If Value1 <> Value2 Then
              sheetname.Cells(r, actualColumn+1).value = "FAIL"
              cell.Font.Color = vbRed
              returnVal = False
          else
              sheetname.Cells(r, actualColumn+1).value = "PASS"
              cell.Font.Color = vbGreen
              returnVal = True
          End If
      Next
      CompareText = returnVal
End Function
Set ExcelApp = CreateObject("Excel.Application")
Set ExcelSheet = CreateObject("Excel.Sheet")
Set myExcelBook1= ExcelApp.WorkBooks.Open("c:\1.xls")
Set myExcelSheet1= myExcelBook1.WorkSheets("Sheet1")
Dialog("Login").WinEdit("Agent Name:").Set "test"
Dialog("Login").WinEdit("Password:").SetSecure "4ed2314da546f1e8280d3586032611a53dfbed13"
myExcelSheet1.Cells(2,4).value = Dialog("Login").WinButton("OK").GetROProperty("text")
```

```
myExcelSheet1.Cells(3,4).value = Dialog("Login").WinButton("OK").GetROProperty("nativeclass")
myExcelSheet1.Cells(4,4).value = Dialog("Login").WinButton("OK").GetROProperty("width")
myExcelSheet1.Cells(5,4).value = Dialog("Login").WinButton("OK").GetROProperty("height")
myExcelSheet1.Cells(6,4).value = Dialog("Login").WinButton("OK").GetROProperty("visible")
myExcelSheet1.Cells(7,4).value = Dialog("Login").WinButton("OK").GetROProperty("enabled")
Dialog("Login").WinButton("OK").Click
Window("Flight Reservation").Close
CompareText myExcelSheet1,3,4 ,2,6,False
myExcelBook1.save
ExcelApp.Quit
Set myExcelSheet1= nothing
Set myExcelBook1= nothing
Set ExcelApp = nothing
Set ExcelSheet = nothing
```

测试完成后的结果见表 15-4。

图 15-4 易用性自动化测试结果

控件名	属性	预期结果	实际结果	结果
	text	OK	OK	PASS
	nativeclass	Button	Button	PASS
	width	60	60	PASS
OK	height	23	23	PASS
	visible	True	False	FAIL
	enabled	True	True	PASS

上例只是一个比较简单的易用性测试自动化的实现过程,在实际工作中可以对该方法进行一定的完善,进一步提高易用性测试的效率。

15.6 小结

本章首先主要介绍易用性测试的内容和概念,了解易用性测试的五大特征,并对 UI 测试的七大特征进行了详细的介绍;然后介绍了实际工作中易用性测试的应用:安装易用性测试、GUI 易用性测试和 UI 易用性测试,而 GUI 易用性测试是重点;并且详细介绍了常用对象易用性测试的方法和内容,并列举了易用性测试应该注意的问题,其中 UI 易用性测试则主要介绍了 UI 易用性测试与 GUI 易用性测试的区别;最后介绍了如何使用自动化测试技术来实现易用性测试,但是它只能实现一部分的易用性测试。

第四部分

扩展篇

扩展篇主要包括五个章节的内容，主要介绍常见的功能测试外的其他测试技术。其中主要介绍性能测试和自动化测试技术，这两者将成为系统测试的两个重要分支，很多企业已经开始实施性能测试和自动化测试。之后介绍了验收测试和文档测试，而文档测试是系统测试中一个重要的组成部分，但目前很多企业并不很重视文档的测试，还介绍了软件测试工程师的职业规划，读者朋友可以为自己制定一个详细的职业规划并坚持每天执行，只有这样才能更好地提高自身的竞争力和适应未来职业的发展。

16

性能测试

随着软件测试在国内的发展,越来越多的企业开始涉及性能测试,也越来越重视测试的全面性,有相关组织调查显示,每年花费在解决软件性能问题的资金大约为 44 亿美元。如果就个人而言,一直从事手工测试显然对个人职业规划不利,而性能测试是通往高端测试人才的一个选择方面,对未来职业发展和规划更有利。

本章主要包括以下内容:
- 性能测试概述
- 主流性能测试工具
- 性能测试常见术语
- 性能测试过程

16.1　性能测试概述

在过去几年时间中,软件开发技术迅速发展,日益成熟,但与此同时,现代应用程序的复杂性也快速膨胀。应用程序可能使用上百个单独的组件完成以前手工完成的工作。这种复杂性直接与业务流程中更多的潜在故障点相关,使分析性能问题的根本原因变得更加困难。所以传统的通过手工进行性能测试在现在变得异常困难,故需要进行性能测试自动化。

16.1.1　性能测试的概念

一般来说,性能是一种指标,表明软件系统或构件对其及时性要求的符合程度;其次,性能是软件产品的一种特性,可以用时间来进行度量。性能的及时性用响应时间或吞吐量来衡量。响应时间是指服务器对请求作出响应所需要的时间。

系统性能包括时间和空间两个维度，时间是指客户操作业务的响应时间，空间是指系统执行客户端请求时，系统资源消耗情况。客户关注的性能只是时间的表现，客户不关注是什么原因引起的性能问题，但性能测试工程师和系统工程师就必须关注系统资源使用的情况。

性能测试是测试系统端到端（即客户端发送请求经过服务器将信息返回的过程）的性能指标，目前在系统设计阶段无法设计出一个定量性能的系统，即开发工程师无法保证设计好的系统其性能表现如何，还是得靠测试来验证性能的表现，性能测试是一系列的测试过程。在系统投入到市场之前，必须对系统的性能进行测试，否则无法确定系统的性能是否能满足客户的需求。

16.1.2 性能测试自动化

手工进行性能测试存在诸多困难，如图 16-1 所示。

● 消耗大量的测试资源（主要包括测试人员和测试机器的成本）。

● 如何保证并发测试？

● 如何收集测试结果？

● 如何重复执行该测试？

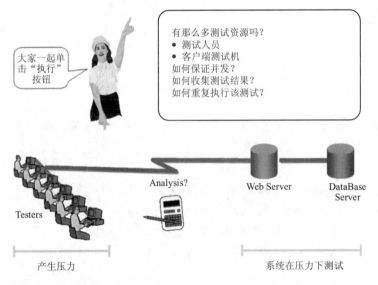

图 16-1 人工性能测试困难

需要使用性能测试工具来代替手工测试，即性能测试自动化的过程，自动化性能测试是利用人员、流程和技术来减少应用程序部署、升级或补丁部署过程中的风险的方法。自动化性能测试的核心是将生产工作量应用到部署前的系统，同时测量系统性能和最终用户体验。

自动化性能测试解决方案应该能够解决以下问题：

● 模拟成百上千个用户与系统交互，而无需过多的硬件需求。

- 测量最终用户响应时间。
- 监控负载系统组件。

高效的自动化测试解决方案（即性能测试工具）通常使用四个主要组件来构建并运行测试：

- 虚拟用户生成程序，用于将最终用户业务流程捕获到自动化脚本中。
- 监视器，用于组织、驱动、管理和监控负载。
- 负载生成程序，用于在执行时运行虚拟用户。
- 分析引擎，用于查看、剖析和比较结果。

结构完善的性能测试应该能够回答以下问题：

- 应用程序对目标用户响应是否够迅速？
- 应用程序是否能够处理预期的用户负载以及更多的负载？
- 应用程序是否能够处理业务所需要的大量交易？
- 应用程序在预期或非预期的用户负载下是否稳定？
- 在投入使用时用户是否具有积极的体验（即快速响应时间）？

16.2 主流性能测试工具

目前市场上的性能测试工具较多，主流的性能测试工具有 LoadRunner、QALoad、SilkPerformer 和 Rational Performance Tester。这类都为负载性能测试工具，其原理都相同。首先是录制脚本，通过录制脚本，性能测试工具通过协议来获取客户向服务器端发送的内容；接着通过回放脚本，将录制好的内容进行回放，来模拟多用户同时向被测试系统发送请求，以达到并发测试的目的；最后性能测试工具将收集到的测试数据保存到数据库中，通过分析器生成相关的视图达到性能测试的目的。

下面就这几款主流性能测试工具进行简单的介绍：

（1）LoadRunner。

LoadRunner 是一种预测系统行为和性能的负载测试工具。可以模拟上千万用户并发负载并实时监测系统性能的方式来确认和查找问题。LoadRunner 能够对整个企业架构进行测试。通过使用 LoadRunner，企业能最大限度地缩短测试时间，优化性能和加速应用系统的发布周期。

当前最新版本为 11.0 版，生产厂商 Mercury（美利科）已于 2006 年被 HP（惠普）收购。

LoadRunner 支持的协议如下：

1）自定义：C Vuser、VB Vuser、VBScript Vuser、VB.NET Vuser、Java Vuser、JavaScript Vuser。

2）电子商务：Action Message Format（AMF）、AJAX（Click and Script）、File Transfer Protocol（FTP）、Flex、Listing Directory Service（LDAP）、Microsoft .NET、Web（Click and Script）、Web（HTTP/HTML）、Web Services。

3）客户端/服务器：DB2 CLI、Domain Name Resolution（DNS）、Informix、MS SQL Server、ODBC、Oracle（2-Tier）、Sybase CTlib、Sybase DBlib、Windows Sockets。

4）ERP/CRM：Oracle NCA、Oracle Web Applications 11i、PeopleSoft Enterprise、Peop leSoft-Tuxedo、SAP-Web、SAP（Click and Script）、SAPGUI、Siebel-Web。

5）邮件服务：Internet Messaging（IMAP）、MS Exchange（MAP）、Post Office Protocol（POP3）、Simple Mail Transfer Protocol（SMTP）。

6）中间件：Tuxedo、Tuxedo 6。

7）无线服务：i-Mode、Multimedia Messaging Service（MMS）、WAP。

8）流媒体：Media Player（MMS）、Real。

（2）QALoad。

QALoad 是客户/服务器系统、企业资源计划（ERP）和电子商务应用的自动化负载测试工具。QALoad 是 QACenter 的一部分，它通过可重复的、真实的测试，能够彻底地度量应用的可扩展性和性能。QACenter 汇集完整的跨企业的自动测试产品，专为提高软件质量而设计。QACenter 可以在整个开发生命周期，跨越多种平台自动执行测试任务。在投产准备时期，QALoad 可以模拟成百上千的用户并发执行关键业务而完成对应用程序的测试，并针对所发现的问题对系统性能进行优化，确保应用的成功部署。当前最新版本为 5.6 版，生产厂商为 Compuware（康博）公司。

QALoad 支持的协议如下：

通信层：Winsock、IIOP、WWW、WAP、Net Load。

数据层：ODBC、MS SQL Server、Oracle、Oracle Forms Server、Sybase、DB2、ADO。

应用层：SAP、Tuxedo、Uniface、QARun、Java。

（3）SilkPerformer。

SilkPerformer 是业界领先的应用性能测试解决方案，它支持目前业界主流应用平台，通过成千上万的虚拟用户来模拟生产环境可能遇到的各种真实负载场景，帮助用户快速定位可能存在的性能瓶颈，同时提供诊断、分析能力帮助开发、测试团队快速修复应用性能问题，为应用发布决策提供有力的信息支撑，加速产品发布。当前最新版本为 7.0 版，生产厂商为 Micro Focus 公司。

SilkPerformer 支持的协议如下：

1）主流数据库访问协议：ODBC、ADO、Oracle OCI、IBM CLI。

2）主流协议：HTTP（S）、SMTP/POP、MAPI、FTP、LDAP、WAP、MMS、Radius、TCP/IP、UDP、SSL、SOAP（XML）、i-Mode。

3）流媒体技术：Macromedia Flex/AMF、Streaming（MS, Real）。

4）主流接口和应用框架：CORBA（IIOP）、EJB（IIOP、RMI）、（D）COM（COM+、MTS）、ActiveX、DLL、BEA Tuxedo（ATMI、JOLT）、Oracle Forms、.NET Framework、J2EE/Java Framework、VB6 Framework。

5）ERP/CRM 系统：SAP、PeopleSoft、Siebel、Oracle Applications。

6）其他：Outlook Web Access、MS .NET SOAP Stack、Apache Java SOAP Stack、Chordiant、E.piphany、Lawson、SSPS ShowCase、Amdocs Clarify。

（4）Rational Performance Tester。

Rational Performance Tester（简称 RPT）也是一款性能测试工具，适用于基于 Web 的应用程序的性能和可靠性测试。Rational Performance Tester 将易用性与深入分析功能相结合，从而简化了测试创建、负载生成和数据收集，以帮助确保应用程序具有支持数以千计并发用户并稳定运行的性能。当前最新版本为 8.1 版，生产厂商为 IBM Rational 公司。

Rational Performance Tester 支持的协议包括：HTTP、SAP、Siebel、SIP、TCP Socket 和 Citrix 等。

Rational Performance Tester 在录制脚本时可以选择 4 种类型的记录器：RPT HTTP 记录、SAP 记录、SDK Smaple Socket 记录和 Citrix 记录。

16.3 性能测试常见术语

在性能测试过程中经常使用到一些术语，常见术语有：响应时间、并发用户数、吞吐量、吞吐率、点击率、资源使用率、性能计数器等。

16.3.1 响应时间

响应时间是指用户从客户端发送请求到所有的请求都从服务器返回客户所经历的时间。该定义强调所有数据都返回客户端所花费的时间，为什么说是所有数据呢？因为用户体验的响应时间带有主观性，用户可能会认为从提交请求到服务器开始返回数据到客户端的这段时间为响应时间。

以一个 Web 应用的页面响应时间为例，如图 16-2 所示。从图中可以看到，页面响应时间=网络传输时间+应用延迟时间。其中网络传输时间为（N1+N2+N3+N4），应用延迟时间为（A1+A2+A3），而应用延迟时间又可分解为数据库延迟时间（A2）和 Web 服务器延迟时间（A1+A3）。

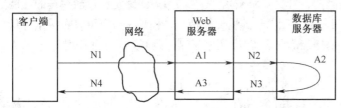

图 16-2　Web 页面响应时间分解

16.3.2 并发用户数

并发用户数指同一时刻与服务器进行数据交互的所有用户数量。概念中有两点需要注意。第一：并发强调所有的用户必须在同一时刻对服务器进行施压。例如：一个人同时挑两件东西，表示两个东西同时被这个人挑，而如果是先挑一件，再挑另外一件，那么就无法表现出同时的概念，这两件东西也就没有同时施压在这个人身上。第二：强调要与服务器进行数据交互，如果未和服务器进行数据交互，这样用户是没给服务器带来压力的。同样是上面的例子，这个人虽然同时挑了两件东西，但其中一件东西是没重量的，这就是说只有一件东西对这个人造成压力。

在工作中，对于并发用户这个概念的理解经常会出现以下两种误区：一是认为系统所有的用户都是并发用户；二是认为所有在线的用户都是并发用户。

系统使用中所有的用户是指所有可能用到该系统的用户，但这并不是并发用户数，例如公司的员工为 800 人，正常情况下这 800 人都会使用到 OA 系统（自动化办公系统），即系统的所有用户数为 800 人，但是并不代表这 800 人都同时在使用 OA 系统，即并发用户数不可能为 800 人。

在线用户指当前正在使用系统的用户，但在线用户不一定是并发用户，因为在线用户不一定就与系统进行了数据交互。例如，如果一些在线用户只是查看系统上的一些消息，那么这些在线用户不能作为并发用户计算，因为这些用户并没有与系统进行数据交互，不会给服务器带来任何压力。

如何计算并发用户数呢？目前并没有一个精确的计算公式，很多情况下都是根据以往的经验进行估算。根据行业的不同，并发用户数也会有所不同，像电信行业并发用户数为在线用户的万分之一，如果有 1000 万在线用户，那么测试 1000 个并发用户即可。OA 系统的并发用户数一般是在线用户的 5%～20% 左右，所以并发用户很大程度上是根据经验和行业的一些标准来计算的。

16.3.3　吞吐量

在性能测试过程中，吞吐量是指单位时间内服务器处理客户请求的数量，吞吐量通常使用请求数/秒来衡量，直接体现服务器的承载能力。

吞吐量作为性能测试过程中主要的指标之一，它与虚拟用户数之间存在一定的联系，当系统没有遇到性能瓶颈时，可以采用下面这个公式来计算。

$$F = \frac{N_{VU} \times R}{T}$$

其中，F 表示吞吐量；N_{VU} 表示 VU（Virtual User，虚拟用户）的个数；R 表示每个 VU 发出的请求数量；T 表示性能测试所用的时间。

但是如果系统遇到性能瓶颈，这个公式就不再适用，吞吐量与 VU 之间的关系图如图 16-3 所示。从图中可以看出，吞吐量在 VU 数量增长到一定值时，软件系统出现性能瓶颈，此时吞吐量的值并不再随着 VU 数量的增加而增大，而是趋于平衡。

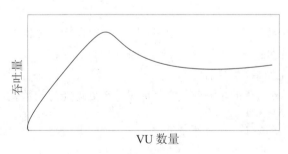

图 16-3　吞吐量与 VU 数量关系图

但在实际测试过程中，测试前吞吐量是不知道的，必须通过不断添加虚拟用户来不断地测试，才能找到吞吐量的拐点，即服务器实际吞吐量的值。

【实例】假设向一个水池注水，每根小管注入的水量为 0.1 立方米每秒，而水池的出水量为 1 立方米每秒（假设这个值在测试之前不知道），如图 16-4 所示。当只放一根注水管时，水池的出水量为 0.1 立方米每秒，即当前水池的吞吐量为 0.1 立方米每秒。依此类推，当放入 10 根注水管时，水池的出水量为 1 立方米每秒，当放入 11 根（或大于 10 根）注水管时，水池的出水量也为 1 立方米每秒，此时水池会开始积水，因为每秒排出的水比注入的水少，这说明水池的吞吐量为 1 立方米每秒，不管注入的水量为多少，这个值都不再改变。服务器也是一样的，客户端不断请求，当服务器能正确地处理时，测试出来服务器的吞吐量就会不断地增加，但当服务器无法处理时，吞吐量的值就不再变化，此时即为到服务器最大吞吐量的值。

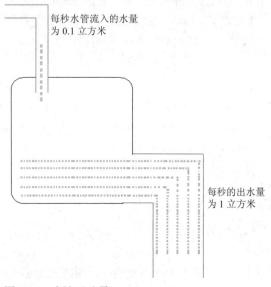

每秒水管流入的水量
为 0.1 立方米

每秒的出水量
为 1 立方米

图 16-4　水池吞吐量

16.3.4　吞吐率

吞吐率（Throughout）是指单位时间内从服务器返回的字节数，也可以指单位时间内服务器处理客户提交的请求数。它是衡量网络性能的一个重要指标。吞吐率=吞吐量/测试时间，通常情况下吞吐量的值越大，吞吐率的值也越大，那么系统的负载能力越强。

TPS（Transaction Per Second）表示服务器每秒处理的事务数，它是衡量系统处理能力的重要指标。

16.3.5　点击率

点击率（Hit Per Second）是指每秒钟用户向服务器提交的 HTTP 数量。用户每点击一次，服务器端就要对用户提交的请求进行一次处理，从事务的角度来说，如果把每次点击作为提交事务来对待，那么点击率与 TPS 的概念是等同的。对于 Web 系统来说，点击率是服务器处理的最小单位，点击率的值越大，说明服务器端所能承受的压力越大。因此通常情况下，Web 服务器都具有防刷新的机制，因为客户每刷新一次系统就要响应一次点击，如果不对服务器进行防刷新处理，当用户不停地单击刷新按钮，此时服务器将承受着巨大的压力。

需要注意的是，单击一次并不代表客户端只向服务器端发送一个 HTTP 请求，客户每单击一次，都可能会向服务器端发出多个 HTTP 请求。点击率越高，说明客户端提交的请求数越多，正常情况下并发的虚拟用户数越多，客户端提交的请求数越多。

16.3.6 资源使用率

资源使用率是指服务器系统不同硬件资源被使用的程度，主要包括 CPU 使用率、内存使用率、磁盘使用率、网络等。资源使用率=资源实际使用量/总的可用资源量。资源利用率表现当前服务器资源使用的情况，它是分析服务器出现瓶颈和对服务器进行调优的主要依据，在配置调优测试的过程中，通过比较配置调优前后系统资源的使用率来判断调优的效果。

16.3.7 性能计数器

系统性能包括两部分：时间和空间。空间指的是系统硬件资源的使用情况，性能测试工具是如何来监控硬件资源（如 CPU、内存、磁盘）的使用情况呢？性能测试工具并没有现成的指标可以直接监控这些硬件资源使用的情况，依靠的是不同硬件资源所对应的计数器来监控。

性能计数器（Counter）是描述服务器或操作系统硬件使用情况的一系列数据指标。当然数据库、Web 服务器和应用服务器也存在对应的计数器，但其他归根到底都是在消耗服务器的硬件资源。通过添加计数器来观察系统资源的使用情况。监控不同的对象有着不同的计数器，主要包括操作系统性能计数器、数据库计数器、应用服务器计数器等。

计数器在性能测试过程中发挥着监控和分析的关键作用，尤其是在分析系统的可扩展性和对性能瓶颈进行定位时，计数器的阈值起着非常重要的作用。必须注意的是，一般情况下，单一的性能计数器只能体现系统性能的某一个方面，在性能测试过程中分析测试结果时，必须基于多个不同的计数器进行分析。

在性能测试中常用资源利用率进行横向对比。如在进行性能测试时发现，某个资源的使用率很高，几乎达到100%，假设该资源是 CPU，而其他资源的使用率又比较低，此时可以很清楚地知道，CPU 是系统性能的瓶颈。

16.3.8 思考时间

思考时间（Think Time）也称为"休眠时间"，是指用户在进行操作时，每个请求之间的时间间隔。对于交互系统来说，用户不可能持续不断地发出请求，一般情况下，用户在向服务端发送一个请求后，会等待一段时间再发送下一个请求。性能测试过程中，为了模拟这个过程而引入思考时间的概念。

在测试脚本中，思考时间为脚本中两条请求语句之间的间隔时间。当前对于不同的性能测试工具提供了不同的函数来实现思考时间，在实际的测试过程中，如何设置思考时间是性能测试工程师需要关心的问题。

16.4 性能测试过程

性能测试过程分为四个阶段：设计，构建，执行和分析、诊断和调节。如图 16-5 所示。

图 16-5 性能测试过程

四个阶段的任务分别如下：

- 设计阶段定义待测试的业务流程、业务的平均处理量、业务处理量的最高峰值、组合业务流程、系统的整体用户和响应时间目标。
- 构建阶段涉及设置和配置测试系统及基础设施、使用自动化性能测试解决方案构建测试脚本和负载方案。
- 执行阶段包括运行负载方案和测量系统性能。
- 分析、诊断和调节阶段主要测量系统性能并使负载测试进入下一级别，重点查找问题原因以帮助开发工程师迅速解决问题，并实时调节系统参数以提高性能。

各阶段详细任务分别如下。

（1）设计阶段。

设计阶段是性能测试团队与业务领域的经理合作以收集性能要求的主要业务响应时间。可以将需要关注的问题分为四个方面：业务需求、技术需求、系统要求和团队要求。业务要求需通过业务分析师或最终用户收集。一个全面的业务要求应该考虑以下问题：

- 应用程序情况：创建系统使用演示，让性能测试团队从整体上了解应用程序如何被使用。
- 业务流程列表：创建关键业务流程列表，以便反映最终用户在系统上执行的活动，见表 16-1。

表 16-1 任务分布表

典型业务	并发用户数										
登录			30	50	100	110	60	40			
查询				20	80	70	30	20			
预定					30	500	20	10			
时间	2	4	6	8	10	12	14	16	18	20	22	24

- 业务流程列表：创建 Word 文档，以便详细记录每个业务流程的正确步骤。

- 交易混合表：汇编业务流程中需要负载测量（如"登录"或"转移资金"等）的关键活动的列表，见表 16-2。

表 16-2　交易混合表

交易名称	日常业务	高峰期业务	Web 服务器负载	数据库服务器负载	风险
登录	70/hr	210/hr	高	低	大
开一个新账号	10/hr	15/hr	中等	中等	小
生成订单	130/hr	180/hr	中等	中等	中
更新订单	20/hr	30/hr	中等	中等	大
发货	40/hr	90/hr	中等	高	大

- 业务流程图：创建业务流程图，以便描绘业务流程的分支情况。

技术要求应该通过系统管理员和数据库管理员（DBA）进行收集并确认。这些人员可能是企业开发组或运营部门的成员，或同时隶属这两个部门。一个全面的技术要求应该考虑以下问题：

- 环境预排工作：与系统或基础设施团队开展测试架构的预排工作。
- 系统范围会议：举行会议来讨论系统的哪些部分应该排除在测试流程之外，并达成一致见解。
- 生产图：创建生产基础设备的图表，以标记出从 QA 迁移到生产过程中可能影响性能的因素。

收集系统的要求至关重要，这些是管控负载测试流程通过/未通过状态的系统高级目标，这些通常与来自业务的经理合作而达成一致，一个全面的系统要求应该考虑以下问题：

- 系统在正常和高峰期必须支持的用户数量为多少？
- 系统每秒必须处理的交易量是多少？常用的一种估算方法为 80/20 原理法。

80/20 原理是指每个工作日中 80%的业务在 20%的时间内完成。每年业务量集中在 8 个月，每个月 20 个工作日，每个工作日 8 小时，每天 80%的业务在 1.6 小时完成。

【实例】如去年全年处理业务约 100 万笔，其中 15%的业务处理中每笔业务需对应用服务器提交 7 次请求；70%的业务处理中每笔业务需对应用服务器提交 5 次请求；其余 15%的业务处理中每笔业务需对应用服务器提交 3 次请求。根据以往统计结果，每年的业务增量为 15%，考虑到今后 3 年业务发展的需要，测试需按现有业务量的两倍进行。

①每年总的请求数为：

$$(100×15\%×7+100×70\%×5+100×15\%×3)×2=1000 \text{ 万次/年}$$

②每天请求数为：1000/160=6.25 万次/天

③每秒请求数为：(62500×80%)/(8×20%×3600)=8.68 次/秒

即服务器处理请求的能力应达到约 9 次/秒。

- 对于所有的关键业务交易，可接受的最低和最高的响应时间是多少？

● 用户社区如何连接到系统？

● 生产中需要承载的系统工作量如何？交易组合如何？

最后是团队要求阶段，需要确定性能测试团队成员。提前收集完整的业务、技术、系统和团队要求，是有效和成功地进行负载测试的基础。

（2）构建阶段。

在构建阶段，需要将设计阶段所确定的业务流程和工作量转变为用来推动可重复、真实负载的自动化组件。可以从两个方面来关注：自动化设置和环境设置。

自动化设置包括一系列由性能工程师执行的序列任务：

第一，制作脚本：将存档的业务流程记录到自动化脚本中。

第二，交易：插入计时器来产生业务所需要的逻辑计时。

第三，参数化：用数据池来代替所有的输入数据（如登录用户名和密码），以便每个虚拟用户使用唯一的数据访问应用程序。

第四，方案：通过为不同的用户组分配不同的脚本、连接性和用户行为来创建生产工作量。

第五，监视：确定要监视哪些负载服务器或机器。

环境设置包括组装硬件、软件和数据，这些都是执行成功及真实负载测试所必需的，这可能要与系统人员、DBA、操作人员和业务团队协作。环境设置中最重要的是准备数据，数据来源有两种方式：历史数据和创建数据。

①历史数据指真实存在的数据，只要从数据库抽取出来即可。

②创建数据则是测试过程中通过一些方法生成批量数据，创建数据的方法通常包括 UltraEdit 结合 Excel 制作数据、数据库、Shell 编程和 Java 编程等。所有创建的数据都应该满足数据模型的要求，否则数据在调用过程中会产生错误。

构建阶段的最终结果是得到一套自动化的方案，可在配置好的可用环境中随意执行。

（3）执行阶段。

刚刚接触性能测试的人员，常常误认为执行只是一个单一事件，而事实上它是一个多步骤的流程，包括多种类型的性能测试。每种类型的测试所提供的信息对于了解发布应用程序的业务风险都是必不可少的。

常见的几类负载测试如下：

● 基线测试：用于验证系统及其周围的环境是否在合理的技术参数下运行。性能测试仅运行 5～10 名用户来对最终用户交易性能进行基线测试，这些测试应该在性能测试流程的开始和结束时执行，以测量绝对响应时间的提高量。

● 性能测试：可模拟环境中的负载，从而提供有关系统可处理多少用户的信息，这些测试应该模拟平均和高峰时的生产用量，它们应该使用真实的用户行为（如思考时间）、调制解调器模拟和多个浏览器类型，以获得最高的准备度，应该运行所有的监视程序和诊断程序，以便最大限度地了解系统的性能降低和瓶颈。

● 基准测试：用于在理想的情况下测量和比较每种机器的类型、环境或应用程序版本的性能，这些测试是系统进行了可扩展测试后运行的，旨在了解不同架构的性能影响。

- 渗入测试：其目的在于长时间在负载下运行系统，从而检验系统的性能状况。
- 峰值测试：其目的在于模拟一段时间内系统上的峰值负载，以帮助演示应用程序和底层硬件是否能够在合理的时间内处理高负荷。

（4）分析、诊断和调节阶段。

在完成负载测试的设计、构建和执行阶段后，项目将进入分析、诊断和调节阶段，这些阶段是实时和反复进行的，负载测试解决方案应该提供有关最终用户、系统级别和代码性能数据的全面信息，同时查找导致性能降低的可能原因，这些信息能使你确定是否已经达到性能目标。

在监控、分析、诊断和调节过程中可以获取大量的信息：

- 监控：性能测试过程中的监控可显示基础设备每个层上所发生的一切，同时会更清晰地提供有关测试中数据库服务器、Web 服务器、应用程序服务器、单个应用程序或流程的信息。监控可快速获取有价值的信息，例如应用程序服务器的处理器（CPU）只能支持150 名用户并发，远低于目标值。
- 分析：完成负载测试后，可将各种指标（如虚拟用户、CPU 或服务器 CPU）关联起来，以获取有关应用程序行为不端的其他信息。
- 诊断：高效的性能测试解决方案应该向性能工程师提供有关层、组件、SQL 语句是如何影响负载条件业务流程整体性能的单个统一视图，性能工程师应该能够看到由最终用户交易所接触到的所有组件，然后确定各组件使用的处理时间及调用的次数。有了这些信息，就可以针对 Web 服务器、应用程序和数据服务器瓶颈进行调优。
- 调节：许多企业都在应用程序部署前、中和后三个阶段进行自动化性能测试。有些自动化性能测试解决方案可系统地识别并分离基础实施性能瓶颈，然后通过修改系统配置设定来解决它们，通过反复解决基础设施瓶颈，可以不断改进配置。

16.5 性能测试实例

本节通过一个实例来详细介绍性能测试的过程，介绍的测试对象为 LoadRunner 性能测试工具自带的飞机订票系统。

16.5.1 系统介绍

该系统为 LoadRunner 性能测试工具自带的飞机订票系统，其主要包括的功能是订票。

16.5.2 设计

在设计阶段主要关注业务需求、技术需求、系统要求和团队要求四个方面的需求。

业务需求需要业务专家进行交流，主要是从业务专家或经理处获取被测试系统的主要用户场景、关键业务以及关键业务性能指标，另外就是获得合适的业务支持人员。在与业务专家沟通时，最主要是确定关键业务。关键业务具有三个特性：使用频率非常高、关键程度非常高和当使用该业务时需要占用的资源非常多。

本实例中主要分析两个功能：登录和订票，登录和订票两个功能的交易混合表见表 16-3。

表 16-3　登录和订票功能交易混合表

交易名称	日常业务	高峰期业务	Web 服务器负载	数据库服务器负载	风险
登录	70/hr	210/hr	高	低	大
订票	50/hr	120/hr	高	中等	大

登录和订票两个功能的典型交易表见表 16-4。

表 16-4　登录和订票功能典型交易表

序号	业务名称	业务类型	用户类型	行为频度	特殊情况下行为的最高频度	是否特别消耗资源	失效影响度	是否是关键用户行为	是否需要做性能测试
1	登录	提交类	终端用户	非常高（80%用户）	每天的上午10:00～11:00，下午14:00～15:00	一般耗资源	高	是	是
2	订票	提交类	终端用户	非常高（80%用户）	每天的上午10:00～11:00，下午14:00～15:00	非常耗资源	高	是	是

技术需求主要需要与开发工程师和数据库管理员进行沟通，与开发工程师沟通目的是：获取关键业务的技术路径，获取性能测试业务模型的补充设计依据，从技术专家处了解关键业务使用的数据库表，向技术经理申请合适的开发人员，作为脚本开发的技术支持人员。

在与开发工程师沟通时需要确定以下问题：

（1）请技术经理确定所列出的关键业务是否覆盖被测试系统的所有业务请求点。

（2）向技术经理讲解为什么需要了解关键业务使用了哪些数据库中的数据表。

（3）一些特殊情况下，如数据加密、压缩等，在开发脚本时请开发人员提供支持。

（4）监控阶段，需要技术支持工程师、数据库管理员、系统工程师配合实施监控配置工作。

与数据库管理员进行沟通的主要目的是：了解数据库数据的规模量，为建立基础数据模型做准备，在数据准备时与数据库管理员确定如何准备数据、准备哪些数据以及准备的数据量，并且确定每个业务涉及到的查询语句，这样便于监控查询语句的执行时间和消耗系统资源情况。同时在与数据库管理员沟通时，请数据库管理员协助备份和恢复数据库。

登录和订票功能需要准备的数据见表 16-5。

表 16-5　登录和订票功能数据准备表

序号	业务	数据说明	数据量	数据提取 SQL 脚本
1	登录	需要准备的数据为用户名和密码，获取数据的方式为已注册的真实的用户名和密码	ID 号为 1～2000 的用户信息	select user,pw from 表 where userinfo between id>=1 and id<=2000
2	订票	orders 表中规模	保存 10 万条订票记录	

　　系统要求方面需要确定测试的环境，即性能测试的拓扑结构图，该实例测试时的拓扑结构图如图 16-6 所示。

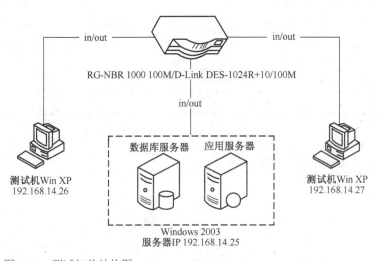

图 16-6　测试拓扑结构图

　　测试时需要一台控制机和两台负载机，其详细配置见表 16-6。

表 16-6　控制机和负载机配置表

设备	硬件配置	软件配置
数据库服务器 应用服务器	PC 机（一台） CPU：Intel Xeon X3200 2.4GHz 内存：2.0GB 硬盘：300GB	Windows 2003 MySQL Apache
控制器 负载机	PC 机（一台） CPU：Intel Celeron 3.06GHz 内存：512MB 硬盘：80GB	Windows XP LoadRunner 9.1 IE 6.0 Microsoft Office

　　团队要求方面则需要确定本次性能测试需要的团队成员，通常性能测试团队应该包括：性能测

试工程师、开发工程师、系统工程师和数据库管理员等。本实例中需要一个优秀的性能测试工程师。

16.5.3 构建

设计阶段完成后，进入构建阶段，主要完成设计测试用例、开发测试脚本和确定监控模型。

首先设计测试用例，本实例中设计的测试用例包括登录和订票两个功能，登录的测试用例见表16-7。

表 16-7　登录的测试用例

用例编号	Flight-PERM-Login-001				
设计人	×××				
用例标题	登录				
操作步骤	具体步骤	事务	参数化	关联	检查点
步骤1	进入系统的登录界面	是	否	是	否
步骤2	输入用户名与密码	否	否	否	否
步骤3	单击"提交"按钮	是	是	否	是

订票的测试用例见表16-8。

表 16-8　订票的测试用例

用例编号	Flight-PERM-REG-001				
设计人	×××				
用例标题	订票流程				
操作步骤	具体步骤	事务	参数化	关联	检查点
步骤1	进入订票界面	否	否	否	否
步骤2	选择出发城市和到达城市、设置机票时间和机票数量	是	是	否	是
步骤3	单击"继续"按钮	否	否	否	否
步骤4	选择航班（测试时进行随机选择）	是	否	是	是
步骤5	单击"继续"按钮	否	否	否	否
步骤6	输入订票人名字和卡号	是	是	否	是
步骤7	单击"继续"按钮，完成订票	否	否	否	否

接着开发测试脚本，开发登录脚本时需要注意以下几个问题：

（1）当输入订票系统的地址时，客户端会向服务器端发送一个 SessionID 值，服务器端收到这个 SessionID 值后会返回一个 SessionID 值到客户端，而这个值是一个动态的值，所以在开发脚本时会进行关联。

（2）需要插入事务来获取登录所需要的时间，但需要注意的是，结束事务的状态不能直接写为自动，结束事务的状态应该由检查的结果来确定。

（3）设置检查点，确定登录是否成功，即检查登录的用户是否显示正确。当检查点正确时，将结束事务的状态设置为 PASS，否则设置事备的结束状态设置为 FAIL。

（4）对登录的用户名和密码进行参数化。

登录的脚本代码如下：

```
Action()
{
    /* Registering parameter(s) from source task id 791
    // {CSRule_1_UID2} = "106229.040745241ftztVfzpciDDDDDDDcHitpQDHH"
    // */
    //关联
    web_reg_save_param("CSRule_1_UID2",
        "LB=userSession value=",
        "RB=>",
        "Ord=1",
        "RelFrameId=1.2.1",
        "Search=Body",
        LAST);


    web_url("WebTours",
        "URL=http://127.0.0.1:1080/WebTours/",
        "TargetFrame=",
        "Resource=0",
        "RecContentType=text/html",
        "Referer=",
        "Snapshot=t1.inf",
        "Mode=HTML",
        LAST);


    web_add_cookie("BAIDUID=EED4BF3C68FCA425464A7B08B3E6721B:FG=1; DOMAIN=passportso.baidu.com");

    web_add_cookie("BDUSS=HZ3QTFxaVdJT2NaeVYzMUN4LVFHN2pkbGxSWGZ2fnJmblUybGhuOGtJOUJZRTlPQVFB
QUFBJCQAAAAAAAAAApBEw8VdxMLYXJpdm5odWFuwAAAAAAAAAAAAAAAAAAAAAAAADgGoV0AAA
AAOAahXQAAAAcF1CAAAAAAxMC42NS4yMkHTJ05B0ydOZ; DOMAIN=passportso.baidu.com");

    web_add_cookie("USERID=379f52fe979c4447da48be6ab312; DOMAIN=passportso.baidu.com");

    web_url("q",
        "URL=http://passportso.baidu.com/checkuser/q?t=1311397506",
        "TargetFrame=",
```

```
        "Resource=0",
        "RecContentType=text/html",
        "Referer=",
        "Snapshot=t2.inf",
        "Mode=HTML",
        LAST);


web_add_cookie("BAIDUID=EED4BF3C68FCA425464A7B08B3E6721B:FG=1; DOMAIN=fetch. im.baidu.com");

web_add_cookie("USERID=379f52fe979c4447da48be6ab312; DOMAIN=fetch.im.baidu.com");

web_url("ihaloader",
        "URL=http://fetch.im.baidu.com/ihaloader?op=msgcount&charset=gbk&callback=
            WebIMHistMsg&refer=toolbar&un=arivnhuang",
        "TargetFrame=",
        "Resource=0",
        "RecContentType=text/html",
        "Referer=",
        "Snapshot=t3.inf",
        "Mode=HTML",
        LAST);


lr_think_time(6);
//添加检查点
web_reg_find("Search=Body",
        "Text=test11",
        "SaveCount=regno",
        LAST);
result = web_reg_find("Search=Body",
        "Text=test11",
        LAST);
web_submit_data("login.pl",
        "Action=http://127.0.0.1:1080/WebTours/login.pl",
        "Method=POST",
        "TargetFrame=",
        "RecContentType=text/html",
        "Referer=http://127.0.0.1:1080/WebTours/nav.pl?in=home",
        "Snapshot=t4.inf",
        "Mode=HTML",
        ITEMDATA,
        "Name=userSession", "Value={CSRule_1_UID2}", ENDITEM,
        "Name=userName", "Value={user}", ENDITEM,
```

```
        "Name=Password", "Value=1", ENDITEM,
        "Name=JSFormSubmit", "Value=on", ENDITEM,
        "Name=Login.x", "Value=53", ENDITEM,
        "Name=Login.y", "Value=13", ENDITEM,
        LAST);
    //通过检查点来判断事务是否成功
    if (atoi(lr_eval_string("{regno}"))>=1) {
        lr_end_transaction("Login", LR_PASS);
    }
    else{
        lr_end_transaction("Login", LR_FAIL);
    }
    web_url("SignOff Button",
        "URL=http://127.0.0.1:1080/WebTours/welcome.pl?signOff=1",
        "TargetFrame=body",
        "Resource=0",
        "RecContentType=text/html",
        "Referer=http://127.0.0.1:1080/WebTours/nav.pl?page=menu&in=home",
        "Snapshot=t5.inf",
        "Mode=HTML",
        LAST);

return 0;
}
```

最后开发订票脚本，此时需要注意以下几个问题：

（1）对出发城市和到达城市进行参数化，出发城市和到达城市不能为同一城市。

（2）选择航班时为了更真实地模拟客户的行为，选择最便宜的航班。

（3）插入相关事务来获取订票的响应时间。

订票的脚本代码如下：

```
Action()
{
    int i; //循环次数变量
    int flagno;//标识位，最贵机票是数组中的第几个值
    int min;//最贵机票
    char cost[20];//当前机票的价格
    char flightcost[20];
    char flightnocost[20];
    char flightelem[30];//航班
    char flightno[30];
    web_concurrent_end(NULL);
    web_url("Search Flights Button",
```

```
        "URL=http://127.0.0.1:1080/WebTours/welcome.pl?page=search",
        "Resource=0",
        "RecContentType=text/html",
        "Referer=http://127.0.0.1:1080/WebTours/nav.pl?page=menu&in=home",
        "Snapshot=t17.inf",
        "Mode=HTTP",
        LAST);
    web_concurrent_start(NULL);
    web_url("reservations.pl",
        "URL=http://127.0.0.1:1080/WebTours/reservations.pl?page=welcome",
        "Resource=0",
        "RecContentType=text/html",
        "Referer=http://127.0.0.1:1080/WebTours/welcome.pl?page=search",
        "Snapshot=t18.inf",
        "Mode=HTTP",
        LAST);
    web_url("nav.pl_3",
        "URL=http://127.0.0.1:1080/WebTours/nav.pl?page=menu&in=flights",
        "Resource=0",
        "RecContentType=text/html",
        "Referer=http://127.0.0.1:1080/WebTours/welcome.pl?page=search",
        "Snapshot=t19.inf",
        "Mode=HTTP",
        LAST);
    web_concurrent_end(NULL);
    web_url("button_next.gif",
        "URL=http://127.0.0.1:1080/WebTours/images/button_next.gif",
        "Resource=1",
        "RecContentType=image/gif",
        "Referer=http://127.0.0.1:1080/WebTours/reservations.pl?page=welcome",
        "Snapshot=t20.inf",
        LAST);
    web_concurrent_start(NULL);
    web_url("in_flights.gif",
        "URL=http://127.0.0.1:1080/WebTours/images/in_flights.gif",
        "Resource=1",
        "RecContentType=image/gif",
        "Referer=http://127.0.0.1:1080/WebTours/nav.pl?page=menu&in=flights",
        "Snapshot=t21.inf",
        LAST);
    web_url("home.gif",
        "URL=http://127.0.0.1:1080/WebTours/images/home.gif",
```

```
        "Resource=1",
        "RecContentType=image/gif",
        "Referer=http://127.0.0.1:1080/WebTours/nav.pl?page=menu&in=flights",
        "Snapshot=t22.inf",
        LAST);
    web_concurrent_end(NULL);
    //创建机票价格的关联函数
    web_reg_save_param( "WCSParam_Text1", "LB=center>$ ", "RB=</TD>", "Ord=All",
"IgnoreRedirections=Yes", "Search=Body", "RelFrameId=1", LAST );
        //创建航班的关联函数
    web_reg_save_param( "WCSParam_Text2", "LB=outboundFlight value=", "RB=;", "Ord=All",
"IgnoreRedirections=Yes", "Search=Body", "RelFrameId=1", LAST );
    web_submit_data("reservations.pl_2",
        "Action=http://127.0.0.1:1080/WebTours/reservations.pl",
        "Method=POST",
        "RecContentType=text/html",
        "Referer=http://127.0.0.1:1080/WebTours/reservations.pl?page=welcome",
        "Snapshot=t23.inf",
        "Mode=HTTP",
        ITEMDATA,
        "Name=advanceDiscount", "Value=0", ENDITEM,
        "Name=depart", "Value=Frankfurt", ENDITEM,
        "Name=departDate", "Value=10/26/2011", ENDITEM,
        "Name=arrive", "Value=Denver", ENDITEM,
        "Name=returnDate", "Value=10/27/2011", ENDITEM,
        "Name=numPassengers", "Value=1", ENDITEM,
        "Name=seatPref", "Value=None", ENDITEM,
        "Name=seatType", "Value=Coach", ENDITEM,
        "Name=.cgifields", "Value=roundtrip", ENDITEM,
        "Name=.cgifields", "Value=seatType", ENDITEM,
        "Name=.cgifields", "Value=seatPref", ENDITEM,
        "Name=findFlights.x", "Value=58", ENDITEM,
        "Name=findFlights.y", "Value=5", ENDITEM,
        LAST);
    //初始化最贵机票，将第一个航班的机票设置为初始化的最贵机票
    min = atoi(lr_eval_string("{WCSParam_Text1_1}"));
    //初始化标识位，默认设置为 1
    flagno = 1;
    //for 循环所有机票
    for(i = 2;i <= atoi(lr_eval_string("{WCSParam_Text1_count}"));i++){
        sprintf(cost,"{WCSParam_Text1_%d}",i);
        //比较最前航班的机票是否大于 max 的值，如果大于 max 的值，则重新对 max 赋值
```

```
        if(atoi(lr_eval_string(cost)) < min){
            min = atoi(lr_eval_string(cost));
            lr_error_message("%d",max);
            flagno = i;
        }
    }
    sprintf(flightcost,"{WCSParam_Text1_%d}",flagno);
    lr_save_string(lr_eval_string(flightcost),"flightnocost");
    //通过标识位来确定航班
    sprintf(flightelem,"{WCSParam_Text2_%d}",flagno);
    lr_save_string(lr_eval_string(flightelem),"flightno");
    web_submit_data("reservations.pl_3",
        "Action=http://127.0.0.1:1080/WebTours/reservations.pl",
        "Method=POST",
        "RecContentType=text/html",
        "Referer=http://127.0.0.1:1080/WebTours/reservations.pl",
        "Snapshot=t24.inf",
        "Mode=HTTP",
        ITEMDATA,
        "Name=outboundFlight", "Value={flightno};{flightnocost};10/26/2011", ENDITEM,
        "Name=numPassengers", "Value=1", ENDITEM,
        "Name=advanceDiscount", "Value=0", ENDITEM,
        "Name=seatType", "Value=Coach", ENDITEM,
        "Name=seatPref", "Value=None", ENDITEM,
        "Name=reserveFlights.x", "Value=57", ENDITEM,
        "Name=reserveFlights.y", "Value=13", ENDITEM,
        LAST);
    web_submit_data("reservations.pl_4",
        "Action=http://127.0.0.1:1080/WebTours/reservations.pl",
        "Method=POST",
        "RecContentType=text/html",
        "Referer=http://127.0.0.1:1080/WebTours/reservations.pl",
        "Snapshot=t25.inf",
        "Mode=HTTP",
        ITEMDATA,
        "Name=firstName", "Value=test", ENDITEM,
        "Name=lastName", "Value=test", ENDITEM,
        "Name=address1", "Value=", ENDITEM,
        "Name=address2", "Value=", ENDITEM,
        "Name=pass1", "Value=test test", ENDITEM,
        "Name=creditCard", "Value=", ENDITEM,
        "Name=expDate", "Value=", ENDITEM,
```

```
            "Name=oldCCOption", "Value=", ENDITEM,
            "Name=numPassengers", "Value=1", ENDITEM,
            "Name=seatType", "Value=Coach", ENDITEM,
            "Name=seatPref", "Value=None", ENDITEM,
            "Name=outboundFlight", "Value={flightno};{flightnocost};10/26/2011", ENDITEM,
            "Name=advanceDiscount", "Value=0", ENDITEM,
            "Name=returnFlight", "Value=", ENDITEM,
            "Name=JSFormSubmit", "Value=off", ENDITEM,
            "Name=.cgifields", "Value=saveCC", ENDITEM,
            "Name=buyFlights.x", "Value=41", ENDITEM,
            "Name=buyFlights.y", "Value=17", ENDITEM,
            LAST);
    web_url("bookanother.gif",
            "URL=http://127.0.0.1:1080/WebTours/images/bookanother.gif",
            "Resource=1",
            "RecContentType=image/gif",
            "Referer=http://127.0.0.1:1080/WebTours/reservations.pl",
            "Snapshot=t26.inf",
            LAST);

    return 0;
}
```

最后确定监控模型，即在测试过程中需要监控哪些信息，本实例的监控模型见表 16-9。

表 16-9　监控模型

业务	IP 欺骗	集合点	系统资源	Web 资源	数据库	监控工具
登录	是	是	是	监控 Apache	否	无
订票	是	是	是	监控 Apache	否	无

16.5.4　执行

当完成脚本开发后，就可以在控制器中执行脚本了，本实例分别测试 20、35、50 个虚拟用户并发的情况。

16.5.5　分析、诊断和调节

脚本执行完成后，对结果进行详细的分析，分析的信息主要包括平均事务响应时间、事务成功率、点击率、吞吐量、系统资源、Apache 监控分析。

（1）平均事务响应时间。

分析两个脚本不同虚拟用户情况下的平均事务响应时间，登录的平均事务响应时间见表 16-10。

表 16-10　登录的平均事务响应时间

虚拟用户数	20	35	50
平均事务响应时间(s)	1.047	2.072	4.481

订票的平均事务响应时间见表 16-11。

表 16-11　订票的平均事务响应时间

虚拟用户数	20	30	40
平均事务响应时间（s）	1.491	3.903	10.409

（2）事务成功率。

事务成功率是分析事务的一个重要指标，一般在整个性能测试过程中，不可能所有的事务都成功，如果所有的事务都成功，就需要仔细分析事务是否真的成功，即在性能测试过程中的请示是否真的提交到服务器端。测试过程中要求事务的成功率超过 95%，如果事务的成功率过低，说明客户端提交的请求很多已经失败，即使响应时间很理想，性能测试也不能通过，这样在真实的情况下，用户的操作很可能失败。本次性能测试事务的成功率在 98%左右，就事务成功率来说，本次性能测试结果是通过的。

（3）点击率。

点击率表示客户端提交请求的情况，通过分析点击率可以确定客户提交的请求是否正确。点击率见表 16-12。

表 16-12　点击率

虚拟用户数	20	35	50
点击率（HTTP 数）	10.058	15.601	20.165

分析上表可以看出，随着虚拟用户数的增长，点击率在不断增长，但点击率增长的比例并不与虚拟用户数增长的比例一致。虽然虚拟用户数增长了，但是每个事务的处理时间也变长了，所以点击率并不成倍增长。

（4）吞吐量。

吞吐量是衡量服务器处理能力的指标，在分析时一定要注意分析吞吐量，吞吐量见表 16-13。

表 16-13　吞吐量

虚拟用户数	20	35	50
吞吐量（Bytes）	10949.011	17160.498	22372.527

通过上表发现，随着虚拟用户数的增长，吞吐量的值并未成倍增长，对于这种情况一般有两种可能：一是随着虚拟用户数增多，处理事务的时间变长，影响吞吐量的值不可能成倍增长；二是服务器已经达到瓶颈，达到最大吞吐量，这也是服务器的拐点所在。本次测试虽然不能确定服务器吞

吐量达到最大值，但是事务响应时间较长，如果需要确定最大吞吐量的值，则要进一步测试。

（5）系统资源。

分析系统资源时，主要是分析 CPU、内存和磁盘的使用情况，如图 16-7 所示是 20 个虚拟用户时系统资源的使用情况。

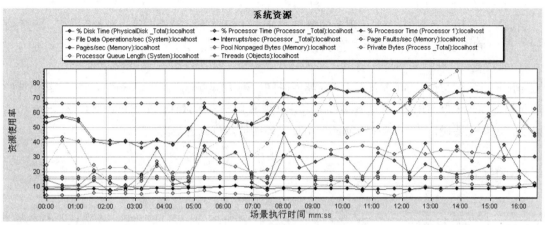

图 16-7　系统资源图

在分析系统资源时需要分别分析 20、35 和 50 个虚拟用户时，系统资源的使用情况。当 50 个虚拟用户并发时，CPU 和内存的使用率分别为 80% 和 75%，可以看出当 50 个虚拟用户并发时，CPU 的使用率已超过系统的要求，即系统不能支持 50 个虚拟用户并发，虽然不一定出错，但出错的可能性增大。

（6）Apache 监控分析。

分析 Apache 时，主要需要分析以下几项指标：Total Accesses（到目前为止 Apache 接收的联机数量及传输的数据量）、CPU Usage（目前 CPU 的使用情况）、ReqPerSec（平均每秒请求数）、BytesPerReq（平均每个请求发送的字节数）、BytesPerSec（平均每秒发送的字节数）、BusyWorkers（忙碌工作者数量）、IdleWorkers（空闲工作数量）。

在分析 Apache 使用 CPU 的情况时，分析了 20、35 和 50 个虚拟用户时 CPU 的使用率，三种情况 CPU 的使用率都未超过 80%。

再重点分析每秒请求数，需要注意的是，分别分析 20、35 和 50 个虚拟用户时每秒的请求数的增长情况，并与 LoadRunner 的点击率进行比较。

BusyWorkers（忙碌工作者数量）和 IdleWorkers（空闲工作数量）需要分析随着虚拟用户数增多，Apache 接口是否达到最大，当虚拟用户数增长到一定程度后，空闲工作数量为零，且忙碌工作者数量增长与虚拟用户数增长不对应时，那么说明 Apache 服务器达到最大接口数，此时可以适当修改 Apache 的配置文件，来增加最多允许的接口数。

综上所述：当 35 个虚拟用户并发时，系统可以正确地处理，事务的响应时间也是正确的，其他方面的指标也达到要求。但达到 50 个虚拟用户并发时，系统资源超过正常使用率，事务的响应时间也超过允许的范围，达不到性能要求的指标。

16.5.6　测试结论

测试结果分析完成后，对上面每个模块的测试结果进行简单的总结：

（1）登录。

当虚拟并发用户达到 50 个时，事务的响应时间达到 4.481 秒，这个时间本身可以接受，但系统资源方面，CPU 的使用率达到 80%，超出正常使用率，所以登录最多可以并发测试 50 个虚拟用户。

（2）订票。

当虚拟并发用户达到 50 个时，事务的响应时间达到 10.409 秒，这个响应时间太长，超出性能需要指标，同时 CPU 的使用率达到 80%，超出正常使用率，所以订票最多可以坚持 35 个虚拟用户并发。但如果要确定 35～50 个之间的一个更具体的值，可以进一步测试。

16.6　小结

本章主要介绍了性能测试的相关知识、性能的概念及性能测试；当前市场上主流性能测试工具及其所支持的协议；性能测试过程中常见的术语和性能测试的过程，并通过一个实例来详细介绍性能测试过程，目的是希望读者更好地理解性能测试过程。通过本章的学习，读者可以对性能测试有一个初步的了解，性能测试作为未来发展的一个方向，也可以作为自己职业规划中的一部分，但如果想学好性能测试，还得花更多的时间才行。

17

自动化测试

随着软件测试在国内的发展，人们发现手动测试在回归测试方面的表现效率太低，并且很难保证测试的全面性，手工测试受到很大的挑战，这促进了自动化测试的发展。现在越来越多的企业开始研究自动化测试，而自动化测试作为黑盒测试的一个分支，未来发展前景一片光明。而自动化测试则是通往高端测试人才的另一个选择方面，可以成为职业规划的一部分。

本章主要包括以下内容：

- 自动化测试的概念
- 自动化测试优点
- 自动化测试缺点
- 自动化测试普遍存在的问题
- 主流自动化测试工具
- 自动化测试框架
- 自动化测试过程
- 自动化测试实例

17.1 自动化测试的概念

自动化测试是通过人工操作使用软件来实现测试过程，通过软件来控制测试执行过程。但实际上仅仅使用软件来模拟手工测试的过程是不够的。一个完整的自动化，还需要能自动判断测试结果，即比较实际结果和预期结果是否一致，设置测试的前置条件和其他测试控制条件，并输出测试报告。通常，自动化测试需要在适当的时间将已经形式化的手工测试过程自动化。

17.1.1　自动化测试目的和范围

从自动化测试小组的角度来讲，自动化测试的目的是开发一套能够支持自动化测试的工具。自动化测试小组负责设计并实现数据驱动自动化测试框架，不仅如此，还需要设计和构建用于回归测试的自动化测试套件。从企业的角度来讲，自动化测试的目的是提高测试效率，减少手工测试的工作量，进而达到节约测试成本的目的。

在自动化测试过程中，为了支持自动化测试脚本的开发和与测试有关的维护活动，必须对自动化测试框架进行专门的部署。自动化测试框架必须支持单元测试、集成测试、系统测试以及回归测试。自动化工作重心应放在某个特定领域的部署上。

所选择的部署方法应该能够覆盖自动化测试的所有工作。手工测试活动可以作为自动化测试的先导，其目的是使用手工测试的方法测试应用程序的所有特征。同时，在测试过程中需要开发一些测试条件和测试数据，这些测试条件和测试数据可以通过回归测试的自动化测试框架来实现。

17.1.2　自动化测试需要达到的程度

自动化测试需要达到什么程度？这个问题在自动化测试工具发展的最初阶段就有人提出过。

首先，必须了解自动化测试工具的测试过程和被测试系统的测试过程（指手工测试时的测试过程）。测试工具与测试过程是不同的，工具是用于促进测试过程的，能被用于实现一个过程并执行测试过程的各种规范。在很多情况下，工具自带的内建程序可以被理解为过程，然而它们往往是不完整的，不能正确反映过程，最好的自动化测试工具是能够将工具与测试需求达成一致，并且提供高度可自定义的工作流程和跟踪报告能力。

其次，必须了解测试过程中涉及到的几个环节：测试计划、测试设计、测试构建、测试执行、测试结果的捕获和分析、测试结果验证和测试报告。在整个测试过程中这些活动都是密不可分的，只有将这些测试环节与自动化测试过程结合起来，才能更好地确定自动化测试需要达到的程度。

最后，所有领域的自动化测试都应该保证时间和成本在一定的控制范围内。实现的自动化程度越高，测试过程就越好、越有效，但所需的时间和成本就越高，项目的进度与成本影响自动化测试程度的高低。

自动化测试成本包括两部分：固定成本和可变成本。

固定成本通常包括以下几个方面：

- 硬件；
- 自动化测试工具；
- 自动化测试培训；
- 自动化测试环境设计和搭建；
- 自动化测试环境维护。

可变成本通常包括以下几个方面：

- 自动化测试计划；
- 自动化测试用例设计；
- 自动化测试脚本开发；
- 自动化测试脚本维护；
- 自动化测试脚本运行；
- 自动化测试结果分析；
- 缺陷报告；
- 自动化测试执行数据保存。

17.1.3 适合自动化测试的对象

在实际工作中，什么样的系统或项目适合自动化测试呢？一般情况下可以从两个方面来考虑：一是重复性和机械性程度；二是判断结果的智力程度，如图 17-1 所示。重复性和机械性越高的项目越适合进行自动化测试，而智力程度越高的项目越不适合进行自动化测试。

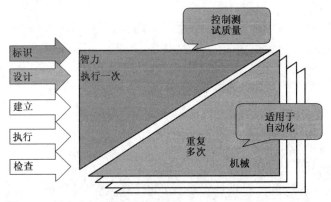

图 17-1　适合自动化测试的对象

适合自动化测试的对象可以归纳为以下几类：

- 重复性和机械性高的功能：重复性和机械性越高的项目越适合进行自动化测试，因为重复性和机械性越高，说明回归测试的次数越多，并且给测试工程师带来疲倦程度可能会越高，这种情况很适合进行自动化测试。
- 产品生命周期：一般产品生命周期越长的项目越适合进行自动化测试，因为产品生命周期长，说明脚本在后期软件升级后还可以使用，当然如果每个升级版本之间功能和界面变换很大也不适合，但一般不会出现这种情况，而是新增一些功能，这样以前版本的脚本就可以直接使用，就可以更专注于新功能的测试。
- 多次执行 Build 版本：如果在一个发布的版本过程中（如即将发行 V2.0），有多个 Build 测试的版本，并且每个 Build 版本之间同一个功能修改的界面比较少，这种情况适合自动化测试。

- 多平台测试：如果软件要支持多平台的运行（如软件需要在 Windows XP、Windows Vista、Windows 7 和 Windows 8 系统运行），每个平台执行的测试用例都是一致的，这样可以采用自动化测试，只要将脚本在不同的平台运行即可，这样可以提高效率。

其实研究某个软件是否适合自动化测试，主要研究收益比（Return On Investment，ROI），即项目进行自动化测试需要的成本与进行手工测试需要的成本关系，很显然当自动化测试的成本比手工测试的成本低时，就可以实施自动化测试。

下面介绍一个简单的自动化测试投入回报率的计算方法：

（1）自动化测试成本=软硬件成本+脚本开发成本+（脚本执行一次的成本×脚本执行次数）+（每个 Build 版本脚本维护成本×脚本执行次数）；

（2）手工测试成本=测试用例设计成本+（手工测试执行一次成本×测试用例执行次数）+（每个 Build 版本测试用例维护时间×测试用例执行次数）；

（3）收益=手工测试成本-自动化测试成本；

（4）ROI（收益比）=收益/自动化测试成本。

17.2　自动化测试优点

自动化在最近几年之所以发展迅猛，是因为它有手工测试无法比拟的优点：

（1）快速：脚本执行的速度远远快于手工测试执行的速度。

（2）可靠性：每次运行时都执行相同的操作，消除人为的错误。

（3）可重复：可以对被测试系统执行相同的操作。

（4）可重用：可以使用测试脚本重复地测试应用程序的不同版本。

（5）全面性：可以设计更多的测试用例，进而提高每个功能的覆盖率。

（6）高效率：测试人员可以更专注于验证新的功能或新修改的功能，而不需要花费更多的时间验证以前测试版本中已经验证过的功能或模块。

（7）无疲劳：随着测试时间的增加，所有的测试动作在每个版本间不停地重复，测试工程师心理越发疲劳，而自动化测试则没有这方面的问题。

17.3　自动化测试缺点

自动化测试有着手工测试无法比拟的优点，但同时它也具有很多缺点：

（1）自动化测试永远无法取代手工测试。

（2）手工测试发现的 Bug 比自动化测试发现的 Bug 多得多。

（3）自动化测试对软件质量的依赖性太强。

（4）自动化测试不能提高有效性。

（5）自动化工具并不像人一样具有想象力。

17.4　自动化测试普遍存在的问题

现在很多企业在引入自动化测试后，发现自动化测试并没有达到想象中的作用，这是自动化测试过程中普遍存在的问题，其主要原因有以下几点。

（1）观念不正确、期望过高。

对软件自动化测试过于乐观、对其期望过高，认为自动化测试能够代替手工测试，能够发现系统中大量的缺陷，不愿花大量的时间做前期脚本的开发和自动化测试框架的开发，导致当自动化测试执行完成后，发现自动化测试并没有想象中那么完美，并不能帮助解决目前遇到的所有问题，也并没有发现几个问题。

（2）缺乏具有良好素质和经验的优秀测试工程师。

千里马需要伯乐，好的测试工具也需要优秀的测试工程师，测试工具本身并没有想象力，而必须由测试工程师将测试计划和测试流程加载进去，只有将工具和人完美地结合才能发挥其更大的作用，这要求测试工程师不仅要熟悉产品的特性和应用领域、熟悉测试流程，还要掌握测试技术和编程技术。

（3）脚本质量影响测试质量。

在自动化测试脚本开发的过程中并不会对脚本进行全面的测试，更多的是依赖测试工程师的经验，这样就无法保证脚本的质量。当无法提供一种机制来保证脚本质量时，脚本将直接影响测试结果的正确性。

（4）没有对测试工程师进行充分的培训。

在自动化测试开始前，需要就自动化测试工具对相关的测试工程师进行充分的培训，如果没有对工程师进行充分的培训，测试工程师无法更深层次地了解工具，这样必然导致测试工程师对工具的使用效率低下，不能充分地发挥测试工具的作用。对工程师的培训不是一次、两次培训课程所能解决的，而应该是长期的、系统地进行培训。

（5）盲目地引进测试工具。

大家都清楚不同的测试工具有自身的特点和适用范围，并不是一个优秀的测试工具就能适用于不同企业或所有项目的需求，在引入测试工具前一定要认真分析该工具是否能解决企业的实际问题，否则工具引进就成了摆设。例如，在整个开发过程中需求和用户界面变动较大，这种情况就不适合引入自动化测试工具，引入之后反而无法提高测试效率。

（6）没有良好的使用测试工具的环境。

建立良好的测试工具应用环境，需要测试流程和管理机制做相应的变化，也只有这样，测试工具才能真正发挥其作用。

（7）认为录制回放就等于自动化。

录制回放是最初级的 GUI 自动化测试，录制生成的代码是非常脆弱的，因为随着软件的开发，很多东西都会改变，这种方式的自动化测试随时可能运行失败。必须对录制的脚本进行"二次"开发，但是需要考虑这种实现的成本，应该综合考虑实现成本与维护成本之间的关系。

（8）只验证和比较界面信息。

在验证自动化测试的实际结果时，不能仅仅验证和比较界面上的显示信息，还要验证和比较其他方面的信息，如文件内容、数据库中的内容等，这样才能保证实际测试结果的正确性。

（9）其他方面。

自动化测试维护测试脚本的工作量比较大，在脚本开发过程中一定要遵守相关的编码规范，这样才能提高脚本的重用性，也可以节约脚本的维护成本，提高工作效率。

17.5　主流自动化测试工具

目前市场上的自动化测试工具较多，主流的自动化测试工具有 QuickTest Professional、Rational Robot、TestComplete 和 Selenium。下面就这几款主流自动化测试工具进行简单的介绍。

（1）QuickTest Professional。

HP QuickTest Professional 是企业级自动化测试工具，针对功能测试和回归测试自动化提供业界最佳的解决方案，适用于软件主要应用环境的功能测试和回归测试的自动化。采用关键字驱动的理念来简化对测试用例的创建和维护，让用户可以直接录制屏幕上的操作流程，自动生成功能测试或回归测试脚本。专业的测试者也可以通过其提供的内置脚本和调试环境来取得对测试对象属性的完全控制。

当前最新版本为 11.0 版，生产厂商 Mercury（美利科）已于 2006 年被 HP（惠普）收购。

（2）Rational Robot。

IBM Rational Robot 可以让测试人员对.NET、Java、Web 和其他基于 GUI 的应用程序进行自动的功能性回归测试，是一种对环境的多功能的回归和配置测试工具，在该环境中，可以使用一种以上的 IDE 和编程语言开发应用程序。

可以很容易地将手动测试小组转变到自动测试上来。使用 IBM Rational Robot 进行回归测试是早期步入自动化的最佳途径，因为它易于使用，并且可以帮助测试者在工作的过程中学习一些自动处理的知识。

允许经验丰富的测试自动化工程师使用条件逻辑覆盖更多应用程序以扩展其测试脚本，发现更多缺陷并且定义测试案例以调用外部 DLL（动态链接库）或可执行文件。

支持从 Java 和 Web 到所有 VS.NET 控件的多种 UI 技术，包括 VB.NET、J#、C#和 Managed C++。

（3）TestComplete。

TestComplete 为自动测试管理工具，全面支持工程层面上的测试，包括个体单元性能测试、功能测试、回归测试、分布式测试以及 HTTP 性能测试等。TestComplete 专为程序开发人员和测试人员设计，为程序开发提供完全的品质保证，贯穿于开发代码和发布直至维护的整个过程。

TestComplete 为 Windows、.NET、Java 和 Web 应用程序提供了一个特性全面的自动测试环境。将开发人员和 QA 部门人员从烦琐耗时的人工测试中解脱出来。TestComplete 测试具有系统化、自动化和结构化特性，支持.NET、Java、Visual C++、Visual Basic、Delphi、C++ Builder 和 Web 应用程序。

当前最新版本为 7.0 版，生产厂商为 AutomatedQA 公司。

（4）Selenium。

Selenium 也是一个用于 Web 应用程序测试的工具，直接运行在浏览器中，就像用户在操作一样。支持的浏览器包括 IE、Mozilla 和 Firefox 等。这个工具的主要功能包括：测试与浏览器的兼容性，测试应用程序是否能够很好地工作在不同浏览器和操作系统中，测试系统功能，创建衰退测试检验软件功能和用户需求，支持自动录制动作和自动生成，支持.NET、Java、Perl 等不同语言的测试脚本。

当前最新版本为 2.8 版，生产厂商为 ThoughtWorks 公司。

17.6　自动化测试框架

自动化测试框架是自动化测试的核心,在开展自动化测试工作前,需要相应的自动化测试框架。一个好的自动化测试框架不但影响自动化测试的进程，也决定自动化测试的成败。

17.6.1　自动化测试框架的发展

基于界面的软件自动化测试框架经历了四个发展阶段:无框架→数据驱动→关键字驱动→混合模型，如图 17-2 所示。

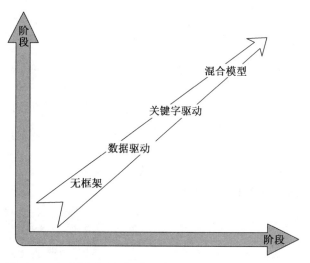

图 17-2　自动化测试框架发展阶段

（1）无框架阶段（即简单的录制/回放）。

在早期，自动化测试并没有框架这一概念，只是简单的录制/回放，由工具录制并记录操作的过程和数据，并形成脚本，通过对脚本的回放重复人工操作的过程。这种模式脚本与数据混合在一起，导致一个测试用例对应着一个脚本，维护成本很高，并且当界面发生变化时，就得重新录制脚本，导致脚本的使用率很低。

（2）数据驱动（Data Driven）框架阶段。

无框架阶段最大的缺点就是脚本与数据混合在一起，为了解决这一问题，自动化测试框架发展到数据驱动框架阶段，该框架从数据文件中读取数据，通过参数化的方式将数据文件中的数据写入脚本中，由于不同的数据对应着不同的测试用例，将脚本与数据彻底地分离，因此提高了脚本的使用率，大大降低了脚本的维护成本。虽然数据驱动框架解决了脚本与数据的问题，但并没有将被测试对象与操作分离。

（3）关键字驱动（Keyword Driven）框架阶段。

关键字驱动测试是在数据驱动框架的基础上改进的一种框架模型。它将测试逻辑按照关键字进行分解，形成数据文件与关键字对应封装的业务逻辑。主要关键字包括三类：被测试对象（Item）、操作（Operation）和值（Value）。用面向对象形式将其表现为 Item.Operation（Value）。关键字驱动的主要思想是：脚本与数据分离、界面元素名与测试内部对象名分离、测试描述与具体实现细节分离。

（4）混合框架（Hybrid Framework）阶段。

关键字驱动框架将自动化测试框架带入了一个新的阶段，自动化测试工具 QuickTest 也很好地使用了这个理念。但在实际开展自动化测试的时候，发现测试工具所带的关键字驱动方式还是无法很好地完成测试任务。该框架虽然将数据与脚本进行了分离，但是如果要更灵活地调用测试用例中的数据或输出测试结果，该框架无法做到；并且需要读取其他文件存储格式中的数据时也是无法很好地解决，这样在自动化测试开始的前期，工程师会开发一个符合实际测试的框架来支持后期的测试工作，这就是通常所说的混合模型自动化测试框架。

随着自动化测试框架的不断发展，自动化测试脚本类型也在不断地发生变化。自动化测试脚本类型的发展经历了以下几个阶段：

（1）线性脚本。通过录制直接产生线性执行脚本。线性脚本无法对其逻辑或顺序进行任何的调整，产生的线性脚本只能按顺序一行一行地执行。该脚本类型对应着自动化测试框架发展中的无框架阶段。

（2）结构化脚本。很显然线性脚本无法处理逻辑和业务关系。为了解决该问题，在原来的线性脚本中添加了顺序、循环和分支等结构的脚本，形成结构化脚本。

（3）共享脚本。在实际测试过程中，需要将调试的脚本进行共享，供其他工程师调用，这样脚本类型就发展到了可共享的阶段。

（4）数据驱动脚本。数据驱动脚本将数据与流程控制进行分离，通过读入数据文件来驱动流程。

（5）关键字脚本。脚本、数据、业务分离，数据和关键字在不同的数据表中，通过关键字来驱动测试业务逻辑。

17.6.2 自动化测试框架的开发

自动化测试框架是由假设、约束以及为自动化测试提供支持的工具的集合。自动化测试框架最大的优点是可以减少测试脚本实现和维护的成本，测试用例只需要修改测试用例文件，而不需要更新脚本驱动程序和引擎驱动程序。自动化测试框架的优劣直接影响到自动化测试的成功与否。

假设自动化测试框架是形成自动化测试策略的基础，下面是常用的假设条件：

（1）集成工具套件必须是主要的测试管理、计划、开发和实现的工具。

（2）工具套件必须用来指导和控制测试的执行并且用来捕获、分析、报告测试结果。

（3）工具套件必须包括一个可选工具，用于缺陷跟踪及解决。

（4）工具套件必须包括一个可选的配置管理工具。

（5）配置管理只能对手工测试和自动化测试产物进行配置管理。

（6）所有上述工具必须与桌面工具结合，比如 Microsoft Office。

（7）测试工程师需要的桌面—脚本—开发配置必须被定义并且被实现。

（8）必须遵循测试标准，并且测试标准以文档形式记录下来。

约束条件影响着自动化测试是否成功，如果不注意以下约束条件，自动化测试工作将很难成功：

（1）自动化工具集资源必须独立于任何手工测试集。

（2）自动化测试小组中是否有足够多的工作人员。

（3）对于自动化工具的使用，软件开发小组的协调水平和管理水平不能太低。

（4）在创建可测试应用过程中，需要与开发者协作和信息交流。

（5）自动化测试的主要版本和自动化测试的发布进度安排有关系。

一般自动化测试框架应该包括四部分内容：测试管理、数据驱动、结果分析和测试报告。

（1）测试管理的主要任务是运行控制脚本、负责建立并维护运行队列、控制运行策略和信号灯。在管理端还必须维护一个测试任务的队列，每个测试脚本开始执行的时间可能不同，状态也不一样，测试管理模块应该能很好地处理这些脚本的执行。

（2）数据驱动的主要任务是将脚本与测试数据分离，这部分是框架的核心，一般测试数据来自于自动化测试用例中的数据输入。通过数据驱动模块可以将测试用例中的数据读取到脚本中，实现同一脚本执行多测试用例的功能。

（3）结果分析的主要任务是判断实际结果与预期结果是否一致，为输入测试结果做准备，测试过程中判断测试用例执行是否成功不仅仅是界面显示，还包括对数据库、相关文件（日志文件和配置文件等）的检查，结果分析模块主要是封装这些检查的函数和方法。

（4）测试报告主要是在执行测试完成后，输出一份日志文件和一份测试报告，日志文件主要是便于分析测试结果，判断失败的结果是否是由脚本开发的原因引起的。测试报告主要是用于记录测试结果，至少需要记录每个测试用例执行的结果。

如图 17-3 所示是一个混合测试框架模型样例。

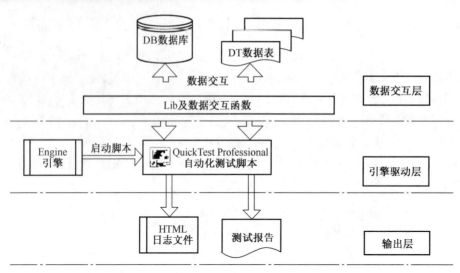

图 17-3　混合测试框架模型

17.7　自动化测试过程

自动化测试分为五个阶段：制定测试计划→设计测试用例→开发测试脚本→执行测试→分析测试结果，如图 17-4 所示。

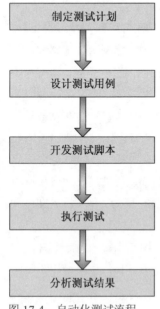

图 17-4　自动化测试流程

（1）制定测试计划。

自动化测试的测试计划是根据项目的具体需求，以及所使用的测试工具而制定的，用于指导测试全过程。

测试计划需求指明测试目的、测试范围、测试策略、测试团队、团队中成员角色和责任、时间进度表、测试环境准备、风险、风险控制及预防措施。

测试策略是测试计划的核心内容，主要阐明本次自动化测试阶段划分、需要测试的业务以及冒烟测试的业务流程，并且对每个业务的测试方法应该详细介绍。

测试环境设置是测试计划中的一部分，包括计划、跟踪和管理测试环境的一系列的活动。测试环境包括硬件、软件、网络资源和数据准备，计划中需要评估测试环境准备每个环节的时间。

（2）设计测试用例。

测试计划完成后，即开始写测试用例，自动化测试用例的设计方法与手工测试设计的方法完全一致，最理想的情况是在设计手工测试用例时，可以将能用作自动化测试的用例标识出来，这样在设计自动化测试用例时直接将这部分测试用例摘录过来，不需要重新设计。

（3）开发测试脚本。

脚本开发过程是将测试用例转化为代码的过程，脚本开发的过程应该遵循可重用、易用、易维护的特点。一般情况下，在开发测试脚本之前应该先开发自动化测试框架，当然自动化测试框架的开发并不会算在自动化测试过程中，因为在实行自动化测试前，企业会前期投入对自动化测试框架开发的时间，并且企业的框架一般只有一个，每个项目都可以公用，不需要针对每个项目进行重新开发。

测试脚本开发过程一般是先使用自动化测试工具录制脚本，这是脚本开发的基础。但是仅仅依靠这个脚本是无法很好地支持自动化测试的，必须对脚本进行增强，而增强的最主要内容是同一脚本需要能处理多测试用例，对测试结果进行判断；而测试结果的判断不仅仅依赖于界面内容的显示，还有数据库、日志文件、配置文件等其他方面的内容。

（4）执行测试。

脚本编辑完成后，应该准备好测试环境，然后就可以开始执行测试了，自动化测试最大的目的是用于回归测试，验证功能的正确性，所以需要多次执行脚本，并且如果测试兼容性，脚本还需要在不同的平台下执行。

（5）分析测试结果。

运行结束后需要对测试结果进行评估、分析，分析结果是否正确，当结果不正确时需要分析产生结果的原因，一般有两种原因：一是脚本出错，如果我们编辑的脚本存在问题，那么结果可能会出错；二是功能的错误，如果是这种情况，说明功能存在缺陷。

17.8　自动化测试实例

本节通过一个实例来详细介绍自动化测试的过程，介绍的测试对象为 QTP 自动化测试工具自带的飞机订票系统。

17.8.1　系统介绍

该系统为 QTP 自动化测试工具自带的飞机订票系统，其主要包括订票和查询订票信息两个功能。

17.8.2　测试方案及计划

编写自动化测试方案及计划，一般测试方案与计划应该包括七部分内容：人力资源计划、时间进度、测试环境、自动化测试模块选择及划分、测试策略、测试数据准备、风险分析。

（1）人力资源计划。

自动化测试是整个系统测试工作中的一部分，该系统测试需要一名手工测试工程师和一名自动化测试工程师。当然如果有条件，可以选择一名自动化脚本开发工程师和一名自动化脚本执行工程师。

手工测试工程师工作量为 12 个工作日；自动化测试工程师工作量为 6 个工作日。

（2）时间进度。

自动化测试的计划和时间进度安排见表 17-1。

表 17-1　自动化测试计划和时间进度

测试方案	2 工作日	2012 年 3 月 6 日	2012 年 3 月 7 日
测试用例	2 工作日	2012 年 3 月 8 日	2012 年 3 月 9 日
脚本开发	2 工作日	2012 年 3 月 12 日	2012 年 3 月 13 日
登录	1 工作日	2012 年 3 月 12 日	2012 年 3 月 12 日
订票流程	1 工作日	2012 年 3 月 12 日	2012 年 3 月 12 日
航班信息	1 工作日	2012 年 3 月 13 日	2012 年 3 月 13 日
查询订票信息	1 工作日	2012 年 3 月 13 日	2012 年 3 月 13 日

（3）测试环境。

测试环境包括软件环境和硬件环境。由于不同的软硬件环境会产生不同的兼容结果，但又不可能对所有的环境进行测试，因此需要分析用户使用环境，以满足大部分用户的需求。本实例是一个单机版的软件，不存在服务器，测试时关注测试机的软件和硬件环境。

该项目的软件环境见表 17-2。

表 17-2　软件环境

软件类型	软件名称	版本
操作系统	Windows XP 系列	Windows XP 32/64 位 专业版
	Windows 7 系统	Windows 7 32/64 位 专业版、企业版、家庭版
浏览器	Internet Explorer	IE 6.0 及以上版本
虚拟打印机	PDF Creator	PDF Creator 0.9.6
办公软件	Microsoft Office	Microsoft Office 2003 或 Microsoft Office 2007

该项目的硬件环境见表 17-3。

表 17-3　硬件环境

硬件	规格	配置支持
处理器	CPU：Intel Xeon X3200 2.4GHz	系统工程师
内存	HY（现代）DDR3 2.0GB	系统工程师
硬盘	HY（现代）150GB	系统工程师

（4）自动化测试模块及划分。

通过对自动化测试需求的分析，本实例中适合自动化测试的功能主要包括登录、订票流程、航班信息、查询订票信息。

（5）测试策略。

分析需求，制定以下测试策略。

1）登录功能。

功能描述：输入用户名和密码进行登录。

测试策略：登录功能的测试方法与手工测试方法完全一致，对操作产生的实际结果，可以通过判断操作后系统的状态来确定。当登录成功时，系统进入订票界面；如果登录失败，则会弹出错误提示信息，应该通过脚本来获取错误提示信息的内容，进而比较预期结果与实际结果是否一致。

2）订票流程功能。

功能描述：输入机票日期、出发和到达城市、订票人名称等相关信息后进行订票。

测试策略：订票流程功能主要是测试系统是否能正确订票，其包括以下情况：一是输入相关信息正确地订一张票，订票成功后，查询数据库是否存在相关的订票信息；二是当不输入机票时间时，系统应该弹出相应的提示信息，需要获取该提示信息，并确定提示信息是否正确；三是输入的机票时间早于当前的时间，系统也会提示相应的信息，同样也需要获取该信息，并判断所提示的信息是否正确。

3）航班信息功能。

功能描述：当输入出发城市和到达城市后，显示的可选择的航班信息是否正确。

测试策略：输入机票时间、出发城市和到达城市，单击 Flights 按钮，检查显示出来的航班信息是否正确。同时需要注意一种特殊情况，当输入的出发城市和到达城市相同时，显示的航班信息是否正确。

4）查询订票信息功能。

功能描述：输入客户姓名、日期或订单号进行查询已订票信息。

测试策略：测试分别使用客户姓名、日期和订单号进行查询已订票信息，判断显示的订票信息是否正确。

（6）测试数据准备。

该项目中的查询订票信息需要准备数据，查询时将已添加的订票信息相关的客户姓名、日期和订票号记录下来，作为查询订票信息的输入即可，不需要专门去准备数据。

（7）风险分析。

该项目最大的风险在于人力资源，从技术层面来说没有技术风险。

17.8.3　测试用例

完成以上工作后，开始设计测试用例，设计的测试用例需要 100%覆盖自动化测试的需求。下面以登录、订票流程、航班信息功能和查询订票信息功能四个模块为例，设计测试用例。

（1）登录。

登录功能的测试用例见表 17-4。

表 17-4　登录功能测试用例

编号	标识	模块	功能点	操作步骤	数据输入	预期结果
前置条件：无						
1	Auto- Flight -login-001	登录系统	用户名为空	1. 设置用户名为空 2. 正确或错误的密码 3. 单击"确定"按钮	,admin	Please enter agent name
2	Auto- Flight -login-002	登录系统	用户名长度短于 4 个字符	1. 设置用户名长度短于 4 个字符 2. 正确或错误的密码 3. 单击"确定"按钮	aa,admin	Agent name must be at least 4 characters long
3	Auto- Flight -login-003	登录系统	密码为空	1. 用户名不短于 4 个字符 2. 设置密码为空 3. 单击"确定"按钮	12345,	Please enter password
4	Auto- Flight -login-004	登录系统	密码长度短于 4 个字符	1. 用户名不短于 4 个字符 2. 设置密码长度不短于 4 个字符 3. 单击"确定"按钮	admin,12	Password must be at least 4 characters long
5	Auto- Flight -login-005	登录系统	密码错误	1. 用户名不短于 4 个字符 2. 错误的密码 3. 单击"确定"按钮	12345,12345	Incorrect password.Please try again
6	Auto- Flight -login-006	登录系统	用户名和密码都正确	1. 用户名不短于 4 个字符 2. 正确的密码 3. 单击"确定"按钮	admin, mercury	登录成功，进入系统主菜单

（2）订票流程。

订票流程功能的测试用例见表 17-5。

（3）航班信息功能。

航班信息功能的测试用例见表 17-6。

表 17-5　订票流程功能的测试用例

编号	标识	模块	功能点	操作步骤	数据输入	预期结果
前置条件：系统能正确地进入订票界面						
1	Auto-Flight-Tickets-001	订票	未设置机票时间	1. 不设置机票日期 2. 选择出发城市	””	Please enter agent name
2	Auto-Flight-Tickets-002	订票	机票时间在当前日期之前	1. 设置机票时间早于当前日期 2. 选择出发城市	11/11/11,,	Valid flight dates are after
3	Auto-Flight-Tickets-003	订票	正确订票	1. 设置机票时间，晚于当前日期 2. 选择出发城市（随机选择出发城市）	11/04/12, arivn,1	订票成功
3	Auto-Flight-Tickets-003	订票	正确订票	3. 选择到达城市（随机选择到达城市） 4. 单击 Flights 按钮 5. 在航班对话框随机选择一个航班 6. 输入订票人姓名 7. 输入票的张数 8. 单击 Insert Order 按钮	11/04/12, arivn,1	订票成功

表 17-6　航班功能的测试用例

编号	标识	模块	功能点	操作步骤	数据输入	预期结果
前置条件：系统能正确地进入订票界面						
1	Auto-Flight-Airline-001	航班信息	出发城市与到达城市是同一座城市	1. 设置机票日期（机票日期晚于当前日期） 2. 选择出发城市（随机选择） 3. 将到达城市设置为与出发城市相同 4. 单击 Flights 按钮，弹出航班信息对话框，检查航班信息是否正确		显示的航班信息为空
2	Auto-Flight-Airline -002	航班信息	出发城市与到达城市不一致	1. 设置机票日期（机票日期晚于当前日期） 2. 选择出发城市（随机选择） 3. 选择到达城市（随机选择） 4. 单击 Flights 按钮，弹出航班信息对话框，检查航班信息是否正确		显示正确的航班信息

（4）查询订票信息功能。

查询订票信息功能的测试用例见表 17-7，实例中主要按航班来查询。

表 17-7 查询订票信息功能的测试用例

编号	标识	模块	功能点	操作步骤	数据输入	预期结果
				前置条件：系统能正确地进入订票界面		
1	Auto-Flight-Query-001	查询订票信息	订单号不存在时查询	1. 进入系统主界面，选择下拉菜单 File→Open Order 选项 2. 在弹出的 Open Order 对话框中选中 Order NO 复选框 3. 输入订单号（订单号随机获取） 4. 单击 OK 按钮		Order number 897 does not exist
2	Auto-Flight-Query-002	查询订票信息	订单号存在时查询	1. 进入系统主界面，选择下拉菜单 File→Open Order 选项 2. 在弹出的 Open Order 对话框中选中 Order NO 复选框 3. 输入订单号（订单号随机获取） 4. 单击 OK 按钮		显示当前订单号的相关信息

17.8.4 脚本开发

完成测试用例后就可以开发测试脚本，一般包括自动化测试框架的开发和功能脚本的开发。在本节中不介绍如何开发自动化测试框架，有兴趣的读者可以参考《QTP 自动化测试与框架模型设计》一书中第 19 章和第 20 章的自动化测试框架的内容。本章介绍该实例中需要调用到的函数。

（1）公用函数封装。

在本实例中需要封装的函数主要包括：读取测试用例、输入每个测试用例的测试结果。

通过获取单元格中数据的行数，可以确定测试用例文档中有多少条测试用例，代码如下：

```
'*******************************************************
'函数/过程名称：GetExcelSheetRowsCount
'函数/过程的目的：获取 Sheet 表中记录行数
'假设：无
'影响：无
'输入：无
'返回值：记录行数
'创建者：黄文高
'创建时间：2010/08/11
'修改者：
'修改原因：
'修改时间：
'*******************************************************
Function GetExcleSheetRowsCount(ExcelPath,SheetName)
    Set ExcelBook = CreateObject("Excel.Application")
    Set ExcelSheet = CreateObject("Excel.Sheet")
```

```
    Set myExcelBook = ExcelBook.WorkBooks.Open(ExcelPath)
    Set myExcelSheet = myExcelBook.WorkSheets(SheetName)
    GetExcleSheetRowsCount = myExcelSheet.UsedRange.Rows.Count
    ExcelBook.Quit
    Set ExcelSheet = Nothing
    Set ExcelBook = Nothing
End Function
```

读取单元格中的数据，即获得测试用例值，代码如下：

```
'*******************************************************
'函数/过程名称：GetExcelCells
'函数/过程的目的：读取 Excel 表中单元格的值
'假设：无
'影响：无
'输入：无
'返回值：Excel 表中单元格的值
'创建者：黄文高
'创建时间：2010/08/11
'修改者：
'修改原因：
'修改时间：
'*******************************************************
Function GetExcelCells(ExcelPath,SheetName,SheetColumn,SheetRow)
    Set ExcelBook = CreateObject("Excel.Application")
    Set ExcelSheet = CreateObject("Excel.Sheet")
    Set myExcelBook = ExcelBook.WorkBooks.Open(ExcelPath)
    Set myExcelSheet = myExcelBook.WorkSheets(SheetName)
    SheetValue = myExcelSheet.cells(SheetColumn,SheetRow).Value
    GetExcelCells = SheetValue
    ExcelBook.Quit
    Set ExcelSheet = Nothing
    Set ExcelBook = Nothing
End Function
```

在该实例中还需要记录每个测试用例执行的结果，封装的代码如下：

```
'*******************************************************
'函数/过程名称：CreateHtmlLog
'函数/过程的目的：创建 HTML 格式的日志文件，并写 Header
'假设：无
'影响：无
'输入：无
'返回值：无
'创建者：黄文高
```

```
'创建时间：2010/08/09
'修改者：
'修改原因：
'修改时间：
'*********************************************************'
Public Sub CreateHtmlLog()
    Const ForReading = 1, ForWriting = 2, ForAppending = 8
    Dim fileSystemObj, fileSpec
    Dim currentTime
    currentDate = Date
    currentTime = Time
    testName = environment.Value("TestName")
    Set fileSystemObj = CreateObject("Scripting.FileSystemObject")
    fileSpec =TestPath&"测试记录\"&testName& ".html"
    Set logFile = fileSystemObj.OpenTextFile(fileSpec, ForAppending, False, True)
    logfile.writeline("<html>")
    logfile.writeline("<title>Test LogFile</title>")
    logfile.writeline("<head></head>")
    logfile.writeline("<body>")
    logfile.writeline("<font face='Tahoma'size='2'>")
    logfile.writeline("<h1>Test LogFile</h1>")
    logfile.writeline("<table border='0' width='100%' height='47'>")
    logfile.writeline("<tr>")
    logfile.writeline("<td  width='20%'  bgcolor='#CCCCFF'  align='center'><b><font  color='#000000'  face='Tahoma' size='2'>TestCaseName</font></b></td>")
    logfile.writeline("<td  width='20%'  bgcolor='#CCCCFF'  align='center'><b><font  color='#000000'  face='Tahoma' size='2'>TestCaseID</font></b></td>")
    logfile.writeline("<td  width='10%'  bgcolor='#CCCCFF'  align='center'><b><font  color='#000000'  face='Tahoma' size='2'>TestResult</font></b></td>")
    logfile.writeline("<td  width='10%'  bgcolor='#CCCCFF'  align='center'><b><font  color='#000000'  face='Tahoma' size='2'>TestTime</font></b></td>")
    logfile.writeline("<td  width='20%'  bgcolor='#CCCCFF'  align='center'><b><font  color='#000000'  face='Tahoma' size='2'>ActualValue</font></b></td>")
    logfile.writeline("<td  width='20%'  bgcolor='#CCCCFF'  align='center'><b><font  color='#000000'  face='Tahoma' size='2'>ExpectValue</font></b></td>")
    logfile.writeline("</tr>")
    logFile.Close
    Set logFile = Nothing
End Sub
'*********************************************************'
'函数/过程名称：WriteHtml
'函数/过程的目的：写 HTML 日志文件
```

```
'假设：无
'影响：无
'输入：无
'返回值：无
'创建者：黄文高
'创建时间：2010/08/09
'修改者：
'修改原因：
'修改时间：
'*************************************************************'
Function WriteHtml(BusinessName,TestCaseID,TestResult,TestTime,ActualValue,ExpectValue)
    Const ForReading = 1, ForWriting = 2, ForAppending = 8
    Dim fileSystemObj, fileSpec
    Dim currentTime
    currentDate = Date
    currentTime = Time
    testName = environment.Value("TestName")
    Set fileSystemObj = CreateObject("Scripting.FileSystemObject")
    fileSpec =TestPath&"测试记录\"&testName& ".html"
    Set logFile = fileSystemObj.OpenTextFile(fileSpec, ForAppending, False, True)
    logfile.writeline("<table border='0' width='100%' height='47'>")
    logfile.writeline("<tr>")
    logfile.writeline("<td width='20%' bgcolor='#CCCCFF' align='center'><b><font color='#000000' face='Tahoma' size='2'>"& BusinessName &"</font></b></td>")
    logfile.writeline("<td width='20%' bgcolor='#CCCCFF' align='center'><b><font color='#000000' face='Tahoma' size='2'>"& TestCaseID &"</font></b></td>")

    if ucase(TestResult) = "Pass" then
        logfile.writeline("<td width='10%' bgcolor='#CCCCFF' align='center'><b><font color='#006000' face='Tahoma' size='2'>"& ucase(TestResult) &"</font></b></td>")
    else
        logfile.writeline("<td width='10%' bgcolor='#CCCCFF' align='center'><b><font color='#CE0000' face='Tahoma' size='2'>"& ucase(TestResult) &"</font></b></td>")
    end if

    logfile.writeline("<td width='10%' bgcolor='#CCCCFF' align='center'><b><font color='#000000' face='Tahoma' size='2'>"& TestTime &"</font></b></td>")
    logfile.writeline("<td width='20%' bgcolor='#CCCCFF' align='center'><b><font color='#000000' face='Tahoma' size='2'>"& ActualValue &"</font></b></td>")
    logfile.writeline("<td width='20%' bgcolor='#CCCCFF' align='center'><b><font color='#000000' face='Tahoma' size='2'>"& ExpectValue &"</font></b></td>")
    logfile.writeline("</tr>")
```

```
logfile.writeline("</boby>")
logfile.writeline("</html>")
logFile.Close
Set logFile = Nothing
end function
```

由于在本实例中需要连接数据库，检查数据库中的数据是否正确，所以将连接数据库的代码进行封装，代码如下：

```
'*********************************************************
'函数/过程名称：ConnectDatabase
'函数/过程的目的：连接数据库
'假设：无
'影响：无
'输入：无
'返回值：无
'创建者：黄文高
'创建时间：2010/09/09
'修改者：
'修改原因：
'修改时间：
'*********************************************************
Sub ConnectDatabase()
    StrConn = "Provider=Microsoft.Jet.OLEDB.4.0;Data Source= C:\Program Files\HP\QuickTest
Professional\samples\flight\app\flight32.mdb;Persist Security Info=False"
    Set Conn = CreateObject("Adodb.Connection")
    Set Rst = CreateObject("Adodb.RecordSet")
    Conn.Open StrConn
End Sub
```

（2）单一模式脚本开发。

自动化测试脚本开发完成后，开始录制脚本，这个阶段主要是将自动化测试的需求转换为一个简单的脚本。

1）录制登录过程的脚本如下：

```
Dialog("Login").WinEdit("Agent Name:").Set "test"
Dialog("Login").WinEdit("Password:").SetSecure "4f746e8c4a42371e29270aa8077835adfd4e3e6f"
Dialog("Login").WinButton("OK").Click
wait(5)
Window("Flight Reservation").Close
```

2）录制订票流程的脚本如下：

```
Dialog("Login").WinEdit("Agent Name:").Set "test"
Dialog("Login").WinEdit("Password:").SetSecure "4f7470899cb23413741ea878e508c7c39c26d007"
Dialog("Login").WinButton("OK").Click
wait(5)
```

```
Window("Flight Reservation").ActiveX("MaskEdBox").Type "040412"
Window("Flight Reservation").WinComboBox("Fly From:").Select "Frankfurt"
Window("Flight Reservation").WinComboBox("Fly To:").Select "Los Angeles"
Window("Flight Reservation").WinButton("FLIGHT").Click
Window("Flight Reservation").Dialog("Flights Table").WinList("From").Select "20332        FRA        10:12 AM        LAX
05:23 PM        AA        $112.20"
Window("Flight Reservation").Dialog("Flights Table").WinButton("OK").Click
Window("Flight Reservation").WinEdit("Name:").Set "arivn"
Window("Flight Reservation").WinButton("Insert Order").Click
Window("Flight Reservation").Close
```

3）录制航班信息的脚本如下：

```
Dialog("Login").WinEdit("Agent Name:").Set "test"
Dialog("Login").WinEdit("Password:").SetSecure "4f7470899cb23413741ea878e508c7c39c26d007"
Dialog("Login").WinButton("OK").Click
wait(5)
Window("Flight Reservation").ActiveX("MaskEdBox").Type "040412"
Window("Flight Reservation").WinComboBox("Fly From:").Select "Frankfurt"
Window("Flight Reservation").WinComboBox("Fly To:").Select "Los Angeles"
Window("Flight Reservation").WinButton("FLIGHT").Click
Window("Flight Reservation").Dialog("Flights Table").WinList("From").Select "20332        FRA        10:12 AM        LAX
05:23 PM        AA        $112.20"
Window("Flight Reservation").Close
```

4）录制查询订票信息的脚本如下：

```
Dialog("Login").WinEdit("Agent Name:").Set "test"
Dialog("Login").WinEdit("Password:").SetSecure "4f7474b213b5bb9f7e950286e72b5f0d7487449b"
Dialog("Login").WinButton("OK").Click
wait(5)
Window("Flight Reservation").WinMenu("Menu").Select "File;Open Order..."
Window("Flight Reservation").Dialog("Open Order").WinCheckBox("Order No.").Set "ON"
Window("Flight Reservation").Dialog("Open Order").WinEdit("Edit").Set "42"
Window("Flight Reservation").Dialog("Open Order").WinButton("OK").Click
Window("Flight Reservation").Close
```

（3）脚本增强。

录制好的单一模式脚本的功能很弱，只完成了一个简单的功能，不具备可扩展性，无法兼容不同的测试数据，所以需要对上面的脚本进行增强。在录制单一模式的脚本时，其实有一个功能是通用的，就是登录功能，每个操作的功能都需要先登录系统，所以可将一个正确登录的脚本封装成一个过程，这样可以节约脚本量，也便于维护脚本。在封装登录过程时，需要使用到描述性编程，封装的代码如下：

```
Sub Login()
Dialog("text:=Login").WinEdit("attached text:=Agent Name:").Set "test"
```

```
Dialog("text.–Login").WinEdit("attached text:=Password:").SetSecure
"4f746e8c4a42371e29270aa8077835adfd4e3e6f"
Dialog("text:=Login").WinButton("text:=OK").Click
wait(5)
End Sub
```

接着对登录的脚本进行增强操作，增强的原因是脚本需要能正确处理当输入用户名或密码出错的情况。主要需要处理的情况有：输入的用户名为空、输入的用户名少于 4 个字符、输入的密码为空、输入的密码少于 4 个字符。登录功能增强后的脚本如下：

```
Dim errInfo '返回提示的错误信息
Dialog("Login").WinEdit("Agent Name:").Set "test"
Dialog("Login").WinEdit("Password:").SetSecure "4f772505bb7ff00c6ec281f9808222c2e89cf0ec"
Dialog("Login").WinButton("OK").Click
If Dialog("Login").Dialog("Flight Reservations").Exist   Then
    errInfo = Dialog("text:=Login").Dialog("text:=Flight Reservations").Static("window id:=65535"). GetROProperty("text")
    Dialog("Login").Dialog("Flight Reservations").WinButton("确定").Click
    Dialog("Login").Close
else
    wait(5)
    Window("Flight Reservation").Close
End If
```

订票流程脚本的增强主要需要处理订票日期未输入和输入错误的情况，订票流程功能增强后的脚本如下：

```
Dim errinfo '返回提示的错误信息
Dialog("Login").WinEdit("Agent Name:").Set "test"
Dialog("Login").WinEdit("Password:").SetSecure "4f7729c18243dcb0a80aed533ae02ea81b074338"
Dialog("Login").WinButton("OK").Click
wait(5)
Window("Flight Reservation").ActiveX("MaskEdBox").Type "121212"
Window("Flight Reservation").WinComboBox("Fly From:").Select "San Francisco"
If Window("Flight Reservation").Dialog("Flight Reservations").Exist Then
    errinfo = Window("regexpwndtitle:=Flight Reservation").Dialog("text:=Flight Reservations").
Static("window id:=65535").GetROProperty("text")
    Window("Flight Reservation").Dialog("Flight Reservations").WinButton("确定").Click
else
    Window("Flight Reservation").WinComboBox("Fly To:").Select "London"
    Window("Flight Reservation").WinButton("Flight").Click
    Window("Flight Reservation").Dialog("Flights Table").WinList("From").Select "13800     SFO
10:24 AM    LON    12:54 PM    AF     $127.47"
    Window("Flight Reservation").Dialog("Flights Table").WinButton("OK").Click
    Window("Flight Reservation").WinEdit("Name:").Set "arivn"
    Window("Flight Reservation").WinButton("Insert Order").Click
```

```
End If
Window("Flight Reservation").Close
```

航班信息查询脚本的增强主要是需要检查当选择出发城市和到达城市后，显示出来的航班信息是否正确，脚本增强时需要获取所有航班信息。增强后的脚本如下：

```
Dim flightinfo '显示所有航班信息
Dialog("Login").WinEdit("Agent Name:").Set "test"
Dialog("Login").WinEdit("Password:").SetSecure "4f7862cc49d3bfca65cfd26a9797bdbfab09733a"
Dialog("Login").WinButton("OK").Click
wait(5)
Window("Flight Reservation").ActiveX("MaskEdBox").Type "121212"
Window("Flight Reservation").WinComboBox("Fly From:").Select "Frankfurt"
Window("Flight Reservation").WinComboBox("Fly To:").Select "London"
Window("Flight Reservation").WinButton("Flight").Click
flightInfo = Window("Flight Reservation").Dialog("Flights Table").WinList("From").GetROProperty("all items")
Window("Flight Reservation").Dialog("Flights Table").WinButton("OK").Click
Window("Flight Reservation").Close
```

查询订票信息脚本增强主要是需要检查该航班号是否存在，如果航班号不存在，会弹出相应的对应信息；如果查询的订单号存在，就会显示出该订单的相关信息。增强后的脚本如下：

```
Dialog("Login").WinEdit("Agent Name:").Set "test"
Dialog("Login").WinEdit("Password:").SetSecure "4f78720180a456bfe5666600e64d62d0553bc374"
Dialog("Login").WinButton("OK").Click
wait(5)
Window("Flight Reservation").WinMenu("Menu").Select "File;Open Order..."
Window("Flight Reservation").Dialog("Open Order").WinCheckBox("Order No.").Set "ON"
Window("Flight Reservation").Dialog("Open Order").WinEdit("Edit").Set "55555"
Window("Flight Reservation").Dialog("Open Order").WinButton("OK").Click
If Window("Flight Reservation").Dialog("Open Order").Dialog("Flight Reservations").Exist Then
        errInfo = Window("regexpwndtitle:=Flight Reservation").Dialog("text:=Open Order").Dialog
("regexpwndtitle:=Flight Reservations").Static("window id:=65535").GetROProperty("text")
        Window("Flight Reservation").Dialog("Open Order").Dialog("Flight Reservations").WinButton("确定").Click
        Window("Flight Reservation").Dialog("Open Order").Dialog("Flight Reservations").Close
End If
Window("Flight Reservation").Close
```

（4）调用测试用例，判断测试结果。

仅仅通过上面对脚本增强还不够，不能做到真正的自动化测试，还必须让脚本正确地执行所有用例，并且同时判断每个测试用例执行的结果。

对于登录功能调用测试用例后的脚本如下：

```
Dim errInfo '返回提示的错误信息
For i=3 to GetExcleSheetRowsCount("C:\testcase","Login")
        BusinessName = GetExcelCells(ReadExcelPath,"Login",i,3)
```

```
        TestCaseID = GetExcelCells(ReadExcelPath,"Login",i,2)
        ReadString = GetExcelCells("C:\testcase","Login",i,6)
        arrExcelLines = split(ReadString,",")
        systemutil.Run "C:\Program Files\HP\QuickTest Professional\samples\flight\app\flight4a.exe","","",""
        Dialog("Login").WinEdit("Agent Name:").Set arrExcelLines(0)
        Dialog("Login").WinEdit("Password:").SetSecure arrExcelLines(1)
        Dialog("Login").WinButton("OK").Click
        If Dialog("Login").Dialog("Flight Reservations").Exist    Then
            errInfo = Dialog("text:=Login").Dialog("text:=Flight Reservations").Static("window
id:=65535").GetROProperty("text")
            If errInfo = GetExcelCells("C:\testcase","Login",i,7) Then
                WriteHtml BusinessName,TestCaseID,"PASS",date,errInfo,GetExcelCells("C:\testcase", "Login",i,7)
            else
                WriteHtml BusinessName,TestCaseID,"FAIL",date,errInfo,GetExcelCells("C:\testcase", "Login",i,7)
            End If
            Dialog("Login").Dialog("Flight Reservations").WinButton("确定").Click
            Dialog("Login").Close
        else
            wait(5)
            WriteHtml BusinessName,TestCaseID,"PASS",date,"登录成功",GetExcelCells("C:\testcase", "login",i,7)
            Window("Flight Reservation").Close
        End If
    Next
```

　　订票流程功能脚本不但需要调用测试用例，并且在选择出发城市和到达城市时需要随机选择，选择好出发城市和到达城市后，在选择航班时也需要做到随机选择，这样能更好地模拟真实的情况。订票完成后需要检查订票信息是否已经写入数据库，即需要检查 Orders 表中是否添加了相关的订单信息，增强后的脚本如下：

```
Dim errInfo '返回提示的错误信息
Dim flightcount '航班总数
Dim ordersinfo '订单号
Dim flag '标识订单是否在数据库中存在
flag = 0
For i=3 to GetExcleSheetRowsCount("C:\testcase","Tickets")
    BusinessName = GetExcelCells(ReadExcelPath,"Tickets",i,3)
    TestCaseID = GetExcelCells(ReadExcelPath,"Tickets",i,2)
    ReadString = GetExcelCells("C:\testcase","Tickets",i,6)
    arrExcelLines = Split(ReadString,",")
    systemutil.Run "C:\Program Files\HP\QuickTest Professional\samples\flight\app\flight4a.exe","","",""
    Call Login()
    wait(5)
    Window("Flight Reservation").ActiveX("MaskEdBox").Type arrExcelLines(0)
```

```
'随机选择出发城市
  Randomize
randno = Int((9 * Rnd))
Window("Flight Reservation").WinComboBox("Fly From:").Select randno
If Window("Flight Reservation").Dialog("Flight Reservations").Exist Then
      errInfo = Window("regexpwndtitle:=Flight Reservation").Dialog("text:=Flight Reservations"). Static("window
id:=65535").GetROProperty("text")
      Window("Flight Reservation").Dialog("Flight Reservations").WinButton("确定").Click
      If errInfo = GetExcelCells("C:\testcase","Tickets",i,7) Then
          WriteHtml BusinessName,TestCaseID,"PASS",date,errInfo,GetExcelCells("C:\testcase", "Tickets",i,7)
      else
          WriteHtml BusinessName,TestCaseID,"FAIL",date,errInfo,GetExcelCells("C:\testcase", "Tickets",i,7)
      End If
else
'随机选择到达城市
  Randomize
randno = Int((9 * Rnd))
      Window("Flight Reservation").WinComboBox("Fly To:").Select randno
      Window("Flight Reservation").WinButton("FLIGHT").Click
      flightcount = Window("Flight Reservation").Dialog("Flights Table").WinList("From").GetItemsCount
      '随机选择航班
      Randomize
      randflight = Int(((flightcount-1)* Rnd))
      Window("Flight Reservation").Dialog("Flights Table").WinList("From").Select randflight
      Window("Flight Reservation").Dialog("Flights Table").WinButton("OK").Click
      Window("Flight Reservation").WinEdit("Name:").Set arrExcelLines(1)
      Window("Flight Reservation").WinButton("Insert Order").Click
      wait(10)
      ordersinfo = Window("Flight Reservation").WinEdit("Order No:").GetROProperty("text")
      wait(5)
      call ConnectDatabase
      Rst.Open "select * from orders",Conn
      Do While Not Rst.EOF
          strDb=Rst.Fields.item(0)
          If strDb=info Then
              flag = flag + 1
              WriteHtml BusinessName,TestCaseID,"PASS",date,"订票成功",GetExcelCells ("C:\testcase","Tickets",i,7)
          End If
          Rst.MoveNext
      Loop
End If
If flag=1 Then
```

```
                WriteHtml BusinessName,TestCaseID,"PASS",date,"订票成功",GetExcelCells("C:\testcase", "Tickets",i,7)
        else
                WriteHtml BusinessName,TestCaseID,"FAIL",date,"订票失败",GetExcelCells("C:\testcase", "Tickets",i,7)
        End If
        Window("Flight Reservation").Close
Next
```

航班信息功能不需要读取数据，但需要随机选择出发城市和到达城市，当输入出发城市和到达城市后，应该检查弹出的航班信息对话框中的所有航班信息是否成功，即是否与 Flights 表中的记录对应，增强后的脚本如下：

```
Dim flightinfo '显示所有航班信息
Dim flightcount '一共有多少次航班
Dim falg
For i=0 to 5
        systemutil.Run "C:\Program Files\HP\QuickTest Professional\samples\flight\app\flight4a.exe","","",""
        Call Login()
        wait(5)
        Window("Flight Reservation").ActiveX("MaskEdBox").Type "121212"
Randomize
        randnoDeparturecity = Int((9 * Rnd))
        Window("Flight Reservation").WinComboBox("Fly From:").Select randnoDeparturecity
        Departurecity = Window("Flight Reservation").WinComboBox("Fly From:").GetROProperty("text")
        '当选择了出发城市后，到达城市就只有 9 个，这样只要随机到 0～8 即可
        Randomize
        randnoArrivalcity = Int((8 * Rnd))
        Window("Flight Reservation").WinComboBox("Fly To:").Select randnoArrivalcity
        Arrivalcity = Window("Flight Reservation").WinComboBox("Fly To:").GetROProperty("text")
        Window("Flight Reservation").WinButton("Flight").Click
        Window("Flight Reservation").Dialog("Flights Table").WinList("From").Click
        flightinfo = Window("Flight Reservation").Dialog("Flights Table").WinList("From").GetROProperty ("all items")
        flightcount = Window("Flight Reservation").Dialog("Flights Table").WinList("From").GetItemsCount
        Call ConnectDatabas()
        Conn.Open StrConn
        sql = "select * from flights where Departure='"+Departurecity+"' and Arrival='"+Arrivalcity+"' and Day_Of_Week=
'Wednesday'"
                Rst.Open sql,Conn
                Do While Not    Rst.EOF
                        strDb=Rst.Fields.item(0)
                        Pos = Instr(1, flightinfo, strDb, 1)
                        msgbox Pos
                        If Pos >0 Then
                                falg = falg + 1
                        End If
```

```
            Rst.MoveNext
        Loop
    Window("Flight Reservation").Dialog("Flights Table").WinButton("OK").Click
    If falg = flightcount Then
        WriteHtml BusinessName,TestCaseID,"PASS",date,"航班信息正确",GetExcelCells
("C:\testcase","Airline",i,7)
    else
        WriteHtml BusinessName,TestCaseID,"FAIL",date,"航班信息错误",GetExcelCells
("C:\testcase","Airline",i,7)
    End If
    Window("Flight Reservation").Close
Next
```

查询订票信息功能增强，即随机输入一个订单号，当该订单号存在时，需要进一步判断相关的信息是否正确，如果正确，说明该测试通过，否则测试失败。增强后的脚本如下：

```
systemutil.Run "C:\Program Files\HP\QuickTest Professional\samples\flight\app\flight4a.exe","","",""
Call Login()
Window("Flight Reservation").WinMenu("Menu").Select "File;Open Order..."
Window("Flight Reservation").Dialog("Open Order").WinCheckBox("Order No.").Set "ON"
Randomize
orderno = Int((100 * Rnd)+1)
Window("Flight Reservation").Dialog("Open Order").WinEdit("Edit").Set orderno
Window("Flight Reservation").Dialog("Open Order").WinButton("OK").Click
If Window("Flight Reservation").Dialog("Open Order").Dialog("Flight Reservations").Exist Then
    errInfo = Window("regexpwndtitle:=Flight Reservation").Dialog("text:=Open Order").Dialog
("regexpwndtitle:=Flight Reservations").Static("window id:=65535").GetROProperty("text")
    If errInfo=GetExcelCells("C:\testcase","Query",i,7) Then
        WriteHtml BusinessName,TestCaseID,"PASS",date,errInfo,GetExcelCells("C:\testcase","Query",i,7)
    else
        WriteHtml BusinessName,TestCaseID,"FAIL",date,errInfo,GetExcelCells("C:\testcase","Query",i,7)
    End If
    Window("Flight Reservation").Dialog("Open Order").Dialog("Flight Reservations").WinButton("确定").Click
    Window("Flight Reservation").Dialog("Open Order").Dialog("Flight Reservations").Close
End If
Call ConnectDatabase()
sql="select * from orders where Order_Number ="'+orderno+'"'
Rst.Open sql,Conn
Do While Not   Rst.EOF
    strDb=Rst.Fields.item(0)
    Window("Flight Reservation").Static("Order No:").GetROProperty("text")
    If Rst.Fields.item(0)=Window("Flight Reservation").Static("Order No:").GetROProperty("text") and Rst.Fields.item(1)=
Window("Flight Reservation").Static("Name:").GetROProperty("text")  and  Rst.Fields. item(3)=Window("Flight Reservation").
Static("Flight No::").GetROProperty("text")Then
```

```
                WriteHtml BusinessName,TestCaseID,"PASS",date,errInfo,GetExcelCells("C:\testcase","Query",i,7)
        Else
                WriteHtml BusinessName,TestCaseID,"FAIL",date,errInfo,GetExcelCells("C:\testcase","Query",i,7)
        End If
        Rst.MoveNext
Loop
Window("Flight Reservation").Close
```

17.8.5　执行测试

脚本开发完成后，即可开始执行脚本，这些脚本主要是功能方面的验证测试。功能验证测试也可以理解为每日构建测试，主要是对系统每日新增或修改的代码进行测试，以保证新增或修改的代码不会对关键功能产生影响。

17.8.6　提交测试报告

在执行脚本过程中，需要记录每一轮测试用例执行的情况，即测试用例记录，当整个项目的自动化测试完成后，需要提交相关的测试报告。

17.9　小结

本章主要介绍了自动化测试相关的知识，自动化测试的目的、范围，测试的程度和测试对象；自动化测试的优缺点和当前自动化测试普遍存在的问题；当前主流的自动化测试工具、自动化测试框架和自动化测试的过程。通过本章的学习，重点了解什么是自动化测试、自动化测试框架和自动化测试过程。最后通过介绍一个自动化测试实例，使读者更好地学习自动化测试的相关知识，但要进一步了解自动化测试，还必须阅读相关的自动化测试资料。

18

验收测试

验收测试是产品研发生命周期中的一个活动过程，指用户验证产品是否满足需求规格说明书。用户可能是最终用户也可能是外包商，如果是外包商外包的产品，验收测试时，外包商主要是针对合同的符合度进行测试，而验收后合同的符合度直接决定了后期外包商支付给客户的费用。

本章主要包括以下内容：

- 验收测试的内容
- 验收测试的策略
- 验收测试的过程
- 实施验收测试
- 提交验收测试报告

18.1 验收测试的内容

验收测试（Acceptance Testing）是在产品完成功能测试和系统测试之后、产品发布之前所进行的软件测试活动，它是技术测试的最后一个阶段，也称为交付测试。验收测试的目的是确保产品准备就绪，并且可以让最终用户将其用于执行产品的既定功能和任务。

验收测试的主要内容包括：制定验收测试的标准、复审配置项和执行验收测试。

18.1.1 制定验收测试的标准

与系统测试一样，验收测试也需要一系列的测试计划和方案。首先需要确定本次验收测试需要测试哪些种类，即测试哪些方面，如性能测试、可安装性测试、可移植性测试、易用性测试、文档测试等；然后依据测试种类安排相应的测试进度。

测试计划确定后，需要确定验收测试过程中使用的测试用例，关于测试用例的确定，一般有两种方法：一是在原系统测试阶段设计的测试用例抽取一部分，作为验收测试的用例（因为验收测试不可能对整个系统进行一次完整的测试，一般可能会抽取部分测试用例作为验收测试的用例），但该方法的缺点是，由于系统测试阶段设计的测试用例都已经过了测试，所以这些测试用例正常情况下都能正确地通过测试；二是在抽取部分测试用例的基础上添加一些特殊的测试用例，这种方法虽然花费的时间相对较长，但是验收会更全面，添加的特殊测试用例可以更好地验收需要关注的功能点。

验收测试主要关注以下几个方面的内容：

（1）软件是否满足合同规定的所有功能和性能。

（2）文档资料是否完整。

（3）人机界面是否准确，并与合同规则相一致。

（4）其他方面（如可移植性、兼容性、错误恢复能力和可维护性等）是否令用户满意。

验收测试的结果有两种：一种是功能和性能指标满足软件需求说明的要求，用户可以接受；另一种是软件不满足软件需求说明的要求，用户无法接受。项目进行到这个阶段才发现严重错误和偏差，一般很难在预定的工期内改正，因此必须与用户协商，寻求一个妥善解决问题的方法。

18.1.2　复审配置项

验收测试的另一个重要环节是配置项复审，在进行验收测试之前，必须保证所有软件配置项都能进入验收测试，只有这样才能保证最终交付给用户的软件产品的完整性和有效性。复审的目的是保证软件配置齐全、分类有序，并且包括软件维护所必需的细节。

对于一个外包的软件项目而言，软件承包方通常要提供如下相关的软件配置内容：

（1）可执行程序、源程序、配置脚本、测试程序或脚本等；

（2）开发类文档，主要包括《需求分析说明书》《概要设计说明书》《详细设计说明书》《数据库设计说明书》《测试计划》《测试报告》《测试用例》《程序维护手册》《程序员开发手册》《用户操作手册》《项目总结报告》等；

（3）管理类文档，主要包括《项目计划书》《质量控制计划》《配置管理计划》《用户培训计划》《质量总结报告》《评审报告》《会议记录》《开发进度月报》等；

（4）在开发类文档中，容易被忽视的文档有《程序维护手册》《程序员开发手册》。《程序维护手册》的主要内容包括：系统说明（包括程序说明）、操作环境、维护过程、源代码清单等，编写目的是为将来的维护、修改和再次开发工作提供有用的技术信息。《程序员开发手册》的主要内容包括：系统目标、开发环境使用说明、测试环境使用说明、编码规范及相应的流程等，相当于程序员的培训手册。

对上述的交付文件，需要在合同中规定阶段提交的时间，以免发生纠纷。

在实际的验收测试执行过程中，文档审核是比较难的工作，主要原因有两个方面：一方面是由于市场需求、时间等方面的压力，文档工作被延迟和弱化，将更多的时间和精力花费在产品的研究过程中，而忽略了文档的编写；另一个方面是文档评审往往没有标准可循，不易把握其完善的好与坏。

18.1.3　执行验收测试

验收测试标准和复审配置项都准备好后，即可开始执行验收测试，验收测试的对象主要包括复审配置项（即文档）的测试和可执行程序的测试。验收测试是整个验收过程中的核心部分。

18.2　验收测试的策略

实施验收测试的常用策略包括三种：正式验收测试、非正式验收测试和 Beta 测试。这三种策略各有其优缺点，在实际过程中可以根据需要选择不同的测试。选择策略时受双方合同、企业组织的验收标准和系统所应用领域的影响。

18.2.1　正式验收测试

正式验收测试是一个严格管理的过程，其他测试过程与系统测试过程一致，需要设计相应的测试计划、测试方案和测试用例，再执行验收测试，如果采用正式验收测试，那么其更像是系统测试的延续。设计测试用例的方法有两种：一种是选择原系统测试过程中的部分测试用例作为验收测试的测试用例；二是重新设计验收测试用例。不管是哪种设计测试用例方法，验收测试时都主要关注核心业务和基本业务功能的验收。

正式验收测试的执行者可能有三种情况：

（1）由最终用户组织相关测试团队进行验收测试，这种情况要求用户有专业的测试团队。

（2）开发商与最终用户共同组织相关测试团队进行验收测试。

（3）由最终用户选择第三方评测机构进行独立的、公正的验收测试。

正式验收测试形式的优点包括以下几点：

（1）待验收测试对象的功能和特性是已知的、可确定的。

（2）测试过程是可以评测的，并且相关细节是已知的。

（3）正式测试过程中部分测试用例可以选择使用自动化测试的方式进行。

（4）正式验收测试支持回归测试。

（5）正式验收测试过程中，整个测试过程是可以度量和监控的。

（6）正式验收测试过程中，验收是否通过的标准是执行验收测试前就已经确定的。

正式验收测试形式的缺点包括以下几点：

（1）正式验收测试相当于系统测试的延续，其要求大量的人力资源。

（2）这些测试可能是系统测试的再次实施。

（3）可能无法发现软件中由主观原因造成的缺陷，因为只查找预期要发现的缺陷。

18.2.2　非正式验收测试

正式验收测试最大的缺点是需要大量的人力资源，并且几乎对所有的测试用例再执行了一次，相当于又做了一次回归测试。相对于正式验收测试，还有一种是非正式验收测试，它不像正式验收测试那么严格，并不指定需要执行的测试用例，测试用例可以由执行测试的人员自己决定，并且也不会制定相应的测试计划和测试方案。在实际验收测试过程中，根据项目的应用领域事先确定采用正式还是非正式验收测试。

非正式测试虽然没有明确指定需要测试的测试用例，但是测试过程中还是会根据项目的实际情况约束需要测试的主要功能。非正式测试更具主观性，一般由客户自己完成测试。

非正式验收测试的优点包括以下几点：

（1）待测试的功能和特性都是已知的。

（2）可以对测试过程进行评测和监测。

（3）可接受性标准是已知的。

（4）与正式验收测试相比，可以发现更多由主观原因造成的缺陷。

非正式验收测试的缺点包括以下几点：

（1）需求相关的测试资源和管理资源。

（2）无法控制所使用的测试用例。

（3）最终用户可能沿用系统工作的方式，并可能无法发现缺陷。

（4）最终用户可能专注于比较新系统与遗留系统，而不是专注于查找缺陷。

（5）用于验收测试的资源不受项目的控制，并且可能受到压缩。

18.2.3　Beta 测试

在上述三种验收测试策略中，Beta 测试需要的控制是最少的，它不需要准备验收测试计划和测试用例，主要是由用户或潜在的用户进行，所以 Beta 测试的方法、测试用例、测试数据都由测试人员自己准备。Beta 测试带有很强的主观性，不同的测试人员，其验收的、可接受的标准也有所不同，即使同一个功能不同的用户也有着不同的理解，所以每个 Beta 测试人员测试的结果并不一定是一致的，但 Beta 测试的结果可以帮助改进软件质量。Beta 测试不仅关注功能的使用，还关注产品的可支持性，包括文档、用户培训和支持产品的生产能力。

Beta 测试的优点如下：

（1）测试由最终用户或潜在用户实施。

（2）提高用户对参与人员的满意程度。

（3）与正式或非正式验收测试相比，可以发现更多由主观原因造成的缺陷。

（4）关注整个产品包的质量。

Beta 测试的缺点如下：

（1）未对所有功能、特性进行测试。

（2）整个测试流程不受控制。

（3）最终用户可能沿用系统工作的方式，并可能没有发现或没有报告缺陷。

（4）最终用户可能专注于比较新系统与遗留系统，而不是专注于查找缺陷。

（5）用于验收测试的资源不受项目的控制，并且可能受到压缩。

（6）每个测试人员可接受的标准不一致。

（7）需要更多辅助性资源来管理 Beta 测试员。

18.3　验收测试的过程

前面两节介绍了验收测试的内容和验收测试的相关策略，在实际的验收测试过程中，不仅需要确定验收测试的内容和验收测试的策略，还需要确定验收测试的流程，这样才可以更好地控制验收测试的过程，验收测试的流程如图 18-1 所示。

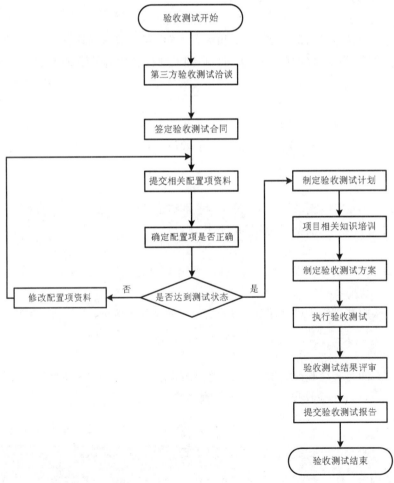

图 18-1　验收测试流程图

（1）第三方验收测试洽谈。

在实际的验收测试过程中，验收测试并不一定是由企业组织自己的测试工程师进行，有可能是由第三方评测中心来完成。如果相关的验收测试是由第三方评测机构来完成，首先应该和第三方评测进行业务洽谈，洽谈主要需要确定验收测试的对象，以及明确验收测试的目标。

（2）签定验收测试合同。

与第三方评测试机构洽谈好验收测试的业务后，即需要完成验收测试的相关合同。

（3）提交相关配置项资料。

在进入验收测试状态之前，需要完善相关配置项资料，否则无法进行验收测试。相关的配置项主要包括开发过程中的一些开发文档、管理文档、源代码等资料。

（4）确定配置项是否正确。

提交配置项的相关资料后，并不代表承包商提供的资料一定齐全并合格，所以在进行验收测试前，还要确定承包商所提交的配置项信息是否正确、齐全。

（5）判断是否达到测试状态。

确定配置项信息正确后，即可进入验收测试状态。如果配置项的信息不正确或不齐全，承包商必须对提交的配置项资料进行相关修改，修改后再确定，直到达到验收测试状态后，才可以进入下一个步骤。

（6）制定验收测试计划。

达到验收测试状态后，即可开始制定验收测试计划，当然如果不是由第三方评测机构来执行验收测试，那么就不存在第一和第二两个步骤。需要注意的是，验收测试计划一定要明确验收测试结果的通过与失败的标准。

（7）制定验收测试方案。

验收测试计划完成后，需要制定验收测试的方案，确定验收测试的策略以及需要执行的测试用例，如果测试用例需要重新设计，应该设计验收测试的测试用例。

（8）执行验收测试。

当完成验收测试计划、验收测试方案和验收测试用例后，即可以开始执行验收测试。

（9）验收测试结果评审。

验收测试完成后，需要对验收测试结果进行评审，以确定验收测试是否达标，是否可以通过验收测试。

（10）提交验收测试报告。

验收测试结果评审通过后，即可提交验收测试报告，验收测试结束，如果评审未通过，承包商必须对产品进行修改，修改后再次进行验收测试，直到验收测试通过。

18.4　实施验收测试

验收测试一般包含两部分内容：软件配置项审核和可执行程序的测试。首先对配置项的相关文档进行审核，再使用测试用例对可执行程序进行测试，大致顺序为：开发文档和管理文档审核、源代码审核、测试程序相关脚本审核和可执行程序运行测试。

关于开发文档和管理文档的审核，主要是审核开发过程中涉及到的相关文档，以及在整个研发过程中一些管理文档的评审，主要包括的文档见 17.1 节所述。

源代码审核主要是评审所有源代码的书写格式是否符合编程规则，是否易看懂，这样有利于以后的二次开发，并且对于关键模块的代码一定要重点审核，确定其实现的方式是否为最佳的实现方式（如某个功能有多种实现方式，需要确定当前实现方式的优缺点），最主要是考虑后期开发过程中，是否有利于功能的扩展。

测试程序和相关脚本审核，主要是审核测试过程中涉及到的测试程序和相关脚本的内容，检查使用到的相关测试程序或脚本都已提供，并且应该注意这些测试程序或测试脚本是否存在缺陷，是否有利于自动化测试。

可执行程序的运行测试是主要验收的对象，其相当于系统测试延续，主要的测试内容包括：可安装性测试、功能测试、性能测试、压力测试、易用性测试、配置测试、兼容性测试、安全性测试、容错性测试等。

18.5　提交验收测试报告

验收测试完成后，提交相关的验收测试报告，应该包括以下内容：

（1）目的。阐明本次验收测试的目的。

（2）测试对象描述。描述本次验收测试对象的相关信息。

（3）验收测试结果。描述本次验收测试过程中每项测试的结果，如关于用户文档测试结果，提供的用户文档内容完整、所有信息正确，文档内容与程序运行结果相符合，文档易理解、易浏览。

（4）测试环境。描述验收测试过程中的软硬件环境，以及使用到的相关测试工具。

（5）测试内容详细记录。测试过程中需要详细记录测试中的每项结果，如安装测试，其测试内容详细记录见表 18-1。

表 18-1　软件安装验收测试记录

测试功能	测试内容	测试时间	测试结果	备注
安装测试	典型安装	20100304	通过	
	安全安装	20100304	通过	
	更改路径安装	20100304	通过	
	系统只有一个 C 盘安装	20100304	通过	
	不卸载直接安装	20100304	通过	
	卸载再安装	20100304	通过	

测试功能	测试内容	测试时间	测试结果	备注
卸载测试	从控制面板卸载	20100304	通过	
	重新安装选择卸载	20100304	通过	
	使用卸载程序卸载	20100304	通过	
升级测试	在线升级	20100304	通过	
	官网下载到本地再升级	20100304	通过	
	卸载后升级	20100304	通过	
	不卸载直接升级	20100304	通过	

（6）问题统计。将验收测试过程中发现的问题都统计出来，并按缺陷的严重等级排序，供评审使用。

（7）测试用例记录。测试用例记录主要是记录验收测试过程中每条测试用例执行的结果。

18.6　小结

本章主要介绍验收测试及其内容，即验收测试过程中需要验收测试对象的哪些内容；验收测试过程中常用的验收策略；验收测试的过程，在实际工作中整个验收测试的流程；最后介绍了验收测试的执行和提交验收测试报告，验收测试执行包括配置项的审核和可执行程序的测试，执行结束后需要提交验收测试报告。验收测试报告的内容通常包括：验收测试目的、验收测试对象描述、验收测试结果描述、验收测试环境、验收测试内容详细记录、验收测试过程上的问题统计和测试用例记录。

19

文档测试

在软件测试模型的 W 模型中，明确指出软件测试的对象不仅仅是代码，而是整个软件测试产品包。而文档作为产品包中重要的组成部分之一，在测试过程中并没有被重视，大多数企业都忽略了对文档的测试，有的企业根本没有对文档进行测试，有的企业做得稍好些，在产品发布前对文档进行测试，但测试过程并不理想，更没有相关的测试流程进行指导。反观国外的企业在这个方面明显做得比国内好很多。一份优秀的用户文档可以很好地指导用户如何使用企业产品，降低误导用户的机率，进而降低用户请求企业技术支持的机率。本章主要阐述如何测试用户文档。

本章主要包括以下内容：

- 文档的类型
- 文档测试的现状
- 文档测试的要点
- 文档测试的策略

19.1 文档的类型

通常情况下认为产品包中的文档只包括帮助文件、产品规格说明书，但一款优秀的产品，其产品包中的文档根本不止这些内容，一般一个产品包应该包括以下几大类文档：

（1）用户手册。

（2）联机帮助文件。

（3）安装指导文件。

（4）错误提示信息。

（5）包装文字和图形。

（6）市场宣传材料、广告及其他插页。

（7）授权/注册登记表。

（8）用户许可协议。

（9）标签和封条。

（10）向导、指南。

（11）教程、样例、示例和模板。

用户手册主要是指导用户如何使用本产品，介绍产品的功能及使用，需要注意的是，如果该产品包括软件和硬件，用户手册中就不能只描述软件部分的内容还必须描述产品的硬件指标。

联机帮助文件是任何一个完备的应用软件所不可缺少的重要组成部分，一个好的联机帮助系统可以使用户在软件使用过程中能够迅速掌握软件的操作和使用方法，使系统具备很强的自学习能力，如 Microsoft Word 工具在帮助菜单就有专门的联机帮助文件。当然对于一个嵌入式产品来说，就不存在联机文件了，主要是用户手册。

安装指导文件主要是用于指导用户如何安装系统，对于产品来说则是指导用户如何安装该产品。安装说明书写得好坏将直接影响到用户的安装进展，如果安装说明书无法很好地指导用户安装产品，企业将会接到用户的抱怨和投诉。

错误提示信息文档主要用于指导解决用户在使用过程中出现异常的情况，主要体现在两个方面：一是方便沟通，例如家里的宽带，如果有一天突然不能正常上网，一般会给厂商的技术支持打电话咨询，一般技术支持工程师都会想出错的代码，而不是内容，试想一下，通过一个错误代码沟通顺畅还是一大堆的错误提示信息沟通顺畅呢？如图 19-1 所示为宽带连接错误的提示信息 678。

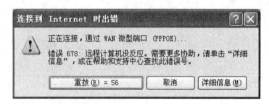

图 19-1　宽带连接错误信息

二是提高解决问题的效率，错误提示信息文档中会写明每种错误提示信息出现的原因和解决方法，表 19-1 是关于 Microsoft Excel 错误提示信息表。

表 19-1　Microsoft Excel 错误提示信息文档

错误代号	错误原因	解决方法
####	输入到单元格中的数值太长或公式产生的结果太长，单元格容纳不下	适当增加列的宽度
#div/0!	当公式被除数为零时，将产生错误值#div/0!	修改单元格引用，或者在用于除数的单元格中输入不为零的数值
#N/A	当函数或公式中没有可用的数值时，将产生错误值#N/A	如果工作表中某些单元格暂时没有数值，在这些单元格中输入#N/A，公式在引用这些单元格时，将不进行数值计算，而返回#N/A

续表

错误代号	错误原因	解决方法
#NAME?	公式中使用 Microsoft Excel 不能识别的文本	确认使用的名称存在,如果所需的名称没有被列出,添加相应的名称;如果名称存在拼写错误,则修改拼写错误
#NULL!	当试图为两个并不相交的区域指定交叉点时,将产生该错误	如果要引用两个不相交的区域,需要使用并运算符
#NUM!	当公式函数中某些数字有问题时,将产生该错误	检查数字是否超出限定区域,确认函数中使用的参数类型是否正确
#REF	当单元格引用无效时,将产生该错误	更改公式,在删除或粘贴单元格之后,立即单击"撤消"按钮以恢复工作表中的单元格
#VALUE!	当使用的参数或运算对象类型时,或当自动更改公式功能后没有更正公式时,将产生该错误	确认公式或函数所需的参数或运算符是否正确,并确认公式引用的单元格所包含的值都有效

　　包装文字和图形主要用于传达商品信息,有的包装设计中可能没有图形图像,但必须有文字说明,如图 19-2 所示。

图 19-2　惠普 U 盘包装

　　市场宣传材料、广告及其他插页主要用于向客户宣传本公司的产品,宣传材料和广告中的数据必须保证准确无误。

　　授权/注册登记表也是产品文档中的一部分,主要用于授权/注册客户填写。

　　用户许可协议(End User Licence Agreement,EULA),是指企业的软件与软件的使用者所达成的协议,此协议一般出现在软件安装时。如果使用者拒绝接受这家企业的 EULA,便不能安装此软件。EULA 主要规定用户不可以盗版软件,如图 19-3 所示为安装过程中的许可证协议。

　　标签和封条是用于标明物品的品名、重量、体积、用途等信息的简要标牌。

　　向导和指南是指产品功能的向导和指南,也可能是安装的向导和指南。

　　教程、样例、示例和模板用于指导用户如何使用某个功能,如函数说明和使用实例。

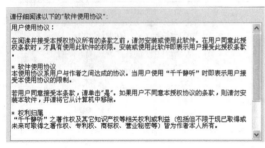

图 19-3　许可证协议

19.2　文档测试的现状

　　虽然在软件测试 W 模型中重点强调了文档是测试过程中的重要组成部分，但是国内企业对文档测试的重视程度还是很低，相比国外优秀产品的文档相差甚远。日常生活中不难发现，例如当购买国内产品时会发现这样一个现象，说明书特别薄，甚至只有几页纸，这足以说明国内文档测试的现状。

　　下面举一个真实的案例，一家企业将一款产品说明书中的一项指标——极化电压值由原来的 300mV 写成了 500mV，产品上市一年后，相关部门对市场上的该类产品进行检查，发现该企业的产品根本无法承受 500mV 的极化电压，当加 500mV 电压时，机器将出现死机现象。这一事故导致该企业的产品在市场停止销售一年，并且不得不新注册相关标准。这个事故产生的原因很简单，但结果是惨重的。通过这个案例可以看出，市场上销售的产品不仅仅是产品本身，而是一个产品包。

　　当前对于文档测试存在以下几个方面的问题：

　　（1）写帮助文档工程师对产品不熟悉，对细节更是生疏。

　　（2）缺少统一管理。

　　（3）没有专门的测试用例。

　　（4）不予重视，时间紧张（编制、印刷等）。

　　在这四个方面中有两点是致命的，一是写帮助文档工程师对产品相当不熟悉，这样导致产品说明书永远无法写得很细致，甚至根本谈不上细致，可能该有的功能都会忘记。而且会导致一个很严重的问题，虽然后期有相关人员对说明书进行审核，但是如果里面的问题太多，相关人员就很难一个一个详细地挑了，只会挑出相对重要的一些问题。二是没有相关的测试用例，现在很多企业的测试说明书就是测试工程师浏览一遍，而没有相关的流程和测试用例来指导测试，这导致测试的质量无法控制。

19.3　文档测试的要点

　　一般从以下几个方面来测试文档：

（1）语言描述类。语言描述类是指测试文字是否存在错误、文字描述是否存在错误、图片示例是否正确。

（2）版面布局类。版面布局类主要测试版面大小、版面风格（页眉、页脚、行间距、对齐方式等）、文档分割（段落分级、项目、符号等）。

（3）文档结构类。文档结构类主要测试文档描述结构是否正确、描述逻辑是否正确。

（4）一致性、准确性。一致性、准确性主要测试描述功能和术语是否表达一致、指标是否准确。

（5）示例类。示例类主要测试常见问题、图片示例和文字示例是否正确。

（6）联机功能类。联机功能类主要测试以上几类问题的同时，考虑联机文档的独有特性（索引链接、超文本、向导和动画等功能）。

文档测试过程中的常见问题见表 19-2。

表 19-2　文档测试的常见问题

序号	类型	解释
1	与软件不一致	文档描述内容与软件实现不一致
2	描述不完整	描述内容没有包括全部对用户必要信息
3	文字错误	错别字、丢字和多字等
4	表达不一致	对同一概念、名字或术语在不同处描述不一致
5	描述不正确	描述的功能、操作方法和数据等不正确
6	排版不正确	文档的版面不符合要求
7	示例不正确	文档的示例不能执行或执行的结果与实际不符合
8	描述不清楚	从用户角度，不能理解描述所要表达的内容
9	描述不准确	对概念、术语操作功能等的描述不准确
10	书写不规范	公式、术语、缩写等不符合规范
11	图片不清楚	示例图片不清楚
12	文档易用性	从用户角度，文档使用不方便
13	语句不通顺	描述的语句不通顺
14	目录错误	目录与正文不一致，如页码、标题等
15	联机在线文档内容异常	联机文档出现乱码、版面混乱
16	联机在线文档功能缺陷	联机文档所预定功能不能全部实现
17	联机在线文档链接异常	超链接的目标不正确或不可用

19.4　文档测试的策略

文档测试并不仅仅是静态测试，也包括动态测试。文档动态测试是指按说明书中的操作步骤试验每个示例，将执行产生的结果与文档中描述的结果比较，检查说明书的正确性，索引检索结果是否正确、超链接是否正确。

文档测试策略如下：

（1）文档走查。主要由测试部门针对用户文档进行静态走查，按错误类型对文档设计检查表并进行测试。

（2）数据校对。主要由测试部门对提交的用户文档进行静态走查，按需要文档、设计文档、测试报告、用户文档结构设计检查表并进行测试。

（3）流程操作。主要由测试部分按用户安装/卸载操作过程、参考配置、功能操作和向导，模拟用户实际操作流程，验证用户文档的正确性。

（4）可用性测试。主要是从用户的角度来测试文档的可用性，即用户按该文档是否可以正确地操作产品，可以安排业务专家、市场、销售、客服等相关人员进行测试。

测试策略与测试要点的关系见表 19-3。

表 19-3　测试策略与测试要点的关系

	语言描述类	版面布局类	文档结构类	一致准确性	示例类	联机功能类
文档走查	√	√	√	√	√	√
数据校对		√	√	√		
流程操作	√	√	√	√	√	√
可用性测试	√	√	√	√	√	√

19.5　小结

本章首先介绍了文档测试的分类，通过分类可以看出文档测试其实不仅是指说明书；然后介绍当前大多数企业对文档进行测试的现状，进而引出文档测试要点和文档测试过程中的测试策略。文档测试策略和要点是本章的核心内容。

20

软件测试工程师的职业规划

　　软件测试是 IT 行业的一个亮点，其未来发展前景一片光明，这点其实很容易发现，从企业的招聘和软件测试工程师的薪资可以看出，行业发展好并不代表个人的职业发展一片美好。软件测试工程师有多个职业通道，从技术角度来讲，软件测试工程师可以成为技术专家，性能测试、自动化测试专家等；从管理的角度来说，软件测试工程师未来可以选择在测试经理、测试总监、业务专家、产品经理、配置管理和质量保障几方面发展。软件测试工程师的晋升通道虽然很多，但真的能找准自己的发展方向吗？很多朋友工作了 5～8 年还在迷茫，不知道自己未来的发展，这样工作就没有激情。因此，还没有职业规划的读者应该为自己做一个职业规划，希望本章内容可以为你提供一点帮助。

　　本章主要包括以下内容：
- 如何进入软件测试行业
- 软件测试工程师的职责
- 软件测试工程师的心态
- 当前你的工作情况
- 未来你如何选择
- 如何提高自身技能

20.1　如何进入软件测试行业

　　对于一些计算机相关专业刚毕业的朋友或已经工作了但想换行业的朋友来说，如何才能进入软件测试行业呢？应该准备哪些相关的知识呢？

　　软件测试显然成为 IT 行业中一个新的职业亮点，一些刚毕业的学生也希望进入软件测试行业，但现在很多高校并未开设软件测试的课程或者还没有足够重视，导致进入软件测试行业困难重重。而一些工作数年的朋友，由于职业发展并不理想，选择转行时，也纷纷想选择软件测试行业。

无论是哪种情况，其最大的劣势是没有实际的相关测试经验，导致面试机会甚少，面试经常无法通过。实际工作经验显然是无法很快弥补的，但可以在大学期间或平时工作之余自己努力，积累更多的理论基础知识，这显然可以为找到一份软件测试的工作添加筹码。

积累软件测试相关知识通常有两种方法：一是自学；二是培训。不管是对在校大学生还是已毕业想转行做软件测试的朋友，其实自学是一种很好的方式，平时多看一些关于软件测试基础的书，显然对应聘软件测试相关的工作有很大的帮助，并且养成每天坚持看书的习惯对以后也有很大的帮助。而有一些朋友则会选择花几个月的时间和一定的费用在一家正规的软件测试机构进行短期的培训，因为现在很多培训企业是包推荐就业的，所以这样对他们来说花一定的费用就可以较轻松地进入软件测试行业。这是很多不愿自学的朋友喜欢选择的一种方式，这显然是一个"偷懒"的方式，这种方式虽然看似比较快捷，但从长期的职业发展角度来看，不一定比自学的方式快捷。笔者认为，这类朋友大部分以后工作还是不理想，甚至出现这种情况，有些人花钱培训后，在软件测试行业做了几个月，发现自己还是不行，又做回老本行了，即使坚持住了，但是之后自己不自学，可能会出现 5 年前拿的薪资和 5 年后拿的几乎一样，并且随着年龄的增长，自身的竞争力越来越差。原因很简单，就是没有通过平时的自学去改变自己的能力。

不管选择自学还是培训进入软件测试行业，都不得不学习软件测试的基础知识，如软件测试的流程、测试用例的设计方法、缺陷的管理过程、缺陷的状态、如何写测试报告等，并且仅仅这些还不够，还需要打好一些编程的基础，如 C 语言基础，当然如果会 C++或 Java 显然更理想，还有一些数据库的使用，如查询语句等。特别是对于在校大学生，可以通过四年的大学生活学好这些基础课程，平时多看一些软件测试基础的书籍，这样毕业后找一份关于软件测试的工作相对来说会比较简单。

20.2　软件测试工程师的职责

未来软件测试工程师应该做些什么？早期对软件测试的定义仅仅是发现系统中的错误，软件测试的目的也就是发现软件中的错误。但随着软件测试的发展，软件测试工程师不仅仅是要发现软件的错误，在控制软件质量过程中，不仅需要验证软件功能性，还需要从功能性、可靠性、易用性、效率、可维护性、可移植性几大维度去测试软件的质量。软件质量六大维度如图 20-1 所示。

现在的软件测试工程师必须站在全局的角度上去看待软件的质量，现在的用户不只简单地要求软件可用，还需要好用。曾经遇到这样一个案例，系统有一个打印的功能，在单击"打印"按钮后，不是直接进行打印，而是先弹出一个打印属性的对话框，结果用户投诉说这个功能不好用，需要单击两次才能进行打印，这就是软件的可用性问题，它同样影响着软件的质量。

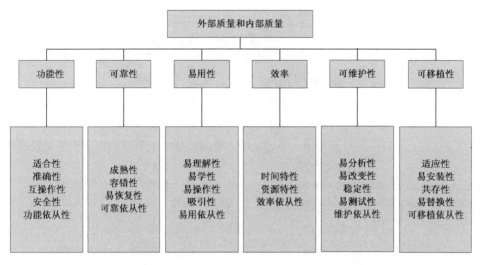

图 20-1　软件质量六大维度

可以想象未来随着软件测试的发展与成熟，软件测试成本的管理也将更为完善，而为了降低软件测试的成本（当然这里并不代表降低软件测试的投入，而是通过科学的方法来改善软件测试的过程进而降低成本），希望尽早发现系统中的缺陷，最理想的情况当然是在需求分析阶段就发现系统的缺陷，这就要求软件测试工程师具备提前预判系统存在缺陷的能力，这也是未来优秀软件测试工程师必须具备的能力。

20.3　软件测试工程师的心态

现阶段对软件测试方法研究主要有两种观点：第一种是软件测试过程是试图验证系统功能是正确的、可正确运行的；第二种是软件测试过程是证明系统功能是不正确的、有缺陷的。

心理学研究表明，确立一个正确的目标对人有着重要的心理影响，如果从开始工作时就知道它是不可行的或无法实现的，人的表现会很糟糕。在进行测试之前测试工程师以何种观点去看待软件测试的过程，对软件测试的结果有着明显的影响。

第一种观点的代表人物是软件测试领域的先驱 Dr. Bill Hetzel（其代表著作有"The Complete Guide to Software Testing"），他曾于 1972 年 6 月在美国的北卡罗来纳大学组织了历史上第一次正式的关于软件测试的会议。1973 年他对软件测试进行了定义："就是建立一种信心，认为程序能够按预期的设想运行。"直到 1983 年他对软件测试的定义进行了修订："评价一个程序和系统的特性、能力，并确定它是否达到预期的结果"，软件测试就是以此为目的的任何行为。定义中的"设想"和"预期的结果"其实就是现在所说的用户需求或功能设计，他还把软件的质量定义为"符合要求"。这样在测试工程师的潜意识中会认为程序是正确的，对于测试工程师就可能会设计较少的一些失效数据来验证程序的正确性。这种观点应用在企业管理过程中，管理者认为下属会主动地、积极地完成为其分配的工作任务，认为这是下属应该做的工作，很少去监控其执行的过程，最后发现下属并没有按时、按质完成。

第二种观点认为"软件测试工程师的目标是证明系统存在缺陷"，代表人物是 Ron Patton，他在《软件测试》一书中对软件测试进行了定义。这种观点得到了学术界专家的支持，现在也有一些企业以发现 Bug 的数量作为考核员工业绩的一项指标。这种观点认为即使一个很小的程序也可能存在问题，测试过程中应该尽量设计更多的失效数据对系统功能进行测试，通过这些失效数据来验证系统功能是否存在缺陷。管理者分配任务给下属，分配任务后管理者认为下属不会积极、主动地去完成任务，会存在惰性，有时候甚至会偷懒，所以他每天会监控任务的执行过程，观察下属有没有认真完成任务，甚至会关心下属有没有加班。

而第一种观点在回归测试中很容易被体现出来，假如在 Bulid 2 版本中对功能 A 进行了详细的测试，该功能是正常的，那么在 Bulid 3 版本测试过程中，测试工程师一般会认为该功能是正确的、没有问题的，于是放松了警惕，相对简单地进行了一遍测试用例。假设修改功能 B 引起功能 A 有问题时，这个问题将比较难被测试到，这样经常会导致出现这种情况，在软件即将发布的时候发现该问题，导致不得不提交一个新的测试版本来修改和验证该问题，这还是比较幸运的，最坏的情况是这个问题一直没有被发现而发布到用户端，直到被用户投诉。

总之对软件测试的认识不一样，对待测试过程的心态也将不一样，它将直接影响软件测试的过程。

20.4　当前你的工作情况

当前你的工作情况如何？当然这里的你是指做软件测试的朋友。是否对当前的薪资、工作环境、晋升机会感到满意呢？可能大部分朋友不会满意，如果换成对现在的工作是否比较满意呢？我想还是有较多朋友的答案是否定的。如何尽量让自己工作更满意呢，也就是如何可以让自己找到一份更合适的工作呢？

其实很多朋友工作不满意，根本原因可能是薪资不理想，工作很多年了薪资没有大幅度的提高，与同行业的朋友相差比较远，因此就天天想换工作，结果换的越多越不理想。其实不管是何种原因，如果单纯从技术上来讲，最主要是因为自己没有一个明确的目标。一些朋友大学毕业后，找到一份不错的工作就高兴得不得了，早就忘记了自己以后要做什么了，所以这个时候有一个好的导师引导他们是很重要的，引导他们如何来制定自己未来的规划。

没有一个明确的目标是很可怕的，没有目标意味着自己不知道未来需要什么，未来会成为什么。不知道自己想要什么，就不知道自己要学什么，不知道自己要学什么就不可能去学习，不学习就会被淘汰，得到的结果就是自己在企业上班不快乐，找到好工作的概率下降，这样就容易出现对工作不满意的情况。

不管现在工作如何，都要为自己制定一个目标，可以是 10 年的、20 年的长远目标。也许现在站在起点看最终的目标，觉得其不可能实现，一个长远的目标本身是不可能一下子达到的，否则就不叫长远的目标了。可以将一个大的目标划分为几个阶段性的小目标，如制定一个 10 年的职业规划，希望 10 年后达到什么高度，可以将 10 年的目标划分为一年的小目标，再将一年的目标划分为一个月的目标，再将一个月的目标划分为每天的目标，这样只要每天按目标一一完成，10 年的长远目标就可以变成现实。制定这样一个目标不难，难的是每天坚持去完成目标，目标能否实现最主要看坚持的程度。如果能每天坚持去积累、学习、总结，相信未来会越来越好。

20.5　未来你如何选择

身处软件测试职业中，未来如何选择呢？从技术的角度来说，软件测试未来的发展主要包括性能测试、自动化测试、白盒测试，现在云测试也正在发展过程中。

20.5.1　性能测试

随着软件系统的复杂性不断增大，软件的性能也逐渐成为软件质量的一个重要因素，如 2008 年北京奥运会订票系统的官方网站瘫痪，就是一个典型的性能问题。特别是一些 Web 系统和金融系统，性能测试已成为系统测试中一个很重要的部分。

未来性能测试将会成为系统测试的一个重要分支独立出来，这也将成为软件测试工程师未来职业发展中的一个选择。目前国内性能测试还是一个很初级的阶段。由于并不是所有的产品都需要性能测试，所以并不是所有的企业都开展了性能测试，实施完整的性能测试流程的企业也比较少。有的企业（如银行）虽然实施了性能测试，但没有一个完善的性能测试流程，性能测试带有很大的随意性，更多的是为了得到一份简单的性能数据，并且这个数据还不一定是可靠的。

一个优秀的性能测试工程师不仅仅需要熟练使用一款性能测试工具，还要了解性能测试流程、性能测试模型、Web 服务器监控、数据库的监控、系统资源的监控，甚至软件的架构等。如果想选择性能测试作为自己的发展目标，应该在平时不断地积累这些知识。

20.5.2　自动化测试

通过自动化测试来提高测试效率和测试的全面性是未来企业发展的必然趋势，现在很多企业已经开始实施自动化测试了，只是还不是很完善。未来随着企业软件测试流程不断完善，自动化测试的实施将变成顺理成章的事。自动化测试实施的对象显然比性能测试实施的对象更为普及，性能测试并不是所有的被测试对象都应该实施，只是对于一些需要考虑性能的系统才需要进行性能的相关测试，但自动化测试中绝大部分被测试对象都可以实施，只要成本不比手工测试成本高即可，自动化测试适合的范围显然更广。

从自学的角度来说，自学自动化测试的过程相对于性能测试会简单些，因为在自学过程中，实验的对象可以比较容易获得，所以很多朋友选择自动化测试。从技术的角度来说，相对于性能测试，自动化测试要求的知识面相对来说会窄一些。

一个优秀的自动测试工程师必须熟悉一门脚本语言（如 VBS、JavaScript、Ruby 等）、一种或多种自动化测试工具，仅仅熟悉这些还不行，还需要设计一个好的自动化测试框架，这样才能更好地处理企业整个自动化测试业务，并且需要自己能开发一些自动化测试工具。目前国外的自动化测试正朝着通用化、标准化、网络化和智能化方向发展。

20.5.3　单元测试

单元测试主要是对代码的逻辑进行测试，虽然大家都知道单元测试阶段修改缺陷的成本最低，但是国内很少有企业进行专业的单元测试，其原因主要包括以下几个方面：

（1）相比手工测试，单元测试对测试工程师的技能要求高了很多，单元测试需要测试工程师不单能看懂代码，还要能写单元测试的代码。

（2）单元测试发现的缺陷不多，导致单元测试的收益明显降低。

（3）单元测试没有问题并不代表系统功能没有问题。

（4）开发工程师编写代码质量的优劣影响单元测试的效率。

虽然现在研究单元测试的企业并不多，但是未来还是会有越来越多的企业来开展单元测试。毕竟单元测试修改缺陷的成本是最低的，修复速度也是最快的，所以单元测试也将成为未来的一个发展方向。

单元测试不仅需要了解单元测试用例的设计方法，还需要有很强的编码能力（如 C++、Java语言等），并且需要使用一些相关的单元测试工具。仅仅使用手工单元测试是不够的，必须将单元测试用例自动化，这样才能更好地发挥单元测试的作用，提高单元测试的效率。

20.5.4　云测试

云测试是基于云计算的一种新型测试方案，云计算通过网络以按需、易扩展的方式向用户交付所需的资源，包括基础设施、应用平台、软件功能等服务。云计算包含三种不同服务类型：SaaS、PaaS 和 IaaS。SaaS（Software as a Service，软件即服务）指的是通过浏览器，以服务形式提供给用户应用程序；PaaS（Platform as a Service，平台即服务）指的是以服务形式提供给开发人员应用程序开发及部署平台，让其利用此平台来开发、部署和管理 SaaS 应用程序。平台一般包含数据库、中间件及开发工具，所有都以服务形式通过互联网提供；IaaS（Infrastructure as a Service，基础架构即服务）指的是以服务形式提供服务器、存储和网络硬件。这类基础架构一般利用网格计算架构建立虚拟化的环境，因此虚拟化、集群和动态配置软件也被涵盖在 IaaS 之中。

按云计算的服务类型来区分，基于云计算技术的云测试属于 PaaS 层。它是软件测试工具（包括功能测试工具、性能测试工具等）服务商提供一个测试平台，软件开发企业在其平台上进行相关自动化测试，不再需要在本地计算机上安装和使用这些工具。这种无须在本地安装和配置测试环境，在远程测试平台上进行测试的方式就叫云测试。

在企业的信息化建设过程中，通常需要对软件全生命周期进行系统化的测试，确定系统过程度量和质量度量，保证企业信息系统有序可控地设计、开发和运行，并实现对软件全生命周期的质量控制和过程管理。同时许多应用系统的上线运行、升级改造、运行维护都需要进行大量且频繁的系统测试。这样测试任务、成本、时间、人力资源和软硬件资源都将成为一个很严重的问题。

目前云测试服务企业有 Cloud Testing、Keynote、SOASTA、Testin 等。其主要提供如下服务：

（1）硬件环境：测试软件在不同应用场景下对硬件环境的要求。

（2）软件环境：操作系统、数据库、浏览器等，测试软件对不同运行平台的适应性。

（3）适应性软件：防火墙及防病毒软件等，测试在安装不同防火墙及防病毒软件时，软件运行的可靠性。

（4）功能自动化测试：进行软件自动化测试。

（5）性能测试：进行软件性能和压力测试。

（6）安全性：进行漏洞扫描、访问控制等安全性测试。

（7）标准符合性：通过二次开发的方式测试软件协议、接口、数据等的标准符合性。

从云测试的内容可以看出，未来云测试也需要熟悉自动化测试和性能测试，实现将编写好的脚本程序上传到云测试服务企业的网站上，进行自动化运行。未来云测试是一个发展分支，如果以后选择从事云测试，必须熟悉自动化测试和性能测试。

20.6　如何提高自身技能

为了更好地适应未来职业的竞争，必须不断地提高自身的技能，只有这样才能让自己未来的工作变得更好，使职业发展更顺利些。一般提高自身技能的方法有三种：给自己制定一个目标、到正规培训机构培训相关职业技能和自学。

20.6.1　给自己制定一个目标

目标是学习的动力源泉，没有目标就不知道自己接下来要学习哪些知识，不知道需要学习知识就不可能提高自身的能力，导致每天生活得比较盲目，找不到方向；5 年、10 年、15 年后再回过头来看，会发现自己这么多年来什么都没有，技术水平并没有得到实质性的提高。应该好好规划一下自己的未来，未来希望成为一个什么样的工程师或主管，在整个职业发展过程中应该制定一个长期目标，即一个 5～10 年的职业规划。

有了目标后才知道自己需要学习哪些知识，接下来将目标细化，细化到每天应该学哪些知识，这样才会有动力去学习，才能不断地提高自身的能力。

笔者遇到一些刚毕业的大学生，心态比较浮躁，看到身边的同学比自己的工资高，特别是原来在大学时成绩并不如自己的同学工作后比自己的工资高、待遇好，心里就按捺不住了，就想跳槽，忘记了自己需要什么，也不知道自己的职业目标。此时如果有一位优秀的导师引导他们，将会给他们带来很大的帮助。

刚毕业的朋友应该沉下心来，不要浮躁，认认真真地去工作，不断地积累经验，等有能力的时候，工资可能会比别人高出很多，不需要太在意眼前的东西，而应该在意自己未来的发展。

制定一个目标不难，难的是如何每天坚持。笔者有一位朋友，每个月都告诉我要坚持去改变自己，但是多年后还是这样说，因为他没有坚持每天去做，去实现他的目标。坚持需要一个好的心态，

20 Chapter

因为人每天都会受到很多事情的影响，如工作了一天，已经比较累了，回家后可以看电视、上网，可能早就把自己的计划忘记了。所以要保持一颗平常的心态，每天坚持去做，哪怕每天只进步一点点，如果能一直坚持一年、两年甚至更长的时间，就渐渐形成习惯。而一个好的心态是不可能一天两天就调节出来的，需要一段很长的时间。大家应该都有这种心态，以前读书时，如果知道明天要获奖了，就开始激动，直到第二天颁奖，其实就是没有用平常心态去看待事情。

所以平时将生活中的每一件事作为调节自己心态的试验，慢慢就会有一个很好的心态，这样就可以更好地坚持自己的计划，也许每天坚持不一定能成功，但是它可以让你离成功更近。

20.6.2　正规培训

现在高校也逐渐开设软件测试课程，也有一些企业在做专业的软件测试培训，一些朋友可以选择去高校学习软件测试相关专业，来提升自身的软件测试技能，而大部分朋友可能会选择用周末的时间参加一些培训机构的培训。对于一些有相关软件测试工作经验的朋友来说，更多的是有选择性地培训，主要培训自己未来需要的技能，如性能测试或自动化测试等。

通过正规的培训可以更快地学习某方面的知识，但不管什么样的培训，如果想学得更好些，主要还是得靠自己平时的自学，俗话说："师傅领进门，修行靠个人。"所以培训后的自学是很重要的。

20.6.3　自学

就像前面谈到目标一样，自学也是每天坚持看书的过程。大家应该都有类似经验，计划看一本书，可能很多朋友从来就没有认真思考过如何在一个时间段内看完这本书，可能很多朋友是随性地去看，拿到书时大概计划一下多长时间看完，如计划 3 个月看完，结果往往是半年甚至一年都没有看完。看书不能这样计划，必须进行量化，一个没有量化的过程是不可控制的，既然不可控制，那么很显然无法达到预期的目标。

例如有这样一个目标案例，小王计划使用两年的时间来研究自动化测试，这是一个中期目标，将这个目标细分后，其中有一个短期目标是使用 3 个月的时间学习自动化测试工具 QTP，于是就买了一本关于 QTP 的书，该书大概为 330 页，小王计划用 3 个月看完，以 3 个月为 90 天计算，大概一天要看 3.7 页的书，这样才可以有目标的量化进程，进度才是可控的。也有人会说，这样也不行，对于前面比较简单的内容可能一下子就可以看好多页，但如果看到后面比较难的地方，可能一周看不了两页。因此，在平时还得对过程有一个风险的控制，当看到的内容比较简单时，需要尽量多看一些，否则可能会因为后面的进度影响整个看书计划。

制定这 3 个月的看书计划后，接下来就是每天坚持去看书了，但坚持显然不如想象的容易，前面说了，坚持其实需要每天有一个平常的心态，那么看书的过程中如果出现以下两种情况，可能也无法达到预期的效果：一是心情特别好（如加薪很理想）；二是心情特别糟糕（如和女朋友或男朋友吵架了）。

当心情特别好或特别糟糕时，很难静下心来看书，但如果把这两种心态抛开了，一个月还会有几天正常的心态呢？即一个月有几天是真正看书的时间呢？如果看书的过程中不去调整这两种心态，可以肯定的是，这本 330 页的书不可能在 3 个月的时间内看完。

坚持的过程是寂寞的、枯燥的，所以必须超越寂寞。有句话是这样说的，成功的人一定要能超越寂寞。同时每天都保持一个良好的心态去做同一件事是很重要的，但大多情况可能无法保持，就如上面说的两种心态（很高兴和很不高兴）。

如何来调整计自己每天保持一个平常心态呢？平常的心态不是一天两天养成的，必须经历一个很长的时间来调整。笔者以前在带团队成员时，经常使用以下方法来帮助团队成员改善心态。当高兴时或不高兴时，要完全平静下来是不可能的，但是可以将高兴或不高兴的心态带来的影响最小化。当你很高兴和不高兴时，都要记住你今天的自学任务还没有完成，并且一定要强迫自己尝试静下心来看书。笔者之所以这样做，不是强调当天能看多少内容，而是强调努力去尝试将自己慢慢地静下来，这就是改善心态的过程。其实可能当天根本就没有看书，但是你去做了，至少可以保证明天可能有更好的状态去自学，试想如果当天没有尝试去静下心来看书，那么以后遇到这种情况是不是还是这种心态，所以当遇到这种情况时尽量强迫自己静下来是很必要的。当你不断地这样去调整自己的心态，以后你的心态就会越来越好，这样就可以更好地控制心态、控制计划的风险。

任何一个长远的目标是不可能一次完成的，只有坚持才能让梦想成为希望，希望才可能变成现实。我们是平凡人，要学到比一般人更多的知识就要付出不平凡的努力。

20.7　小结

本章主要目的是希望读者朋友可以很好地规划一下自己的未来，这样才能更好地、更从容地面对以后的竞争。本章首先介绍了应该如何进入软件测试行业，以及在测试过程中，一名软件测试工程师的工作职责和测试过程中测试工程师的心态；然后介绍了应该如何选择软件测试的发展方向，以及如何提高自身的技能。不管使用什么样的提高方法，其最主要是坚持，只有坚持才能将目标变成现实，所以送给读者朋友一句话"坚持可以让你离成功更近"。

参考文献

[1]　（美）Glenford J.Myers 等著．软件测试的艺术．王峰，陈杰译．北京：机械工业出版社，2006．

[2]　（美）Ron Patton 著．软件测试．王峰，陈杰等译．北京：机械工业出版社，2002．